U0736919

高等学校省级规划教材

——土木工程专业系列教材

建 筑 结 构

李美娟　主　编

马　巍
李峻峰　副主编

干　洪　主　审

合肥工业大学出版社

内容提要

本书根据全国高等学校土建学科教学指导委员会建筑学专业指导委员会制定的培养目标、培养方案和我国现行的规范、规程和最新的文献资料编写。书中主要讲述各种建筑结构(钢筋混凝土结构、砌体结构、钢结构、高层钢筋混凝土结构、大跨度及其他类型建筑结构),建筑结构抗震设计基础知识以及地基与基础等内容。

本书适用于建筑学及相近专业和土木工程、建筑工程管理等专业的学生,也可供广大专业设计人员参考。

图书在版编目(CIP)数据

建筑结构/李美娟主编 . —合肥:合肥工业大学出版社,2006.12(2023.1 重印)
ISBN 978 - 7 - 81093 - 525 - 8

Ⅰ. 建…　Ⅱ. 李…　Ⅲ. 建筑结构—高等学校—教材　Ⅳ. TU3

中国版本图书馆 CIP 数据核字(2006)第 153157 号

建 筑 结 构

主编:李美娟　　　　　　责任编辑:马成勋

出　版	合肥工业大学出版社
地　址	合肥市屯溪路 193 号
邮　编	230009
电　话	总 编 室:0551 - 62903038
	市场营销部:0551 - 62903198
网　址	www.hfutpress.com.cn
E-mail	hfutpress@163.com
版　次	2006 年 12 月第 1 版
印　次	2023 年 1 月第 9 次印刷
开　本	787 毫米×1092 毫米　　1/16
印　张	20.75
字　数	508 千字
发　行	全国新华书店
印　刷	安徽联众印刷有限公司

主编信箱　Lmj1209@qq.com　　　责编信箱　Chenhm30@163.com

ISBN 978 - 7 - 81093 - 525 - 8　　定价:32.00 元
如果有影响阅读的印装质量问题,请与出版社市场营销部联系调换

安徽省高校土木工程系列规划教材

编 委 会

主　任：程　桦　　干　洪　　方潜生（常务）

副主任：朱大勇　　王建国　　汪仁和　　丁克伟

　　　　沈小璞

委　员：（按姓氏笔画排列）

马芹永　　戈海玉　　卢　平　　李长花

刘安中　　孙　强　　张光胜　　吴　约

完海鹰　　邵　艳　　柳炳康　　姚传勤

宣以琼　　夏　勇　　柴阜桐　　殷和平

高荣誉　　曹成茂　　黄　伟

前　言

　　编著本书依据的是高等学校土建学科教学指导委员会建筑学专业指导委员会制定的培养目标、培养方案和本课程的教学基本要求，并综合考虑了工程管理及土木工程等各专业的教育标准和培养方案。本书是高等学校省级规划教材，是专门为高等学校建筑类各专业（含建筑学、城市规划、室内设计、建筑装饰、景观园林、艺术设计等）编写的建筑结构课程教材，按我国现行的新规范、新规程和参考最新的文献资料编写而成的。本教材也可作为土木工程专业大专学科以及相关专业（工程管理、环境工程、安全工程、勘察技术与工程等）的教学用书和有关建筑工程设计与施工技术人员的参考书。

　　本书主要内容包括：绪论，建筑结构设计的基本原则，各种建筑结构（钢筋混凝土结构、砌体结构、钢结构、高层钢筋混凝土结构、大跨度及其他类型建筑结构），建筑抗震设计基本知识以及地基与基础等内容。在内容上力求简明扼要，结构体系合理，突出适用性、先进性的特点。每章均配有思考题与习题，供学生练习和巩固课本所学内容之用。本教材适用的专业较广，然而各个专业的教学计划学时不尽相同，所以在使用本书时，请根据本校、本专业的实际需要和计划学时的多少而酌情取舍。

　　全书由合肥工业大学李峻峰（第1章），安徽建筑工业学院马巍（第2章、第4章）、刘艳（第3章第1～4节）、李美娟（第5章）、褚振文（第6章第5节）、胡俊（第7章）、张国芳（第8章）、程晓杰（第9章），安徽农业大学杨智良（第3章第5、6节）、王强（第3章第7节）和铜陵学院石开展（第6章第1～4节）共同编写。李美娟任主编，马巍、李峻峰任副主编。全书由安徽建筑工业学院干洪教授主审。

　　本教材是在安徽建筑工业学院及土木工程学院领导和参编的各兄弟院校的大力支持下编写的，在编写过程中得到很多同志的鼓励并提出许多宝贵意见；特别是干洪教授为提高教材质量做了大量辛苦的主审工作；合肥工业大学出版社及陈淮民老师对书稿的编辑、校对付出了大量的心血；安徽建筑工业学院土木工程学院计算机中心的施国栋老师对书中的图稿处理给予了大量的帮助。在此一并向他们致以衷心的感谢！

　　限于时间仓促及编者的水平，书中难免存在一些缺点和问题，欢迎广大读者使用后批评指正。

2006 年 10 月

目 录

第1章 绪 论

建筑的三个最基本要素包括安全、适用和美观。适用是指该建筑的实用功能,即建筑可提供的空间要满足建筑的使用要求,这是建筑的最基本特性;美观是建筑物能使那些接触它的人产生一种美学感受,这种效果可能由一种或多种原因产生,其中也包括建筑形成的象征意义,形状、花纹和色彩的美学特征;安全是建筑的最基本特征,它关系到建筑物保存的完整性和作为一个物体在自然界的生存能力,满足此"安全"所需要的建筑物部分是结构,结构是建筑物的基础,是建筑物的基本受力骨架,没有结构就没有建筑物,也不存在适用,更不可能有美观。因此,为使建筑作品达到一定的境界,就必须了解其结构组成的有关内容。

1.1 建筑结构分类及其应用范围

建筑结构是由构件(梁、板、柱、基础、桁架、网架等)组成的能承受各种作用、起骨架作用的体系。

建筑结构可按所使用的材料和主要受力构件的承重形式来分类。

1.1.1 按使用材料划分

1.钢筋混凝土结构

钢筋混凝土结构由混凝土和钢筋两种材料组成,是土木工程中应用最广泛的一种结构形式。可用于民用建筑和工业建筑,如多层与高层住宅、旅馆、办公楼、大跨的大会堂、剧院、展览馆和单层、多层工业厂房,也可用于特种结构,如烟囱、水塔、水池等。

钢筋混凝土结构具有以下主要优点:

(1)可以根据需要,浇注成各种形状和尺寸的结构。为选择合理的结构形式提供了有利条件。

(2)强度价格比相对较大。用钢筋混凝土制成的构件比用同样费用制成的木、砌体、钢结构受力构件强度要大。

(3)耐火性能好。混凝土耐火性能好,钢筋在混凝土保护层的保护下,在火灾发生的一定时间内,不至于很快达到软化温度而导致结构破坏。

(4)耐久性好,维修费用小。钢筋被混凝土包裹,不易生锈,混凝土的强度还能随龄期的增长有所增加,因此钢筋混凝土结构使用寿命长。

(5)整体浇注的钢筋混凝土结构整体性能好,对抵抗地震、风载和爆炸冲击作用有良好性能。

(6)混凝土中用料最多的沙、石等原料可以就地取材,便于运输,为降低工程造价提供了有利条件。

钢筋混凝土结构也存在着一些缺点,如自重大,抗裂性能差,现浇施工时耗费模板多,工期长等。随着对钢筋混凝土结构的深入研究和工程实践经验的积累,这些缺点正逐步得到克服,如采用预应力混凝土可提高其抗裂性,应用到大跨结构和防渗结构;采用高强混凝土,可以改善防渗性能;采用轻质高强混凝土,可以减轻结构自重,并改善隔热隔声性能;采用预制钢筋混凝土构件,可以克服模板耗费多和工期长等缺点。

2. 钢结构

钢结构是由钢板和各种型钢,如角钢、工字钢、槽钢、T 型钢、钢管以及薄壁型钢等制成的结构。常用于重工业或有动力荷载的厂房,如冶金、重型机械厂房;大跨房屋,如体育馆、飞机库、车站;高层建筑;轻型钢结构,如轻型管道支架仓库建筑,需要移动拆卸的房屋等。

房屋钢结构具有以下特点:

(1)材料强度高。同样截面的钢材比其他材料能承受较大的荷载,跨越的跨度也大,从而可减轻构件自重。

(2)材质均匀。材料内部组织接近匀质和各向同性,结构计算和实际符合较好。

(3)材料塑性和韧性好。结构不易因超载而突然断裂,对动荷结构适应性强。

(4)便于工业化生产和机械化加工。

(5)耐热不耐火。

(6)耐腐蚀性差,维修费用高。

3. 砌体结构

砌体结构包括砖、石结构和砌块结构,是指用普通粘土砖、承重粘土空心砖、硅酸盐砖、料石或毛石、中小型混凝土砌块、中小型粉煤灰砌块等块材,通过砂浆铺缝砌筑而成的结构。砌体结构可用于单层与多层建筑以及特种结构,如烟囱、水塔、小型水池和挡土墙等。

砌体结构具有可就地取材、造价低廉、保温隔热性能好、耐火性好、砌筑方便等优点。也存在自重大、强度低、抗震性能差等缺点。

4. 木结构

木结构是指全部或大部分用木材制成的结构。木结构由于受木材自然生长条件的限制,很少使用。具有就地取材,制作简单,便于施工等优点。也具有易燃,易腐蚀和结构变形等缺点。

1.1.2 按承重结构类型划分

1. 混合结构

混合结构是由砌体结构构件和其他材料制成的构件所组成的结构。如竖向承重结构用砖墙、砖柱,水平承重结构用钢筋混凝土梁、板的结构就属于混合结构。它多用于七层及七层以下的住宅、旅馆、办公楼、教学楼及单层工业厂房中。

混合结构具有可就地取材、施工方便、造价低廉等特点。

2. 框架结构

框架结构是由梁、板和柱组成的结构。框架结构建筑布置灵活,可任意分割房间,容易满足生产工艺和使用上的要求。因此,在单层和多高层工业与民用建筑中广泛使用,如办公楼、旅馆、工业厂房和实验室等。由于高层框架侧向位移将随高度的增加而急剧增大,因此框架结构的高度受到限制,如钢筋混凝土结构多用于 10 层以下建筑。

3. 剪力墙结构

剪力墙结构是利用墙体承受竖向和水平荷载,并起着房屋维护与分割作用的结构。剪力墙在抗震结构中也称抗震墙,在水平荷载作用下侧向变形很小,适用于建造较高的高层建筑。剪力墙的间距不能太大,平面布置不灵活,因此,多用于 12～30 层的住宅、旅馆中。

4. 框架—剪力墙结构

框架—剪力墙结构是在框架结构纵、横方向的适当位置,在柱与柱之间设置几道剪力墙所组成的结构。该种结构形式充分发挥了框架、剪力墙结构的各自特点,在高层建筑中得到了广泛的应用。

5. 筒体结构

由剪力墙构成的空间薄壁筒体,称为实腹筒;由密柱、深梁框架围成的体系,称为框筒;如果筒体的四壁由竖杆和斜杆形成的桁架组成,称为桁架筒;如果体系是由上述筒体单元组成,称为筒中筒或成束筒,一般由实腹的内筒和空腹的外筒构成。筒体结构具有很大的侧向刚度,多用于高层和超高层建筑中,如饭店、银行、通讯大楼等。

6. 大跨结构

大跨结构是指在体育馆、大型火车站、航空港等公共建筑中所采用的结构。竖向承重结构多采用柱,屋盖采用钢网架、薄壳或悬索结构等。

1.2　建筑结构的发展简况

石结构、砖结构和钢结构已有悠久的历史,并且我国是世界上最早应用这三种结构的国家。

早在五千年前,我国就建造了石砌祭坛和石砌围墙(先于埃及金字塔)。我国隋代在公元595~605 年由李春建造的河北赵县安济桥是世界上最早的空腹式单孔圆弧石拱桥。该桥净跨37.37m,拱高 7.2m,宽 9m;外形美观,受力合理,建造水平较高。

我国生产和使用烧结砖也有三千年以上的历史,早在西周时期(公元前 1134 年~前 771 年)已有烧制的砖瓦。在战国时期(公元前 403~前 221 年)便有烧制的大尺寸空心砖。至秦朝和汉朝,砖瓦已广泛应用于房屋结构。

我国早在汉明帝(公元 60 年前后)时便用铁索建桥(比欧洲早 70 多年)。用铁造房的意识也比较悠久。例如现存的湖北荆州玉泉寺的 13 层铁塔便是建于宋代,已有 1500 年历史。

与前面三种结构相比,砌块结构出现较迟。其中应用较早的混凝土砌块问世于 1882 年,也仅百余年历史。而利用工业废料的炉渣混凝土砌块和蒸压粉煤灰砌块在我国仅有 30 年左右的历史。

混凝土结构最早应用于欧洲,仅有 170 多年的历史。

1824 年,英国泥瓦工约瑟夫·阿斯普丁(Joseph·Aspadin)发现了波特兰水泥(因硬化后的水泥石的性能和颜色与波特兰岛生产的石灰石相似而得名),以后,混凝土便开始在英国等地使用。1850 年,法国人郎波特(Lanbot)用加钢筋的方法制造了一条水泥船,开始有了钢筋混凝土制品。1867 年,法国人莫尼埃(Manier)第一次获得生产配有钢筋的混凝土构件的专利。以后,钢筋混凝土日益广泛应用于欧洲的各种建筑工程。及至 1928 年,法国人弗列新涅提出了混凝土收缩和徐变理论,采用了高强钢丝,并发明了预应力锚具后,预应力混凝土开始应用于工程。预应力混凝土的出现,是混凝土技术发展的一次飞跃。它使混凝土结构的性能得以改善,应用范围大大扩展。由于预应力混凝土结构的抗裂性能好,并可采用高强度钢筋,故可应用于大跨度、重荷载建筑和高压容器等。

改革开放以来,我国的建设事业蓬勃发展,建筑结构在我国也得到迅速发展。高楼大厦如雨后春笋般涌现。我国已建成的高层建筑有 15000 多幢,其中超过 100m 的有 200 多幢。我国香港特别行政区的中环广场大厦(图 1-1)建成于 1992 年,78 层,301m 高(不计塔尖),建成之时是世界上最高的钢筋混凝土结构建筑。上海浦东的金茂大厦(图 1-2)建成于 1998 年,93 层,370m 高(不计塔尖),钢和混凝土组合结构,是我国第二、世界第四高度的高层建筑。1999 年我国已建成跨度为1385m,列为中国第一、世界第四跨度的钢筋混凝土桥塔和钢悬索组成的特大桥梁——江阴长江大桥(图1-3)。在材料方面,高强混凝土(不低于C60)在我国已得到较普遍的应用。

图1-1 香港中环广场大厦

图1-2 上海金茂大厦

图1-3 江阴长江大桥

以上成就表明,我国在建筑结构的实践和科学研究方面均已达到世界先进水平。

思 考 题

1. 什么叫建筑结构?
2. 什么叫砌体结构?它有哪些优缺点?
3. 什么叫钢结构?它有哪些优缺点?
4. 钢筋混凝土结构有哪些优缺点?
5. 举例说明我国在建筑结构的实践和研究方面所取得的巨大成就。

第2章 建筑结构设计的基本原则

2.1 建筑结构设计方法演变

各类建筑结构的最重要功能,就是按设计原则和设计方法设计出来的建筑结构,能够在一定条件下安全可靠地承受其使用过程中可能出现的各种荷载和作用,因此建筑结构的设计方法以及荷载和结构抗力如何确定将直接影响结构工作时的可靠性,本节主要介绍这些方面的一些基本设计准则。

2.1.1 设计基准期和设计使用年限

我国《建筑结构可靠度统一标准》GB50068 — 2001(以下简称《统一标准》2001)规定,建筑结构设计计算采用概率极限状态设计法,并且将我国建筑结构的设计基准期规定为 50 年,在这规定的时间内结构在规定的条件下完成预定功能的概率称为结构的可靠度。

必须指出,结构的可靠度与使用期有关。这是因为设计中所考虑的基本变量,如荷载(尤其是可变荷载)和材料性能等,大多是随时间而变化的,因此,在计算结构可靠度时,必须确定结构的使用期,即设计基准期。换句话说,设计基准期是为确定可变作用及与时间有关的材料性能等取值而选用的时间参数。还需说明,当结构的使用年限达到或超过设计基准期后,并不意味着结构立即报废,而只意味着结构的可靠度将逐渐降低。

设计使用年限是设计规定的一个期限,在这一规定的时期内,结构或结构构件只需进行正常的维护(包括必要的检测、维护和维修)而不需进行大修就能满足预期的功能,即结构在正常设计、正常施工、正常使用和维护下所应达到的使用年限。换句话说,在设计使用年限内,结构和结构构件在正常的维护下应能保持其使用功能,而不需进行大修加固。结构的设计使用年限应按表 2-1 采用。若建设单位提出更高要求,也可按建设单位的要求确定。

表 2-1 设计使用年限分类

类别	设计使用年限/年	示例
1	5	临时性建筑
2	25	易于替换的结构构件
3	50	普通房屋的构筑物
4	100 以上	纪念性建筑和特别重要的建筑结构

2.1.2 结构设计方法演变

众所周知,建筑结构处于双重空间,一是自然空间,二是建筑空间。所谓自然空间,就是指建筑物建于地球表面,处于自然界中,建筑结构要能抵御自然界的作用,如风、雪、雨及地震等;所谓建筑空间,就是指建筑结构构件根据建筑功能的要求,按照一定组合原则形成主体结构,要能够承担在使用过程中的作用,如人群、家具、设备及构件自重。如何设计才能保证建筑结构既安全可靠,又经济合理,在很大程度上取决于设计方法。

最早的建筑结构设计理论是以弹性理论为基础的容许应力计算法。这种方法要求在规定的标准荷载下,按弹性理论计算的应力不大于规定的容许应力。容许应力系由材料强度除以安全系数求得,安全系数则根据经验和主观判断来确定。

但是建筑结构所用材料并不都是匀质弹性材料,而是有着明显的弹塑性性能,如钢筋混凝土结构和砌体结构。因此,这种以弹性理论为基础的设计方法,不能如实反映构件截面应力状态,不能正确地计算出结构构件的截面承载力,也就不能准确地反映建筑结构的可靠性。

新中国成立后,我国建筑结构设计理论的确有了长足的发展。但在 20 世纪 80 年代以前,建筑结构设计理论在不同材料构件设计中采用的设计方法不尽一致。如砌体结构采用了总安全系数法;钢筋混凝土结构采用了半经验、半统计的单一安全系数极限状态设计法。在同一幢建筑物中,建筑结构的可靠性很难表述。

20 世纪 80 年代以后,国际上在应用概率理论来研究和解决结构可靠度问题,并在统一各种结构基本设计原则方面取得了显著的进展,使结构可靠度理论进入一个新的阶段。在学习国外科研成果和总结我国工程实践经验的基础上,我国于 1984 年颁布试行《建筑结构设计统一标准》(GBJ68 — 1984)(以下简称原《统一标准》),也是采用以概率理论为基础的极限状态设计法。原《统一标准》把概率方法引入到工程设计中来,从而使结构设计可靠度具有比较明确的物理意义,使我国的建筑结构设计基本原则更为合理,并开始趋向统一。原《统一标准》的应用是我国在建筑设计概念上的重大变革,并对提高我国建筑结构设计规范的质量和逐步形成完整的体系起了重大的推动作用。

近年来,我国对原《统一标准》进行了修订,2002 年颁布了《统一标准》2001,将我国建筑结构可靠度设计提高到一个新的水平。其建筑结构设计方法,就是下面所介绍的概率极限状态设计法。

2.2　结构的功能和极限状态

2.2.1　结构的功能及可靠性

建筑结构设计的基本目的是在一定经济条件下,使结构在预定的使用期限内,能满足设计所预期的各种功能要求。结构的功能要求包括安全性、适用性和耐久性。

（1）安全性

要求能够承受正常施工和正常使用时可能出现的各种作用(例如:荷载、温度、地震等),以及在偶然事件发生时及发生后,结构仍能保持必需的整体稳定性,即结构只产生局部损坏而不会发生连续倒塌。

（2）适用性

要求在正常使用时具有良好的工作性能(例如:不发生影响使用的过大变形或振幅;不发生过宽的裂缝)。

（3）耐久性

要求在正常的维护下具有足够的耐久性,不发生锈蚀和风化现象。

以上结构三方面的功能要求又总称为结构的可靠性。

2.2.2　结构的极限状态

在建筑结构使用中,整个结构或结构的一部分超过某一特定状态就不能满足设计的某一功能要求,此特定状态称为该功能的极限状态。极限状态是区分结构工作状态可靠或失效的标志。

结构的极限状态可分为两类：承载力极限状态和正常使用极限状态。

1. 承载力极限状态

承载力极限状态是指对应于结构或结构构件达到最大承载力，出现疲劳破坏或不适于继续承载的变形。包括：当结构构件或连接因超过材料强度而破坏（包括疲劳破坏），或因为过度变形而不适于继续承载；整个结构或结构的一部分作为刚体失去平衡（如倾覆等）；结构转变为机动体系；结构或结构构件丧失稳定（如压屈等）；地基丧失承载力而破坏（如失稳等）。超过承载力极限状态后，结构或构件就不能满足安全性的要求。

2. 正常使用极限状态

正常使用极限状态是指对应于结构或结构构件达到正常使用或耐久性能的某项规定的极限值。当结构或结构构件出现下列状态之一时，应认为超过了正常使用极限状态。影响正常使用或外观的过大变形；影响正常使用或耐久性能的局部损坏（包括裂缝）；影响正常使用的其他特定状态。超过了正常使用极限状态，结构或构件就不能保证适用性和耐久性的功能要求。

结构构件按承载力极限状态进行计算后，再根据设计状况，按正常使用极限状态进行验算。

2.3　结构的可靠度和极限状态方程

2.3.1　作用效应和结构抗力

任何结构或构件中都存在对立的两个方面：作用效应 S 和结构抗力 R。——这是结构设计中必须解决的两个问题。

作用效应 S 是指作用引起的结构或结构构件的内力、变形和裂缝等。

结构抗力 R 是指结构或结构构件承受作用效应的能力，如结构构件的承载力、刚度和抗裂度等。它主要与结构构件的材料性能和几何参数以及计算模式的精确性有关。

结构上的作用分为直接作用和间接作用两种。直接作用是指施加在结构上的荷载，如恒载、活荷载和雪荷载等。间接作用是指引起结构外观变形和约束变形的其他作用，如地基沉降、混凝土收缩、温度变化和地震等。

结构上的作用，也可按下列原则分类。

1. 按随时间的变异性分类

（1）永久作用

在设计基准期内量值不随时间变化，或其变化与平均值相比可以忽略的作用。例如，结构自重、土压力、预加应力等。

（2）可变作用

在设计基准期内量值随时间变化且其变化与平均值相比不可忽略的作用。例如，安装荷载、楼面活荷载、风荷载、雪荷载、吊车荷载和温度变化等。

（3）偶然作用

在设计基准期内不一定出现，而一旦出现，其量值很大且持续时间很短的作用。例如地震、爆炸、撞击等。

2. 按随空间位置的变异分类

（1）固定作用

在结构上具有可以固定分布的作用。例如，工业与民用建筑楼面上的固定设备荷载、结构构件自重等。

（2）自由作用

在结构上一定范围内可以任意分布的作用。例如,工业与民用建筑楼面上的人员荷载、吊车荷载等。

3. 按结构的反应特点分类

（1）静态作用

使结构产生的加速度可以忽略不计的作用。例如结构自重、住宅和办公楼的楼面活荷载等。

（2）动态作用

使结构产生的加速度不可忽略的作用。例如,地震、吊车荷载、设备振动等。

2.3.2 结构的可靠度

如前所述,结构和结构构件在规定的时间内、规定的条件下完成预定功能的概率,称为结构的可靠度,可靠度就是对结构可靠性的概率度量。结构的作用效应小于结构抗力时,结构处于可靠工作状态。反之,结构处于失效状态。

由于作用效应和结构抗力都是随机的,因而结构不满足或满足其功能要求的事件也是随机的。一般把出现前一事件(不满足其功能要求)的概率称为结构的失效概率,记为 P_f;把出现后一件事件(满足其功能要求)的概率称为可靠度,记为 P_s,由于可靠概率 P_s 和失效概率 P_f 是互补的,所以,$P_s + P_f = 1$。

2.3.3 极限状态方程

结构的极限状态可用极限状态方程来表示。

当只有作用效应 S 和结构抗力 R 两个基本变量时,可令:

$$Z = R - S \tag{2-1}$$

显然,当 $Z > 0$ 时,结构可靠;当 $Z < 0$ 时,结构失效;当 $Z = 0$ 时,结构处于极限状态。Z 是 S 和 R 的函数,一般记为 $Z = g(S, R)$,称为极限状态函数。相应的,$Z = g(S, R) = R - S = 0$,称为极限状态方程。所以结构的失效概率为:

$$P_f = P(Z = R - S < 0) = \int_{-\infty}^{0} f(Z) dZ \tag{2-2}$$

图 2-1 中所示为结构功能函数的分布曲线。

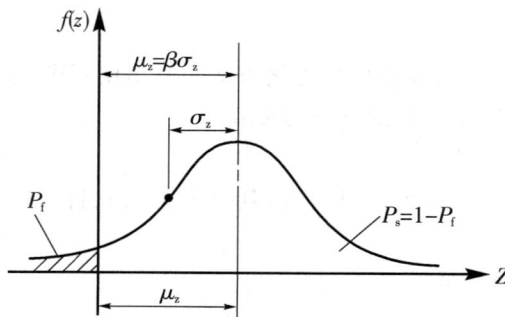

图 2-1 结构功能函数分布曲线

图中纵坐标以左($Z<0$)分布曲线所围成的阴影面积表示结构的失效概率 P_f，纵坐标以右($Z\geqslant0$)分布曲线所围成的面积表示结构的可靠概率 P_s。

2.4　可靠指标和目标可靠指标

2.4.1　可靠指标

如果已知 S 和 R 的理论分布函数，则可由式(2-2)求得结构失效概率 P_f。由于 P_f 的计算在数学上比较复杂以及目前对于 S 和 R 的统计规律研究深度还不够，要按上述方法求得失效概率是有困难的。因此，《统一标准》采用了可靠指标 β 来代替结构的失效概率 P_f。

结构的可靠指标 β 是指 Z 的平均值 μ_z 与标准差 σ_z 的比值，即：

$$\beta = \frac{\mu_z}{\sigma_z} \tag{2-3}$$

可以证明，β 与 P_f 具有一定的对应关系。表 2-2 表示了 β 与 P_f 在数值上的对应关系。

表 2-2　可靠指标 β 与失效概率 P_f 的对应关系

β	2.7	3.2	3.7	4.2
P_f	3.4×10^{-3}	6.8×10^{-4}	1.0×10^{-4}	1.3×10^{-5}

假定 S 和 R 是相互独立的随机变量，且都服从于正态分布，则极限状态函数 $Z=R-S$ 亦服从正态分布，于是可得：

$$\mu_Z = \mu_R - \mu_S$$
$$\sigma_Z = \sqrt{\sigma_R^2 + \sigma_S^2}$$

则：

$$\beta = (\mu_R - \mu_S) / \sqrt{\sigma_R^2 + \sigma_S^2} \tag{2-4}$$

式中：μ_S、σ_S——结构构件作用效应的平均值和标准差；

　　　μ_R、σ_R——结构构件抗力的平均值和标准差。

由式(2-4)可看出，可靠指标不仅与作用效应及结构抗力的平均值有关，而且与两者的标准差有关，μ_z 愈大，β 也愈大，结构愈可靠，这与传统的安全系数法要领是一致的；在 μ_z 固定的情况下，σ_z 愈小(即离散性愈小)，β 就愈大，结构愈可靠，这是传统的安全系数法无法反映的。

2.4.2　目标可靠指标和安全等级

在解决可靠性的定量尺度(即可靠指标)后，另一个必须解决的重要问题是选择结构的最优失效概率或作为设计依据的可靠指标，即目标可靠指标，以达到安全与经济上的最佳平衡。

根据对各种荷载效应组合情况以及各种结构构件大量的计算分析后，《统一标准》规定，对于一般工业与民用建筑，当结构构件属延性破坏时，目标可靠指标取为 3.7。

此外，《统一标准》2001 根据建筑物的重要性，即根据结构破坏可能产生的后果(危及人的生命、造成经济损失、产生社会影响等)的严重性，将建筑物划分为三个安全等级，同时，《统一标准》

2001 规定，结构构件承载力极限状态的可靠指标不应小于表 2－3 的规定。由表 2－3 可见，不同安全等级之间的值相差 0.5，这大体上相当于结构失效概率相差一个数量级。

建筑物中各类结构构件的安全等级宜与整个结构的安全等级相同，对其中部分结构构件的安全等级，可根据其重要程度适当调整，但不得低于三级。

表 2－3 建筑结构的安全等级及结构构件承载力极限状态的目标可靠指标

建筑结构的安全等级	破坏后果	建筑物类型	结构构件承载力极限状态的目标可靠指标	
			延性破坏	脆性破坏
一级	很严重	重要的建筑	3.7	4.2
二级	严重	一般的建筑	3.2	3.7
三级	不严重	次要的建筑	2.7	3.2

［注］（1）延性破坏是指结构构件在破坏前有明显的变形或其他预兆；脆性破坏是指结构构件在破坏前无明显变形或其他预兆。（2）当承受偶然作用时，结构构件的可靠指标应符合专门规范的规定。（3）当有特殊要求时，结构构件的可靠指标不受本表限制。

2.5　极限状态设计表达式

根据上述规定的目标可靠指标，即可按照结构可靠度的概率分析方法进行结构设计。但是，直接采用目标可靠指标进行设计的方法过于繁琐，计算工作量很大，为了实用上简便，并考虑到工程技术人员的习惯，《统一标准》2001 采用了以基本变量（荷载和材料强度）标准值和相应的分项系数来表示的设计表达式，其中，分项系数是按照目标可靠指标，并考虑工程经验，经优选确定的。从而，使实用设计表达式的计算结果近似地满足目标可靠指标的要求。

2.5.1　承载能力极限状态设计表达式

任何结构构件均应进行承载力设计，以确保安全。承载能力极限状态设计表达式为：

$$\gamma_0 S \leqslant R \tag{2-5}$$

$$R = R(f_c, f_s, \alpha_k \cdots) \tag{2-6}$$

式中：γ_0——结构构件的重要性系数，对安全等级为一级或设计使用年限为 100 年及以上的结构构件，不应小于 1.1；对安全等级为二级或设计使用年限为 50 年的结构构件，不应小于 1.0；对安全等级为三级或设计使用年限为 5 年及以下的结构构件，不应小于 0.9；

S——荷载效应组合的设计值；

R——结构构件抗力的设计值；

$R = R(f_c, f_s, \alpha_k \cdots)$——结构构件的抗力函数；

f_c、f_s——分别为混凝土、钢筋强度设计值；

α_k——几何参数标准值，当几何参数的变异性对结构性能有明显的不利影响时，可另增减一个附加值。

对于承载力极限状态，结构构件应按荷载效应的基本组合进行计算，必要时尚应按荷载效应的偶然组合进行计算。

对于基本组合,其内力组合设计值可按式(2-7)和式(2-8)中最不利值确定:

由可变荷载效应控制的组合

$$\gamma_0 S = \gamma_0 (\gamma_G S_{Gk} + \gamma_{Q1} S_{Q1k} + \sum_{i=2}^{n} \gamma_{Qi} \psi_{ci} S_{Qik}) \tag{2-7}$$

由永久荷载效应控制的组合

$$\gamma_0 S = \gamma_0 (\gamma_G S_{Gk} + \sum_{i=1}^{n} \gamma_{Qi} \psi_{ci} S_{Qik}) \tag{2-8}$$

按上述要求,设计排架和框架结构时,往往是相当复杂的。因此,对于一般排架和框架结构,可采用下列简化公式

$$\gamma_0 S = \gamma_0 (\gamma_G S_{Gk} + \psi \sum_{i=1}^{n} \gamma_{Qi} S_{Qik}) \tag{2-9}$$

式中:γ_G——永久荷载分项系数,当永久荷载效应对结构构件不利时,对式(2-7)取 1.2,对由永久荷载效应控制的组合取 1.35;当永久荷载效应对结构构件承载能力有利时,不应大于 1.0;

γ_{Q1}、γ_{Qi}——第 1 个和第 i 个可变荷载分项系数,当可变荷载效应对结构构件承载能力不利时,在一般情况下取 1.4,当可变荷载效应对结构构件承载能力有利时,取为 0;

S_{Gk}——永久荷载标准值的效应;

S_{Q1k}——在基本组合中其控制作用的一个可变荷载标准值的效应;

S_{Qik}——第 i 个可变荷载标准值的效应;

ψ_{ci}——第 i 个可变荷载的组合值系数,其值不应大于 1.0;

n——可变荷载的个数;

ψ——简化设计表达式中采用的荷载组合值系数,一般情况下可取 $\psi=0.9$,当只有一个可变荷载时,取 $\psi=1.0$。

采用式(2-7)和式(2-8)时,应根据结构可能同时承受的可变荷载进行荷载效应组合,并取其中最不利的组合进行设计。各种荷载的具体组合规则,应符合现行国家标准《建筑结构荷载规范》GB50009—2001(以下简称《荷载规范》)的规定。

对于偶然组合,其内力组合设计值应按有关的规范或规程确定。例如,当考虑地震作用时,应按现行国家标准《建筑抗震设计规范》GB50011—2001 确定。

此外,根据结构的使用条件,在必要时,还应验算结构的倾覆、滑移等。

式(2-5)中的 $\gamma_0 S$,在本书各章中用内力设计值(N、M、V 等)表示;对预应力混凝土结构,还应考虑预应力效应。

2.5.2　正常使用极限状态设计表达式

按正常使用极限状态设计时,应验算结构构件的变形、抗裂度或裂缝宽度。由于结构构件达到或超过正常使用极限状态时的危害程度不如承载力不足引起结构破坏时大,故对其可靠度的要求可适当降低。因此,按正常使用极限状态设计时,对于荷载组合值,不需要乘以荷载分项系

数,也不再考虑结构的重要性系数 γ_0。同时,由于荷载短期作用和长期作用对于结构构件正常使用性能的影响不同,对于正常使用极限状态,应根据不同的设计目的,分别按荷载效应的标准组合和准永久组合,或标准组合并考虑长期作用影响,采用下列极限状态表达式:

$$S \leqslant C \tag{2-10}$$

式中:C——结构构件达到正常使用要求所规定的限值,例如变形、裂缝和应力等限值;

S——正常使用极限状态的荷载效应(变形、裂缝和应力等)组合值。

1. 荷载效应组合

在计算正常使用极限状态的荷载效应组合值 S 时,需首先确定荷载效应的标准组合和准永久组合。荷载效应的标准组合和准永久组合应按下列规定计算:

(1)标准组合

$$S = S_{Gk} + S_{Q1k} + \sum_{i=2}^{n} \psi_{ci} S_{Qik} \tag{2-11}$$

(2)准永久组合

$$S = S_{Gk} + \sum_{i=1}^{n} \psi_{qi} S_{Qik} \tag{2-12}$$

式中:S——分别为荷载效应的标准组合和准永久组合;

ψ_{ci}、ψ_{qi}——分别为第 i 个可变荷载的组合值系数和准永久值系数。

必须指出,在荷载效应的准永久组合中,只包括了在整个使用期内出现时间很长的荷载效应值,即荷载效应的准永久值 $\psi_{qi} S_{ik}$;而在荷载效应的标准组合中,既包括了在整个使用期间内出现时间很长的荷载效应值,也包括了在整个使用期内出现时间不长的荷载效应值。因此,荷载效应的标准组合值出现的时间是不长的。

2. 验算内容

正常使用极限状态的验算内容有如下几项:变形验算和裂缝控制验算(抗裂验算和裂缝宽度验算)。

(1)变形验算

根据使用要求需控制变形的构件,应进行变形验算。对于受弯构件,按荷载效应的标准组合,考虑荷载的长期作用影响计算的最大挠度 f 不应超过挠度限值 f_{lim}。

$$f \leqslant f_{lim} \tag{2-13}$$

(2)钢筋混凝土结构裂缝控制验算

结构构件设计时,应根据所处环境和使用要求,选用相应的裂缝控制等级,并按下列规定进行验算。裂缝控制等级分为三级,其要求分别如下:

①一级

严格要求不出现裂缝的构件,按荷载效应标准组合计算时,构件受拉边缘混凝土不应产生拉应力,即构件受拉边缘混凝土的应力 σ_{ctk} 应满足下列要求

$$\sigma_{ctk} \leqslant 0 \tag{2-14}$$

②二级

一般要求不出现裂缝的构件,按荷载效应标准组合计算时,构件受拉边缘混凝土拉应力不应

大于混凝土轴心抗拉强度标准值,即构件受拉边缘混凝土的应力 σ_{ctk} 应满足下列要求

$$\sigma_{ctk} \leqslant f_{tk} \tag{2-15}$$

式中:f_{tk}——混凝土轴心抗拉强度标准值。

按荷载效应准永久组合计算时,构件受拉边缘混凝土不应产生拉应力,即构件受拉边缘混凝土的拉应力 σ_{ctk} 应满足下列要求

$$\sigma_{ctk} \leqslant 0 \tag{2-16}$$

当有可靠经验时可适当放宽要求。

③三级

允许出现裂缝的构件,按荷载效应标准组合,并考虑长期作用影响计算时,构件的最大裂缝宽度 ω_{max} 不应超过裂缝宽度限值 ω_{lim}。

$$\omega_{max} \leqslant \omega_{lim} \tag{2-17}$$

2.5.3 材料强度和荷载的取值

1. 材料强度指标的取值

由上述极限状态设计表达式可知,材料的强度指标有两种:标准值和设计值。

在钢筋混凝土结构中,钢筋和混凝土的强度标准值系按标准试验方法测得的具有不小于95%的保证率的强度值,即:

$$f_k = f_m - 1.645\sigma = f_m(1 - 1.645\delta) \tag{2-18}$$

式中:f_k、f_m——分别为材料强度的标准值和平均值;

σ、δ——分别为材料强度的均方差和变异系数。

钢筋和混凝土的强度设计值系由强度标准值除以相应的材料分项系数确定,即:

$$f_d = f_k / \gamma_d \tag{2-19}$$

式中:f_d——材料强度设计值;

γ_d——材料分项系数。

钢筋和混凝土的材料分项系数及其强度设计值主要是通过对可靠指标的分析及工程经验标准确定。

为了明确起见,式(2-19)可改写为

$$f_s = f_{sk} / \gamma_s \tag{2-20a}$$

$$f_c = f_{ck} / \gamma_c \tag{2-20b}$$

式中:f_s、f_c——分别为钢筋强度设计值和混凝土强度设计值;

f_{sk}、f_{ck}——分别为钢筋强度标准值和混凝土强度标准值;

γ_s、γ_c——分别为钢筋材料分项系数和混凝土材料的分项系数。

2. 荷载代表值

荷载都存在着变异性,例如:同样形状、材料的两块预制板,如称其重量,一般总会有差异;办公楼楼板上每平方米承受的活荷载更是会千差万别,有时可能为零(没有人员和设备),有时又可能相当大(如召开临时性的多人员会议);风载与雪载也都是变化的。因此说荷载是随机变量。

结构设计时,为了适应不同极限状态下的设计要求,《荷载规范》给出了荷载各种代表值。对永久荷载应采用标准值作为代表值;对可变荷载应根据设计要求采用标准值、组合值、频遇值或准永久值作为代表值。

(1)荷载标准值

荷载标准值指结构在使用期间,正常情况下可能出现的最大荷载统计分布的特征值(如均值、众值、中值或某个分位值)。荷载标准值是结构设计时采用的荷载基本代表值,荷载的其他代表值是以其为基础乘以适当的系数后得到的。各类荷载的标准值见《荷载规范》。

①永久荷载的标准值

永久荷载变异性不大,一般以平均值作为荷载的标准值,即可按结构设计规定的尺寸和材料的平均密度确定。对自重变异大的材料,在设计时应根据荷载对结构有利或不利,分别取其自重的下限值或上限值。

②可变荷载的标准值

可变荷载的标准值可根据数理统计方法确定,通常要求具有95%的保证率。表2-4、表2-5给出了有关楼面、屋面均布活荷载的标准值等。

表2-4 民用建筑楼面均布活荷载标准值及其组合值、频遇值和准永久值系数

项次	类 别		标准值 (KN/m²)	组合值系数 ψ_c	频遇值系数 ψ_f	准永久值系数 ψ_q
1	(1)住宅、宿舍、旅馆、办公楼、医院、病房、托儿所、幼儿园		2.0	0.7	0.5	0.4
	(2)教室、实验室、阅览室、会议室、医院门诊室				0.6	0.5
2	食堂、餐厅、一般资料档案室		2.5	0.7	0.6	0.5
3	(1)礼堂、剧场、影院、有固定座位的看台		3.0	0.7	0.5	0.3
	(2)公共洗衣房		3.0	0.7	0.6	0.5
4	(1)商店、展览厅、车站、港口、机场大厅及其旅客等候室		3.5	0.7	0.6	0.5
	(2)无固定座位的看台		3.5	0.7	0.5	0.3
5	(1)健身房、演出舞台		4.0	0.7	0.6	0.5
	(2)舞厅		4.0	0.7	0.6	0.3
6	(1)书库、档案库、贮藏室		5.0	0.9	0.9	0.8
	(2)密集柜书库		12.0			
7	通风机房、电梯机房		7.0	0.9	0.9	0.8
8	汽车通道及停车库	(1)单向板楼盖(板跨不小于2m)				
		客车	4.0	0.7	0.7	0.6
		消防车	35.0	0.7	0.7	0.6
		(2)双向板楼盖和无梁楼盖(柱网尺寸不小于6m×6m)				
		客车	2.5	0.7	0.7	0.6
		消防车	20.0	0.7	0.7	0.6

（续表）

项次	类 别		标准值 （KN/m²）	组合值系数 ψ_c	频遇值系数 ψ_f	准永久值系数 ψ_q
9	厨房	（1）一般的	2.0	0.7	0.6	0.5
		（2）餐厅的	4.0	0.7	0.7	0.7
10	浴室、厕所、盥洗室	（1）第 1 项中的民用建筑	2.0	0.7	0.5	0.4
		（2）其他民用建筑	2.5	0.7	0.6	0.5
11	走廊、门厅、楼梯	（1）宿舍、旅馆、医院病房托儿所、幼儿园、住宅	2.0	0.7	0.5	0.4
		（2）办公楼、教室、餐厅，医院门诊部	2.5	0.7	0.6	0.5
		（3）消防疏散楼梯，其他民用建筑	3.5	0.7	0.5	0.3
12	阳台	（1）一般情况	2.5	0.7	0.6	0.5
		（2）当人群有可能密集时	3.5			

[注] （1）本表所给各项活荷载适用于一般使用条件，当使用荷载较大或情况特殊时，应按实际情况采用。（2）第 6 项书库活荷载当书架高度大于 2m 时，书库活荷载尚应按每米书架高度不小于 25kN/m² 确定。（3）第 8 项中的客车活荷载只适用于停放载人少于 9 人的客车；消防车活荷载是适用于满载总重为 300kN 的大型车辆；当不符合本表的要求时，应将车轮的局部荷载按结构效应的等效原则，换算为等效均布荷载。（4）第 11 项楼梯活荷载，对预制楼梯踏步平板，尚应按 1.5kN 集中荷载验算。（5）本表各项荷载不包括隔墙自重和二次装修荷载。对固定隔墙的自重应按恒荷载考虑，当隔墙位置可灵活自由布置时，非固定隔墙的自重应取每延米长墙重（kN/m）的 1/3 作为楼面活荷载的附加值（kN/m²）计入，附加值不小于 1.0kN/m²。

表 2-5 屋面均布活荷载

项次	类 别	标准值 （kN/m²）	组合值系数 ψ_c	频遇值系数 ψ_f	准永久值系数 ψ_q
1	不上人的屋面	0.5	0.7	0.5	0
2	上人的屋面	2.0	0.7	0.5	0.4
3	屋顶花园	3.0	0.7	0.5	0.5

[注] （1）不上人的屋面，当施工和维修荷载较大时，应按实际情况采用；对不同结构应按有关设计规范的规定，将标准值作 0.2 KN/m² 的增减。（2）上人的屋面，当兼作其他用途时，应按相应楼面活荷载采用。（3）对于因屋面排水不畅、堵塞等引起的积水荷载，应采取构造措施加以防止；必要时，应按积水的可能深度确定屋面活荷载。（4）屋顶花园活荷载不包括花圃土石等材料自重。

（2）可变荷载准永久值

对可变荷载，在设计基准期（或称预期使用年限）内，其达到和超过的总时间为设计基准期一半的荷载值称为可变荷载准永久值。可变荷载准永久值可写成：

$$Q_q = \psi_q \cdot Q_k \qquad (2-21)$$

式中：Q_q——可变荷载准永久值；

Q_k——可变荷载标准值；

ψ_q——准永久值系数，按表 2-4、表 2-5 采用。

(3) 可变荷载频遇值

对可变荷载,在设计基准期内,其超越的总时间为规定的较小比率或超越频率为规定频率的荷载值称为可变荷载频遇值。其大小等于可变荷载标准值乘以频遇值系数 ψ_f,按表 2 - 4、表 2 - 5 采用。

(4)可变荷载组合值

当考虑两种或两种以上可变荷载在结构上同时作用时,由于所有荷载同时达到其单独出现的最大值的可能性极小,因此,除主导荷载仍以其标准值为代表值外,其他伴随荷载应取其标准值乘以小于1的荷载组合系数 ψ_c(按规定采用),即取组合值。

思 考 题

1. 什么是结构可靠度?

2. 什么是结构的"设计基准期"? 我国的"设计基准期"规定的年限是多少?

3. 什么是永久作用,可变作用,偶然作用?

4. 什么是结构的可靠指标?

5. 如何划分结构的安全等级?

6. 为什么要引入荷载分项系数? 如何选用荷载分项系数值?

7. 荷载设计值与荷载标准值有什么关系?

8. 什么是结构的极限状态? 如何划分结构的极限状态?

第3章 钢筋混凝土结构

钢筋混凝土结构是由钢筋和混凝土两种材料所组成的,钢筋的抗拉和抗压能力都很强,混凝土抗压能力较强而抗拉能力却很弱,为了充分发挥建筑材料的性能,把两者结合在一起共同工作,使钢筋主要承受拉力,混凝土主要承受压力以满足工程结构的使用要求。

由于钢筋混凝土结构具有很多明显的优点,在国内外的工程建设中得到广泛的应用,目前已成为世界各国占主导地位的结构。

3.1 钢筋混凝土结构材料力学性能

3.1.1 钢筋的力学性能

1. 钢筋的品种

钢筋按外形分类,可分为光圆钢筋、带肋钢筋、刻痕钢筋和钢绞线。带肋钢筋的肋纹有螺纹、人字纹、月牙纹几种(见图3-1)。刻痕钢筋是将钢筋表面刻出椭圆形的浅坑。钢绞线则是由多股高强度光圆钢筋绞合而成。

按加工方法分类,可分为热轧钢筋、冷拉钢筋、冷轧钢筋和热处理钢筋等。

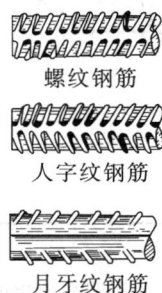

螺纹钢筋

人字纹钢筋

月牙纹钢筋

图3-1 肋纹的形式

(1)热轧钢筋

是低碳钢、普通低合金钢在高温状态下轧制而成。根据其力学指标的高低,分为 HPB235 级(Ⅰ级,符号 ϕ)、HRB335 级(Ⅱ级,符号 Φ)、HRB400 级、(Ⅲ级,符号 Φ)、RRB400 级(余热处理Ⅲ级,符号 Φ^R)四个种类。钢筋的级别越高,强度也越高,但塑性降低。钢筋混凝土结构中的纵向受力钢筋宜优先采用 HRB400 级及 HRB335 级钢筋。

(2)冷拉钢筋

是对热轧钢筋进行冷加工所制,冷加工后,钢筋的强度有所提高,但其塑性和伸长率却随之降低和减小。

(3)冷轧钢筋

是在常温下,将光圆的普通低碳或低合金钢筋经过轧制,使其减小直径,并且表面带肋(一般为三面带有月牙纹肋)的钢筋。冷轧钢筋强度较高,且表面带肋,可用来取代小直径的Ⅰ级光圆钢筋或冷拔低碳钢丝。

(4)热处理钢筋

是利用轧制钢筋的余热进行淬火、回火等调质工艺处理的钢筋。热处理后钢筋强度能得到较大幅度的提高,而塑性降低并不多。热处理钢筋用于大型预应力混凝土构件。

钢筋按供货形式可分为直条钢筋和盘圆钢筋两种。直径 10~50mm 的钢筋通常用直条供应,长度为 6~12m;直径小于 10mm 的钢筋通常用盘圆供应。

2. 钢筋的强度和变形

钢筋的强度和变形是钢筋主要的力学性能，可以通过拉伸试验得到钢筋的应力—应变曲线来确定。钢筋的拉伸应力—应变关系曲线可分为有明显流幅的和没有明显流幅的两类。

图 3-2 是有明显流幅钢筋的应力—应变曲线。从图中可以看到，应力值在 a 点以前，应力与应变成比例变化，与 a 点对应的应力称为比例极限。过 a 点后，应变较应力增长为快，到达 b' 点后钢筋开始塑流，b' 点称为屈服上限，它与加载速度、截面形式、试件表面光洁度等因素有关，通常 b' 点是不稳定的。待 b' 点降至屈服下限 b 点，这时应力基本不增加而应变急剧增长，曲线接近水平线。曲线延伸至 c 点，b 点到 c 点的水平距离的大小称为流幅或屈服台阶。有明显流幅的钢筋屈服强度是按屈服下限确定的。过 c 点以后，应力又继续上升，说明钢筋的抗拉能力又有所提高。随着曲线上升到最高点 d，相应的应力称为钢筋的极限强度，cd 段称为钢筋的强化阶段。试验表明，过了 d 点，试件薄弱处的截面将会突然显著缩小，发生局部颈缩，变形迅速增加，应力随之下降，达到 e 点后试件被拉断。

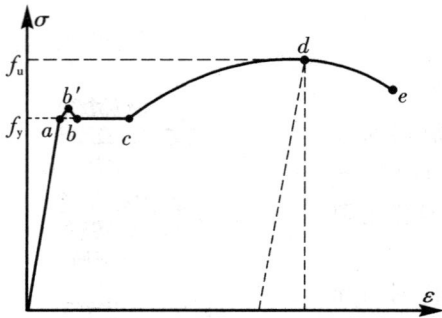

图 3-2　有明显流幅的钢筋应力—应变曲线　　　　图 3-3　无明显流幅的钢筋应力—应变曲线

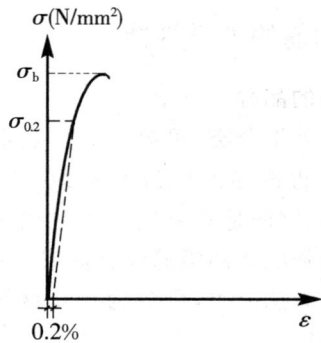

对没有明显流幅或屈服点的钢筋，《混凝土结构设计规范》（GB50010—2002）（以下简称《混凝土规范》）中规定在构件承载力设计时，取极限抗拉强度 σ_b 的 85% 作为条件屈服点，如图 3-3 所示。即取其残余应变为 0.2% 时相应的强度 $\sigma_{0.2}$ 作为设计强度的依据。

3. 钢筋混凝土结构对钢筋性能的要求

用于钢筋混凝土结构中的钢筋，应满足下列性能方面的要求：

（1）具有适当的屈强比

在钢筋的应力—应变曲线图中，强度有两个：一是钢筋的屈服强度（或条件屈服强度），这是设计计算时的主要依据，屈服强度高则材料用量省，所以要选用高强度钢筋；另一是钢筋的抗拉强度，屈服强度与抗拉强度的比值称为屈强比，它可以代表结构的强度储备，比值小则结构的强度储备大，但比值太小则钢筋强度的有效利用率太低，所以要选择适当的屈强比。

（2）足够的塑性

在钢筋混凝土结构中，若发生脆性破坏则变形很小，没有预兆，而且是突发性的，因此是危险的，故而要求钢筋断裂时要有足够的变形。这样，结构在破坏之前就能显示预警信号，保证安全。

（3）可焊性

要求钢筋具备良好的焊接性能，保证焊接后钢筋不产生裂纹及过大的变形。

（4）低温性能

在寒冷地区要求钢筋具备抗低温性能,以防钢筋低温冷脆而致破坏。

(5)与混凝土要有良好的粘结力

粘结力是钢筋与混凝土得以共同工作的基础。通常在钢筋表面上加以刻痕或制成各种肋纹,来提高钢筋与混凝土之间的粘结力。

3.1.2　混凝土的力学性能

1.混凝土的强度

混凝土是一种不均匀、不密实的混合体,且其内部结构复杂。混凝土的强度受到许多因素的影响,诸如水泥的品质和用量、骨料的性质、混凝土的级配、水灰比、制作的方法、养护环境的温湿度、龄期、试件的形状和尺寸、试验的方法等等。因此,在建立混凝土的强度时要规定一个统一的标准作为依据。

(1)立方体抗压强度

我国《混凝土规范》规定,混凝土强度等级应按立方体抗压强度标准值确定。立方体抗压强度标准值系指按照标准方法制作和养护的边长均为 150mm 的立方体试块,养护环境温度为 $20℃±3℃$,相对湿度 $≥90\%$ 的条件下,在 28 天龄期,用标准试验方法测得的具有 95% 保证率的抗压强度。用 $f_{cu,k}$ 来表示。

《混凝土规范》将混凝土的强度按照其立方体抗压强度标准值的大小划分为 14 个强度等级,它们是 C15、C20、C25、C30、C35、C40、C45、C50、C55、C60、C65、C70、C75 和 C80。14 个等级中的数字部分即表示以 N/mm^2 为单位的立方体抗压强度数值。

(2)轴心抗压强度

在实际工程中,钢筋混凝土受压构件往往是棱柱体,即高度 h 比截面的边长 b 大很多,端部的摩擦力的约束作用减小。当 $h/b=3\sim4$ 时,轴心抗压强度即摆脱了摩擦力的作用而趋稳定,达到纯压状态。由棱柱体测得的强度称为混凝土的轴心抗压强度 f_c,f_c 能更好地反映混凝土的实际抗压能力,所以轴心抗压强度的试件往往取 $150×150×450mm$、$150×150×600mm$ 等尺寸。另外,试件尺寸也不宜取得过高,过高后如产生偏心,则对轴心抗压强度试验数据的干扰就大了。根据大量试验资料且考虑到混凝土构件强度与试件强度之间的差异,规范对 C50 及以下的混凝土取 $f_{c,k}=0.67f_{cu,k}$,对 C80 取系数为 0.72,中间按线性变化。对于 C40~C80 混凝土再考虑乘以脆性折减系数 1.0~0.870。

(3)三向受压强度

混凝土试件三向受压则由于变形受到相互间有利的制约,形成约束混凝土,其强度有较大的增长,根据圆柱体试件周围加侧向液压试验结果,三向受压时混凝土纵向抗压强度的经验公式为:

$$f_{cc} = f_c + 4\sigma_r \tag{3-1}$$

式中:f_c——无侧向压应力时的混凝土轴心抗压强度;

　　　σ_r——侧向压应力。

混凝土三向受压时强度提高的原因是:侧向压应力约束了混凝土的横向变形,从而延迟和限制了混凝土内部裂缝的发生和发展,使试件不易破坏。

(4)抗拉强度 f_t

混凝土是一种脆性材料,它的抗拉强度很低。

2. 混凝土的变形

（1）混凝土在一次短期加荷作用下的变形性能

①混凝土的应力—应变曲线

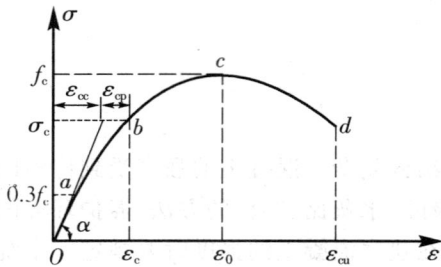

图 3 - 4　混凝土在一次短期加荷下的应力—应变曲线

混凝土在一次短期加荷作用下的应力—应变曲线是其最基本的力学性能，可通过对混凝土棱柱体的受压或受拉试验测定。混凝土受压时典型的应力—应变曲线如图 3 - 4 所示。曲线包括上升段和下降段两部分，对应于顶点 c 的应力为轴心抗压强度 f_c。在上升阶段中，当应力小于 $0.3f_c$ 时，应力—应变曲线可视为直线，混凝土处于弹性阶段。随着应力的增加，应力—应变曲线逐渐偏离直线，表现出越来越明显的塑性性质，此时，混凝土的应变由弹性应变和塑性应变两部分组成，且后者占的比例越来越大；在下降段，随着应变的增大，应力反而减少，当应变达到极限值时，混凝土破坏。

②混凝土的弹性模量、变形模量和剪变模量

由混凝土应力—应变曲线的原点作曲线的切线，该曲线的斜率为原点弹性模量，简称弹性模量，用 E_c 表示（见图 3 - 4）。《混凝土规范》用如下公式计算混凝土的弹性模量。也可由附表 3 直接查得。

$$E_c = \frac{10^5}{2.2 + \dfrac{34.7}{f_{cu,k}}} \ (N/mm^2) \tag{3-2}$$

作原点 O 与曲线的任一点连线，其所形成的割线的斜率为混凝土的割线模量，也称变形模量，用 E_c' 表示。

剪变模量是指剪应力和剪应变的比值。即

$$G_c = \frac{\tau}{\gamma} \tag{3-3}$$

《混凝土规范》取 $G_c = 0.4E_c$。

（2）混凝土在重复荷载作用下的变形性能

混凝土在重复荷载作用下表现出来的变形性能，称为混凝土的疲劳性能。应力—应变曲线斜率降低是混凝土发生疲劳破坏的一个主要征兆。混凝土疲劳时除变形模量减少外，其强度也有所减小。

通常把试件承受 200 万次（或更多次）重复荷载时发生破坏的压应力值，称为混凝土的疲劳强度，用 f_c^f 表示。

（3）混凝土在荷载长期作用下的变形性能

混凝土在长期荷载作用下，应力不变，应变随时间的增长而继续增长的现象称为混凝土的徐变现象。加载时产生的瞬时应变为 ε_e，加载后应力不变，应变随时间的增长而继续增长，增长速度先快后慢，最终徐变量可达到瞬时应变的 1～4 倍。通常最初 6 个月内可完成徐变 70%～80%，一年以后趋于稳定，三年以后基本终止。如果将荷载在作用一定时间后卸去，会产生瞬时恢复应变,另外还有一部分应变在以后一段时间内逐渐恢复,称为弹性后效,最后还剩下相当部分不能恢复的塑性残余变形(见图 3-5)。

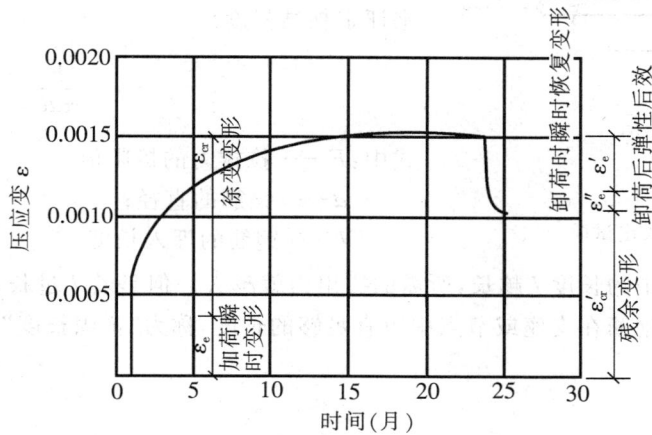

图 3-5　混凝土的徐变应变—时间关系曲线

(4)混凝土的非受力变形

混凝土在空气中结硬时会产生体积收缩,而在水中结硬时会产生体积膨胀。两者相比,前者数值较大,且对结构有明显的不利影响,故必须予以注意;而后者数值很小,且对结构有利,一般可不予考虑。

混凝土的收缩变形先快后慢,一个月约可完成 1/2,二年后趋于稳定,最终收缩应变约为($2 \sim 5) \times 10^{-4}$。

在钢筋混凝土结构中,当混凝土收缩受到结构内部钢筋或外部支座的约束时,会在混凝土中产生拉应力,从而加速了裂缝的出现和开展。在预应力混凝土结构中,混凝土的收缩会引起预应力损失。故而,我们应采取各种措施,减小混凝土的收缩变形。

混凝土的热胀冷缩变形称为混凝土的温度变形,混凝土的温度线膨胀系数约为 1×10^{-5},与钢筋的温度线膨胀系数接近,故当温度变化时两者仍能共同变形。但温度变形对大体积混凝土结构极为不利,由于大体积混凝土在硬化初期,内部的水化热不易散发而外部却难以保温,故而混凝土内外温差很大而造成表面开裂。因此,对大体积混凝土应采用低热水泥、表面保温等措施,必要时还需采取内部降温措施。

3.1.3　钢筋和混凝土之间的粘结与锚固

1. 粘结力的组成

钢筋和混凝土之间的粘结力,是两种性质不同的材料能够共同工作的保证。钢筋和混凝土的粘结锚固作用一般由以下几个方面组成:(1)钢筋与混凝土在接触面上产生的胶结力;(2)钢筋与混凝土相互滑动时产生的摩阻力;(3)钢筋与混凝土之间的咬合力;(4)采用锚固措施后产生的机械锚固力等等。

2. 粘结强度及其影响因素

(1)粘结强度

通常以粘结失效时的最大平均粘结应力作为钢筋与混凝土的粘结强度(τ_b)。粘结强度可以

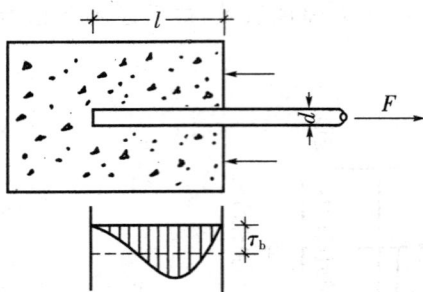

图 3-6 拔出试验

通过拔出试验来确定。如图 3-6 所示,将钢筋的一端埋置在混凝土试件中,在伸出的一端施加拉拔力 F。

经测定,粘结应力呈曲线分布。可以取其平均值来评定粘结强度。

$$\tau_b = \frac{F}{\pi dl} \qquad (3-4)$$

式中:F——拉拔力的极限值;

d——钢筋的直径;

l——钢筋的埋入长度。

钢筋埋入混凝土中的长度 l 越长,所需的拔出力就越大。但是若 l 过长,则过长部分的钢筋将不起作用。故受拉钢筋在支座或节点中应有足够的长度,称为"锚固长度"。

(2)影响因素

①钢筋的形式

带肋钢筋的粘结强度比光圆钢筋的粘结强度要大得多。

②混凝土的强度

混凝土的强度越高,它与钢筋间的粘结强度也越高。

③钢筋保护层厚度

粘结强度随着混凝土保护层厚度的增加而增大。为了保证粘结锚固安全可靠,钢筋的保护层不能太薄,钢筋间的净距也不能太小,防止发生与钢筋平行的劈裂裂缝。

④横向钢筋的设置

横向钢筋可以延缓内裂缝和劈裂裂缝的发展,提高粘结强度。

⑤侧向压应力的影响

侧向压力的存在,可以约束混凝土的横向变形,增大摩阻力,有利于提高粘结强度。

⑥混凝土的质量

混凝土的质量对粘结力和锚固的影响很大。水泥性能好、骨料强度高、配比得当、振捣密实、养护良好的混凝土对粘结力和锚固会很有利。

3.2 受弯构件正截面承载力计算

3.2.1 概述

受弯构件是承受弯矩和剪力的构件。在日常的建筑结构中,我们经常可以见到的楼板、梁、楼梯及工业厂房中的吊车梁、连系梁等等都是典型的受弯构件。

梁常见的截面形式有矩形、T 形、工字形、槽形和箱形等。板常见的截面形式有矩形、槽形和空心形等。梁与板的区别主要在于截面的高宽比 h/b 不同,它们的受力情况是相同的,所以它们的截面计算方法基本相同。

梁、板在弯矩作用下,中和轴以下的部分会受拉,中和轴以上的部位会受压。在进行正截面承载力计算时,只在梁、板的受拉区配置钢筋来承受拉力的受弯构件称为单筋受弯构件;若在截面的受拉区和受压区同时配置钢筋的受弯构件称为双筋受弯构件。

3.2.2 构造要求

对于一些在结构计算中不易详细考虑或很难定量计算的因素,通常采用构造措施来弥补。构造要求是结构设计中非常重要的内容。

1. 梁的构造要求

(1)梁的截面尺寸

矩形截面梁的高宽比 h/b 一般取 2.0~3.5,T 形截面梁的高宽比 h/b 一般取 2.5~4.0。梁的截面宽度 b 通常采用 150、180、200、220、250mm,250mm 以上以 50mm 为模数。梁的高度通常采用 200、250、300、350mm……,800mm 以下以 50mm 为模数,800mm 以上以 100mm 为模数。

(2)纵向受力钢筋

梁中纵向受力钢筋宜选用 HRB400(即Ⅲ级)、HRB335(即Ⅱ级),钢筋的直径通常取 14mm~25mm。对于是绑扎骨架的钢筋混凝土梁,当梁高 $h \geqslant 300mm$ 时,纵向受力钢筋的直径不宜小于 10mm,当梁高 $h < 300mm$ 时,不宜小于 8mm。

为了便于浇筑混凝土以保证钢筋周围混凝土的密实性,梁的上部纵向钢筋的净距,不应小于 30mm 和 $1.5d$(d 为钢筋的最大直径);下部纵向钢筋的净距不应小于 25mm 和 d。如图 3-7 所示。

若钢筋必须排成两排,上、下排钢筋应当对齐,梁的下部纵向钢筋配置多于两层时,钢筋水平方向的中距应比下面一层的中距增大一倍。

(3)纵向构造钢筋

梁的上部不需配置受压钢筋时,为了固定箍筋并与受力钢筋形成钢筋骨架,需在梁内设置架立钢筋。当梁的跨度小于 4m 时,架立钢筋的直径不宜小于 8mm;当梁的跨度为 4~6mm 时,不宜小于 10mm;当梁的跨度大于 6m 时,不宜小于 12mm。

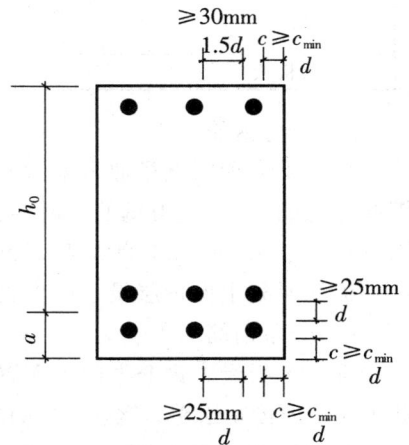

图 3-7 梁的保护层
厚度及纵筋间距

当梁的腹板高度大于 450mm 时,在梁的两侧沿高度每隔 200mm 设置直径不小于 10mm 的纵向构造钢筋,可以减少梁腹部的裂缝宽度。

(4)保护层厚度

为了保证钢筋不被锈蚀,并保证钢筋与混凝土良好粘结,梁内钢筋的两侧和近边都应设有保护层,如图 3-7 所示,其最小厚度 C_{min} 见表 3-1。

表 3-1 纵向受力钢筋的混凝土保护层最小厚度 C_{min}(mm)

环境类别		板、墙、壳			梁			柱		
		≤C20	C25-C45	≥C50	≤C20	C25-C45	≥C50	≤C20	C25-C45	≥C50
一		20	15	15	30	25	25	30	30	30
二	a	—	20	20	—	30	30	—	30	30
	b	—	25	20	—	35	30	—	35	30
三		—	30	25	—	40	35	—	40	35

[注] 基础中纵向受力钢筋的混凝土保护层厚度不应小于 40mm;当无垫层时不应小于 70mm。

2. 板的构造要求

（1）板的厚度

板的厚度不仅要满足强度、刚度和裂缝等方面的要求，还要考虑使用、施工和经济方面的因素。现浇钢筋混凝土板的厚度不应小于表 3-2 中规定的数值。

表 3-2　现浇钢筋混凝土板的最小厚度（mm）

板的类别		最小厚度
单向板	屋面板	60
	民用建筑楼板	60
	工业建筑楼板	70
	行车道下的楼板	80
双向板		80
密肋板	肋间距小于或等于 700mm	40
	肋间距大于 700mm	50
悬臂板	板的悬臂长度小于或等于 500mm	60
	板的悬臂长度大于 500mm	80
无梁楼板		150

（2）受力钢筋

板中受力钢筋直径通常采用 $6\sim12$mm。为了使板受力均匀和混凝土浇筑密实，当采用绑扎钢筋作配筋时，其受力钢筋的间距：当板厚 $h\leqslant150$mm 时，不宜大于 200mm；当 $h>150$mm 时，间距不宜大于 $1.5h$，且不宜大于 250mm。

板的混凝土保护层最小厚度见表 3-1。

（3）分布钢筋

垂直于板受力钢筋方向上布置的构造钢筋称为分布钢筋。分布钢筋的作用是将板面上的荷载更均匀地传布给受力钢筋，同时在施工中可固定受力钢筋位置，而且用它抵抗温度和收缩应力。

分布钢筋可按构造配置。《混凝土规范》规定：分布钢筋的截面面积不宜小于受力钢筋截面面积的 15％，且不宜小于该方向板截面面积的 0.15％；其间距不宜大于 250mm。分布钢筋的直径不宜小于 6mm，若受力钢筋的直径为 12mm 或以上时，直径可取 8mm 或 10mm。对集中荷载较大的情况，分布钢筋的截面面积应适当增加，其间距不宜大于 200mm。

3.2.3　梁的受力性能

为了研究梁在荷载作用下的正截面受力和变形规律，采用如图 3-8 所示的简支梁作为研究对象。如果不考虑梁自重的影响，则在两个对称集中荷载间的区段上，是只有弯矩没有剪力的"纯弯段"，可以排除剪力的影响。

1. 适筋梁的破坏特征和梁工作的三个阶段

试验表明，当梁的配筋率合适时，梁从施加荷载到破坏的过程可以分为三个阶段。

（1）第Ⅰ阶段——弹性阶段

受力的最初阶段，梁上的荷载很小时，即弯矩 M 很小，此时梁截面上各个纤维应变值很小，应变沿截面高度呈直线分

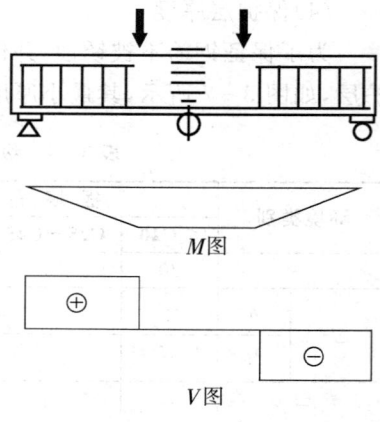

图 3-8　试验梁的受力及构造图

布(即符合平截面假定)。此时,中和轴以上受压区的压力由混凝土承担,中和轴以下受拉区的拉力则由混凝土和钢筋共同承担。由于截面上拉、压应力及应变均较小,钢筋和混凝土都处于弹性工作阶段。因而,梁的挠度与荷载成正比,受拉区和受压区混凝土应力分布图形为三角形(见图 3-9)。

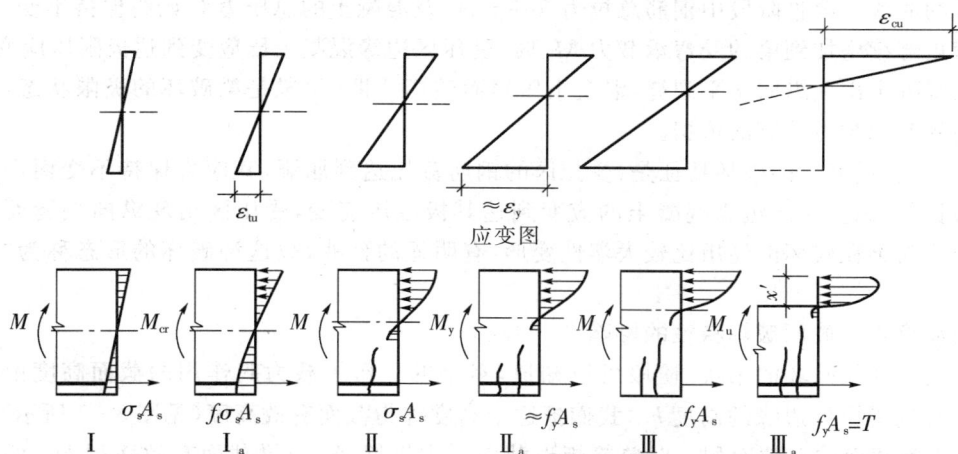

图 3-9　适筋梁工作的三个阶段

随着 M 的增大,钢筋与混凝土的应变也随之加大。当受拉边缘的应变接近于混凝土极限拉应变时,混凝土受拉区的应力—应变关系开始呈曲线性质,受拉区边缘处混凝土将表现出塑性性能,应变比应力增长速度为快,因此,受拉区混凝土应力图形将逐渐偏离直线而呈曲线形。

在弯矩增加到恰好使受拉边缘应变到达混凝土的极限拉应变 ε_{tu},相应的应力达到混凝土抗拉强度 f_t 时,受拉区混凝土即将出现裂缝,但还未开裂的瞬间,称为第一阶段末,以 I_a 表示。此时,构件到达正截面开裂弯矩 M_{cr}。

在 I_a 阶段,受拉区受拉钢筋应变 ε_s 与周围同一水平混凝土的拉应变 ε_{tu} 相等,受压区边缘混凝土应变小于其极限压应变 ε_{cu},受压区的混凝土基本上处于弹性工作阶段,应力图形仍接近三角形。由于受拉区混凝土塑性的发展,I_a 阶段中和轴较第 I 阶段略有上升。I_a 阶段可作为受弯构件抗裂承载力验算的依据。

(2)第 II 阶段——带裂缝工作阶段

当弯矩增大到 M_{cr} 后,受拉区边缘混凝土应变超过 ε_{tu},在梁的受拉区将出现第一批裂缝,正截面的受力过程便进入了第 II 阶段。随着荷载的增加,梁的受拉区将陆续出现多根垂直裂缝,在开裂截面上受拉混凝土退出工作,拉力全部由钢筋承担,钢筋的应力 σ_s 突然增大很多;裂缝不断向上开展,中和轴随之上移,而在中和轴以下裂缝尚未延伸到的部位,混凝土仍可承担一小部分拉力。

随着弯矩的增大,受压区混凝土压应变与受拉钢筋拉应变亦随之增大,受压区混凝土也表现出塑性性质,其应力图形逐渐呈曲线形。当弯矩继续增加使得受拉钢筋应力刚刚到达屈服强度 f_y 而钢筋应变达 ε_y 时,为第 II 阶段末,以 II_a 示之。

当截面受力进入第 II 阶段后,截面的应变仍大体符合平截面假定。

在第 II 阶段,受拉区混凝土的裂缝已有一定宽度,且构件的变形(挠度)也达到了一定的数量,故对于裂缝宽度和变形有一定要求的构件,第 II 阶段的应力状态即作为受弯构件裂缝和变形

（挠度）验算的依据。

（3）第Ⅲ阶段——屈服阶段

当弯矩继续增大，由于钢筋屈服，钢筋应力保持 f_y 不变，而应变骤增，裂缝快速向上延伸且宽度明显增大，中和轴急剧上移，受压区高度很快减小，混凝土塑性特征表现得更为充分，应力图形呈丰满的曲线。第Ⅲ阶段中钢筋总拉力 $T=f_y A_s$ 及混凝土的总压力 C 始终保持不变。

当弯矩继续增加到梁的受弯承载力 M_u 时，受压区边缘混凝土压应变到达极限压应变 ε_{cu}，此时受压区混凝土出现纵向水平裂缝，混凝土压碎而破坏。Ⅲ$_a$ 阶段是梁破坏的极限状态，可作为梁正截面受弯承载力计算的依据。

综上所述，适筋梁的破坏特征是：受拉区的钢筋首先达到屈服，其应力保持不变而产生明显的塑性伸长，直到受压区边缘混凝土的应变到达其极限压应变，受压区出现纵向裂缝而压碎破坏。由于适筋梁在破坏前经历比较大塑性变形，有明显的预兆，故这种破坏的形态称为"塑性破坏"。

2. 配筋率对正截面破坏特性的影响

从上述适筋梁破坏的第Ⅲ$_a$ 阶段可以知道，对梁的受弯承载力起作用的截面高度由受拉钢筋截面重心到受压区边缘的高度 h_0，我们把这个高度称为截面有效高度（见图 3-7 所示）。截面面积 bh_0 称为截面的有效面积。对单筋矩形截面受力钢筋 A_s 与梁截面有效面积 bh_0 的比值称为梁（板）纵向受拉钢筋的配筋率 ρ。

$$\rho=\frac{A_s}{bh_0} \qquad\qquad (3-5)$$

式中 A_s——纵向受拉钢筋截面积；

b——截面的宽度；

h_0——截面的有效高度，$h_0=h-a_s$，h 为截面高度。

试验表明，梁正截面的破坏性质与配筋率 ρ、钢筋强度等级、混凝土强度等级有关。梁钢筋与混凝土的等级确定后，其破坏形式主要随 ρ 的大小而有所不同。

（1）超筋梁破坏

随着梁截面配筋率 ρ 增大，钢筋应力增长变慢，压区混凝土应力却增长变快，ρ 越大，M_y 越趋于 M_u，第Ⅲ阶段缩短，钢筋到达屈服后不久，混凝土就压碎了。当 ρ 增大到使 $M_y=M_u$ 时，受拉钢筋屈服与压区混凝土压碎同时发生。此时的 ρ 称为最大配筋率 ρ_{max}。当梁的 $\rho>\rho_{max}$ 时，称为超筋梁。破坏时，梁的钢筋应力未达到屈服强度，混凝土就会先被压碎。（如图 3-10(b)）

超筋梁破坏时，钢筋没有屈服，受拉区混凝土裂缝宽度不大，延伸不高，破坏突然，无明显预兆，属于"脆性破坏"。由于超筋梁钢筋强度没有充分利用，造成钢筋的浪费，且在梁破坏的过程中没有明显预见，所以在设计中应避免。超筋梁受弯承载力取决于混凝土抗压强度。

（2）少筋梁破坏

如果梁的配筋率减少，梁受拉区产生裂缝时的钢筋应力会逐渐趋近于屈服强度 f_y，即 M_y 趋近于 M_{cr}，也意味着第Ⅱ阶段缩短。当配筋率 ρ 减少，直到 $M_y=M_{cr}$ 时，即裂缝一出现，钢筋应力就达到屈服时，此时的配筋率称为最小配筋率 ρ_{min}。$\rho<\rho_{min}$ 的梁称为少筋梁。梁一旦开裂，受拉钢筋到达屈服，并迅速进入强化阶段，梁破坏。但此时受压区还未压坏。（如图 3-10(c)）。

少筋梁破坏时仅出现一条集中裂缝，宽度较大，且沿梁高延伸很高，发生很大的挠度。从梁开裂到破坏时间很短，属于"脆性破坏"。少筋梁受弯承载力取决于混凝土抗拉强度，承载力很低，在设计中不允许采用。

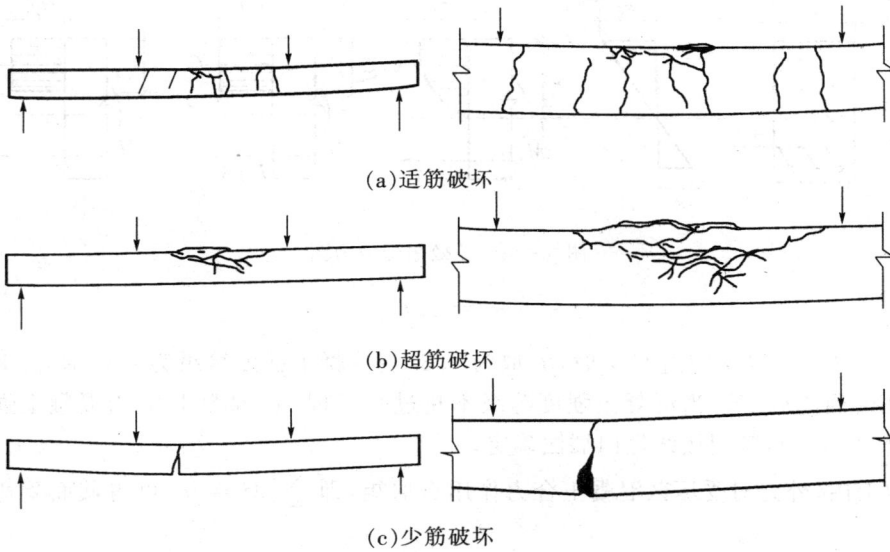

(a)适筋破坏

(b)超筋破坏

(c)少筋破坏

图 3 - 10　梁的三种破坏形式

3.2.4　适筋梁正截面受弯承载力计算的基本理论

1.适筋梁正截面受弯承载力计算的基本理论

（1）基本假定

①平截面假定

构件正截面弯曲变形后,其截面依然保持平面,截面应变分布服从平截面假定,即截面内任意点的应变与该点到中和轴的距离成正比,钢筋和外围混凝土的应变相同。

②不考虑混凝土的抗拉强度;

③混凝土应力—应变曲线分布见图 3 - 11;

④钢筋应力—应变曲线分布见图 3 - 12。

（2）等效矩形应力图

根据以上试验研究的结果和四项基本假定可以建立受弯承载力 M_u 的计算公式。而建立受弯承载力计算公式的关键是如何求出受压区混凝土的合力。《混凝土规范》是采用等效矩形应力图块来代换受压区混凝土实际应力图形的实用计算方法。如图 3 - 13 所示。其应保证的条件是:

①保持原来受压区混凝土的合力大小不变;

②保持原来受压区混凝土的合力作用点不变。

根据上述两个条件,推导得:

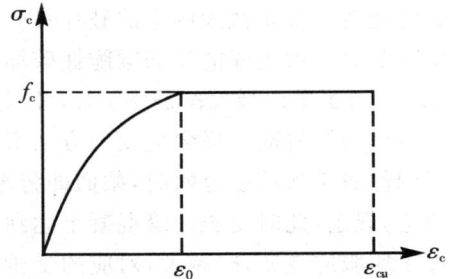

图 3 - 11　混凝土应力—应变曲线

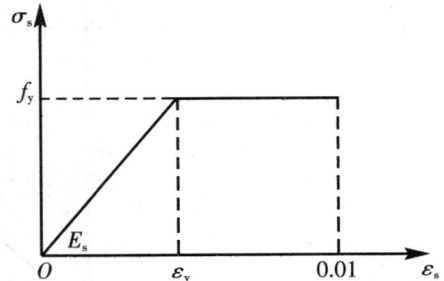

图 3 - 12　钢筋应力—应变曲线

$$x = \beta_1 x_c \tag{3-6}$$

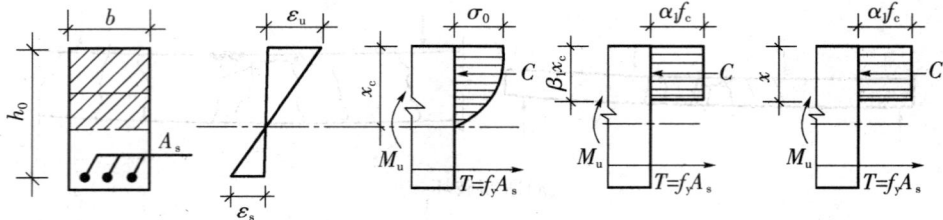

图 3-13 等效矩形应力图

$$\sigma_0 = \alpha_1 f_c \tag{3-7}$$

当混凝土强度等级不超过 C50 时，β_1 取为 0.8，当混凝土强度等级为 C80 时，β_1 取为 0.74，其间按线性内插法确定。当混凝土强度等级不超过 C50 时，α_1 取为 1.0，当混凝土强度等级为 C80 时，α_1 取为 0.94，其间按线性内插法确定。

由截面上内、外力对受压区混凝土合力作用点取矩，即 $\sum M = 0$，可得截面受弯承载力设计值 M_u。

$$M_u = f_y A_s \left(h_0 - \frac{x}{2} \right) = f_y A_s h_0 (1 - 0.5\xi) \tag{3-8}$$

式中：$x = \xi h_0$，ξ 为相对受压区高度。

2. 界限相对受压区高度 ξ_b

为使受弯构件正截面的弯曲破坏具有适筋梁的塑性破坏特征，防止发生在受拉钢筋屈服之前受压区混凝土被压碎的超筋梁脆性破坏现象，必须控制构件的配筋率 ρ，使它小于某个最大配筋率 ρ_{max}。为了求出最大配筋率 ρ_{max}，可以先确定界限相对受压区高度 ξ_b 的值，也就是可以通过控制受压区边缘混凝土极限应变的方法来实现。

当构件属于适筋梁范畴时，截面即将破坏时的应变分布如图 3-14 中的直线 ac 所示。《混凝土规范》规定，此时受压边缘混凝土达到了极限压应应变 $\varepsilon_{cu} = 0.0033$，同时受拉钢筋的应变 ε_s 已超过了屈服应变 ε_y，ε_s 越大，对应的受压区高度 x_c 越小，由图中几何关系可得：

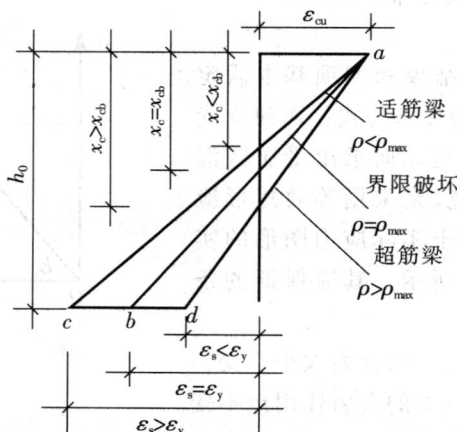

图 3-14 适筋梁、超筋梁、界限破坏时 ε_s 与 ε_{cu} 之间关系

$$\xi_c = \frac{x_c}{h_0} = \frac{\varepsilon_{cu}}{\varepsilon_{cu} + \varepsilon_s} \tag{3-9}$$

根据公式(3-6)矩形应力分布图形的换算受压区高度 $x = \beta_1 x_c$，上式可以写成：

$$\frac{x}{\beta_1 h_0} = \frac{\varepsilon_{cu}}{\varepsilon_{cu} + \varepsilon_s}$$

$$\frac{x}{h_0} = \frac{\beta_1 \varepsilon_{cu}}{\varepsilon_{cu} + \varepsilon_s} \tag{3-10}$$

随着配筋率 ρ 的提高，ε_s 逐渐减小，当 ρ 增大到某个界限值 ρ_{max} 时，ε_s 恰好等于钢筋屈服应变，此时受拉钢筋和受压区混凝土同时达到强度设计值，即所谓"界限破坏"或"平衡破坏"状态。图中的应变分布线 ab 就表示了这种状态。这时的配筋率称为界限配筋率。若配筋率 ρ 再增大，构件将产生受压区混凝土压碎时，钢筋的应变小于屈服应变，ad 就表示了这种超筋的破坏状态。

设 $\xi_b = \frac{x_b}{h_0}$，$\varepsilon_y = \frac{f_y}{E_s}$，$\varepsilon_{cu} = 0.0033$ 代入上式，得：

$$\xi_b = \frac{x_b}{h_0} = \beta_1 \frac{\varepsilon_{cu}}{\varepsilon_{cu} + \varepsilon_y} = \frac{\beta_1}{1 + \frac{f_y}{0.0033 E_s}} \tag{3-11}$$

由式(3-10)，可求得各种钢筋所对应的 ξ_b，见表 3-3。

表 3-3　钢筋混凝土构件配有屈服点钢筋的相对界限受压区高度 ξ_b 值

钢筋品种	ξ_b
HPB 235	0.614
HRB 335	0.550
HRB 400	0.518

3. 最小配筋率

如果配筋率过小，就会发生一旦受拉区出现裂缝，钢筋应力很快达到屈服，产生脆性破坏(少筋破坏)特征。为了防止这种破坏状态的发生，构件必须满足最小配筋率 ρ_{min}。

最小配筋率是少筋梁与适筋梁的界限。《混凝土规范》中规定 ρ_{min} 可按下式得出：

$$\rho_{min} = 0.45 \frac{f_t}{f_y} \tag{3-12}$$

对于矩形截面，最小配筋率 ρ_{min} 应取 0.2% 和 $0.45 \frac{f_t}{f_y}$ 的较大者。《混凝土规范》规定的 ρ_{min} 的具体数值见附表 7。当计算所得的 $\rho < \rho_{min}$ 时，应按构造配置 ρ 不小于 ρ_{min} 的钢筋。

3.2.5　单筋矩形截面受弯构件的受弯承载力计算

1. 基本计算公式及适用条件

（1）计算公式

受弯构件正截面受弯承载力的计算，要求荷载在所计算的结构截面中产生的弯矩设计值 M 不大于根据该截面的设计尺寸、配筋量和材料的强度设计值计算得到的受弯构件的正截面受弯

设计值 M_u,即:

$$M \leqslant M_u$$

如图 3-15 所示,可写出单筋矩形截面受弯构件正截面受弯承载力计算的基本公式。

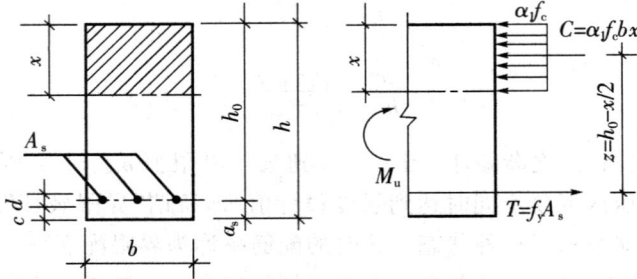

图 3-15 单筋矩形截面梁计算简图

由截面上水平方向的内力之和为零,即 $\sum X = 0$,可得

$$\alpha_1 f_c bx = f_y A_s \tag{3-13}$$

由截面上内、外力对受拉钢筋合力点的力矩之和等于零,即 $\sum M = 0$,可得

$$M \leqslant \alpha_1 f_c bx \left(h_0 - \frac{x}{2} \right) \tag{3-14}$$

若对受压区混凝土合力 C 作用点取矩,则得

$$M \leqslant f_y A_s \left(h_0 - \frac{x}{2} \right) \tag{3-15}$$

式中:M——弯矩设计值;

f_c——混凝土弯曲抗压强度设计值,见附表 2;

f_y——钢筋的抗拉强度设计值,见附表 5;

A_s——受拉区纵向钢筋的截面面积;

b——截面宽度;

x——按等效矩形应力图的计算受压区高度;

h_0——截面有效高度,$h_0 = h - a_s$,a_s 为受拉钢筋合力点至截面受拉边缘的距离。当为一排

钢筋时,$a_s = c + \dfrac{d}{2}$,其中 d 为钢筋直径,c 为混凝土保护层厚度。

(2)适用条件

公式(3-13)、(3-14)、(3-15)仅适用适筋梁,为了防止发生超筋和少筋破坏,必须满足下列条件:

①为防止发生超筋破坏

$$\xi = \frac{x}{h_0} \leqslant \xi_b \tag{3-16}$$

或:

$$x \leqslant x_b = \xi_b h_0 \tag{3-17}$$

$$\rho \leqslant \rho_{\max} = \xi_b \frac{\alpha_1 f_c}{f_y} \tag{3-18}$$

②为防止发生少筋破坏

$$\rho = \frac{A_s}{bh} \geqslant \rho_{\min} \tag{3-19}$$

注意此时计算 ρ 的时候应用 h 而不是 h_0。

2. 基本公式的应用

基本公式的应用有两种情况：截面设计和截面复核。

（1）截面设计

已知：弯矩设计值 M

求：截面尺寸 $b, h(h_0)$、截面配筋 A_s 以及材料强度 f_y、f_c

根据受弯构件的构造要求，初步选定截面尺寸。正截面受弯承载力起决定作用的是钢筋的强度，而混凝土强度等级的影响不明显，因此，混凝土等级不宜选得过高。

现浇梁板常采用 C15～C25 级混凝土，当采用 HRB335（Ⅱ级）、HRB400（Ⅲ级）钢筋时，混凝土强度不低于 C20；预制梁板为了减轻自重，常用 C20～C30 级混凝土。

在满足适筋梁的条件 $\rho_{\min} \leqslant \rho \leqslant \rho_{\max}$ 的情况下，为了使包括材料及施工费用在内的总造价为最省，设计时应使配筋率尽可能在经济配筋率内。钢筋混凝土受弯构件的经济配筋率为：

实心板　　　　　　　　　　　0.3%～0.8%

矩形截面梁　　　　　　　　　0.6%～1.5%

T 形截面梁　　　　　　　　　0.9%～1.8%

①方法一：由公式（3-13）、（3-14）直接计算。

由（3-14）式，求出混凝土受压区 x：

$$x = h_0 - \sqrt{h_0^2 - \frac{2M}{\alpha_1 f_c b}} \tag{3-20}$$

若 $x \leqslant \xi_b h_0$，则由（3-13）式求出纵向受拉钢筋的面积：$A_s = \dfrac{\alpha_1 f_c b x}{f_y}$。若 $x > \xi_b h_0$，则属于超筋梁，说明截面尺寸过小，应加大截面尺寸重新设计。

若 $A_s \geqslant \rho_{\min} bh$，满足最小配筋率要求。若 $A_s < \rho_{\min} bh$，说明截面尺寸过大，应适当减小截面尺寸。当截面尺寸不能减小时，则应按最小配筋率配筋，即取：$A_s = \rho_{\min} bh$。

②方法二：利用表格进行计算

在进行截面计算时，为简化计算，也可利用现成的表格。

式（3-14）可写成：

$$M = \alpha_1 f_c b \xi h_0 \left(h_0 - \frac{\xi h_0}{2} \right) = \alpha_1 f_c b h_0^2 \xi (1 - 0.5\xi) \tag{3-21}$$

令　　　　　　　　　$\alpha_s = \xi(1 - 0.5\xi)$，$\alpha_s$ 为截面抵抗距系数 $\tag{3-22}$

$$M = \alpha_s \alpha_1 f_c b h_0^2 \tag{3-23}$$

式（3-15）可写成：

$$M=f_y A_s \left(h_0 - \frac{\xi h_0}{2} \right)=f_y A_s h_0 (1-0.5\xi) \tag{3-24}$$

令 $$\gamma_s = 1-0.5\xi, \gamma_s \text{ 为内力臂系数} \tag{3-25}$$

$$M=f_y A_s \gamma_s h_0 \tag{3-26}$$

利用式(3-23)、(3-26)就可制成受弯构件正截面强度计算表格。

查表计算时,首先由式(3-23),得:

$$\alpha_s = \frac{M}{\alpha_1 f_c b h_0^2}$$

查附表8,得相应的 ξ 或 γ_s。或不查表而直接利用公式(3-27)、(3-28)求 ξ 或 γ_s:

$$\xi = 1 - \sqrt{1-2\alpha_s} \tag{3-27}$$

$$\gamma_s = 0.5(1+\sqrt{1-2\alpha_s}) \tag{3-28}$$

然后由以下公式:

$$A_s = \xi b h_0 \frac{\alpha_1 f_c}{f_y} \tag{3-29}$$

或 $$A_s = \frac{M}{f_y \gamma_s h_0} \tag{3-30}$$

求出钢筋面积 A_s,然后选取钢筋。

(2)截面复核

已知:截面尺寸$(b、h)$,混凝土及钢筋的强度$(f_c、f_y)$,纵向受拉钢筋 A_s。

求:截面所能承受的弯矩 M_u 或复核截面承受某个弯矩设计值 M 是否安全。

直接用公式计算或利用表格计算。因不用解一元二次方程,故直接用公式计算更加简便。

由公式(3-13),可求得

$$x = \frac{f_y A_s}{\alpha_1 f_c b}$$

若 $x \leqslant \xi_b h_0$,则由式(3-14)或(3-15),求出 M_u。

若 $x > \xi_b h_0$,则说明此梁属超筋梁,应取 $x = \xi_b h_0$ 代入式(3-14)计算 M_u,或直接由式(3-21)计算 M_u。

求出 M_u 后,与梁实际承受的弯矩 M 比较,若 $M_u \geqslant M$,截面安全;若 $M_u < M$,截面不安全。

3. 例题

[例3-1]　已知:一钢筋混凝土简支梁,计算跨度 $l=6.6\text{m}$,弯矩设计值 $M=270\text{kN} \cdot \text{m}$,混凝土强度等级为 C70,钢筋为 HRB400,即Ⅲ级钢筋。环境类别为一类。

求:梁截面尺寸 $b \times h$ 及所需的纵向受拉钢筋截面面积 A_s。

[解]　查表得 $f_c=31.8\text{N/mm}^2$,$f_y=360\text{N/mm}^2$,$\alpha_1=0.96$,$\beta_1=0.76$。

假定截面尺寸:$h=(1/10\sim1/16)l=(660\sim412)\text{mm}$,取 $h=600\text{mm}$,

$b=(1/2\sim1/3)h=(300\sim200)\text{mm}$,取 $b=250\text{mm}$。

$h_0=600-35=565\text{mm}$

由式(3-23)得

$$\alpha_s = \frac{M}{\alpha_1 f_c b h_0^2} = \frac{270 \times 10^6}{0.96 \times 31.8 \times 250 \times 565^2} = 0.111$$

$$\xi = 1 - \sqrt{1 - 2\alpha_s} = 1 - \sqrt{1 - 2 \times 0.111} = 0.118 < \xi_b = 0.481, 可以。$$

$$\gamma_s = 0.5(1 + \sqrt{1 - 2\alpha_s}) = 0.5(1 + \sqrt{1 - 2 \times 0.111}) = 0.941$$

$$A_s = \frac{M}{f_y \gamma_s h_0} = \frac{270 \times 10^6}{360 \times 0.941 \times 565} = 1411 \text{ mm}^2$$

查表选取 3 Φ 25，$A_s = 1473 \text{mm}^2$。

验算适用条件：

(1)适合适用条件①，即满足式(3-16)的要求。

(2)$A_s = 1473 \text{mm}^2 > \rho_{\min} bh = 0.45 \dfrac{f_t}{f_y} bh = 0.45 \times \dfrac{2.14}{360} \times 250 \times 600 = 402 \text{mm}^2$

且 ρ 值大于 $0.2\% \dfrac{h}{h_0}$，满足适用条件②的要求。

3.2.6　双筋矩形截面受弯构件的受弯承载力计算

如果截面所需承受的弯矩较大，而截面尺寸不宜增大、混凝土的强度等级又不宜提高时，可以采用双筋矩形截面。双筋矩形截面就是在受压区配置钢筋帮助混凝土承受压力，防止构件破坏时受压混凝土过早的压碎。此外，双筋矩形截面还可以承受某些情况下可能产生的负弯矩。

1. 受压钢筋的应力

试验表明，若双筋矩形截面满足 $\xi \leqslant \xi_b$，双筋矩形截面受弯构件与单筋矩形截面的受力特性和破坏特征相似。即发生受拉钢筋先屈服，然后受压区混凝土压碎的适筋梁的塑性破坏。

故《混凝土规范》规定在计算中考虑受压钢筋并取 $\sigma'_s = f'_y$ 时，必须满足 $x \geqslant 2a'_s$，即受压钢筋的位置不得低于等效矩形应力图中混凝土压力合力的作用点(图 3-16(a))。

2. 基本公式及适用条件

(1)基本公式

根据平衡条件：

$$\sum X = 0 \qquad\qquad f_y A_s = \alpha_1 f_c bx + f'_y A'_s \qquad\qquad (3-31)$$

$$\sum M = 0 \qquad M \leqslant M_u = \alpha_1 f_c bx\left(h_0 - \frac{x}{2}\right) + f'_y A'_s(h_0 - a'_s) \qquad (3-32)$$

双筋矩形截面所承担的弯矩设计值 M 可分成两部分来考虑。第一部分是由受压区混凝土和与其相应的一部分受拉钢筋 A_{s1} 所形成的设计值 M_1(图 3-16(b))，相当于单筋矩形截面的受弯承载力；第二部分是由受压钢筋 A'_s 和与其相应的另一部分受拉钢筋 A_{s2} 所形成的设计弯矩值 M_2(图 3-16(c))。

由图 3-16(b)

$$\alpha_1 f_c bx = f_y A_{s1} \qquad\qquad (3-33)$$

$$M_1 = \alpha_1 f_c bx \left(h_0 - \frac{x}{2} \right) \tag{3-34}$$

或

$$M_1 = f_y A_{s1} \left(h_0 - \frac{x}{2} \right) \tag{3-35}$$

由图 3-16(c)

$$f_y' A_s' = f_y A_{s2} \tag{3-36}$$

$$M_2 = f_y' A_s' (h_0 - a_s') \tag{3-37}$$

$$M_2 = f_y A_{s2} (h_0 - a_s') \tag{3-38}$$

即

$$M = M_1 + M_2 \tag{3-39}$$

$$A_s = A_{s1} + A_{s2} \tag{3-40}$$

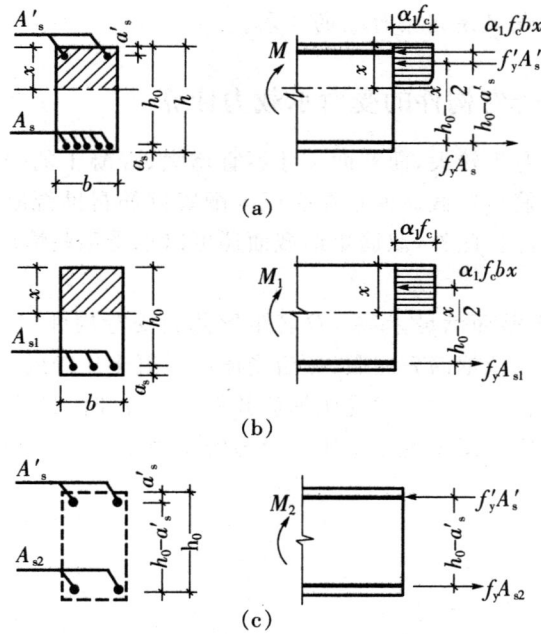

图 3-16 双筋矩形截面的计算简图

(2)适用条件

①为了防止发生超筋破坏，应

$$\xi = \frac{x}{h_0} \leqslant \xi_b \tag{3-41}$$

或

$$x \leqslant x_b = \xi_b h_0 \tag{3-42}$$

$$\rho_1 = \frac{A_{s1}}{bh_0} \leqslant \rho_{max} = \xi_b \frac{\alpha_1 f_c}{f_y} \tag{3-43}$$

其中 $A_{s1} = \dfrac{\alpha_1 f_c b x}{f_y}$。

②为了保证受压钢筋能达到规定的抗压强度设计值,应

$$x \geqslant 2a'_s \tag{3-44}$$

若 $x < 2a'_s$,说明受压钢筋 A'_s 数量过多,压应力达不到屈服强度,基于安全考虑,近似取 $x = 2a'_s$,则此时

$$M \leqslant M_u = f_y A_s (h_0 - a'_s) \tag{3-45}$$

由于双筋梁通常所配钢筋较多,故不需验算最小配筋率。

3. 基本公式的应用

(1)截面设计

①已知:弯矩设计值 M、材料强度等级(f_c、f_y 及 f'_y)、截面尺寸(b、h)

求:受拉钢筋面积 A_s 和受压钢筋面积 A'_s

由公式(3-31)(3-32)可知,两个方程式却有三个未知数,故必须增加一个条件。为了充分发挥混凝土的抗压作用,让钢筋总的用量 $A_s + A'_s$ 为最小,达到节约钢筋的目的。在实际计算中,可采用简化方法,令 $\xi = \xi_b$,由式(3-22)求出 A'_s,再利用式(3-31)求出 A_s。或采用下述[例3-2]的方法计算。

②已知:弯矩设计值 M、材料强度等级(f_c、f_y 及 f'_y)、截面尺寸(b、h)和受压钢筋面积 A'_s

求:受拉钢筋面积 A_s

由于 A'_s 为已知,故只有两个未知数 x 和 A_s,所以可直接用式(3-36)及(3-37)求出 A_{s2} 和 M_2;然后利用公式(3-39)求出 M_1;再利用公式(3-35)求出 A_{s1};由(3-40)得到 A_s。

若出现 $x < 2a'_s$,由(3-45)公式求出 A_s。

若求得的 $x > x_b = \xi_b h_0$,说明 A'_s 配置太少,按 A'_s 为求知的情况①来求。

(2)截面复核

已知截面尺寸 b、h,材料强度等级和钢筋用量 A'_s 及 A_s,复核截面的受弯承载力。

由(3-31)求出 x,验证 x 是否满足要求。

若 $\xi_b h_0 \geqslant x > 2a'_s$,则可直接由式(3-32)求出 M;

若 $x < 2a'_s$,则利用(3-45)求出 M;

若 $x > x_b = \xi_b h_0$,说明此梁是超筋梁,取 $x = \xi_b h_0$ 代入式(3-34)计算 M_1,与(3-37)求出的 M_2 相加,求出 M。

4. 例题

[例3-2]　已知梁的截面尺寸为 $b \times h = 250\text{mm} \times 500\text{mm}$,混凝土强度等级为 C30,钢筋采用 HRB335,即Ⅱ级钢筋,截面弯矩设计值 $M = 330\text{kN} \cdot \text{m}$。环境类别为一类。

求:所需受压和受拉钢筋截面面积 A_s、A'_s。

[解]　查表得 $f_c = 14.3\text{N/mm}^2$,$f_y = f'_y = 300\text{N/mm}^2$,$\alpha_1 = 1.0$,$\beta_1 = 0.8$。

假定受拉钢筋放两排,设 $a_s = 60\text{mm}$,则 $h_0 = h - a_s = 500 - 60 = 440\text{mm}$

$$\alpha_s = \frac{M}{\alpha_1 f_c b h_0^2} = \frac{330 \times 10^6}{1.0 \times 14.3 \times 200 \times 440^2} = 0.477$$

$$\xi = 1 - \sqrt{1 - 2\alpha_s} = 0.786 > \xi_b = 0.55$$

这说明如果设计成单筋矩形截面,将会出现的超筋情况。若不能加大截面尺寸,又不能提高混凝土等级,则应设计成双筋矩形截面。

取 $\xi = \xi_b$,由式(3-21)得:

$$M_1 = \alpha_1 f_c b h_0^2 \xi_b (1 - 0.5\xi_b)$$

$$= 1.0 \times 14.3 \times 250 \times 440^2 \times 0.55 \times (1 - 0.5 \times 0.55)$$

$$= 276 \text{kN} \cdot \text{m}$$

$$A'_s = \frac{M - M_1}{f'_y(h_0 - a'_s)} = \frac{330 \times 10^6 - 276 \times 10^6}{300 \times (440 - 35)} = 444.4 \text{mm}^2$$

由式(3-39)及(3-36)得:

$$A_s = \xi_b \frac{\alpha_1 f_c b h_0}{f_y} + A'_s \frac{f'_y}{f_y}$$

$$= 0.55 \times \frac{1.0 \times 14.3 \times 250 \times 440}{300} + 444.4 \times \frac{300}{300}$$

$$= 3328.2 \text{mm}^2$$

受拉钢筋选用 7 Φ 25mm 的钢筋,$A_s = 3436 \text{mm}^2$。受压钢筋选用 3 Φ 14 的钢筋,$A'_s = 461 \text{mm}^2$。

3.2.7　T形截面受弯构件的受弯承载力计算

矩形截面受弯构件在破坏时,受拉区混凝土已经开裂,开裂混凝土不再承担拉力,对截面的抗弯能力已不起作用,故可将受拉区混凝土挖去一部分,形成如图 3-17 所示的 T 形截面。

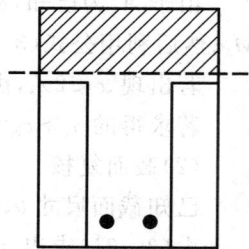

T 形截面的翼缘可以增大混凝土的受压区面积,但是试验表明,T形梁面的受弯构件受弯后,翼缘中的纵向压应力的分布是不均匀的,如图 3-18 所示。距离梁肋越近的翼缘中压应力较高,而离梁肋越远的翼缘中压应力越小。故在计算 T 形截面受弯构件承载力时,把与梁肋共同

图 3-17　T 形截面

工作的翼缘宽度限制在一定范围内,称为翼缘的计算宽度 b'_f,在 b'_f 宽度范围内翼缘全部参与工作并假定其压应力是均匀分布的。而在这范围以外部分,则不考虑它参与受力。

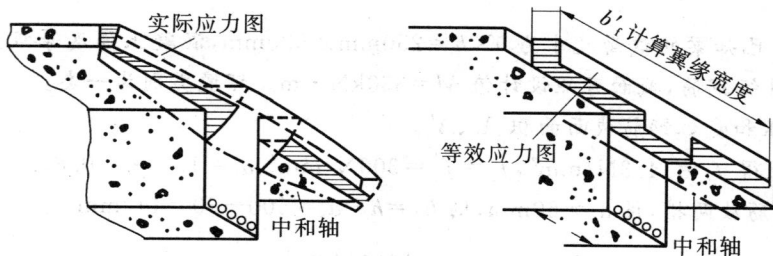

(a)中和轴在翼缘内　　　　　　(b)中和轴在梁肋内

图 3-18　T 形梁受压区实际应力和计算应力图

试验表明,b'_f 与梁的跨度、翼缘厚度、受力情况(单独梁、肋形梁、支座约束条件等)有关。《混凝土规范》规定 T 形及倒 L 形截面受弯构件翼缘计算宽度 b'_f 如表 3 - 4 所示。计算时 b'_f 取表中三项的最小值。

表 3 - 4　T 形及倒 L 形截面受弯构件翼缘计算宽度 b'_f

	情况	T 形、I 形截面		倒 L 形截面
		肋形梁、肋形板	独立梁	肋形梁、肋形板
1	按计算跨度 l_0 考虑	$l_0/3$	$l_0/3$	$l_0/6$
2	按梁(纵肋)净距 S_n 考虑	$b+s_n$	——	$b+s_n/2$
3	按翼缘高度 h'_f 考虑　$h'_f/h_0 \geqslant 0.1$	——	$b+12h'_f$	——
	$0.1 > h'_f/h_0 \geqslant 0.05$	$b+12h'_f$	$b+6h'_f$	$b+5h'_f$
	$h'_f/h_0 < 0.05$	$b+12h'_f$	b	$b+5h'_f$

[注]　(1)表中 b 为腹板宽度;(2)如肋形梁在梁跨内设有间距小于纵肋间距的横肋时,则可不遵守表列情况 3 的规定;(3)对加腋的 T 形、I 形和倒 L 形截面,当受压区加腋的高度 $h_h \geqslant h'_f$ 且加腋的宽度 $b_h \leqslant 3h_h$ 时,其翼缘计算宽度可按表列情况 3 的规定分别增加 $2b_h$(T 形、I 形截面)和 b_h(倒 L 形截面);(4)独立梁受压区的翼缘板在荷载作用下经验算沿纵肋方向可能产生裂缝时,其计算宽度应取腹板宽度 b。

1. 基本公式及适用条件

根据 T 形截面受弯构件破坏时中和轴所处的位置,可将 T 形截面分为两类:
①第一类 T 形截面:中和轴在翼缘内,即 $x \leqslant h'_f$(见图 3 - 19(a));
②第二类 T 形截面:中和轴在梁肋内,即 $x > h'_f$(见图 3 - 19(b))。

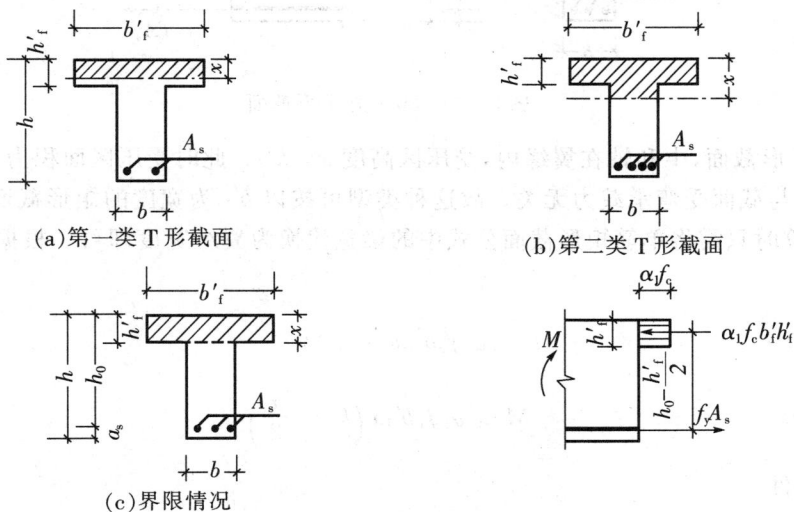

(a)第一类 T 形截面　　　　　(b)第二类 T 形截面

(c)界限情况

图 3 - 19　T 形截面的类别

(1)两类 T 形梁的判别

当中和轴恰好位于翼缘下边缘时,即为两类 T 形截面受弯构件的界限情况(见图 3 - 19(c))。由平衡条件得

$$\sum X = 0 \qquad\qquad \alpha_1 f_c b'_f h'_f = f_y A_s \qquad\qquad (3 - 46)$$

$$\sum M = 0 \qquad M = \alpha_1 f_c b'_f h'_f \left(h_0 - \frac{h'_f}{2} \right) \qquad (3-47)$$

式中：b'_f——T 形截面受压区的翼缘宽度；

h'_f——T 形截面受压区的翼缘高度。

若
$$f_y A_s \leqslant \alpha_1 f_c b'_f h'_f \qquad (3-48)$$

或
$$M \leqslant \alpha_1 f_c b'_f h'_f \left(h_0 - \frac{h'_f}{2} \right) \qquad (3-49)$$

属第一类 T 形截面。

若
$$f_y A_s > \alpha_1 f_c b'_f h'_f \qquad (3-50)$$

或
$$M > \alpha_1 f_c b'_f h'_f \left(h_0 - \frac{h'_f}{2} \right) \qquad (3-51)$$

属第二类 T 形截面。

式(3-49)或式(3-51)适用于设计题的判断，而式(3-48)或式(3-50)适用于复核题的鉴别。

(2)第一类 T 形截面的基本计算公式及适用条件

①基本计算公式

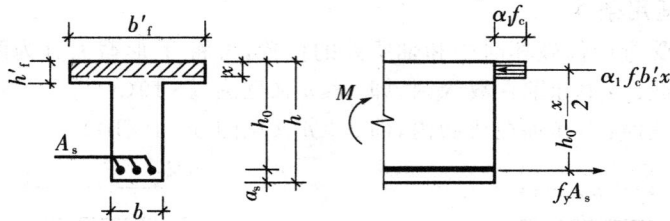

图 3-20　第一类 T 形截面

第一类 T 形截面,中和轴在翼缘内,受压区高度 $x \leqslant h'_f$。此时受压区面积为 $b'_f \times x$ 的矩形,而受拉区形状与截面受弯承载力无关。故这种类型可按以 b'_f 为宽度的矩形截面进行受弯承载力的计算,计算时只需将单筋矩形截面公式中的梁宽代换为翼缘宽度即可。根据图 3-20,由平衡条件可得：

$$\sum X = 0 \qquad \alpha_1 f_c b'_f x = f_y A_s \qquad (3-52)$$

$$\sum M = 0 \qquad M \leqslant \alpha_1 f_c b'_f x \left(h_0 - \frac{x}{2} \right) \qquad (3-53)$$

②适用条件

$$x \leqslant \xi_b h_0$$

$$或 \ \rho \leqslant \rho_{max}$$

对于第一类 T 形截面一般均能满足这个条件。

$$\rho \geqslant \rho_{min}$$

(3)第二类 T 形截面的基本计算公式及适用条件

①基本计算公式

$$\sum X = 0 \qquad \alpha_1 f_c (b'_f - b) h'_f + \alpha_1 f_c b x = f_y A_s \qquad (3-54)$$

$$\sum M = 0 \qquad M \leqslant \alpha_1 f_c (b'_f - b) h'_f \left(h_0 - \frac{h'_f}{2} \right) + \alpha_1 f_c b x \left(h_0 - \frac{x}{2} \right) \qquad (3-55)$$

②适用条件

$$x \leqslant \xi_b h_0$$

或

$$\rho_1 = \frac{A_{s1}}{b h_0} \leqslant \xi_b \frac{\alpha_1 f_c}{f_y} \qquad (3-56)$$

或

$$M_1 = \alpha_1 f_c b h_0^2 \xi_b (1 - 0.5 \xi_b) \qquad (3-57)$$

$$\rho \geqslant \rho_{min}$$

第二类 T 形截面一般均能满足这个要求，可不必进行验算。

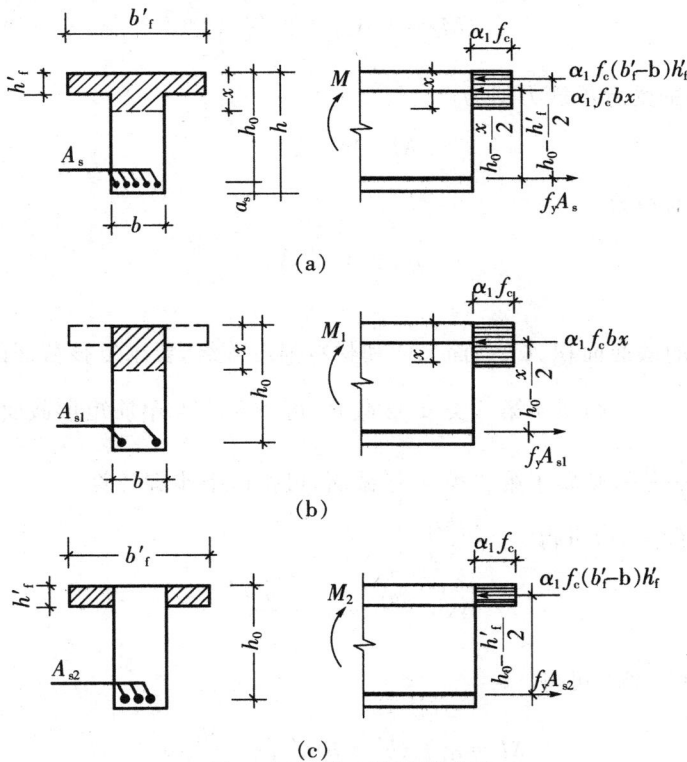

图 3-21 第二类 T 形截面

2. 基本公式的应用

（1）截面设计

已知材料强度等级，截面尺寸及弯矩设计值 M，求受拉钢筋截面面积 A_s。

①若 $M \leqslant \alpha_1 f_c b'_f h'_f \left(h_0 - \dfrac{h'_f}{2} \right)$，属于第一类 T 形截面，其计算方法与 $b'_f \times h$ 的单筋矩形截面完全相同。

②若 $M > \alpha_1 f_c b'_f h'_f \left(h_0 - \dfrac{h'_f}{2} \right)$，属于第二类 T 形截面。

可将截面承担的弯矩设计值分为两部分组成(如图 3-21)。第一部分是由肋部受压区混凝土和相应的一部分受拉钢筋 A_{s1} 所形成的设计弯矩值 M_1,其计算公式为:

$$\alpha_1 f_c b x = f_y A_{s1} \tag{3-58}$$

$$M_1 = \alpha_1 f_c b x \left(h_0 - \frac{x}{2} \right) \tag{3-59}$$

或

$$M_1 = f_y A_{s1} \left(h_0 - \frac{x}{2} \right) \tag{3-60}$$

第二部分是由翼缘的受压混凝土和与其相应的另一部分受拉钢筋 A_{s2} 所形成的设计弯矩值 M_2,其计算公式为

$$\alpha_1 f_c (b'_f - b) h'_f = f_y A_{s2} \tag{3-61}$$

$$M_2 = \alpha_1 f_c (b'_f - b) h'_f \left(h_0 - \frac{h'_f}{2} \right) \tag{3-62}$$

或

$$M_2 = f_y A_{s2} \left(h_0 - \frac{h'_f}{2} \right) \tag{3-63}$$

整个 T 形截面的受弯承载力即为

$$M = M_1 + M_2 \tag{3-64}$$

受拉钢筋的总面积为

$$A_s = A_{s1} + A_{s2} \tag{3-65}$$

(2)截面复核

已知受拉钢筋的截面面积 A_s,截面尺寸和材料强度等级,要求复核截面的受弯承载力。

①若 $A_s \leqslant \dfrac{\alpha_1 f_c b'_f h'_f}{f_y}$,则属于第一类 T 形截面,可按 $b'_f \times h$ 单筋矩形截面计算方法求 M;

②若 $A_s > \dfrac{\alpha_1 f_c b'_f h'_f}{f_y}$,则属于第二类 T 形截面,可按以下步骤计算:

计算 A_{s2},由式(3-61)可得

$$A_{s2} = \frac{\alpha_1 f_c (b'_f - b) h'_f}{f_y}$$

计算 M_2,由式(3-62)可得

$$M_2 = \alpha_1 f_c (b'_f - b) h'_f \left(h_0 - \frac{h'_f}{2} \right)$$

计算 A_{s1},由式(3-65)可得

$$A_{s1} = A_s - A_{s2}$$

由 $\rho_1 = \dfrac{A_{s1}}{b h_0}$ 计算 $\xi = \rho_1 \dfrac{f_y}{\alpha_1 f_c}$

$M_1 = \alpha_s \alpha_1 f_c b h_0^2$

$M = M_1 + M_2$

3. 例题

[**例 3—3**]　已知：一肋梁楼盖的次梁，跨度为 6m，间距为 2.4m，截面尺寸如图 3-22 所示，跨中最大正弯矩设计值 $M=80.8$kN・m，混凝土强度等级为 C20，钢筋采用 HRB335，试计算次梁纵向受拉钢筋面积 A_s。

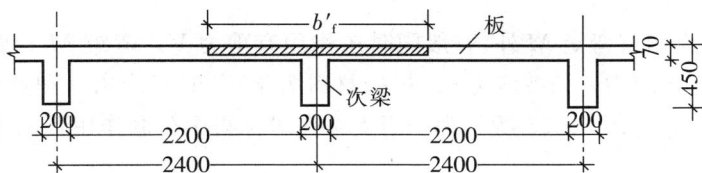

图 3-22　[例 3-3]图

[**解**]　查表得 $f_c=9.6$N/mm^2，$f_y=300$N/mm^2，$h_0=450-35=415$mm

(1) 确定翼缘计算宽度 b'_f

由表 3-4：按梁跨度 L 考虑 $b'_f=\dfrac{l}{3}=\dfrac{6000}{3}=2000$mm

按梁净距 S_n 考虑 $b'_f=b+S_n=200+2200=2400$mm

按翼缘高度考虑 $h_0=450-35=415$mm

$h'_f/h_0=70/415=0.169>0.1$

故翼缘不受限制。

翼缘计算宽度取三者中的较小者，即 $b'_f=2000$mm

(2) 判别 T 形截面类型

由 (3-47) 得：$\alpha_1 f_c b'_f h'_f\left(h_0-\dfrac{h'_f}{2}\right)=1.0\times9.6\times2000\times70\times\left(415-\dfrac{70}{2}\right)$

$$=510.72\text{kN}\cdot\text{m}>80.8\text{kN}\cdot\text{m}$$

属于第一类 T 形截面。

(3) 求纵向受拉钢筋 A_s

$$\alpha_s=\frac{M}{\alpha_1 f_c b'_f h_0^2}=\frac{80.8\times10^6}{9.6\times2000\times415^2}=0.024$$

由附表 8 得：$\gamma_s=0.988$，$\xi=0.024$

则 $A_s=\dfrac{M}{f_y\gamma_s h_0}=\dfrac{80.8\times10^6}{300\times0.988\times415}=657$mm^2

选用　$2\ \phi\ 18+1\ \phi\ 16（A_s=509+201.1=710mm^2）$

(4) 验算适用条件

① $\xi=0.024<\xi_b=0.55$

② $\rho=\dfrac{A_s}{bh_0}=\dfrac{710}{200\times415}=0.855\%>\rho_{min}\dfrac{h}{h_0}=0.2\%\dfrac{450}{415}=0.22\%$

$$>0.45\frac{f_t}{f_y}\frac{h}{h_0}=0.45\cdot\frac{1.1}{300}\cdot\frac{450}{415}=0.18\%$$

满足要求

3.3 受弯构件斜截面承载力计算

3.3.1 概述

受弯构件除了作用有弯矩 M 外，一般同时还作用有剪力 V。弯矩 M 和剪力 V 的共同作用下，构件截面上产生正应力 σ 和剪应力 τ。根据材料力学可知，正应力 σ 和剪应力 τ 将合成主拉应力 σ_{tp} 和主压应力 σ_{cp}。图 3-23 所示为一简支梁在对称集中荷载作用下的主拉应力 σ_{tp} 和主压应力 σ_{cp} 的轨迹线。

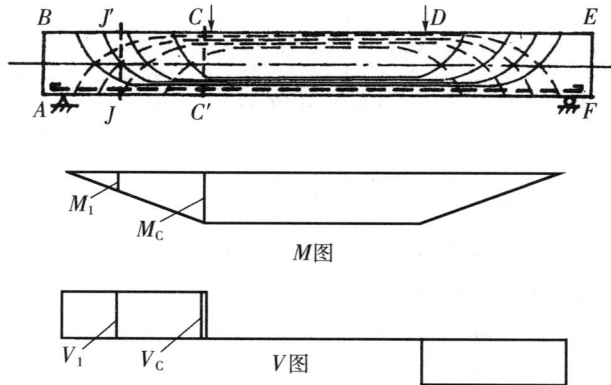

图 3-23 梁主应力轨迹线图

当主拉应力 σ_{tp} 大于混凝土的抗拉极限强度时，就会在垂直于主拉应力的方向上产生斜向裂缝，从而可能导致梁沿斜截面发生破坏。

为了防止构件沿斜截面发生破坏，除了梁的截面尺寸应满足一定的要求外，还需按斜截面承载力计算在梁中配置足够数量的腹筋。腹筋的形式有垂直于梁纵轴的箍筋以及由纵向钢筋弯起而成的弯起钢筋。箍筋和弯起钢筋统称为腹筋。腹筋、纵向受力钢筋、架立钢筋绑扎（或焊接）成受弯构件的钢筋骨架，如图 3-24 所示。

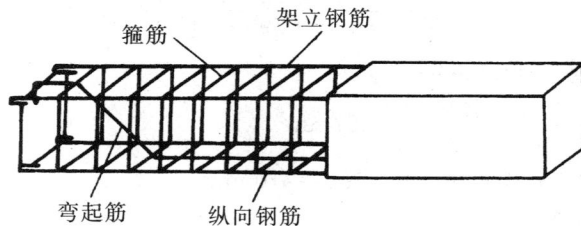

图 3-24 梁钢筋骨架

3.3.2 斜截面剪切破坏形态

在分析斜截面的剪切破坏形态之前，先引入以下两个概念。

1. 剪跨比 λ

剪跨比 λ 是某个垂直截面的弯矩 M 与剪力 V 和该截面的有效高度 h_0 乘积的比值。通常又称为广义剪跨比，是一个无量纲的参数。它反映了斜截面受剪承载力变化规律和区分发生各种剪切破坏形态的重要参数。

$$\lambda = \frac{M}{Vh_0} \tag{3-66}$$

对于承受集中荷载的简支梁，如图 3-25 所示，集中荷载作用截面的剪跨比 λ 为：

$$\lambda = \frac{M}{Vh_0} = \frac{Pa}{Ph_0} = \frac{a}{h_0} \tag{3-67}$$

$\lambda = \dfrac{a}{h_0}$ 称为计算剪跨比，a 为集中荷载作用点至支座的距离，称为剪跨。

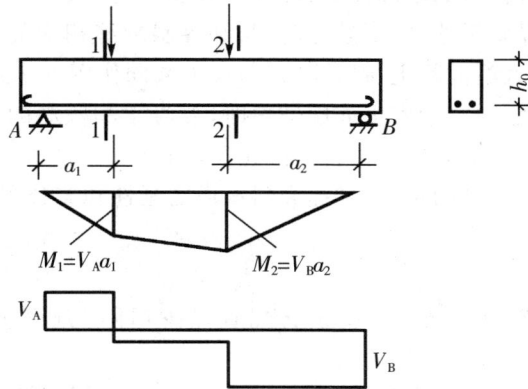

图 3-25　梁剪跨比关系图

2. 配箍率 ρ_{sv}

箍筋截面面积与对应的混凝土面积的比值，称为配箍率（又称箍筋配箍率）ρ_{sv}。

$$\rho_{sv} = \frac{A_{sv}}{bs} = \frac{nA_{sv1}}{bs} \tag{3-68}$$

式中：A_{sv}——配置在同一截面内的箍筋面积总和；

　　　n——同一截面内箍筋的肢数；

　　　A_{sv1}——单肢箍筋的截面面积；

　　　b——截面宽度，若是 T 形截面，则是梁腹宽度；

　　　s——箍筋沿梁轴线方向的间距。

3. 斜截面破坏的三种主要形态

（1）斜压破坏

当剪跨比 λ 较小或剪跨比适中但腹筋配置过多（即配箍率 ρ_{sv} 较大）以及腹板宽度较小（T 形或 I 形截面）时，容易发生斜压破坏（见图 3-26（a））。

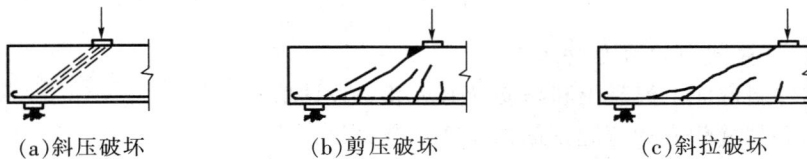

（a）斜压破坏　　　　　（b）剪压破坏　　　　　（c）斜拉破坏

图 3-26　梁斜截面破坏形态

斜压破坏的特点是首先在梁腹部出现若干条平行的斜裂缝,随着荷载的增加,梁腹部被这些斜裂缝分割成若干个斜向短柱,最后这些斜向短柱由于混凝土达到其抗压强度而破坏。这种破坏的承载力主要取决于混凝土强度及截面尺寸,而破坏时箍筋的应力往往达不到屈服强度,钢筋的强度不能充分发挥,且破坏属于脆性破坏,故在设计中应避免。为了防止出现这种破坏,要求梁的截面尺寸不能太小,箍筋不宜过多。

(2)剪压破坏

当剪跨比 λ 适中,梁所配置的腹筋(主要是箍筋)适当,即配箍率合适时,会发生剪压破坏(见图 3-26(b))。

剪压破坏的特点是随着荷载的增加,截面出现多条斜裂缝,其中一条延伸长度较大,开展宽度较宽的斜裂缝,称为"临界斜裂缝"。到破坏时,与临界斜裂缝相交的箍筋首先达到屈服强度。最后,由于斜裂缝顶端剪压区的混凝土在压应力、剪应力共同作用下达到剪压复合受力时的极限强度而破坏,梁也就失去承载力。梁发生剪压破坏时,混凝土和箍筋的强度均能得到充分发挥,破坏时的脆性性质不如斜压破坏时明显。为了防止剪压破坏,可通过斜截面抗剪承载力计算,配置适量的箍筋来防止。值得注意的是,为了提高斜截面的延性和充分利用钢筋强度,不宜采用高强度的钢筋作箍筋。

(3)斜拉破坏

斜拉破坏多发生在剪跨比 λ 较大,或腹筋配置过少(即配箍率 ρ_{sv} 较小)的情况下(见图 3-26(c))。

斜拉破坏的特点是梁腹部一旦出现斜裂缝,很快就形成临界斜裂缝,与其相交的梁腹筋随即屈服,箍筋对斜裂缝开展的限制已不起作用,导致斜裂缝迅速向梁上方受压区延伸,梁将沿斜裂缝裂成两部分而破坏。即使不裂成两部分,也将因临界斜裂缝的宽度过大而不能使用。斜拉破坏的承载力很低,并且一裂破坏,故破坏属于脆性破坏。为了防止出现斜拉破坏,要求梁所配置的箍筋数量不能太少,间距不能过大。

3.3.3　斜截面受剪承载力计算

为了防止梁发生斜截面破坏,可以根据梁沿斜截面的三种不同破坏形态,采用不同的方法来对待。

防止发生斜拉破坏,可以通过配置一定数量的箍筋(即控制最小配箍率)且限制箍筋的间距来实现;防止发生斜压破坏,可通过限制截面尺寸(相当于控制最大配箍率)来实现;防止发生剪压破坏,因为它们承载能力的变化范围较大,设计时要进行必要的斜截面承载力计算。《混凝土规范》给出的基本计算公式就是根据剪压破坏的受力特征建立的。

1. 计算公式

《混凝土规范》给出的计算公式采用下列的表达式:

$$V \leqslant V_u = V_{cs} + V_{sb} \tag{3-69}$$

式中:V——构件计算截面的剪力设计值;

V_{cs}——构件斜截面上混凝土和箍筋受剪承载力设计值;

V_{sb}——与斜裂缝相交的弯起钢筋的受剪承载力设计值。

V_{cs} 为混凝土和箍筋共同承担的受剪承载力,可以表达为:

$$V_{cs} = V_c + V_{sv} \tag{3-70}$$

V_c 是剪压区混凝土的抗剪承载力，V_{sv} 是与斜裂缝相交的箍筋的抗剪承载力。值得注意的是，V_c 与 V_{sv} 是密切相关的，由于箍筋的存在，限制了斜裂缝的发展，从而提高了混凝土的抗剪承载力，故这里的 V_c 与不配腹筋的梁的 V_c 是不同的。

《混凝土规范》根据试验资料的分析，对矩形、T 形、I 形截面的一般受弯构件 V_{cs} 按下式计算：

$$V_{cs} = 0.7 f_t b h_0 + 1.25 f_{yv} \frac{A_{sv}}{s} h_0 \qquad (3-71)$$

对主要承受集中荷载作用为主（即作用有多种荷载，其中集中荷载对支座截面或节点边缘所产生的剪力值占总剪力值的 75% 以上的情况）的矩形、T 形和 I 形截面独立梁，剪跨比 λ 的影响是不能忽视的，故按下式计算：

$$V_{cs} = \frac{1.75}{\lambda+1} f_t b h_0 + f_{yv} \frac{A_{sv}}{s} h_0 \qquad (3-72)$$

式中：f_t——混凝土轴心抗拉强度设计值；

　　f_{yv}——箍筋抗拉强度设计值；

　　λ——计算截面的剪跨比，$\lambda = \dfrac{a}{h_0}$，当 $\lambda < 1.5$ 时取 1.5；当 $\lambda > 3$ 时取 3。

如梁内配置了弯起钢筋，则其抗剪承载力 V_{sb} 表达式为：

$$V_{sb} = 0.8 f_y A_{sb} \sin\alpha_s \qquad (3-73)$$

式中：f_y——弯起钢筋的抗拉强度设计值；

　　A_{sb}——弯起钢筋的截面面积；

　　α_s——弯起钢筋与梁轴间的角度，一般取 45°，当梁高 $h > 700\text{mm}$ 时，取 60°；

　　0.8——考虑到靠近剪压区的弯起钢筋在破坏时可能达不到抗拉强度设计值的应力不均匀系数。

因此，梁内配有箍筋和弯起钢筋的斜截面抗剪承载力计算公式为：

对于矩形、T 形、I 形截面的一般受弯构件：

$$V \leqslant V_u = 0.7 f_t b h_0 + 1.25 f_{yv} \frac{A_{sv}}{s} h_0 + 0.8 f_y A_{sb} \sin\alpha_s \qquad (3-74)$$

对主要承受集中荷载作用为主的独立梁：

$$V \leqslant V_u = \frac{1.75}{\lambda+1} f_t b h_0 + f_{yv} \frac{A_{sv}}{s} h_0 + 0.8 f_y A_{sb} \sin\alpha_s \qquad (3-75)$$

2. 计算公式的适用范围——上、下限值

（1）上限值——截面限制条件

当梁的截面尺寸较小而剪力过大时，会在梁的腹部产生过大的主压应力，梁可能发生斜压破坏。为了防止梁发生这种破坏，《混凝土规范》规定了截面尺寸限制条件，同时也是为了防止梁在使用阶段斜裂缝开展过宽。

对矩形、T 形和 I 形截面的受弯构件，其受剪截面需符合下列条件：

当 $\dfrac{h_w}{b} \leqslant 4$ 时（即一般梁）：

$$V \leqslant 0.25 \beta_c f_c b h_0 \qquad (3-76)$$

当 $\dfrac{h_{\mathrm{w}}}{b} \geqslant 6$ 时（即薄腹梁）：

$$V \leqslant 0.2 \beta_{\mathrm{c}} f_{\mathrm{c}} b h_0 \qquad (3-77)$$

当 $4 < \dfrac{h_{\mathrm{w}}}{b} < 6$ 时：按线性内插法

式中：V——截面最大剪力设计值；

  b——矩形截面的宽度，T 形、I 形截面的腹板宽度；

  h_{w}——截面的腹板高度。矩形截面取有效高度 h_0；T 形截面取有效高度减去翼缘高，I 形截面取腹板净高。

  f_{c}——混凝土轴心抗压强度设计值；

  β_{c}——混凝土强度影响系数：当混凝土强度等级不超过 C50 时，$\beta_{\mathrm{c}}=1.0$；当混凝土强度等级为 C80 时，$\beta_{\mathrm{c}}=0.8$；其间线性内插法确定。

式（3-76）～（3-77）相当于限制了梁截面的最小尺寸及最大配箍率，如果上述条件不满足，则加大截面尺寸或提高混凝土的强度等级。

对于 I 形和 T 形截面的简支受弯构件，当有经验时，公式（3-76）可取为：

$$V \leqslant 0.30 \beta_{\mathrm{c}} f_{\mathrm{c}} b h_0 \qquad (3-78)$$

（2）下限值——最小配箍率 $\rho_{\mathrm{sv,min}}$

当箍筋配箍率过小，即箍筋过少或箍筋的间距过大，一旦出现斜裂缝，箍筋的拉应力会立即达到屈服强度，因此不能限制斜裂缝的进一步开展，导致截面发生斜拉破坏。因此，为了防止出现斜拉破坏，箍筋的数量不能过少，间距不能太大。为此，《混凝土规范》规定了箍筋配箍率的下限值（即最小配箍率）为：

$$\rho_{\mathrm{sv,min}} = \left(\frac{A_{\mathrm{sv}}}{bs}\right)_{\min} = 0.24 \frac{f_{\mathrm{t}}}{f_{\mathrm{yv}}} \qquad (3-79)$$

（3）按构造配箍筋

若符合下列条件：

对于矩形、T 形、I 形截面的一般受弯构件：

$$V \leqslant 0.7 f_{\mathrm{t}} b h_0 \qquad (3-80)$$

对于主要承受集中荷载作用为主的独立梁：

$$V \leqslant \frac{1.75}{\lambda+1} f_{\mathrm{t}} b h_0 \qquad (3-81)$$

可不进行斜截面受剪承载力计算，而仅需根据《混凝土规范》的有关规定，按最小配箍率及构造要求配置箍筋。

3. 计算位置

在计算受剪承载力时，计算截面的位置按下列规定确定（如图 3-27 所示）：

（1）支座边缘处的截面（1—1 截面）。

这一截面属必须计算的截面，因为支座边缘的剪力值是最大的。

（2）受拉区弯起钢筋弯起点的截面（4—4 截面）。

因为此截面的抗剪承载力不包括相应弯起钢筋的抗剪承载力。

（3）箍筋直径或间距改变处（3-3 截面）。

在此截面混凝土项的抗剪承载力有所变化。

（4）截面腹板宽度改变处（2-2 截面）。

在此截面混凝土项的抗剪承载力有所变化。

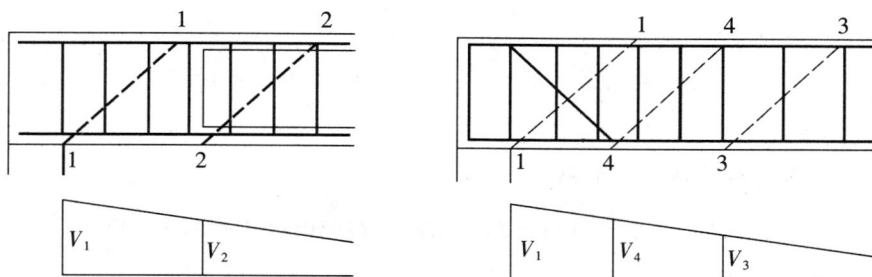

图 3-27　斜截面受剪承载力剪力设计值的计算截面

4. 板类受弯构件

由于板所受到的剪力较小，所以一般不需依靠箍筋来抗剪，因而板的截面高度对不配箍筋的钢筋混凝土板的斜截面受剪承载力的影响就较为显著。因此，对不配置箍筋和弯起钢筋的一般板类受弯构件，其斜截面受剪承载力应按下列公式计算：

$$V \leqslant 0.7 \beta_h f_t b h_0 \tag{3-82}$$

$$\beta_h = \left(\frac{800}{h_0}\right)^{1/4} \tag{3-83}$$

式中：β_h——截面高度影响系数，当 $h_0 < 800\text{mm}$ 时，取 $h_0 = 800\text{mm}$；当 $h_0 > 2000\text{mm}$ 时，取 $h_0 = 2000\text{mm}$。

5. 计算例题

[例 3-4]　如图 3-28 所示，某钢筋混凝土矩形截面简支梁，两端搁置在厚为 240mm 的砖墙上，净跨度为 3.56m，承受均布荷载设计值 88kN/m（包括自重），混凝土强度等级用 C20（$f_c = 9.6\text{N/mm}^2$，$f_t = 1.1\text{N/mm}^2$），箍筋用 HPB235 级钢筋（$f_{yv} = 210\text{N/mm}^2$），纵筋用 HRB335 级钢筋（$f_y = 300\text{N/mm}^2$），纵向受拉钢筋为 2 ϕ 25＋1 ϕ 22。

求：箍筋和弯起钢筋的数量。

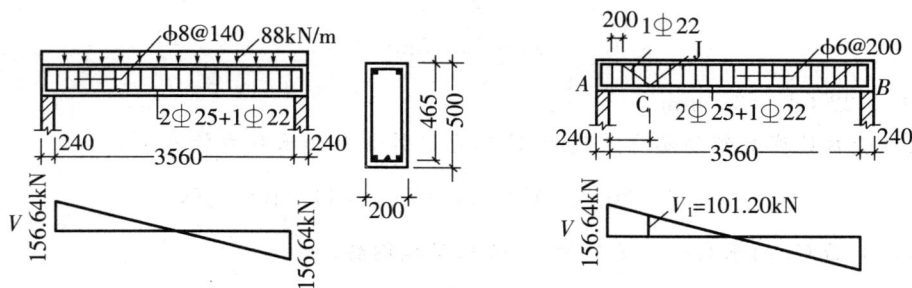

图 3-28　[例 3-4]图

[解]

(1)求剪力设计值

(2)验算截面条件 $h_w = h_0 = 465$

$$\frac{h_w}{b} = \frac{465}{200} = 2.325 < 4$$

按式(3-76)进行验算

$$V = 156640N < 0.25 f_c bh_0 = 0.25 \times 9.6 \times 200 \times 465 = 223200N$$

截面满足要求。

(3)验算是否需要按计算配置箍筋

$$0.7 f_t bh_0 = 0.7 \times 1.1 \times 200 \times 465 = 71610N < V = 156640N$$

(4)只配箍筋而不用弯起钢筋

由(3-71)得:$V \leqslant 0.7 f_t bh_0 + 1.25 f_{yv} \dfrac{A_{sv}}{s} h_0$

$$156640 = 71610 + 1.25 \times 210 \times \frac{nA_{sv1}}{s} \times 465$$

$$\frac{nA_{sv1}}{s} = 0.697 mm^2/mm$$

选用双肢箍筋 $\underline{\Phi} 8@140 \left(\dfrac{nA_{sv1}}{s} = 0.718mm^2/mm > 0.697mm^2/mm \right)$

$$\rho_{sv} = \frac{nA_{sv1}}{bs} = \frac{2 \times 50.3}{200 \times 140} = 0.359\% > \rho_{sv,min} = 0.24 \frac{f_t}{f_{yv}} = 0.24 \times \frac{1.1}{210} = 0.126\%$$

满足要求

(5)既配箍筋又用弯起钢筋

先按构造要求选定箍筋,选用双肢 $\underline{\Phi} 6@200mm$。

由式(3-74)得

$$V \leqslant V_u = 0.7 f_t bh_0 + 1.25 f_{yv} \frac{A_{sv}}{s} h_0 + 0.8 f_y A_{sb} \sin\alpha_s$$

$$156640 = 71610 + 1.25 \times 210 \times \frac{2 \times 28.3}{200} \times 465 + 0.8 \times 300 \times A_{sb} \times \sin 45°$$

$$A_{sb} = 297.5 mm^2$$

弯起 $1 \underline{\Phi} 22 (A_s = 380mm^2)$

此外,对受拉边弯起钢筋起弯点截面(CJ),也应作斜截面承载力计算

$$V_1 = 101200N < V_{cs} = 71610 + 34544 = 106154N$$

所以,斜截面 CJ 的承载力是足够的,不必配弯起钢筋。

3.3.4　钢筋的锚固长度

为了使钢筋和混凝土能可靠地一起工作、共同受力,钢筋在混凝土中必须有可靠的锚固,《混

凝土规范》对钢筋的锚固长度做了如下规定。

1. 受拉钢筋的锚固

若计算中充分利用钢筋的抗拉强度时,受拉钢筋的锚固长度 l_a 应按下列公式计算:

(1)普通钢筋

$$l_a = \alpha \frac{f_y}{f_t} d \qquad (3-84)$$

(2)预应力钢筋

$$l_a = \alpha \frac{f_{py}}{f_t} d \qquad (3-85)$$

式中:l_a——受拉钢筋的锚固长度;

　　f_y、f_{py}——普通钢筋、预应力钢筋的抗拉强度设计值;

　　f_t——混凝土轴心抗拉强度设计值,当混凝土强度等级高于 C40 时,按 C40 取值;

　　d——钢筋的公称直径;

　　α——钢筋的外形系数,按表 3-5 取用。

表 3-5　钢筋的外形系数

钢筋类型	光面钢筋	带肋钢筋	刻痕钢丝	螺旋肋钢丝	三股钢绞线	七股钢绞线
α	0.16	0.14	0.19	0.13	0.16	0.17

〔**注**〕　光面钢筋指 HPB235 级钢筋,其末端应做 180°弯钩,弯后平直段长度不应小于 3d,但作受压钢筋时可不做弯钩;带肋钢筋系指 HRB335 级、HRB400 级钢筋及 RRB400 级余热处理钢筋。

2. 受压钢筋的锚固

当计算中充分利用纵向钢筋的抗压强度时,其锚固长度不应小于上述规定的受拉锚固长度的 0.7 倍。

3.3.5　纵向钢筋的弯起和截断

受弯构件中的纵向钢筋的选用是按照控制截面的内力进行计算的,但实际弯矩沿梁长通常是变化的。故在实际工程中,可以把纵筋弯起或截断。但纵筋的弯起或截断是要满足一定的要求的。这个问题在设计中可以采用抵抗弯矩图包住设计弯矩图(M 图)来实现。

1. 抵抗弯矩图(材料图)M_u

材料图是按照实际配置的纵向钢筋绘制的梁各正截面所能抵抗的弯矩图。

图 3-29 所示的钢筋混凝土简支梁在均布荷载设计值 q(kN/m)作用下,其跨中最大弯矩为 $M_{max} = \frac{1}{8} q l^2$,据此根据正截面强度计算配置了 2Φ22+2Φ20 的纵向受拉钢筋,则此梁跨中截面的抵抗弯矩为 M_u,如全部纵向钢筋沿梁长既不截断也不弯起而全部伸入支座,则此梁沿长度方向每个截面能够承受的弯矩都是 M_u。由于所配钢筋是根据跨中最大弯矩得出的,显然,这样做构造虽然简单,但仅在跨中截面钢筋强度得以充分发挥,而在其他截面,因为弯矩的数值比 M_{max} 小,所以其他截面的钢筋强度都不能得到充分的作用,特别是在支座附近,荷载产生的弯矩已经很小,根本不需按跨中截面所需的钢筋来配置,故这种配筋方式只适用于小跨度的构件。对于跨度较大的构件,为了节约钢筋或尽量发挥钢筋的作用,可将一部分的纵向钢筋在弯矩较小

（即受弯承载力需要较小）的地方截断或弯起（用作受剪的弯筋或用来承担支座的负弯矩）。但这时需要考虑的问题是如何才能保证正截面和斜截面的受弯承载力要求（即要合理确定截断和弯起钢筋的数量和位置），以及如何保证钢筋的粘结锚固要求。这些问题可以通过画抵抗弯矩图来解决。

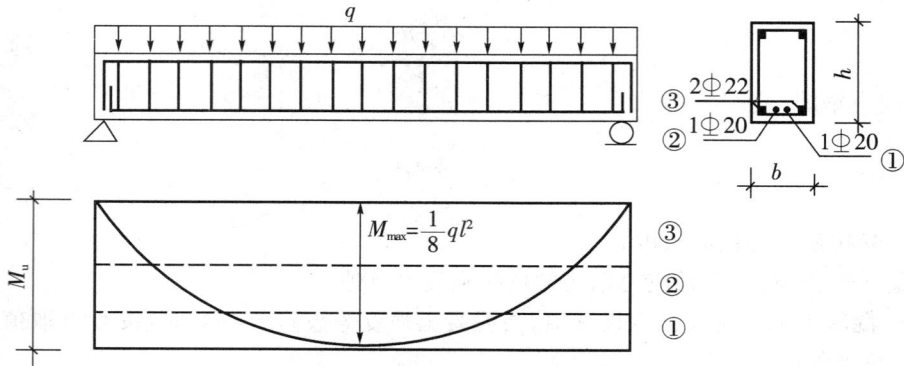

图 3-29　简支梁纵筋全部伸入支座的 M_u 图

如图 3-30，首先根据跨中截面纵筋 2 Φ 22+2 Φ 20 所能承担的抵抗弯矩 M_u 按钢筋的截面面积比例划分每根钢筋所能抵抗的弯矩，即认为钢筋所能承受的弯矩和其截面面积成正比。图中每条钢筋的材料图都和弯矩图相交二点，例如①号钢筋的材料图和弯矩图相交于 a、b 两点，其中 a 点称为①号钢筋的充分利用点，b 点称为①号钢筋的理论断点，同时 b 点又是②号钢筋的充分利用点，c 点则是②号钢筋的理论断点，同时 c 点又是③号钢筋的充分利用点，以此类推。

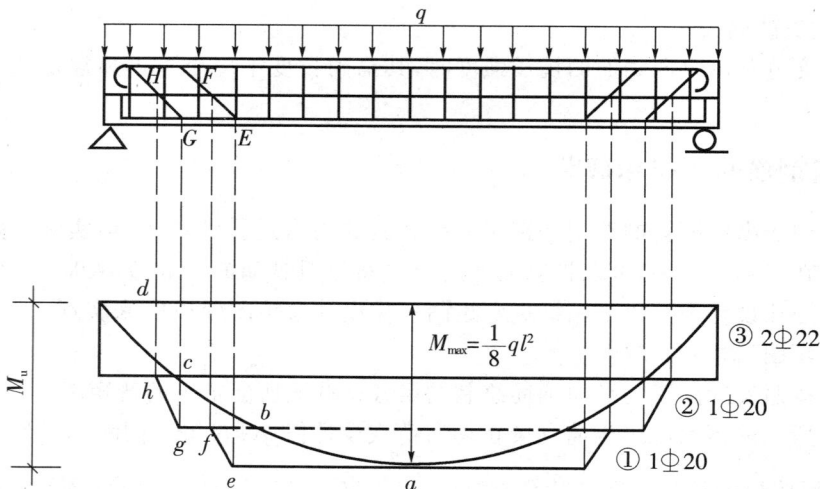

图 3-30　纵筋弯起的抵抗弯矩图

如果将①号钢筋在 E 点弯起，弯起钢筋与梁轴线的交点为 F，则由于钢筋的弯起，梁所能承担的弯矩将会减少，但①号钢筋在自弯起点 E 弯起后并不是马上进入受压区，故其抵抗弯矩的能力并不会立即失去，而是逐步过渡到 F 点才完全失去抵抗弯矩能力，所以①号钢筋弯起部分的材料图是一斜线（$e \rightarrow f$）。同理，②号钢筋的弯起点是 G 点，它要到 H 点才完全失去抵抗弯矩的能力,其材料图是斜线($g{\rightarrow}h$)部分。因此,梁任一截面的抗弯能力都可以通过材料图直接看出,只要材料图包在弯矩图之外,就说明梁正截面的抗弯能力能够得到保证。

2. 弯起钢筋的构造要求

纵向钢筋的弯起应满足以下三个方面的要求:

(1)满足正截面受弯承载力的要求

纵向钢筋弯起后,正截面的承载力降低,为了保证正截面的受弯承载力,要求纵筋的弯起点位于该纵筋的充分利用点以外,即抵抗弯矩图(M_u 图)包住设计弯矩图(M 图)。

(2)满足斜截面受弯承载力的要求

为了满足斜截面受弯承载力的要求,在确定弯起钢筋的弯起位置时,弯起点必须距该钢筋的充分利用点至少有 $0.5h_0$ 的距离。

(3)满足斜截面抗剪强度的要求

可以通过斜截面的受剪承载力计算确定。

3. 纵向钢筋的截断

如将纵向受拉钢筋从理论截断点截断,由于钢筋面积的突然减少,使混凝土内的拉力突然增大,使得在纵向钢筋截断处产生弯剪斜裂缝,从而可能降低构件的承载力。因此,纵向钢筋应从理论切断点外伸一定长度以后再切断。

《混凝土规范》规定:为了保证截断的钢筋在跨中有足够的锚固长度,钢筋的强度能充分发挥,纵向钢筋截断时,必须满足下列规定:

(1)为了保证钢筋强度能充分发挥,防止纵向钢筋锚固不足,自钢筋的充分利用点至截断点的距离(又称延伸长度)l_d,应按下列情况取用;

①$V \leqslant 0.7f_tbh_0$ 时,应延伸至按正截面受弯承载力计算不需要该钢筋的截面以外不小于 $20d$ 处截断;且从该钢筋强度充分利用截面伸出的长度不应小于 $1.2l_a$。

②$V > 0.7f_tbh_0$ 时,此时由于弯矩、剪力较大,在使用阶段有可能出现斜裂缝。斜裂缝出现后,由于斜裂缝顶端处的弯矩加大,使未截断纵筋的拉应力增大,若纵筋的粘结锚固长度不够,则构件会因裂缝的发展,联通而最终破坏。故此时纵向钢筋应延伸至按正截面受弯承载力不需要该钢筋的截面以外不小于 h_0 且不小于 $20d$ 处截断;且从该钢筋强度充分利用截面伸出的长度不应小于$1.2l_a + h_0$。

③若按上述规定确定的截断点仍位于负弯矩受拉区内,则应延伸至按正截面受弯承载力计算不需要该钢筋的截面以外不小于 $1.3h_0$ 且不小于 $20d$ 处截断,且从该钢筋强度充分利用截面伸出的延伸长度不应小于 $1.2l_a + 1.7h_0$。

(2)为保证理论截断点处出现斜裂缝时钢筋的强度可以充分利用,不致出现沿斜截面发生受弯破坏,纵筋的实际截断点应延伸至理论截断点以外,其延伸长度不应小于 $20d$,如图3-31所示。这是因为从理论上讲,若单纯从正截面抗弯考虑纵向钢筋在其理论断点处截

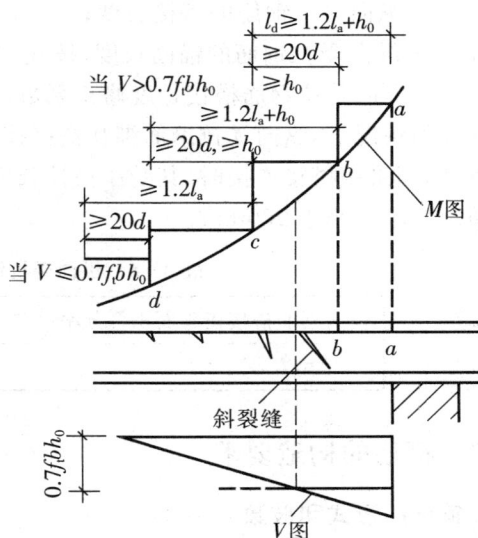

图 3-31　纵筋截断时的构造要求

断似乎无可非议,但事实上,当钢筋在理论断点处截断后,必然导致该处混凝土的拉应力突增,从而有可能在切断处过早地出现斜裂缝,使该处纵筋的拉应力增大,但该处未切断纵筋的强度是被充分利用的,故这时纵筋的实际拉应力就有可能超过其抗拉强度,造成梁的斜截面受弯破坏。因而纵筋必须从理论断点向外延伸一个长度后再切断。这样,若在纵筋的实际切断处再出现斜裂缝,则因该处未切断部分的纵筋强度并未被充分利用,因而就能承担因斜裂缝出现而增大的弯矩,从而使斜截面的受弯承载力得以保证。

在钢筋混凝土悬臂梁中,应有不少于两根上部钢筋伸至悬臂梁外端,并向下弯折不小于 $12d$;其余钢筋不应在梁的上部截断,而应向下弯折,并符合弯起钢筋的构造要求;同时,该钢筋自支座边缘向跨内的伸出长度不应小于 $0.2l_0(l_0$ 为悬臂梁的计算跨度)。

3.3.6 纵向钢筋的搭接

钢筋的连接可分为两类:绑扎搭接;机械连接或焊接。机械连接接头和焊接接头的类型及质量应符合国家现行有关标准的规定。

受力钢筋的接头宜设置在受力较小处。在同一根钢筋上宜少设接头。

同一构件中相邻纵向受力钢筋的绑扎搭接接头宜相互错开。

钢筋绑扎搭接接头连接区段的长度为 1.3 倍搭接长度,凡搭接接头中点位于该连接区段长度内的搭接接头均属于同一连接区段。同一连接区段内纵向钢筋搭接接头面积百分率为该区段内有搭接接头的纵向受力钢筋截面面积与全部纵向受力钢筋截面面积的比值。

位于同一连接区段内的受拉钢筋搭接接头面积百分率:对梁类、板类及墙类构件,不宜大于 25%;对柱类构件,不宜大于 50%。当工程中确有必要增大受拉钢筋搭接接头面积百分率时,对梁类构件,不应大于 50%;对板类、墙类及柱类构件,可根据实际情况放宽。

纵向受拉钢筋绑扎搭接接头的搭接长度应根据位于同一连接区段内的钢筋搭接接头面积百分率按下列公式计算:

$$l_1 = \zeta l_a \tag{3-86}$$

式中:l_1——纵向受拉钢筋的搭接长度;

l_a——纵向受拉钢筋的锚固长度,按式(3-84)及(3-85)确定;

ζ——纵向受拉钢筋搭接长度修正系数,按表 3-6 取用。

在任何情况下,纵向受拉钢筋绑扎搭接接头的搭接长度均不应小于 300mm。构件中的纵向受压钢筋,当采用搭接连接时,其受压搭接长度不应小于纵向受拉钢筋搭接长度的 0.7 倍,且在任何情况下不应小于 200mm。

表 3-6 纵向受拉钢筋的搭接长度修正系数

纵向钢筋搭接接头面积百分率(%)	≤25	50	100
ζ	1.2	1.4	1.6

3.3.7 箍筋的构造要求

1. 箍筋的形式和肢数

箍筋的形状通常有封闭式和开口式两种,如图 3-32(d)和(e)所示。箍筋的主要作用是作为腹筋承受剪力,除此之外,还起到固定纵筋位置,形成钢筋骨架的作用。由于箍筋属于受拉钢筋,因此箍筋必须有很好的锚固。为此,应将箍筋端部锚固在受压区内。对封闭式箍筋,其在受压区的水平肢将约束混凝土的横向变形,有助于提高混凝土的强度。所以,在一般的梁中通常都采用封闭式箍筋。对于现浇 T 形截面梁,当不承受扭矩和动荷载时,在承受正弯矩的区段内,为节约钢筋可采用开口式箍筋。

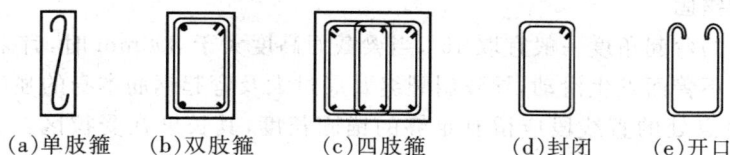

(a)单肢箍　(b)双肢箍　(c)四肢箍　(d)封闭　(e)开口

图 3 - 32　箍筋的形式和肢数

箍筋的肢数取决于箍筋垂直段的数目,最常用的是双肢,除此还有单肢、四肢等(图 3 - 22 (a)(b)(c))。通常按下列原则确定箍筋的肢数:当梁的宽度 $150mm<b<350mm$ 时,以及一层中受拉钢筋不超过 5 根,按计算配置的受压钢筋不超过 3 根时采用双肢箍筋;当梁的宽度 $b\geq 350mm$ 时,以及一层受拉钢筋超过 5 根或按计算纵向配置的纵向受压钢筋超过 3 根(或 $b\leq 400mm$,一层内的纵向受压钢筋多于 4 根)时,宜采用四肢箍筋;当 $b\leq 150mm$ 才采用单肢箍数。

2. 箍筋的直径

箍筋一般采用 HPB235 级或 HRB335 级钢筋,为了使钢筋骨架具有一定的刚性,箍筋的直径不宜太小,其最小直径与梁高 h 有关。《混凝土规范》规定对截面高度 $h>800mm$ 的梁,其箍筋直径不宜小于 8mm;对截面高度 $h\leq 800mm$ 的梁,其箍筋直径不宜小于 6mm。梁中配有计算需要的纵向受压钢筋时,箍筋直径尚不应小于纵向受压钢筋最大直径的 0.25 倍。

3. 箍筋的间距

箍筋的间距对斜裂缝的开展宽度有显著的影响。如果箍筋的间距过大,则斜裂缝可能不与箍筋相交或者相交在箍筋不能充分发挥作用的位置,使得箍筋不能有效地抑制斜裂缝的开展,从而也就起不到箍筋应有的抗剪能力。因此,一般宜采用直径较小、间距较密的箍筋。当然,若箍筋的间距过小,则箍筋的数量就会过多,导致施工效率降低。《混凝土规范》规定的梁中箍筋的最大间距 S_{max} 见表 3 - 7。

表 3 - 7　梁中箍筋的最大间距 S_{max} (mm)

梁高 h	$V>0.7f_t bh_0$	$V\leq 0.7f_t bh_0$
$150<h\leq 300$	150	200
$300<h\leq 500$	200	300
$500<h\leq 800$	250	350
$h>800$	300	400

当梁中按计算配有纵向受压钢筋时,箍筋应为封闭式,此时箍筋的间距不应大于 $15d$,(d 为纵向受压钢筋中的最小直径),同时在任何情况下均不应大于 400mm;当一层内的纵向受压钢筋多于 5 根且直径大于 18mm 时,箍筋间距不应大于 $10d$;当梁的宽度大于 400mm 且一层内的纵向受压钢筋多于 3 根时,或当梁的宽度不大于 400mm 但一层内的纵向受压钢筋多于 4 根时,应设置复合箍筋。

4. 箍筋的布置

对于按计算不需要箍筋抗剪的梁,当截面高度大于 300mm 时,仍应沿梁全长设置箍筋;对截面高度为 150mm～300mm 时,可仅在构件端部 1/4 范围内设置箍筋,但当在构件中部 1/2 跨度范围内有集中荷载作用时,则应沿梁全长设置箍筋;对截面高度小于 150mm 时,可不设箍筋。

3.3.8 弯起钢筋的构造要求

1. 弯起钢筋的锚固

梁中弯起钢筋的弯起角度一般宜取 45°,当梁截面高度大于 800mm 时,宜采用 60°。为了防止弯起钢筋因锚固不善而发生滑动,导致斜裂缝开展过大及弯起钢筋本身的强度不能充分发挥,弯起钢筋的弯折终点处的直线段应留有足够的锚固长度,其长度在受拉区≥20d,在受压区≥10d;对光圆钢筋在末端应设置弯钩。如图 3-33 所示。

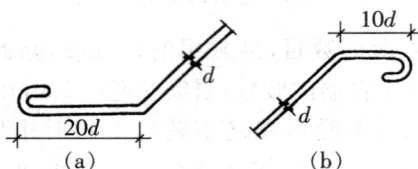

图 3-33 弯起钢筋端部构造

2. 弯起钢筋的间距

为了防止因弯起钢筋间距过大,使得在相邻两排弯起钢筋之间出现的斜裂缝可能与弯起钢筋相交不到,导致弯起钢筋不能发挥抗剪作用。故按抗剪计算需设置两排或两排以上弯起钢筋时,第一排(从支座算起)弯起钢筋的弯起点到第二排弯起钢筋的弯终点之间的距离(见图 3-34 中的 s_2)不应大于表 3-7 箍筋的最大间距 S_{max}。为了避免由于钢筋尺寸误差而使弯起钢筋的弯终点进入梁的支座内,以致不能充分发挥其抗剪作用,且不利于施工,靠近支座的第一排弯起钢筋的弯终点到支座边缘的距离(见图 3-34 中的 s_1)不宜小于 50mm,亦不应大于箍筋的最大间距 S_{max}。

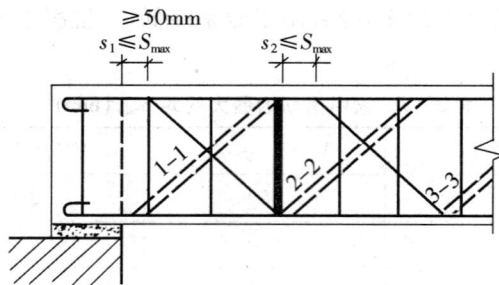

图 3-34 弯起钢筋的构造要求

3. 弯起钢筋的设置

对于采用绑扎骨架的主梁、跨度≥6m 的次梁、吊车梁以及挑出 1m 以上的悬臂梁,均宜设置弯起钢筋。当梁宽度 b＞350mm 时,同一截面上弯起的钢筋不宜少于两根。

梁底层钢筋中的角部钢筋不应弯起,顶层钢筋中的角部钢筋不应弯下。

另外,当充分利用弯起钢筋强度时,宜将其配置在靠梁侧面不小于 2d 的位置处,以防止弯转点处的混凝土过早破坏,使弯起钢筋强度不能充分发挥。

3.4　受压构件

3.4.1　概述

　　受压构件指的是主要承受轴向压力的构件。当轴向压力通过构件截面的形心时,称为轴向受压构件;当轴向压力不通过截面形心时,称为偏心受压构件。在偏心受压中又有单向偏心受压和双向偏心受压之分。常见的受压构件有柱子和桁架的受压腹杆。

　　在实际结构中,几乎没有真正的轴心受压构件。但在设计桁架的受压腹杆以及恒载为主的多层、多跨房屋的内柱时,往往因弯矩很小可忽略不计,近似简化为轴心受压构件来计算。其余情况,一般需按偏心受压构件计算。其中,非抗震设防地区,当纵向柱列较多时,可不考虑纵向水平荷载的作用,此时一般可视为单向偏心受压。否则,应按双向偏心受压来考虑。

3.4.2　构造要求

1. 材料强度等级

　　受压构件截面受压面积一般较大,故宜采用强度等级较高的混凝土(一般不低于 C20 级)。这样,可减小截面尺寸并节约钢材。钢筋的级别不宜过高,这是因为高强钢筋在与混凝土共同受压时,并不能发挥其高强作用。

2. 截面形式和尺寸

　　受压构件的截面形式常见的有方形、矩形、圆形、多边形、工字形、T 形及环形等等。

　　方形柱的边长 b 不小于 250mm;矩形柱要求 $l_0/b \leqslant 30$, $l_0/h \leqslant 25$;工字形柱的截面尺寸要求翼缘的高度 h_f 的尺寸不小于 120mm,腹板的宽度 b 要求不小于 100mm。

3. 纵向钢筋

　　纵向受力钢筋不仅可以帮助混凝土承受压力,以减小构件的截面尺寸,还可以承受偏心压力产生的弯矩,增加构件的延性,减少混凝土的徐变变形。

　　纵向受力钢筋的直径不宜小于 12mm,全部纵向钢筋的配筋率不宜大于 5%,也不宜小于 0.6%;圆柱中纵向钢筋宜沿周边均匀布置,根数不宜少于 8 根,且不应少于 6 根;当偏心受压柱的截面高度 $h \geqslant 600mm$ 时,在柱的侧面上应设置直径为 10～16mm 的纵向构造钢筋,并相应设置复合箍筋或拉筋;柱中纵向受力钢筋的净间距不应小于 50mm;在偏心受压柱中,垂直于弯矩作用平面的侧面上的纵向受力钢筋以及轴心受压柱中各边的纵向受力钢筋,其中距不宜大于 300mm。

　　当偏心受压柱的截面 h 不小于 600mm 时,在侧面应设置直径为 10～16mm 的纵向构造钢筋,并相应地设置拉筋或复合箍筋(见图 3-35)。

4. 箍筋

　　在受压构件中箍筋的作用可以与纵筋组成钢筋骨架,防止其受压后外凸;当然,某些剪力较大的偏心受压构件也可能需要箍筋来抗剪;密排箍筋还有约束核心内部混凝土横向变形,提高核心混凝土的强度。箍筋的形式一般采用搭接式箍筋(又称普通箍筋),特殊情况下采用焊接圆环式或螺旋式。当柱截面有内折角时(见图 3-36(a)),不可采用带有内折角的箍筋(见图 3-36(b))。因为内折角处受拉箍筋的合力向外,会使该处的混凝土保护层崩裂。正确的箍筋形式见

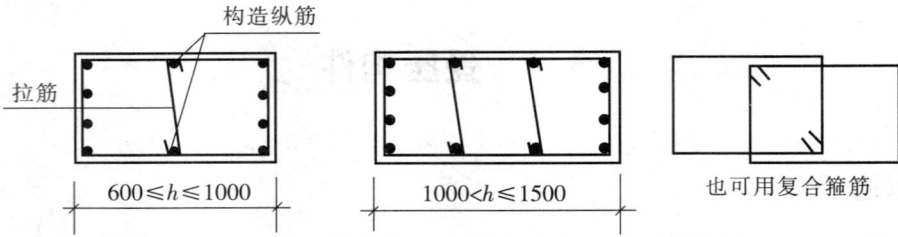

图 3 - 35　偏心柱构造纵筋的设置

图3-36(c) 或 3-36(d)。当柱每边的纵向受力筋多于 3 根(或当短边尺寸 $b \leqslant 400$mm,纵筋多于 4 根)时,应设置附加箍筋(见图 3-37)。

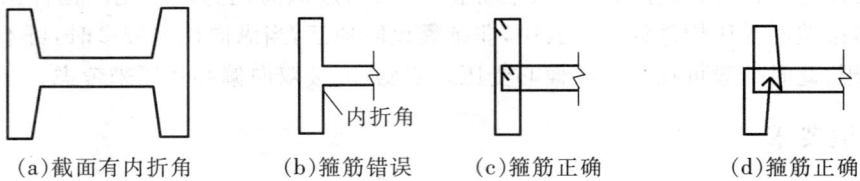

图 3 - 36　截面有内折角的箍筋

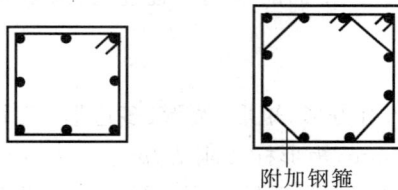

图 3 - 37　柱的附加箍筋

箍筋的直径不应小于 6mm,且不应小于 $d/4$,d 为纵向钢筋最大直径。箍筋的间距 s 不应大于 $15d$,同时也不应大于 400mm 和构件的短边尺寸。在柱内纵筋绑轧搭接长度范围内的箍筋间距应加密到 $5d$ 且不大于 100mm(纵筋受拉时)或 $10d$ 且不大于 200mm(纵筋受压时)。当柱中全部纵向受力钢筋配筋率超过 3% 时,箍筋直径不宜小于 8mm,且应焊成封闭圆环,其间距不应大于 $10d$(d 为纵向钢筋的最小直径),且不应大于 200mm。当采用密排式箍筋(焊接圆环或螺旋环)时,柱的截面形状宜为圆形或接近圆形的正八边形。环箍(又称间接钢筋)的间距不宜小于 40mm,且不应大于 80mm 及 $0.2d_{cor}$(d_{cor} 为按间接钢筋内表面确定的直径)。直径要求同普通箍筋。

3.4.3　轴心受压构件的计算

1. 配置普通箍筋的轴心受压构件

(1)受力特点和破坏形态

理想的轴心受压构件是不存在的。由于实际中混凝土材料的不均匀性、配筋的不对称以及制作和安装误差,而且也不能保证压力作用线正好与杆轴线重合等原因,构件总是存在着初始偏心距,因而在轴心受压构件的截面上会存在一定的弯矩而使构件发生侧向弯曲,这就是所谓的纵向弯曲。纵向弯曲会使受压构件的承载能力降低,其降低程度随构件的长细比的增大而增大。

构件破坏时,混凝土的强度达轴心抗压强度 f_c,其应变约为 0.002。此时的应力仅为 $\sigma'_s=\varepsilon_0 E_s=0.002\times2\times10^5=400\text{N/mm}^2$,受压钢筋的应变与混凝土相同,对于 Ⅰ～Ⅲ 钢筋,此时已进入流幅阶段,即其应力为屈服强度;而对于 Ⅳ 级以上的高强钢筋,并未达到其屈服强度。尽管钢筋应力还可增加,但却因混凝土已达最大应力而使柱的承载能力达到最大而破坏。由此可见,高强钢筋在与混凝土共同受压时,并不能发挥其高强作用。

纵向弯曲对钢筋混凝土轴心受压短柱的影响很小。而对于比较细长的钢筋混凝土轴心受压柱,纵向弯曲的影响不可忽略,其承载力低于条件完全相同的短柱。当构件长细比过大时还会发生失稳破坏。《混凝土规范》采用稳定系数 φ 来反映长柱承载力的降低程度。构件的稳定系数主要与构件的长细比 l_0/b 有关,l_0 为柱的计算长度,b 为截面的短边尺寸。$l_0/b<8$(短柱)时,$\varphi\approx1$;l_0/b 越大,φ 值越小。具体数值可查表 3-8。

表 3-8　钢筋混凝土受压构件的稳定系数 φ

l_0/b	≤8	10	12	14	16	18	20	22	24	26	28
l_0/d	≤7	8.5	10.5	12	14	15.5	17	19	21	22.5	24
l_0/i	≤28	35	42	48	55	62	69	76	83	90	97
φ	1.00	0.98	0.95	0.92	0.87	0.81	0.75	0.70	0.65	0.60	0.56
l_0/b	30	32	34	36	38	40	42	44	46	48	50
l_0/d	26	28	29.5	31	33	34.5	36.5	38	40	41.5	43
l_0/i	104	111	118	125	132	139	146	153	160	167	174
φ	0.52	0.48	0.44	0.40	0.36	0.32	0.29	0.26	0.23	0.21	0.19

[注]　表中 l_0 为构件的计算长度;b 为矩形截面的短边尺寸;d 为圆形截面的直径;i 为截面的最小回转半径。

(2)正截面承载力计算公式

根据试验研究结果分析,《混凝土规范》采用以下的计算公式:

$$N\leqslant N_u \tag{3-87}$$

$$N_u=0.9\varphi(f_cA+f'_yA'_s) \tag{3-88}$$

式中:N——轴向力设计值;

　　N_u——构件破坏时所能承受的轴向力,也称为构件极限承载力;

　　f_c——混凝土的轴心强度设计值,按附表 2 确定;

　　A——构件截面面积;

　　A'_s——全部纵向钢筋的截面面积。

当纵向的钢筋配筋率大于 3% 时,式中 A 应改用 A_n,$A_n=A-A'_s$。由于构件制作时质量的偏差对小截面构件承载力影响较大,《混凝土规范》采用了将混凝土强度折减的方法,即当截面的长边或直径小于 300mm,混凝土抗压强度设计值 f_c 乘以系数 0.8。

(3)截面设计与截面复核

①截面设计

已知截面上的轴力设计值 N 和柱的计算长度,求截面配筋。

根据构造要求初选材料强度等级和截面尺寸。由构件的长细比求稳定系数 φ，然后根据式 (3-88)求 $N_u = N$ 时所需的纵向钢筋的截面面积：

$$A'_s = \frac{\frac{N}{0.9\varphi} - f_c A}{f'_y}$$

配置纵向钢筋同时还要满足构造要求。根据构造要求选配箍筋。

②截面复核

已知构件的计算长度、截面尺寸、材料强度等级和纵向钢筋，求柱的极限承载力 N_u。

先由构件的长细比求稳定系数 φ，然后根据公式(3-88)求出截面的极限承载力 N_u。

若在已知条件中已有轴向力设计值 N，要求判断是否安全时，可再看 N 和 N_u 是否满足公式(3-87)。满足时为安全，否则为不安全，应予加强。

2. 配置密排环式箍筋的轴心受压构件

当柱所承受的轴力很大，并且截面尺寸受到限制不能增大，采用普通箍筋柱会使纵筋配筋率过高，而混凝土强度又不宜再提高的情况下，可采用螺旋筋柱或焊接环筋柱以提高柱的承载力。此时，截面形状一般为圆形或正八边形。但施工较困难，造价较高。

混凝土在纵向压力的作用下，会产生横向变形，密排环式箍筋可以约束核心内混凝土的横向变形，使之处于三向受压状态，从而间接地提高混凝土的纵向抗压强度；同时，箍筋中会产生拉力。当构件的压应变超过无约束混凝土的极限应变后，箍筋外的表层混凝土开裂、剥落而退出工作，但箍筋以内的核心混凝土仍能继续承受压力，直至箍筋中的拉力大于箍筋的抗拉强度而屈服。由于箍筋间接地起到了纵向受压钢筋的作用，故又称之为间接钢筋。

根据圆柱体三向受压试验的结果，约束混凝土的轴心抗压强度 f_{cc} 按下式计算，即：

$$f_{cc} = f_c + 4\sigma_r$$

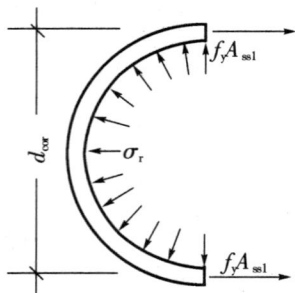

由图 3-38，由于每道箍筋所约束的混凝土柱的高度即为箍筋间距，可得以下平衡方程：

$$\sigma_r d_{cor} s = 2f_y A_{ss1} \tag{3-89}$$

式中：A_{ss1}——单根箍筋的截面积；

f_y——箍筋的抗拉强度设计值；

d_{cor}——构件的核心直径(算至箍筋内表面)。

图 3-38　混凝土对箍筋的反作用力

故　　　　$$\sigma_r = \frac{2f_y A_{ss1}}{d_{cor} s} \tag{3-90}$$

将式(3-90)代入式(3-1)便得到核心混凝土的抗压强度为

$$f_{cc} = f_c + \frac{8f_y A_{ss1}}{d_{cor} s} \tag{3-91}$$

由于箍筋屈服时，外围混凝土已开裂甚至脱落而退出工作，所以，承受压力的混凝土截面面积应该取核心混凝土的面积 A_{cor}。于是根据轴向力的平衡条件，可得密排环箍柱的极限承载力为：

$$N_u = f_{cc} A_{cor} + f'_y A'_s \tag{3-92}$$

再将式(3-91)代入上式,则得:

$$N_u = f_c A_{cor} + \frac{8 f_y A_{ss1}}{d_{cor} s} A_{cor} + f'_y A'_s \qquad (3-93)$$

该式右端第二项即为密排环箍(又称间接钢筋)的作用,为了将此间接钢筋的作用与直接承受轴向力的纵向钢筋的作用对比,以及使式(3-93)便于记忆,可将间距为 s 的箍筋按体积相等的原则换算成纵向钢筋,设其换算后截面面积为 A_{ss0},则应有:

$$A_{ss0} = \frac{\pi d_{cor} A_{ss1}}{s} \qquad (3-94)$$

在式(3-93)右端第二项中,$A_{cor} = \pi d_{cor}^2 / 4$,故该项可改为:

$$\frac{8 f_y A_{ss1}}{d_{cor} s} \cdot \frac{\pi d_{cor}^2}{4} = \frac{2 f_y \pi d_{cor} A_{ss1}}{s} = 2 f_y A_{ss0} \qquad (3-95)$$

于是式(3-93)可记为:

$$N_u = 0.9 (f_c A_{cor} + 2 f_y A_{ss0} + f'_y A'_s) \qquad (3-96)$$

当混凝土强度等级超过 C50 时,右端第二项还应乘以折减系数 α,C50 时 $\alpha = 1.0$,C80 时 $\alpha = 0.85$,中间按线性内插。

从式(3-96)可知,采用密排式环箍筋柱后,尽管混凝土的受压面积减少,但由于间接钢筋的作用一般较大,可以使构件承载力得到较大的提高。

3. 例题

[例 3-5] 已知某钢筋混凝土轴心受压柱,轴向力设计值 $N = 1500 \text{kN}$,构件的计算长度 $l_0 = 3.5 \text{m}$。混凝土强度等级选用 C20($f_c = 9.6 \text{N/mm}^2$),纵筋为 Ⅱ 级钢筋,求柱截面尺寸及纵向钢筋截面面积。

[解] (1)估算截面尺寸

假设 $\rho' = 0.01$,$\varphi = 1$ 由公式

$$A = \frac{N}{\varphi (f_c + \rho' f'_y)} = \frac{1500000}{1 \times (10 + 0.01 \times 300)} = 115385 \text{mm}^2$$

正方形边长 $b = \sqrt{115385} \approx 340 \text{mm}$

取柱截面尺寸为 $350 \times 350 \text{mm}$

(2)求 A'_s

$$\frac{l_0}{b} = \frac{3500}{350} = 10$$

查表 3-8 得,$\varphi = 0.98$

$$\begin{aligned}
A'_s &= \frac{1}{f'_y} \left(\frac{N}{0.9 \varphi} - f_c A \right) \\
&= \frac{1}{300} \left(\frac{1500 \times 10^3}{0.9 \times 0.98} - 9.6 \times 350 \times 350 \right) \\
&= 1749 \text{mm}^2
\end{aligned}$$

取 4 ⏀ 22($A'_s = 1520 \text{mm}^2$)

$$\rho' = \frac{A'_s}{A} = \frac{1520}{350 \times 350} = 1.24\% > \rho'_{\min} = 0.6\%$$

一侧配筋率 $0.62\% > 0.2\%$

故满足要求。

3.4.4 偏心受压构件的正截面承载力计算

在截面的一个主轴方向有偏心压力时,称为单向偏心受压构件。在实际工程中,还会遇到双向偏心受压构件。本书主要介绍单向偏心受压构件(以下简称偏心受压构件)。

1. 受力特点及破坏形态

偏心受压构件截面上既有轴向力又有弯矩,从正截面的受力性能来看,可视为轴心受压与受弯的叠加。受弯构件的平截面假定,对偏心受压构件同样适用。

偏心受压构件的截面破坏特征与压力的偏心率(偏心距 e_0 与截面有效高度 h_0 之比,又称相对偏心距)、纵筋的数量、钢筋和混凝土强度等因素有关,一般有以下两种破坏形态:

(1)受拉破坏

当偏心率较大,且受拉钢筋不是太多时会发生这种破坏形态。由于偏心率较大,离纵向压力较近一侧受压,较远一侧受拉。受拉钢筋首先屈服,最终受压边缘的混凝土也因压应变达到极限值 ε_{cu} 而压碎破坏。至于受压钢筋,只要压区高度不是太小,一般也能屈服。其破坏特征与适筋的双筋受弯构件相似,有明显的破坏预兆,属于塑性破坏。破坏情况见图 3-39 所示。

由于这种破坏始于受拉钢筋的屈服,故称为受拉破坏。又由于此种破坏一般在压力的偏心率较大时发生,故又称为大偏心受压破坏。

(2)受压破坏

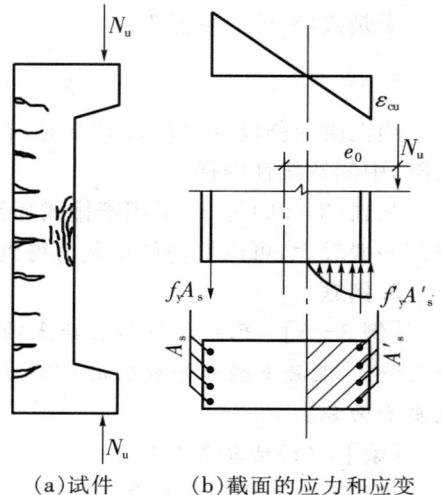

(a)试件　(b)截面的应力和应变

图 3-39　大偏心受压破坏

当压力的偏心率较小,或虽偏心率不小,但受拉纵筋配置过多时,会发生此种破坏。其破坏特征是压力近侧的受压区边缘的混凝土压应变首先达到极限值而被压坏,该侧的受压钢筋屈服;而压力远侧的钢筋不论受拉还是受压,其应力均达不到屈服强度。此种破坏在破坏前无明显的急剧增长的预兆,且有脆性破坏的性质,称为受压破坏,又由于其破坏的条件是偏心距较小或偏心距较大而受拉钢筋数量过多的情况,故又称之为小偏心受压破坏。构件破坏及其截面应力情况如图 3-40 所示。

值得注意的是,当压力的偏心率很小且压力近侧的纵筋多于远侧时,混凝土和纵筋的压坏有可能发生在压力远侧而不是近侧。如采用对称配筋,则可避免此种情况的发生。

(3)大、小偏心受压的界限

由于大偏压构件的破坏特征与适筋受弯构件相同,故与受弯构件正截面承载力计算相同,可用界限相对受压区高度来判断大小偏心受压破坏。$x \leqslant \xi_b h_0$ 时为大偏心受压,$x > \xi_b h_0$ 时为小偏心受压。ξ_b 为截面的相对界限受压区。

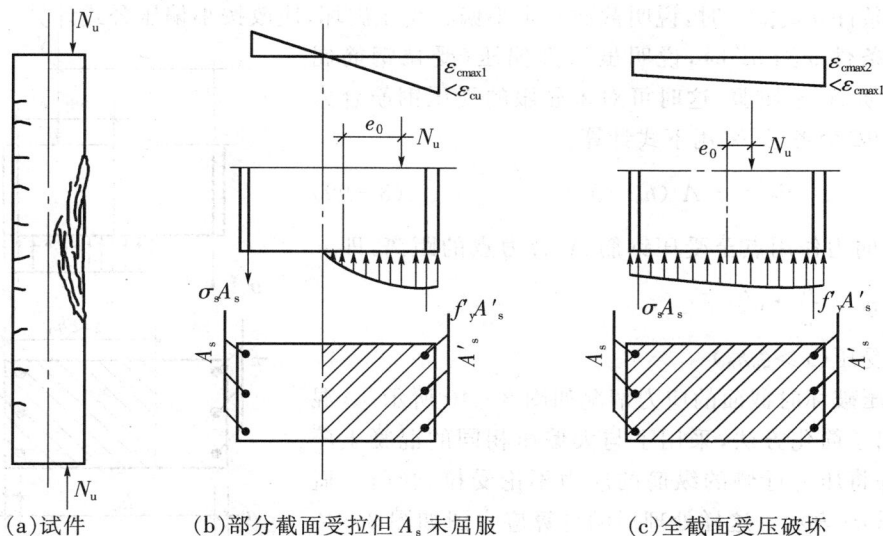

图 3 - 40　小偏心受压破坏

2. 矩形截面偏心受压构件的正截面承载力计算

（1）计算的基本假定和计算应力图

如前所述，偏心受压的破坏特征介于受弯和轴心受压之间。大偏心受压的破坏与适筋梁受弯构件相似，而小偏心受压构件则与超筋受弯构件或轴心受压构件相似。截面破坏时的混凝土的最大压应变及其压应力实际上随着偏心距的大小而变化。

为简化计算，《混凝土规范》采用了与受弯构件正截面承载相同的计算假定。对受压区混凝土的曲线应力图也同样采用等效矩形应力图来代替。

（2）基本计算公式及其适用条件

①大偏心受压（$x \leqslant \xi_b h_0$）

计算应力图如图 3 - 41。其中，纵向受压及受拉钢筋的应力均达到抗拉强度 f'_y 及 f_y。

按图 3 - 41 所示的计算应力图，由平衡条件可得以下基本计算公式：

$$N = \alpha_1 f_c bx + f'_y A'_s - f_y A_s \qquad (3 - 97)$$

$$Ne = \alpha_1 f_c bx \left(h_0 - \frac{x}{2} \right) + f'_y A'_s (h_0 - a'_s) \quad (3 - 98)$$

式中：e——轴向力作用点至受拉钢筋 A_s 合力点的距离，

即 $e = \eta e_i + \dfrac{h}{2} - a_s$。

上述公式的适用条件是：

为了保证受拉钢筋的应力达到抗拉强度设计值，必须满足：$x \leqslant \xi_b h_0$；

为了保证受压钢筋的应力能达到其屈服强度 f'_y，必须满足：$x \geqslant 2a'_s$。

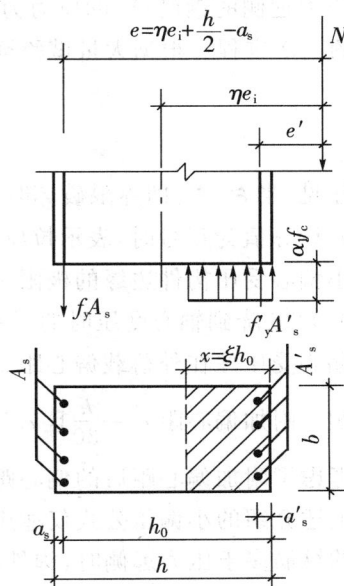

图 3 - 41　大偏心受压计算应力图

当不满足条件 $x \leqslant \xi_b h_0$ 时，说明截面发生小偏心受压破坏，应改按小偏压公式计算。

当不满足条件 $x \geqslant 2a'_s$ 时，说明虽为大偏压（受拉钢筋屈服），但受压钢筋 A'_s 不屈服，这时可对未屈服的受压钢筋合力点取矩，并基于安全考虑，采用下式计算：

$$Ne' = f_y A_s (h_0 - a'_s) \qquad (3-99)$$

式中：e'——轴向力作用点至受压钢筋 A'_s 合力点的距离，即 $e' = \eta e_i - \dfrac{h}{2} + a'_s$。

②小偏心受压（$x > \xi_b h_0$）

小偏心受压破坏时截面的应力情况如图 3-40 所示。《混凝土规范》给出了简化方法，采用了与大偏压相同的混凝土压应力计算图，并将压力远侧的纵筋的应力不论受拉、受压一概假设为受拉，以 σ_s 表示。这样处理后的计算应力图如图 3-42 所示。

故由平衡条件可得以下基本计算公式：

图 3-42　小偏心受压计算应力图

$$N = \alpha_1 f_c bx + f'_y A'_s - \sigma_s A_s \qquad (3-100)$$

$$Ne = \alpha_1 f_c bx \left(h_0 - \frac{x}{2} \right) + f'_y A'_s (h_0 - a'_s) \qquad (3-101)$$

或：

$$Ne' = \alpha_1 f_c bx \left(\frac{x}{2} - a'_s \right) - \sigma_s A_s (h_0 - a'_s) \qquad (3-102)$$

式中：$e' = \dfrac{h}{2} - \eta e_i - a'_s$

压力远侧的钢筋 A_s 的应力为 σ_s，可根据平截面假定推得，将 σ_s 代入基本公式求 A'_s 时会出现 ξ 的三次方程。根据大量试验资料，《混凝土规范》为简化计算，采用了以下公式：

$$\sigma_s = \frac{\xi - 0.8}{\xi_b - 0.8} f_y \qquad (3-103)$$

显见，当 $\xi = \xi_b$，即界限破坏时，$\sigma_s = f_y$；而当 $\xi = 0.8$，即实际压区高度 $x_0 = h_0$ 时，$\sigma_s = 0$。

σ_s 计算值为正号时，表示拉应力；为负号时，表示压应力。要求满足：$-f'_y \leqslant \sigma_s \leqslant f_y$。

小偏心受压构件边缘的极限压应变是随着偏心距的减小而不断降低的，即从界限状态下的 $\varepsilon_{cu} = 0.0033$ 降到轴心受压时的 $\varepsilon_0 = 0.002$。其抗压强度也将随之降低。《混凝土规范》采用无论大小偏心受压柱在外荷载偏心距 e_0 上都附加一个相同的附加偏心距 e_a 的方法，来考虑前述因素的影响。附加偏心距 $e_a = \dfrac{h}{30}$ 且 $e_a \geqslant 20\text{mm}$，$h$ 为偏心方向的截面尺寸。

考虑了附加偏心距后的偏心距称为初始偏心距，并以符号 e_i 表示，即 $e_i = e_0 + e_a$。

上述介绍的小偏压公式仅适用于压力近侧先压坏的一般情况。当压力偏心距很小，且压力近侧的纵筋多于压力远侧时，构件的压坏有可能先发生在压力远侧（图 3-43）。计算分析表明，当压力远侧仅按最小配筋率配筋时，构件的极限承载力仅为 $f_c bh$。为防止此种破坏，《混凝土规范》作出规定，对非对称配筋的受压构件，当 $N > f_c bh$ 时，尚应按下列公式进行验算：

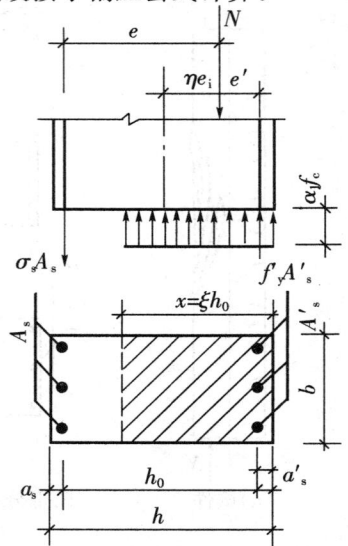

$$Ne' = \alpha_1 f_c bh\left(h_0' - \frac{h}{2}\right) + f_y' A_s'(h_0' - a_s)$$

$$(3-104)$$

式中：e'——轴力作用点至受压钢筋合力点的距离，这
时取 $e' = h/2 - e_i' - a_s'$。因为在这种情况
下，轴向力作用点和截面重心靠近，故在计
算中不应考虑偏心距增大系数，且须将初
始偏心距取为 $e_i' = e_0 - e_a$。

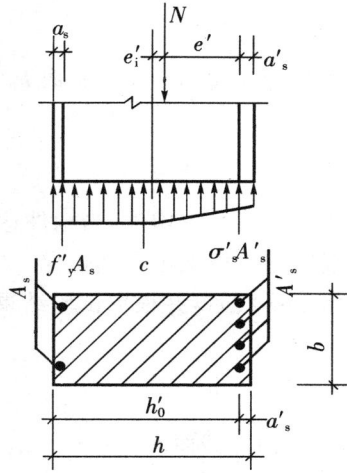

图 3-43　压力远侧破坏的小偏心受压情况

h_0'——压力近侧钢筋合力点到压力远侧边缘的距
离，$h_0' = h - a_s'$。

③考虑弯矩对初始偏心距影响的偏心距增大系数 η

偏心受压构件在偏心荷载作用下会使构件产生侧
向挠度，从而使荷载的初始偏心距增大。

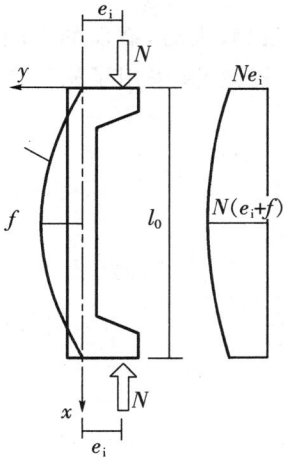

图 3-44 所示的偏心受
压构件的初始偏心距为 e_i，在极限压力 N_u 的作用下，又产生了侧向挠
度 f。故构件破坏时，轴力 N_u 对控制截面（在跨中点）的偏心距增大
为 $e_i + f$，若用 η 表示偏心距增大系数，则有

$$\eta = (e_i + f)/e_i = 1 + f/e_i \qquad (3-105)$$

附加挠度可用材料力学公式求得：

$$f = \varphi_u \cdot l_0^2/\beta \qquad (3-106)$$

式中：φ_u——控制截面的极限曲率；

　　　l_0——构件的计算长度；

　　　β——挠度系数。

图 3-44　偏心受压构件

挠度系数与构件的挠曲线形状有关，对两端铰接柱，试验表明，其
挠曲线符合正弦曲线，故可取 $\beta = \pi^2 \approx 10$。

控制截面的极限曲率 φ_u 取决于控制截面上受拉钢筋和受压边缘
混凝土的应变值，试验表明，对大偏心受压构件，当构件达到承载力极限状态时，均可近似取界限
破坏的极限曲率，即可取：

$$\varphi_u = \frac{\varepsilon_{cu} + \varepsilon_y}{h_0} \qquad (3-107)$$

式中：ε_{cu}——界限破坏时截面受压区边缘混凝土的极限压应变，考虑荷载长期作用会使其增大，
　　　　这里取 $\varepsilon_{cu} = 1.25 \times 0.0033 = 0.0041$。

　　ε_y——界限破坏时受拉钢筋的拉应变，即 $\varepsilon_y = f_y/E_s$，可近似按 Ⅲ 级钢筋考虑，取
　　　　$\varepsilon_y = 0.0018$。

于是

$$\varphi_u = \frac{\varepsilon_{cu} + \varepsilon_y}{h_0} = \frac{0.0041 + 0.0018}{h_0} \approx \frac{1}{170 h_0} \qquad (3-108)$$

$$f=\varphi_u\frac{l_0^2}{\beta}=\frac{1}{170h_0}\times l_0^2/10=l_0^2/1700h_0 \tag{3-109}$$

将所得代入式(3-105)并取 $h_0=0.9h$ 得

$$\eta=1+\frac{1}{1400e_i/h_0}\left(\frac{l_0}{h}\right)^2 \tag{3-110}$$

对于小偏心受压构件,当构件达到承载力极限状态时,受拉钢筋并未屈服而应变较小,受压区边缘混凝土的极限压应变也比 ε_{cu} 小,故而曲率较小。《混凝土规范》采用了荷载偏心距对截面曲率的修正系数 ζ_1,并根据试验结果给出了 ζ_1 的计算公式:

$$\zeta_1=\frac{0.5f_cA}{N}\leqslant 1 \tag{3-111}$$

式中:A——构件截面面积;

N——轴向力设计值。

当 $e_0\geqslant 0.3h_0$ 时,可直接取 $\zeta_1=1$。

另外,构件的长细比对控制截面的极限曲率也有影响,当构件的长细比较大时,截面的极限曲率较小。试验表明,当 $l_0/h>15$ 时,此种影响不可忽略。故而《混凝土规范》又采用了构件长细比对截面曲率的影响系数 ζ_2,并给出了下列计算公式:

$$\zeta_2=1.15-0.01\frac{l_0}{h}\leqslant 1 \tag{3-112}$$

总之,偏心距增大系数可按下列公式计算:

$$\eta=1+\frac{1}{1400e_i/h_0}\left(\frac{l_0}{h}\right)^2\zeta_1\zeta_2 \tag{3-113}$$

式中:ζ_1——考虑荷载偏心距对截面曲率的修正系数,按式(3-111)计算;

ζ_2——考虑构件长细比对截面曲率的影响系数,按式(3-112)计算。

式(3-113)适用于矩形、T 形、I 形、环形和圆形截面偏心受压构件。

还需指出,上述 η 公式的适用范围是 $5<l_0/h\leqslant 30$ 的长柱。对 $l_0/h\leqslant 5$ 或 $l_0/i\leqslant 17.5$ 的短柱,纵向弯曲影响可忽略不计,即可取 $\eta=1$。而对 $l_0/h>30$ 的细长柱,破坏时接近于弹性失稳,截面的极限曲率变小,此公式也不再适用。此时,宜增大截面尺寸。

④矩形截面大小偏心受压的判别

如上所述,当 $x\leqslant\xi_bh_0$(或 $\xi\leqslant\xi_b$)时为大偏心受压,当 $x>\xi_bh_0$(或 $\xi>\xi_b$)时为小偏心受压。但当 A_s 和 A_s' 未知时,ξ 无法得到。因此不能用上述方法进行判断。

因此,在设计中,一般可根据以下方法初步判别大小偏心受压的类型:

当 $\eta e_i<0.30h_0$ 时,按小偏心计算;

当 $\eta e_i\geqslant 0.30h_0$ 时,可先按大偏心压计算,若求得的 $\xi\leqslant\xi_b$,则确定为大偏压,否则需改按小偏压计算。需要指出,工程设计中的偏心受压构件,当截面选择适当时,纵筋总配筋率约为 1%～2%。类型一旦确定,便可采用相应公式进行计算。

3. 矩形截面对称配筋的计算方法

矩形截面受压构件的配筋有不对称配筋和对称配筋两种计算方法,鉴于不对称配筋在实际工程中很少采用,在此不做介绍。

对称配筋是指压力近侧和远侧的纵向钢筋的级别、数量完全相同的一种配筋方式,即采用 $A_s = A'_s$。采用这种配筋方式的偏压构件,不仅可以抵抗相反方向的弯矩,而且施工和设计也较为简单。当采用装配式柱时,还可避免吊装出错。由于以上优点,一般工程中均宜采用对称配筋。

(1)截面设计

①大偏心受压构件

当 $\eta e_i \geqslant 0.30 h_0$ 时,可先按大偏压计算。

考察大偏压基本计算公式(3-97),因对称配筋,式中 $f_y A_s = f'_y A'_s$,故有

$$N = \alpha_1 f_c b \xi h_0 \tag{3-114}$$

即

$$\xi = \frac{N}{\alpha_1 f_c b h_0} \tag{3-115}$$

用该式求得的 ξ 值必须满足适用条件 $\dfrac{2a'_s}{h_0} \leqslant \xi \leqslant \xi_b$,以保证截面破坏时 A'_s 和 A_s 能屈服。

若 $\dfrac{2a'_s}{h_0} \leqslant \xi \leqslant \xi_b$,则由式(3-98)求 A'_s,并取 $A_s = A'_s$,得

$$A_s = A'_s = \frac{Ne - \xi(1 - 0.5\xi)\alpha_1 f_c b h_0^2}{f'_y(h_0 - a'_s)} \tag{3-116}$$

式中 $e = \eta e_i + \dfrac{h}{2} - a_s$

若 $\xi < \dfrac{2a'_s}{h_0}$,则应由公式(3-99)求 A_s,并取 $A'_s = A_s$,得

$$A'_s = A_s = \frac{Ne'}{f_y(h_0 - a'_s)} \tag{3-117}$$

式中 $e' = \dfrac{h}{2} - \eta e_i + a'_s$

若 $\xi > \xi_b$,则应改按小偏心受压计算。

②小偏心受压破坏

若 $\eta e_i < 0.30 h_0$,或虽 $\eta e_i \geqslant 0.30 h_0$,但计算得 $\xi > \xi_b$,表明不是大偏压时,应按小偏压考虑。

再考察小偏心受压基本公式(3-100)、(3-101)和(3-102),当 $A_s = A'_s$,$f_y = f'_y$ 时,可得

$$N = \alpha_1 f_c b h_0 \xi + f'_y A'_s - \frac{\xi - 0.8}{\xi_b - 0.8} f'_y A'_s \tag{3-118}$$

$$Ne = \alpha_1 f_c b h_0^2 \xi(1 - 0.5\xi) + f'_y A'_s(h_0 - a'_s) \tag{3-119}$$

当联立求解时,将出现 ξ 的三次方程,计算较为复杂。《混凝土规范》介绍了 ξ 的近似计算式:

$$\xi = \frac{N - \xi_b \alpha_1 f_c b h_0}{\dfrac{Ne - 0.43\alpha_1 f_c b h_0^2}{(0.8 - \xi_b)(h_0 - a'_s)} + \alpha_1 f_c b h_0} + \xi_b \tag{3-120}$$

由上式求得 ξ 后,再由式(3-119)得 A'_s,并取 $A_s = A'_s$。

（2）截面复核

由式（3-97）求出受压区高度 x 以及 ξ，若 $\xi \leqslant \xi_b$，则截面为大偏心受压。再把 x 代入式（3-98）即可求得截面所能承担的轴向压力 N 及弯矩 M；若 $\xi > \xi_b$，则由式（3-120）重新求出 ξ，再由式（3-101）求出截面所能承受的轴力 N 和弯矩 M。

4. 垂直于弯矩作用平面的截面的复核

试验研究分析表明，对于承受的轴向力 N 较大且弯矩作用平面内的偏心距 e_0 较小、垂直于弯矩平面的长细比较大的小偏心受压构件，可能垂直于弯矩平面的承载力起控制作用，故对于小偏心受压构件垂直于弯矩作用平面也要进行验算。可以采用简化方法，按轴心受压承载力验算，此时应考虑 φ 值，并取 b 作为截面高度。

5. 例题

[例3-6] 已知设计荷载作用下的轴向压力设计值 $N = 230\text{kN}$，弯矩设计值 $M = 132\text{kN} \cdot \text{m}$，柱截面尺寸 $b = 250\text{mm}$，$h = 350\text{mm}$，$a_s = a_s' = 35\text{mm}$，柱计算高度 $l_0 = 6\text{m}$，混凝土强度等级为 C20，钢筋采用 HRB335 级。

求：钢筋截面积 A_s 和 A_s'。

[解] （1）判别大小偏心 $h_0 = 350 - 35 = 315\text{mm}$

$$x = \frac{N}{\alpha_1 f_c b} = \frac{230 \times 10^3}{9.6 \times 250} = 95.83\text{mm} > 2a_s' = 70\text{mm}$$

$$\xi = \frac{x}{h_0} = \frac{95.83}{315} = 0.304 < \xi_b = 0.550$$

故属于大偏心

（2）求偏心距增大系数

$$e_0 = \frac{M}{N} = \frac{132 \times 10^6}{230 \times 10^3} = 574\text{mm}$$

$$e_a = 20\text{mm} \qquad e_i = e_0 + e_a = 594\text{mm}$$

$$\zeta_1 = \frac{0.5 f_c A}{N} = \frac{0.5 \times 9.6 \times 250 \times 350}{230 \times 10^3} = 1.826$$

取 $\zeta_1 = 1.0$

$$\frac{l_0}{h} = \frac{4000}{350} = 11.43 < 15$$

故 $\zeta_2 = 1.0$

$$\eta = 1 + \frac{1}{1400 e_i / h_0} \left(\frac{l_0}{h} \right)^2 \zeta_1 \zeta_2 = 1 + \frac{1}{1400 \times \frac{594}{315}} \times 11.43^2 = 1.05$$

$$\eta e_i = 1.05 \times 594 = 623.7\text{mm}$$

（3）求受压及受拉钢筋面积 A_s 和 A_s'

$$e = \eta e_i + \frac{h}{2} - a_s = 623.7 + \frac{350}{2} - 35 = 763.7\text{mm}$$

$$A'_s = A_s = \frac{Ne - \alpha_1 f_c bx(h_0 - 0.5x)}{f'_y(h_0 - a'_s)}$$

$$= \frac{230000 \times 763.7 - 9.6 \times 250 \times 95.83 \times (315 - 0.5 \times 95.83)}{300 \times (315 - 35)}$$

$$= 1360 \text{mm}^2$$

选取 2 Φ 25+1 Φ 22($A_s = A'_s = 1362.1\text{mm}^2$)

3.5　钢筋混凝土平面楼盖

3.5.1　概述

钢筋混凝土平面楼盖是由梁、板、柱(或无梁)组成的梁板结构体系。它是工业与民用房屋的屋盖、楼盖广泛采用的一种结构形式。此外,其他属于梁板结构体系的结构物还很多,如整片式基础,桥梁的桥面结构,水池的顶盖、池壁、底板,挡土墙等。因此其设计原理具有普遍意义。

1. 钢筋混凝土平面楼盖的结构类型

(1)按结构型式分

①肋梁楼盖

由相交的梁和板组成,它又分为单向板肋梁楼盖(见图 3-45(a))和双向板肋梁楼盖(见图3-45(b)),其应用最为广泛。

②无梁楼盖

在楼盖中不设梁,而将板直接支承在带有柱帽(或无柱帽)的柱上,这种结构顶棚平整(见图3-45(e)),通常在冷库、各种仓库、商店等工程中采用。

③密肋楼盖

密铺小梁(肋),间距约为 0.5~2.0m(见图 3-45(d)),一般采用实心平板搁置在梁肋上或放在倒 T 形梁下翼缘上,上铺木地板;或在梁肋间填以空心砖或轻质砌块,后两种构造楼面隔音性能较好,目前亦有采用现浇的形式。由于小梁较密,其截面高度较小。

④井式楼盖

当房间平面形状接近正方形或柱网两个方向的尺寸接近相等时,由于建筑美观的要求,将两个方向的梁作成不分主次的等高梁,相互交叉,形成井式楼盖(见图 3-45(c))。这种楼盖可以少设或取消内柱,能跨越较大空间,适用于中小礼堂、餐厅以及公共建筑的门厅,但用钢量和造价较高。

(2)按施工方法分

①整体式楼盖

混凝土为现场浇筑,因而整体性和抗震性能好,适应各种特殊的结构布置要求,但模板用量大,工期较长,施工受季节性影响比较大。但由于新的施工方法的出现和多次重复使用工具式钢模的发展以及商品混凝土、泵送混凝土的广泛使用,整体式现浇楼盖在多、高层建筑中的应用日益增多。

②装配式楼盖

它是将预制梁板构件在现场装配而成。因而施工速度快,节省劳动力和材料,可使建筑工业化、设计标准化和施工机械化,但结构的整体性和刚度远不如整体式楼盖,因此不宜用于高层

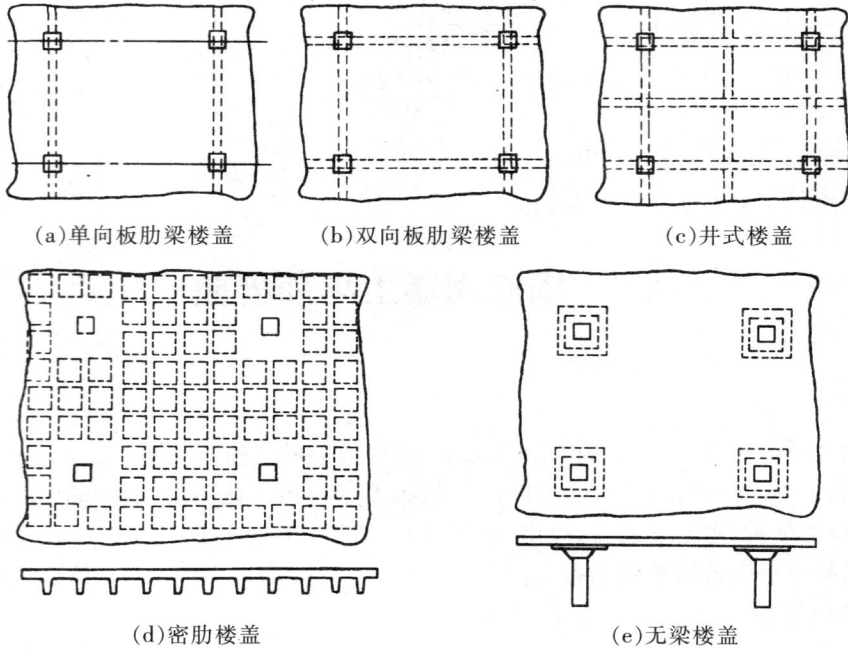

(a)单向板肋梁楼盖　　　　(b)双向板肋梁楼盖　　　　(c)井式楼盖

(d)密肋楼盖　　　　　　　　(e)无梁楼盖

图 3-45　楼盖的结构类型

建筑。

③装配整体式楼盖

它的特点介于前两种结构之间,即其中的一部分构件(或结构的某一部分)采用预制,另一部分采用现浇,并可利用预制部分作为支承现浇部分的模板,或直接作为现浇部分的模板,从而能够大量节省模板,并可增强结构的整体性。装配整体式楼盖是提高装配式楼盖刚度、整体性和抗震性能的一种改进措施,最常见的方法是在板面做 40mm 厚的配筋现浇层。

2. 单向板与双向板

在肋梁楼盖中,板被梁划分成许多区格,每一区格形成四边支承板。由于梁的刚度比板的刚度大得多,所以在分析板的受力时,可忽略梁的竖向变形,假设梁为板的不动支承,板上的荷载通过板的受弯传至四边的支承梁上。由于梁格尺寸不同,则各区格板的长短边比例亦各异,这将使板的受力状态也不相同。下面以图 3-46 所示的四边简支板为例予以说明。

设板上承受的均布荷载为 p,短边与长边两个方向的跨度分别为 l_1 和 l_2。设想把整块板在两个方向分别划分成一系列相互垂直的板带,则板上的荷载将分别由两个方向的板带传给各自的支座。见图 3-46(b)所示,取出中部两个相互垂直单位宽度的板带,假设 l_1 和 l_2 两个方向板带所分担荷载按均布考虑分别为 p_1 和 p_2,根据中点挠度 $v_1 = v_2$,当 $l_2/l_1 = 2$ 时可以求出约为 $p_1 = 0.94 p$ 和 $p_2 = 0.06 p$。即当 $l_2/l_1 > 2$ 时,沿长边方向传递的荷载占全部荷载不足 6%,说明板主要沿短边方向弯曲,而沿长边方向弯曲很小;图 3-47(a)所示为边长 $l_2/l_1 > 2$ 的四边支承板,受荷后长向中线 bb' 除两端有明显弯曲外,中间大部分区域弯曲很小;而短向中线 aa' 与 $a_1 a_1'$ 的弯曲程度几乎相同,即主要呈筒形弯曲(单向弯曲),故在设计中可近似仅考虑板在短向受弯计算,对沿长向传递的荷载忽略不计,而只作局部的构造处理,这种板称为"单向板"。反之,图 3-47(b)为边长 $l_2/l_1 < 2$ 时的四边支承板,受荷后长向中线 dd' 与短向中线 cc' 的弯曲相差不

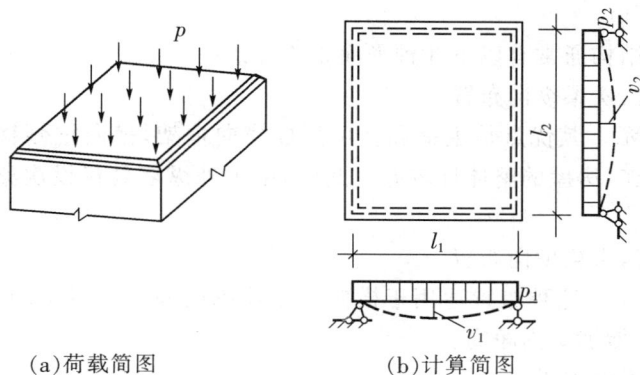

(a)荷载简图　　　　　　(b)计算简图

图 3-46　四边简支板受力状态

多,其变形呈碗底形(双向弯曲),故在设计计算中必须考虑双向受弯,荷载沿两个方向传递,这种板称为"双向板"。

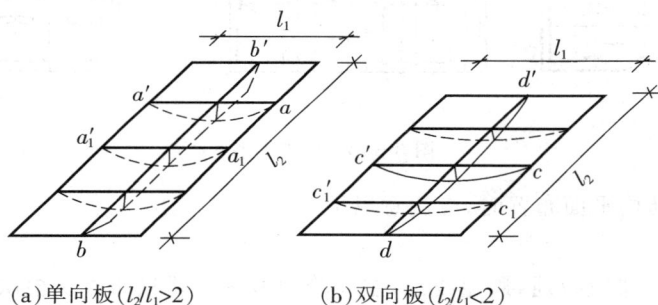

(a)单向板($l_2/l_1 > 2$)　　　　(b)双向板($l_2/l_1 < 2$)

图 3-47　板的弯曲变形

只要板的四边都有支承,单向板与双向板之间就没有一个明显的界限,为了设计上的方便,《混凝土规范》规定:

当 $l_2/l_1 \geqslant 3$ 时,可按单向板设计;

$3 > l_2/l_1 > 2$ 时,宜按双向板设计,若按单向板设计,应沿长边方向布置足够的构造钢筋;

$l_2/l_1 \leqslant 2$ 时,应按双向板设计。

若肋梁楼盖的梁格布置通常使每个区格板长短边之比(l_2/l_1)大于 2 时,称为单向板肋梁楼盖;反之,当长短边之比(l_2/l_1)小于及等于 2 时,则称为双向板肋梁楼盖。

3.5.2　现浇单向板肋梁楼盖

现浇单向板肋梁楼盖的设计步骤为:①结构平面布置,并初步拟定板厚和主、次梁的截面尺寸;②确定梁、板的计算简图;③梁、板的内力分析;④截面配筋及构造措施;⑤绘制施工图。

1. 结构平面布置

单向板肋梁楼盖由板、次梁和主梁组成。楼盖则支承在柱、墙等竖向承重构件上。其中,次梁的间距决定了板的跨度;主梁的间距决定了次梁的跨度;柱或墙的间距决定了主梁的跨度。工程实践表明,单向板、次梁、主梁的常用跨度如下:

单向板:1.7~2.5m,荷载较大时取较小值,一般不宜超过 3m;

次　梁:4~6m;

主　梁:5~8m。

单向板肋梁楼盖结构通常有以下 3 种平面布置方案:

(1)主梁横向布置,次梁纵向布置

如图 3-48(a)所示。其优点是主梁和柱可形成横向框架,横向抗侧移刚度大,各榀横向框架间由纵向的次梁相连,房屋的整体性较好。此外,由于外纵墙处仅设次梁,故窗户高度可开得大些,对采光有利。

(2)主梁纵向布置,次梁横向布置

如图 3-48(b)所示。这种布置适用于横向柱距比纵向柱距大得多的情况。它的优点是减小了主梁的截面高度,增加室内净高。

(3)只布置次梁,不设主梁

如图 3-48(c)所示。它仅适用于有中间走道的砌体墙承重的混合结构房屋。

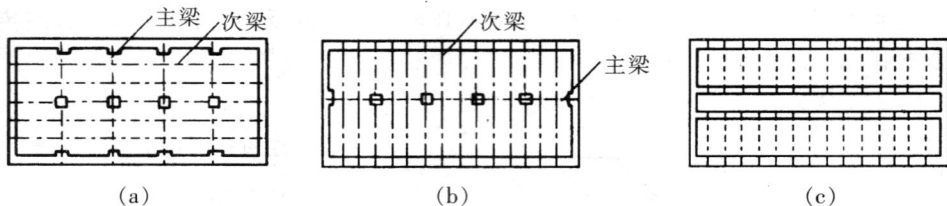

图 3-48　梁的布置

在进行楼盖的结构平面布置时,应注意以下问题:

(1)受力合理

荷载传递要简捷,梁宜拉通,避免凌乱;主梁跨间最好不要只布置 1 根次梁,以减小主梁跨间弯矩的不均匀;尽量避免把梁,特别是主梁搁置在门、窗过梁上;在楼、屋面上有机器设备、冷却塔、悬挂装置等荷载比较大的地方,宜设次梁;楼板上开有较大尺寸(大于 800mm)的洞口时,应在洞口周边设置加筋的小梁。

(2)满足建筑要求

不封闭的阳台、厨房间和卫生间的板面标高宜低于其他部位 30~50mm(有室内地面装修的,也可做平);当不做吊顶时,一个房间平面内不宜只放一根梁。

(3)方便施工

梁的截面种类不宜过多,梁的布置尽可能规则,梁截面尺寸应考虑设置模板的方便,特别是采用钢模板时。

2. 计算简图

在设计时对实际结构受力情况,常需忽略一些次要因素,抽象为某一计算简图,据此进行内力计算。计算简图应尽量反映结构实际受力状态,但又要便于计算。

单向板肋梁楼盖的板、次梁、主梁和柱均整浇在一起,形成一个复杂体系,但由于板的刚度很小,次梁的刚度又比主梁的刚度小很多,因此可以将板看作被简单支承在次梁上的结构部分,将次梁看作被简单支承在主梁上的结构部分,则整个楼盖体系即可以分解为板、次梁和主梁几类构件单独进行计算。作用在板面上的荷载传递线路则为:荷载→板→次梁→主梁→柱(或墙),它们均为多跨连续梁,其计算简图应表示出梁(板)的跨数、计算跨度、支座的特点以及荷载形式、位置及大小等。

（1）支座简化

在肋梁楼盖中，当板或梁支承在砖墙（或砖柱）上时，由于其嵌固作用较小，可假定为铰支座，其嵌固的影响可在构造设计中加以考虑。

当板的支座是次梁，次梁的支座是主梁，则次梁对板，主梁对次梁将有一定的嵌固作用，为简化计算通常亦假定为铰支座，由此引起的误差将在内力计算时加以调整。

若主梁的支座是柱，其计算简图应根据梁柱抗弯刚度比而定，如果梁的抗弯刚度比柱的抗弯刚度大很多时（通常认为主梁与柱的线刚度比大于 $3\sim4$），可将主梁视为铰支于柱上的连续梁进行计算，否则应按框架梁进行设计。

（2）计算跨数

连续梁任何一个截面的内力值与其跨数、各跨跨度、刚度以及荷载等因素有关，但对某一跨来说，相隔两跨以上远的上述因素对该跨内力的影响很小，因此，为了简化计算，对于跨数多于五跨的等跨、等刚度、等荷载的连续梁板，可近似地按五跨计算。例如图 3-49（a）的 9 跨连续板，可按图 3-49（b）所示的 5 跨连续板计算；在配筋计算时，中间各跨（4、5）的跨中内力可取与第 3 跨的内力相同，中间各支座（D、E）的内力取与 C 支座的内力相同，梁的配筋即按图 3-49（c）的内力计算。

对于跨数少于五跨的连续梁板，按实际跨数计算。

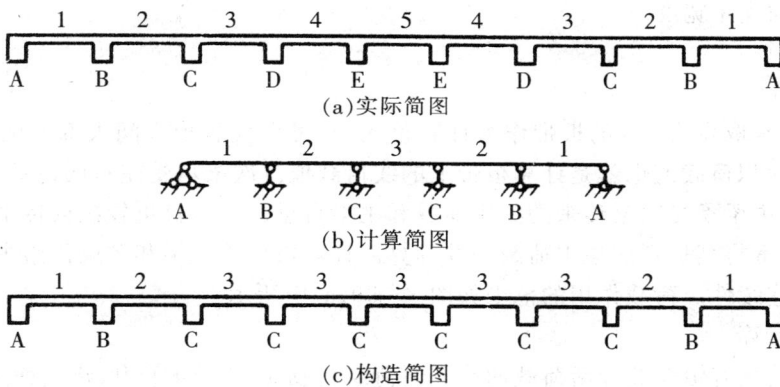

图 3-49　连续板或梁的计算简图

（3）计算跨度

梁、板的计算跨度是指在计算弯矩时所应取用的跨间长度，其值与支座反力分布有关，即与构件本身刚度和支承长度有关。在设计中一般按下列规定取用：

当按弹性理论计算时，计算跨度取两支座反力之间的距离：

①对单跨板和梁

a. 两端支承在墙体上的板　　　$l_0 = l_n + a \leqslant l_n + h$

b. 两端与梁整体连接的板　　　$l_0 = l_n$

c. 单跨梁　　　　　　　　　　$l_0 = l_n + a \leqslant 1.05\, l_n$

②对多跨连续板和梁

a. 边跨　　　　　　　　　　　$l_0 = l_n + a/2 + b/2$

　　或　　　　　　　　　　　　$l_0 = l_n + h/2 + b/2（板）$

$$l_0 = l_n + 0.025l_n + b/2 = 1.025\ l_n + b/2（梁）$$

b. 中间跨 $l_0 = l_n + b = l_c$

    或（当板、梁支承在墙体上） $l_0 \leqslant 1.1l_n$（对板当 $b > 0.1l_c$ 时）

$$l_0 \leqslant 105l_n（对梁当 b > 0.06l_c 时）$$

当连续板和梁按塑性理论计算时,计算跨度应由塑性铰位置确定:

a. 边跨 $l_0 = l_n + a/2$

    或 $l_0 = l_n + h/2（板）$

$$l_0 = l_n + 0.025l_n = 1.025\ l_n（梁）$$

b. 中间跨 $l_0 = l_n$

其中: l_c——支座中心线间距离;

      l_0——板、梁的计算跨度;

      l_n——板、梁的净跨;

      h——板厚;

      a——板、梁端支承长度;

      b——中间支座宽度。

(4)荷载计算

①计算单元

对于板,通常取宽为 1m 的板带作为计算单元,它可以代表板中间大部分区域的受力状态,此时板上单位面积荷载值也就是计算板带上的线荷载值。次梁承受左右两边板上传来的均布荷载和次梁自重;主梁承受次梁传来的集中荷载和主梁自重。主梁自重较次梁传来的荷载小很多,为简化计算,通常将其折算成集中荷载一并计算。计算板传给次梁和次梁传给主梁的荷载时,可不考虑结构的连续性。荷载作用的范围如图 3-50(a)中所示。

②荷载的计算

楼盖上的荷载有恒荷载和活荷载两类。恒荷载包括结构自身重力、建筑面层、固定设备等。活荷载包括人群、堆料和临时设备等。

恒荷载的标准值可按其几何尺寸和材料的重力密度计算。民用建筑楼面上的均布活荷载标准值可以从《建筑结构荷载规范》(GB50009—2001)的有关表格中查得,也可查本书表 2-3。

工业建筑楼面活荷载,在生产、使用或检修、安装时,由设备、管道、运输工具等产生的局部荷载,均应按实际情况考虑,可采用等效均布活荷载代替。

确定荷载效应组合的设计值时,恒荷载的分项系数取为:当其效应对结构不利时,对由活荷载效应控制的组合,取 1.2,对由恒荷载效应控制的组合,取 1.35;当其效应对结构有利时,对结构计算,取 1.0,对倾覆和滑移验算取 0.9。活荷载的分项系数一般情况下取 1.4,对楼面活荷载标准值大于 4kN/m² 的工业厂房楼面结构的活荷载,取 1.3。

对于民用建筑,当楼面梁的负荷范围较大时,负荷范围内同时布满活荷载标准值的可能性相当小,故可以对活荷载标准值进行折减。折减系数依据房屋的类别和楼面梁的负荷范围大小,从 0.6~1.0 不等。

③荷载折算

荷载计算忽略了支座对被支承构件的转动约束,这对等跨连续梁、板在恒荷载作用下带来的

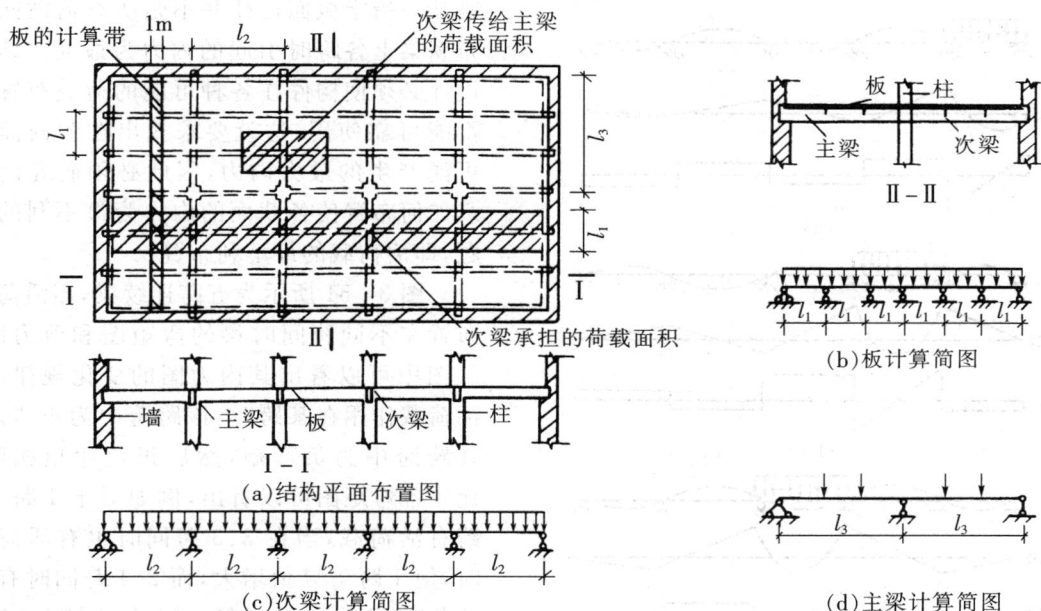

图 3-50　单向板肋梁楼盖计算单元、计算简图

误差是不大的,但在活荷载不利布置下,次梁的转动将减小板的内力。为了使计算结果比较符合实际情况,且为了简单,采取增大恒荷载、相应减小活荷载,保持总荷载不变的方法来计算内力,以考虑这种有利影响。同理,主梁的转动势必也将减小次梁约束内力,故对次梁也采用折算荷载来计算次梁的内力,但折算得少些。

折算荷载的取值如下:

连续板　　　　　　　　$g' = g + \dfrac{q}{2}; q' = \dfrac{q}{2}$ 　　　　　　　　(3-121)

连续梁　　　　　　　　$g' = g + \dfrac{q}{4}; q' = \dfrac{3q}{4}$ 　　　　　　　　(3-122)

式中:g、q——单位长度上恒荷载、活荷载设计值;

g'、q'——单位长度上折算恒荷载、折算活荷载设计值。

当板或梁搁置在砌体或钢结构上时,则荷载不做调整。

单向板肋梁楼盖计算单元、计算简图如图 3-50 所示。

3. 连续梁、板按弹性理论的内力计算

(1)活荷载的不利布置

连续梁所受荷载包括恒载和活荷载两部分,其中活荷载的位置是变化的,所以在计算内力时,要考虑荷载的最不利组合和截面的内力包络图。

活荷载是以一跨为单位来改变其位置的,因此在设计连续梁、板时,应研究活荷载如何布置将使梁、板内某一截面的内力绝对值最大,这种布置称为活荷载的最不利布置。

由弯矩分配法知,某一跨单独布置活荷载时,①本跨支座为负弯矩,相邻跨支座为正弯矩,隔跨支座又为负弯矩;②本跨跨中为正弯矩,相邻跨跨中为负弯矩,隔跨跨中又为正弯矩。

对于单跨梁,显然是当全部恒载和活荷载同时作用时将产生最大的内力。但对于多跨连续

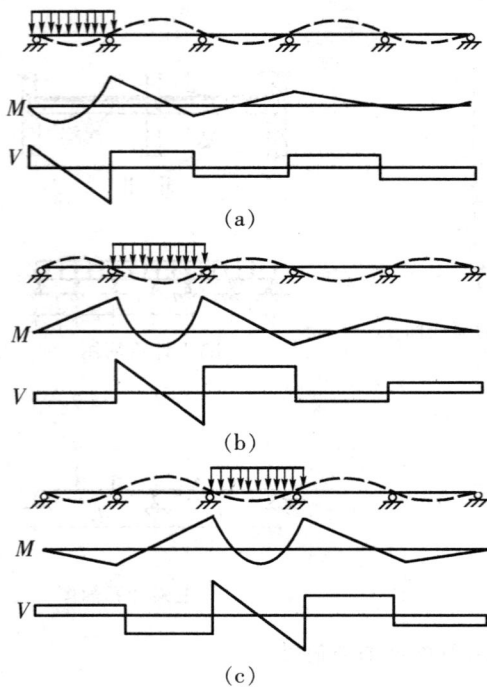

(a)

(b)

(c)

图 3-51　五跨连续梁在不同跨间荷载作用下的内力布置原则。

梁某一指定截面往往并不是所有荷载同时布满梁上各跨时引起的内力为最大。结构设计必须使构件在各种可能的荷载布置下都能可靠使用，这就要求找出在各截面上可能产生的最大内力，因此必须研究活荷载如何布置使各截面的内力为最不利的问题，即活荷载的最不利布置。

图 3-51 所示为五跨连续梁，当活荷载布置在不同跨间时梁的弯矩图和剪力图。从图中可以看出其内力图的变化规律，当活荷载作用在某跨时，该跨跨中为正弯矩，邻跨跨中为负弯矩，然后正负弯矩相间。比较各弯矩图可以看出，例如对于 1 跨，本跨有活荷载，当在 3、5 跨同时也有活荷载时，使 1 跨 $+M$ 值增大，而 2、4 跨同时有活荷载时，则在 1 跨引起 $-M$，使 1 跨 $+M$ 值减小。因此欲求第 1 跨跨中最大正弯矩时，应在 1、3、5 跨布置活荷载。同理可以类推求其他截面产生最大弯矩时活荷载的

根据上述分析，可以得出确定连续梁活荷载最不利布置的原则如下：

①欲求某跨跨中最大正弯矩时，应在该跨布置活荷载，然后向两侧隔跨布置。

②欲求某跨跨中最小弯矩时，其活荷载布置与求跨中最大正弯矩时的布置完全相反。

③欲求某支座截面最大负弯矩时，应在该支座相邻两跨布置活荷载，然后向两侧隔跨布置。

④欲求某支座截面最大剪力时，其活荷载布置与求该截面最大负弯矩时的布置相同。

根据以上原则可确定活荷载最不利布置的各种情况，它们分别与恒载（布满各跨）组合在一起，就得到荷载的最不利组合，图 3-52 所示为五跨连续梁最不利荷载组合。

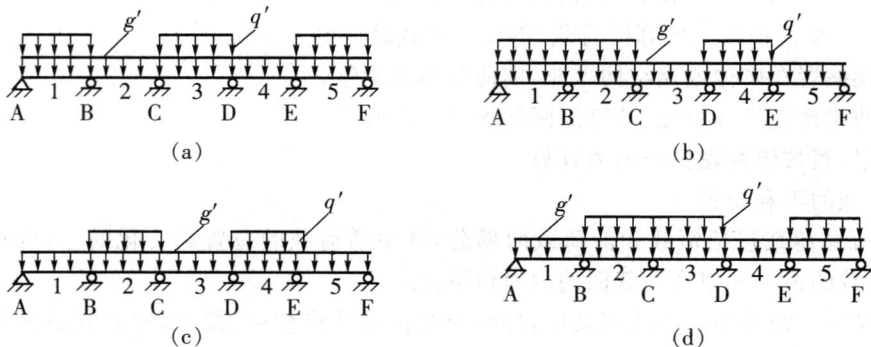

(a)

(b)

(c)

(d)

图 3-52　五跨连续梁最不利荷载组合

（2）内力计算

确定了活载的最不利布置后，可按《结构力学》中讲述的方法计算弯矩和剪力。同时为了减轻计算工作量，对于等跨连续板、梁在各种不同布置的荷载作用下的内力系数，已制成计算表格，详见附表 11。设计时可直接从表中查得内力系数，即可按下面公式计算各截面的弯矩和剪力值，作为截面设计的依据。

在均布及三角形荷载作用下：

$$M = 表中系数 \times ql^2 \tag{3-123}$$

$$V = 表中系数 \times ql \tag{3-124}$$

在集中荷载作用下：

$$M = 表中系数 \times Ql \tag{3-125}$$

$$V = 表中系数 \times Q \tag{3-126}$$

式中：q——均布荷载（kN/m）；

　Q——集中荷载（kN）。

若连续板、梁的各跨跨度不等但相差不超过 10% 时，仍可近似地按等跨内力系数表进行计算。但当求支座负弯矩时，计算跨度可取相邻两跨的平均值（或取其中较大值）；而求跨中弯矩时，则取相应跨的计算跨度。若各跨板厚，梁截面尺寸不同，但其惯性矩之比不大于 1.5 时，可不考虑构件刚度的变化对内力的影响，仍可用上述内力系数表计算内力。

（3）内力包络图

求出了支座截面和跨内截面的最大弯矩值和剪力值后，就可进行截面设计。但这只能确定支座截面和跨内的配筋，而不能确定钢筋在跨内的变化情况，例如上部纵向筋的切断与下部纵向钢筋的弯起，为此就需要知道每一跨内其他截面最大弯矩和最大剪力的变化情况，即内力包络图。

内力包络图由内力叠合图形的外包线构成。现以承受均布线荷载的五跨连续梁的弯矩包络图来说明。根据活荷载的不同布置情况，每一跨都可以画出四个弯矩图形，分别对应于跨内最大正弯矩、跨内最小正弯矩（或负弯矩）和左、右支座截面的最大负弯矩。当端支座是简支时，边跨只能画出三个弯矩图形。把这些弯矩图形全部叠画在一起，就是弯矩叠合图形。弯矩叠合图形的外包线所对应的弯矩值代表了各截面可能出现的弯矩上、下限，如图 3-53(a) 所示。由弯矩叠合图形外包线所构成的弯矩图称作弯矩包络图，即图 3-53(a) 中用加黑线表示的。

同理可画出剪力包络图，如图 3-53(b) 所示。剪力叠合图形可只画两个：左支座最大剪力和右支座最大剪力。

（4）支座弯矩和剪力设计值

按弹性理论计算连续梁内力时，中间跨的计算跨度取为支座中心线间的距离，故所求得的支座弯矩和支座剪力都是指支座中心线的。实际上，正截面受弯承载力和斜截面承载力的控制截面应在支座边缘，内力设计值应以支座边缘截面为准，故取支座边缘截面作为计算控制截面，其弯矩和剪力的计算值近似地按下式求得（见图 3-54）。

$$M_b = M - V_0 \cdot \frac{b}{2} \tag{3-127a}$$

$$V_b = V - (g+q) \cdot \frac{b}{2} \tag{3-127b}$$

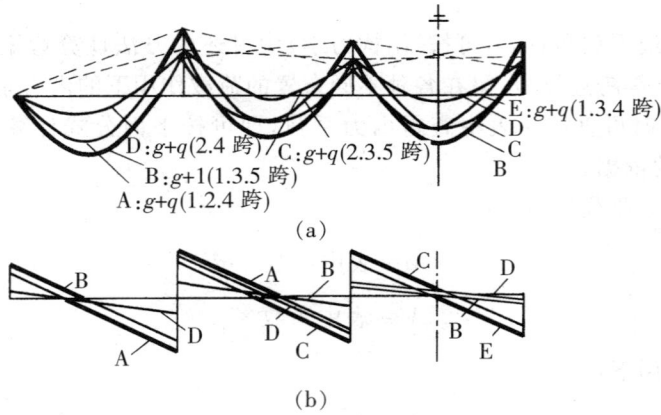

图 3-53 内力包络图

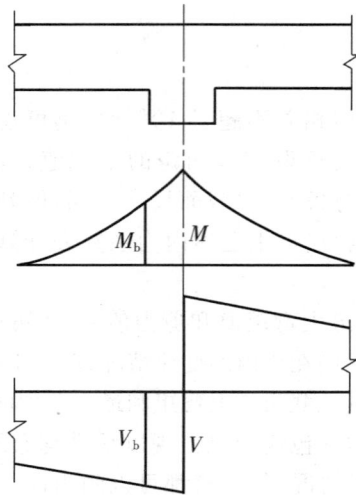

图 3-54 支座处弯矩、剪力图

式中:M、V——支座中心线处截面的弯矩和剪力;

V_0——按简支梁计算的支座剪力;

g、q——均布恒载和活荷载;

b——支座宽度。

4.连续梁、板按塑性理论的内力计算

(1)问题的提出

按弹性理论方法计算存在的问题:

①钢筋混凝土是由两种材料所组成,混凝土是一种弹塑性材料,钢筋在达到屈服强度以后也表现出塑性特点,它不是均质弹性体。如仍按弹性理论计算其内力,则不能反映结构内材料的实际工作状况。

②按弹性理论方法计算连续梁,根据内力包络图进行配筋时,由于没有考虑包络图中各种最不利荷载组合并不同时出现的特点,致使部分截面纵筋的配筋量过大,钢筋不能充分发挥作用。

③按弹性理论方法算所得的支座弯矩一般大于跨中弯矩,按此弯矩配筋计算结果,使支座处

钢筋用量较多,甚至会造成拥挤现象,不便施工。

为解决上述问题,充分考虑钢筋混凝土构件的塑性性能,挖掘结构潜在的承载力,达到节省材料和改善配筋的目的,提出了按塑性内力重分布的计算方法。

(2)塑性内力重分布的基本原理

①钢筋混凝土受弯构件的塑性铰

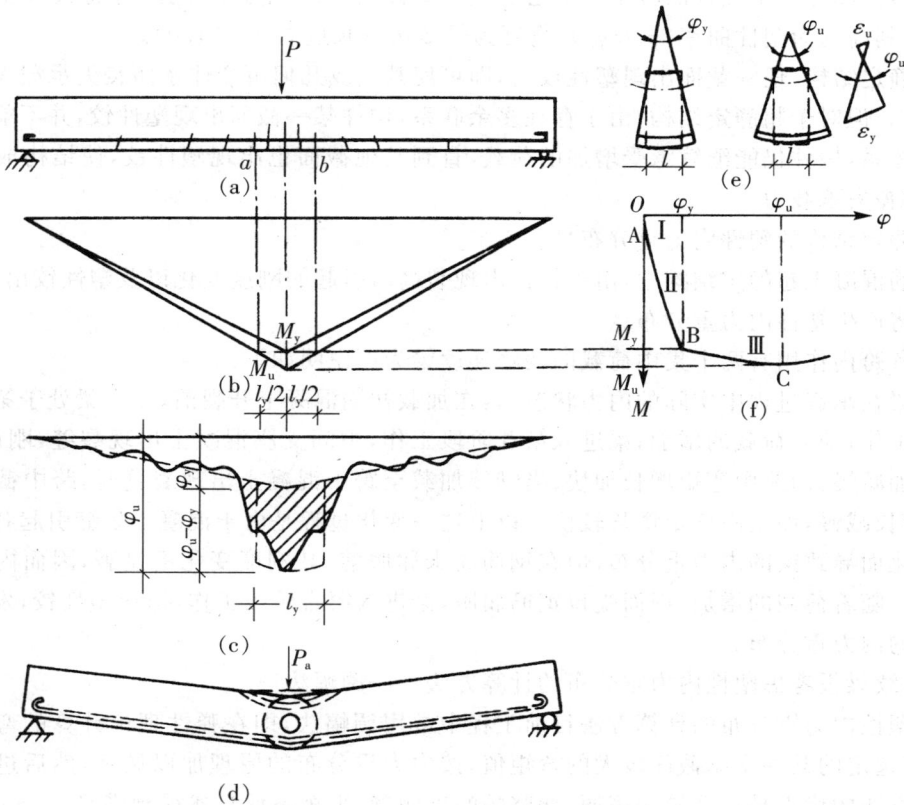

图 3-55　简支梁的塑性铰及曲线

图 3-55(a)为钢筋混凝土简支梁,在集中荷载 P 作用下,跨中垂直截面内力从加荷载至破坏经历了三个阶段(见图 3-55(f)截面弯矩与曲率关系曲线图 $M-\varphi$),当进入第Ⅲ阶段时,受拉钢筋开始屈服(B 点)并产生塑流,混凝土垂直裂缝迅速发展,受压区高度不断缩小,截面绕中和轴而转动,最后其受压区混凝土边缘压应变达到 ε_{cu} 而被压碎(C 点),致使构件破坏。从该图中可以看出,自钢筋开始屈服至构件破坏(BC 段)其 $M-\varphi$ 曲线变化平缓,说明在截面所承受的弯矩仅有微小增长的情况下而曲率剧增,亦即截面相对转角急剧增大(图 3-55(e)),从而构件在塑性变形集中产生的区域 ab(相应于图 3-55(b)中 $M>M_y$ 的部分),犹如形成了一个能够转动的"铰",一般称之为塑性铰(图 3-55(d))。可以认为这是构件受弯"屈服"的现象。

钢筋混凝土受弯构件的塑性铰,对于适筋梁,主要是由于受拉钢筋首先屈服后产生较大的塑性变形使截面发生塑性转动所形成,最后由于混凝土被压碎而使构件破坏;对于超筋梁,破坏时受拉钢筋不能屈服,而主要是由于混凝土的塑性变形引起截面转动而形成,其转动量较小,而且是突然发生的破坏,在设计中应予避免。

与结构力学中的理想铰相比较,塑性铰有三个主要区别:a.理想铰不能承受任何弯矩,而塑性铰则能承受基本不变的弯矩($M \sim M_u$);b.理想铰集中于一点,塑性铰则有一定的长度;c.理想铰在两个方向都可产生无限的转动,而塑性铰则是有限转动的单向铰,只能在弯矩作用方向作有限的转动。

塑性铰区处于梁跨中弯矩最大截面($M = M_u$)两侧 $l_y/2$ 范围内,l_y 称为塑性铰长度。图3-55(c)中实线为曲率的实际分布线,虚线为计算时假定的折算曲率分布线,构件的曲率可分为弹性部分和塑性部分。塑性铰的转角 θ 理论上可由塑性曲率的积分来计算,并将其分布用等效矩形来代替,其高度为塑性曲率($\varphi_u - \varphi_y$),宽度为等效区域长度 βl_y($\beta < 1.0$)。

对于静定结构,任一截面出现塑性铰后,即可使其变成几何可变体系而丧失承载力,如图3-55(d)所示。但对于超静定结构,由于存在多余联系,构件某一截面出现塑性铰,并不能使其立即成为可变体系,构件仍能继续承受增加的荷载,直到其他截面也出现塑性铰,使结构成为几何可变体系,才丧失承载力。

②超静定结构的塑性内力重分布

在钢筋混凝土超静定结构中,由于构件出现裂缝后引起的刚度变化以及塑性铰出现,在构件各截面间将产生塑性内力重分布。

现以各跨内作用有两个集中荷载的两跨连续梁为例说明如下:

连续梁在承载过程中实际的内力状态为:在加载初期混凝土开裂前,整个梁处于第Ⅰ阶段接近弹性体工作;随着荷载的增加,梁进入第Ⅱ阶段工作,中间支座混凝土出现裂缝,刚度降低,使其弯矩增加减慢,而跨中弯矩增长加快;当继续加载至跨中混凝土出现裂缝时,跨中截面刚度降低,弯矩增长减慢,而支座弯矩增长较快。以上这一变化过程是由于混凝土裂缝引起各截面刚度相对的变化而导致梁的内力重分布;但在钢筋尚未屈服前,其刚度变化不显著,因而内力重分布幅度很小。随着荷载的增加,截面受拉钢筋屈服,梁进入第Ⅲ阶段工作,形成塑性铰,发生塑性转动和明显的内力重分布。

(3)连续梁板考虑塑性内力重分布的计算方法——调幅法

考虑塑性内力重分布的计算方法目前工程中常用调幅法,即在弹性理论计算的弯矩包络图基础上,将选定的某些支座截面较大的弯矩值,按内力重分布的原理加以调整,然后进行配筋计算。这一方法的优点是计算较为简便,调整的幅度明确,平衡条件自然得到满足。

仍以两跨连续梁为例,图3-56(c)的外包线为按弹性理论计算求得的弯矩包络图,支座控制截面最大负弯矩为 M_e(当为整浇支座时,支座边为控制截面),如人为地减少所需的配筋,将此弯矩调整降低至 M_B',即调幅为($M_e - M_B'$),则在荷载的最不利组合(恒+活$_1$+活$_2$)作用下,支座截面弯矩达到 M_B' 时出现塑性铰,此时支座截面弯矩不再增加,而跨中截面弯矩增大,相当在恒+活$_1$+活$_2$ 弯矩图上叠加一个直线弯矩图(图3-56(b));叠加后得出的弯矩图如图3-56(c)中粗线所示,即为考虑塑性内力重分布后的弯矩包络图。如果对调整后的 M_B' 取值适当,使支座截面弯矩降低不过多,则在这一荷载作用下的相应跨中截面弯矩仍不超过或接近原弯矩包络图所示的最大弯矩,这表明在不增加跨中截面配筋的情况下,减少了支座截面配筋,从而节省了材料,而且改善了支座配筋拥挤现象,在图3-56(c)中的阴影部分为所节省材料的相应弯矩图面积。

上述为调幅法应用的一例,如果选择不同的截面、不同的调幅进行调整,就可以得到不同的内力重分布和不同的调整后的弯矩包络图,因此也就存在一个根据什么原则来调整的问题。

(4)考虑塑性内力重分布计算的一般原则

根据理论分析及试验结果,连续梁板按塑性内力重分布计算应遵循以下原则:

①为了保证塑性铰具有足够的转动能力,避免受压区混凝土"过早"被压坏,以实现完全的内

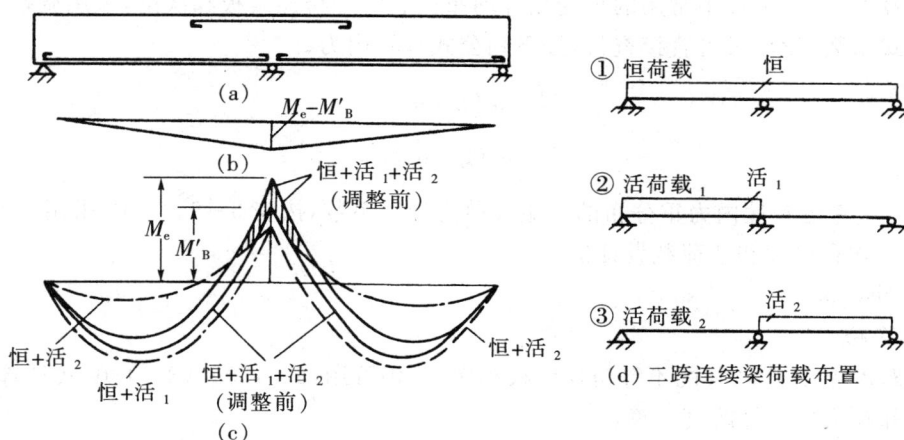

图 3 - 56　二跨连续梁弯矩调幅

力重分布,必须控制受力钢筋用量,即应满足 $\xi \leqslant 0.35$ 的限制条件要求,而且不宜 $\xi < 0.1$。同时宜采用 HPB235 级、HRB335 级、HRB400 级热轧钢筋;混凝土强度等级宜为 C20～C45。

②为了避免塑性铰出现过早,转动幅度过大,致使梁的裂缝过宽及变形过大,应控制支座截面的弯矩调整幅度,一般宜满足调幅系数 $\beta = \dfrac{M_e - M'_B}{M_e} \leqslant 0.2$,也即 $M'_B \geqslant 0.8 M_e$。

③为了尽可能地节省钢材,应使调整后的跨中截面弯矩尽量接近原包络图的弯矩值,以及使调幅后仍能满足平衡条件,则梁板的跨中截面弯矩值应取按弹性理论方法计算的弯矩包络图所示的弯矩值和按下式计算值(图 3 - 57)中的较大者。

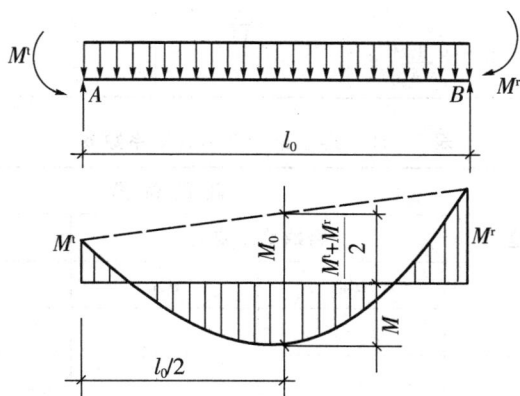

图 3 - 57　计算简图

$$M = M_0 - \frac{1}{2}(M^l + M^r) \tag{3 - 128}$$

式中:M_0——按简支梁计算的跨中弯矩设计值;

　M^l、M^r——连续梁板的左、右支座截面调幅后的弯矩设计值。

④调幅后,支座及跨中控制截面的弯矩值均不宜小于 M_0 的 $1/3$。

(5)等跨连续梁、板在相等均布荷载作用下的内力计算为了计算方便,对工程中常用的承受相等均布荷载的等跨连续板和次梁,采用调幅法导得其内力计算公式系数,设计时可直接查得,按下列公式计算内力。

弯矩:
$$M = \alpha_m (g+q) l_0^2 \qquad (3-129)$$

剪力:
$$V = \alpha_v (g+q) l_n \qquad (3-130)$$

式中:α_m、α_v——考虑塑性内力重分布的弯矩和剪力计算系数,按表 3-9、3-10 采用;

g、q——均布恒载和活荷载设计值;

l_0——计算跨度;

l_n——净跨。

对相邻跨度差小于 10% 的不等跨连续板和次梁,仍可用(3-129)、(3-130)式计算,但支座弯矩应按相邻较大的计算跨度计算。

对承受集中荷载作用的梁在内力计算时应该考虑集中荷载修正系数。

表 3-9　连续梁和连续单向板的弯矩计算系数 α_m

支承情况		截面位置					
		端支座	边跨跨中	离端第二支座	离端第二跨跨中	中间支座	中间跨跨中
		A	1	B	2	C	3
梁板搁支在墙上		0	$\dfrac{1}{11}$	二跨连续 $-\dfrac{1}{10}$　　三跨以上连续 $-\dfrac{1}{11}$	$\dfrac{1}{16}$	$-\dfrac{1}{14}$	$\dfrac{1}{16}$
板	与梁整浇	$-\dfrac{1}{16}$	$\dfrac{1}{14}$				
梁		$-\dfrac{1}{24}$					
梁与柱整浇		$-\dfrac{1}{16}$	$\dfrac{1}{14}$				

表 3-10　连续梁的剪力计算系数 α_v

支承情况	截面位置				
	端支座	离端第二支座		中间支座	
	α_{vA}^r	α_{vB}^l	α_{vB}^r	α_{vC}^l	α_{vC}^r
搁支在墙上	0.45	0.60	0.55	0.55	0.55
与梁与柱整浇	0.50	0.55			

(6)按塑性内力重分布方法计算的适用范围

按塑性理论方法计算,较之按弹性理论计算能省材料,改善配筋,计算结果更符合结构的实际工作情况,故对于结构体系布置规则的连续梁、板的承载力计算宜尽量采用这种计算方法。但它不可避免地导致构件在使用阶段的裂缝过宽及变形较大,因此并不是在任何情况下都能适用。通常在下列情况下,应按弹性理论方法进行设计:

①直接承受动力荷载作用的结构;

②要求不出现裂缝或处于侵蚀环境等情况下的结构;

③处于重要部位而又要求有较大承载力储备的构件,如肋梁楼盖中的主梁一般按弹性理论

设计。

5. 截面计算和构造要求

当求得连续板、梁的内力以后，即可进行截面承载力计算；在一般情况下，如果满足了构造要求，可不进行变形和裂缝验算。板、梁的截面计算及一般构造要求可见《混凝土规范》规定。下面仅介绍整体式连续板、梁的截面计算及构造要求的特点。

（1）单向板的截面设计与构造

① 设计要点

a. 现浇钢筋混凝土单向板的厚度 h 除应满足建筑功能以外，还应符合下列要求：

跨度小于 1500mm 的屋面板　　　　　　$h \geqslant 50mm$；

跨度大于等于 1500mm 的屋面板　　　　$h \geqslant 60mm$；

民用建筑楼板　　　　　　　　　　　　$h \geqslant 60mm$；

工业建筑楼板　　　　　　　　　　　　$h \geqslant 70mm$；

行车道下的楼板　　　　　　　　　　　$h \geqslant 80mm$。

此外，为了保证刚度，单向板的厚度尚应不小于跨度的 1/40（连续板）、1/35（简支板）以及 1/12（悬臂板）。因为板的混凝土用量占整个楼盖的 50% 以上，因此在满足上述条件的前提下，板厚应尽可能薄些。板的配筋率一般为 0.3%～0.8%。

b. 在求得单向板的内力后，可根据正截面抗弯承载力计算，确定各跨跨中及各支座截面的配筋。板在一般情况下均能满足斜截面受剪承载力要求，设计时可不进行受剪承载力计算。

c. 连续板跨中由于正弯矩作用截面下部开裂，支座由于负弯矩作用截面上部开裂，这就使板的实际轴线成拱形（见图 3-58），如果板的四周存在有足够刚度的边梁，即板的支座不能自由移动时，则作用于板上的一部分荷载将通过拱的作用直接传给边梁，而使板的最终弯矩降低。为考虑这一有利作用，《混凝土规范》规定，对四周与梁整体连接的单向板中间跨的跨中截面及中间支座截面，计算弯矩可减少 20%。但对于边跨的跨中截面及离板端第二支座截面，由于边梁侧向刚度不大（或无边梁）难以提供水平推力，因此计算弯矩不予降低。

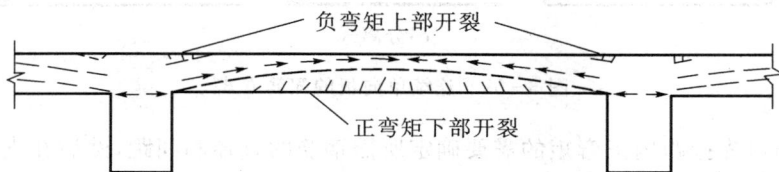

图 3-58　连续板的拱作用

② 板的构造要求

a. 板中受力筋

由计算确定的受力钢筋有承受负弯矩板面负筋和承受正弯矩的正筋两种。常用直径为 φ6、φ8、φ10、φ12 等。正钢筋采用 HPB235 级钢筋时，端部采用半圆弯钩，负钢筋端部应做成直钩支撑在底模上。为了施工中不易被踩下，负钢筋直径一般不小于 φ8。对于绑扎钢筋，当板厚 $h < 150mm$ 时，间距不应大于 200mm；$h > 150mm$ 时，不应大于 1.5h，且不应大于 300mm。伸入支座的钢筋，其间距不应大于 400mm，且截面积不得少于受力钢筋的 1/3。钢筋间距也不宜小于 70mm。在简支板支座处或连续板端支座及中间支座处，下部正钢筋伸入支座的长度不应小于 5d。

为了施工方便,选择板内正、负钢筋时,一般宜使它们的间距相同而直径不同,直径不宜多于两种。

连续板受力钢筋的配筋方式有弯起式和分离式两种,见图 3-59。

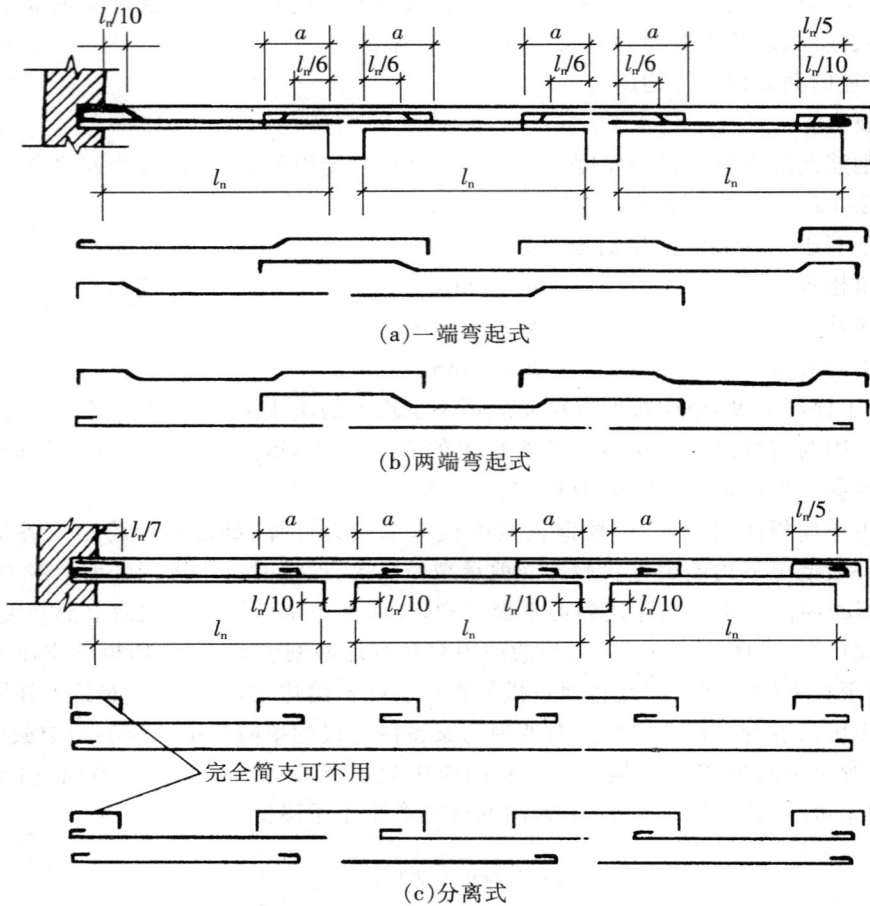

(a)一端弯起式

(b)两端弯起式

完全简支可不用

(c)分离式

图 3-59 连续单向板的配筋方式

弯起式配筋可先按跨内正弯矩的需要确定所需钢筋的直径和间距,然后在支座附近弯起1/2~2/3,如果还不满足所要求的支座负钢筋需要,再另加直的负钢筋;通常取相同的间距。弯起角一般为 30°,当板厚>120mm 时,可采用 45°弯起式配筋的钢筋锚固较好,可节省钢材,但施工较复杂。

分离式配筋的钢筋锚固稍差,耗钢量略高,但设计和施工都比较方便,是目前最常用的方式。当板厚超过 120mm 且承受的动荷载较大时,不宜采用分离式配筋。

连续单向板内受力钢筋的弯起和截断,一般可以按图 3-57 确定,图中 a 的取值为:当板上均布活荷载 q 与均布恒荷载 g 的比值 $q/g<3$ 时,$a=l_n/4$;当 $q/g>3$ 时,$a=l_n/3$,l_n 为板的净跨长。当连续板的相邻跨度之差超过 20%,或各跨荷载相差很大时,则钢筋的弯起与切断应按弯矩包络图确定。

b. 板中构造钢筋

连续单向板除了按计算配置受力钢筋外,通常还应布置以下 4 种构造钢筋。

分布钢筋:在平行于单向板的长跨,与受力钢筋垂直的方向设置分布筋,分布筋放在受力筋的内侧。分布筋的截面面积不应少于受力钢筋的 10%,且每米宽度内不少于 3 根,在受力钢筋的弯折处也宜设置分布筋。

分布筋具有以下主要作用:①浇筑混凝土时固定受力钢筋的位置;②承受混凝土收缩和温度变化所产生的内力;③承受并分布板上局部荷载产生的内力;④对四边支承板,可承受在计算中未计及但实际存在的长跨方向的弯矩。

当板中温度应力较大时,宜按计算的温度应力确定温度钢筋的数量。当不计算温度应力时,在可能产生温度拉应力方向按构造配置温度钢筋,其配筋率不宜小于 0.2%,间距不宜大于 200mm。温度钢筋宜以钢筋网的形式在板的上、下表面配置。跨度大于 4m 的多跨连续板且采用泵送混凝土时,亦宜按上述原则在板的上、下表面配置双向构造钢筋网。

与主梁垂直的附加负筋:力总是按最短距离传递的,所以靠近主梁的竖向荷载,大部分是传给主梁而不是往单向板的跨度方向传递。所以主梁梁肋附近的板面存在一定的负弯矩,因此必须在主梁上部的板面配置附加短钢筋。其数量不少于每米 5 φ 6,且沿主梁单位长度内的总截面面积不少于板中单位宽度内受力钢筋截面积的 1/3,伸入板中的长度从主梁梁肋边算起不小于板计算跨度的 $l_0/4$,如图 3-60 所示。

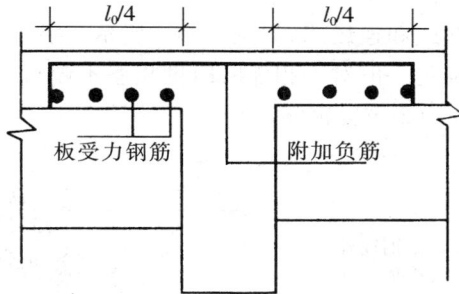

图 3-60　与主梁垂直的附加钢筋

与承重砌体墙垂直的附加负筋:嵌入承重砌体墙内的单向板,计算时按简支考虑,但实际上有部分嵌固作用,将产生局部负弯矩。为此,应沿承重砌体墙每米配置不少于 5 φ 6 的附加短负筋,伸出墙边长度$>l_0/7$,如图 3-61 所示。

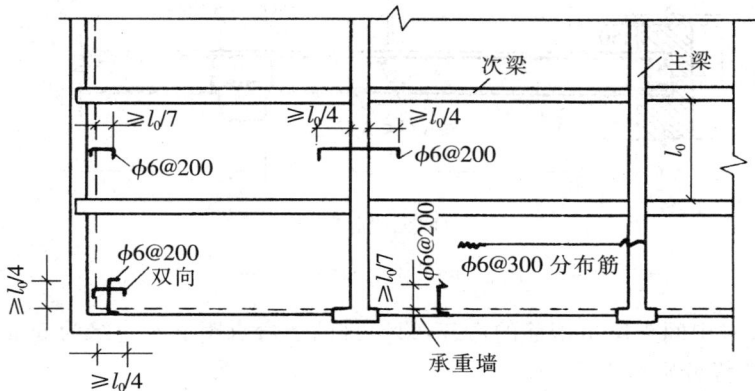

图 3-61　板的构造钢筋

板角附加短钢筋:两边嵌入砌体墙内的板角部分,应在板面双向配置附加的短负钢筋。其中,沿受力方向配置的负钢筋截面面积不宜小于该方向跨中受力钢筋截面面积的 $1/3 \sim 1/2$,并一般不少于 $5\phi6$,另一方向的负钢筋一般不少于 $5\phi6$;每一方向伸出墙边长度 $> l_0/4$(如图 $3-61$)。

(2)次梁

①设计要点

次梁的跨度一般为 $(4 \sim 6)$ m,梁高为跨度的 $1/18 \sim 1/12$;梁宽为梁高的 $1/3 \sim 1/2$。纵向钢筋的配筋率一般为 $0.6\% \sim 1.5\%$。

在现浇肋梁楼盖中,板可作为次梁的上翼缘。在跨内正弯矩区段,板位于受压区,故应按 T 形截面计算,翼缘计算宽度 b'_f 可按第 3.2 节有关规定确定;在支座附近的负弯矩区段,板处于受拉区,应按矩形截面计算。

当次梁考虑塑性内力重分布时,调幅截面的相对受压区高度应满足 $\xi < 0.35h_0$ 的限制,此外在斜截面受剪承载力计算中,为避免梁因出现剪切破坏而影响其内力重分布,应将计算所需的箍筋面积增大 20%。增大范围如下:当为集中荷载时,取支座边至最近一个集中荷载之间的区段;当为均布荷载时,取 $1.05h_0$,此处 h_0 为梁截面有效高度。

②配筋构造

次梁的配筋方式也有弯起式和连续式,如图 $3-62$ 所示。沿梁长纵向钢筋的弯起和切断,原则上应按弯矩及剪力包络图确定。但对于相邻跨跨度相差不超过 20%,活荷载和恒荷载的比值 $q/g < 3$ 的连续梁,可参考图 $3-62$ 布置钢筋。

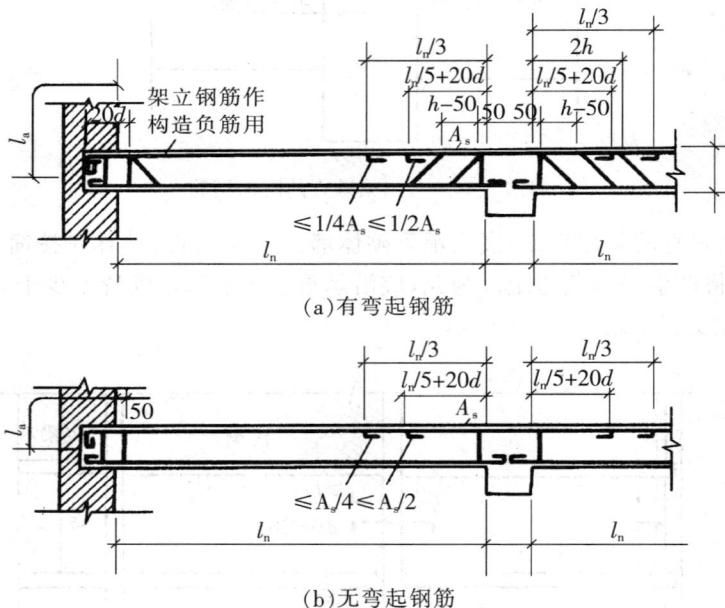

(a)有弯起钢筋

(b)无弯起钢筋

图 $3-62$ 次梁的钢筋布置

按图 $3-62$(a),中间支座负钢筋的弯起,第一排的上弯点距支座边缘为 50mm;第二排、第三排上弯点距支座边缘分别为 h 和 $2h$。

支座处上部受力钢筋总面积为 A_s,则第一批截断的钢筋面积不得超过 $A_s/2$,延伸长度从支座边缘起不小于 $l_n/5+20d$(d 为截断钢筋的直径);第二批截断的钢筋面积不得超过 $A_s/4$,延伸

长度不小于 $l_n/3$。所余下的纵筋面积不小于 $A_s/4$，且不少于两根，可用来承担部分负弯矩并兼作架立钢筋，其伸入边支座的锚固长度不得小于 l_a。

位于次梁下部的纵向钢筋除弯起的外，应全部伸入支座，不得在跨间截断。下部纵筋伸入边支座和中间支座的锚固长度详见有关构造图集。

连续次梁因截面上、下均配置受力钢筋，所以一般均沿梁全长配置封闭式箍筋，第一根箍筋可距支座边 50mm 处开始布置，同时在简支端的支座范围内，一般宜布置一根箍筋。

（3）主梁

主梁的跨度一般在 5m～8m 为宜；梁高为跨度的 $1/15～1/10$。主梁除承受自重和直接作用在主梁上的荷载外，主要是次梁传来的集中荷载。为简化计算，可将主梁的自重等效成集中荷载，其作用点与次梁的位置相同。因梁、板整体浇筑，故主梁跨内截面按 T 形截面计算，支座截面按矩形截面计算。

如果主梁是框架横梁，水平荷载（如风载、水平地震作用等）也会在梁中产生弯矩和剪力，此时，应按框架梁设计。在主梁支座处，主梁与次梁及板截面的纵向钢筋相互交叉重叠（见图 3-63），致使主梁承受负弯矩的纵筋位置下移，梁的有效高度减小。所以在计算主梁支座截面负钢筋时，截面有效高度 h_0 应取：一排钢筋时，$h_0 = h - (50～60)mm$；两排钢筋时，$h_0 = h - (70～80)mm$，h 是截面高度。

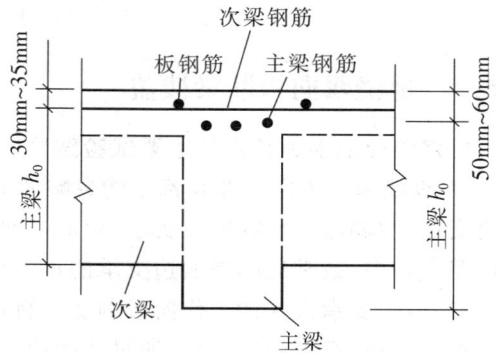

图 3-63　主梁支座截面的钢筋位置

次梁与主梁相交处，在主梁高度范围内受到次梁传来的集中荷载的作用。此集中荷载并非作用在主梁顶面，而是靠次梁的剪压区传递至主梁的腹部。所以在主梁局部长度上将引起主拉应力，特别是当集中荷载作用在主梁的受拉区时，会在梁腹部产生斜裂缝而引起局部破坏。为此，需设置附加横向钢筋，把此集中荷载传递到主梁顶部受压区。

附加横向钢筋应布置在长度为 $s = 2h_1 + 3b$ 的范围内（见图 3-64），以便能充分发挥作用。附加横向钢筋可采用附加箍筋和吊筋，宜优先采用附加箍筋。

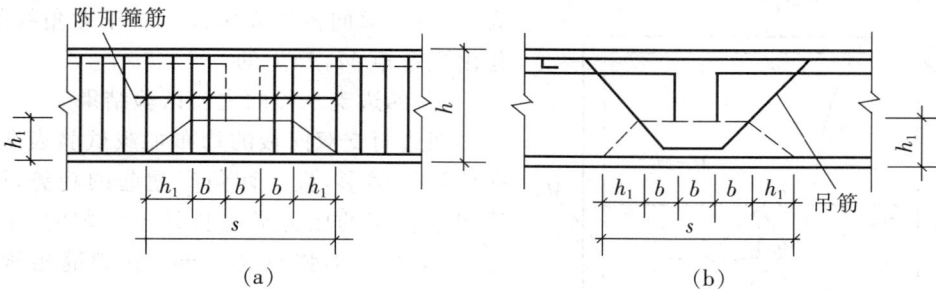

图 3-64　附加横向钢筋布置

如集中力全部由附加吊筋承受时，则：

$$F_l \leqslant 2f_y A_{sb}\sin\alpha \qquad\qquad (3-131a)$$

式中：F_l——次梁传给主梁的集中荷载；

A_{sb}——附加吊筋截面面积；

f_y——钢筋的抗拉强度设计值；

α——附加横向钢筋与梁轴线间的夹角。

如集中荷载全部由附加箍筋承受时，则：

$$F_l \leqslant m \cdot n f_{yv} A_{sv1} \qquad (3-131b)$$

式中：A_{sv1}——附加箍筋单肢截面面积；

f_{yv}——附加箍筋的抗拉强度设计值；

n——附加箍筋肢数；

m——附加箍筋排数。

附加箍筋和吊筋的总截面面积按下式计算：

$$F_l \leqslant 2 f_y A_{sb} \sin\alpha + m \cdot n f_{yv} A_{sv1} \qquad (3-131c)$$

3.5.3　现浇双向板肋梁楼盖

1. 双向板的受力特点和主要试验结果

在纵横两个方向弯曲且都不能忽略的板称为双向板。双向板的支承形式可以是四边支承、三边支承、两邻边支承或四点支承；板的平面形状可以是正方形、矩形、圆形、三角形或其他形状。在楼盖设计中，最常见的是四边支承的正方形和矩形板。

（1）四边支承板弹性工作阶段的受力特点

在单向板、双向板定义中，通过从四边支承板的跨中截出两个方向的板带，近似分析了双向板在两个方向的荷载传递与长、短跨比值的关系。实际上，从四边支承板内截出的任意两个板带并不是孤立的，它们受到相邻板带的约束，这使得实际的竖向位移和弯矩有所减小。

对于正方形板，由于对称，板的对角线上没有扭矩，故对角线平面就是主弯矩平面。图3-65为均布荷载 p 作用下，四边简支正方形板对角线上主弯矩的变化图形以及板中心线上弯矩 M_1（$=M_2$）的变化图形（假定泊松比为零）。当用矢量表示时，主弯矩 M_1 的矢量是与对角线相平行的，且都是数值较大的正弯矩，双向板板底沿 $45°$ 方向开裂，就是由主弯矩 M_1 产生的；主弯矩 M_{II} 矢量是与对角线相垂直的，并在角部是数值较大的负值，双向板顶面角部垂直于对角线的裂缝就是由主弯矩 M_{II} 产生的。

（2）四边支承板的主要试验结果

四边简支双向板的均布加载试验表明，板的竖向位移呈碟形，板的四角有翘起的趋势，因此板传给四边支座的压力沿边长是不均匀的，中部大、两端小，大致按正弦曲线分布。在裂缝出现前，双向板基本上处于弹性工作阶段，短跨方向的最大正弯矩出现在中点，而长跨方向的最大正弯矩偏离跨中截面。两个方向配筋相同的正方形板，由于跨中正弯矩最大，板的第一批裂缝出现在板底中间部分；随后由于主弯矩 M_1 的作用，沿对角线方向向四角发展，如图3-66所示。随着荷载不断增加，板底裂

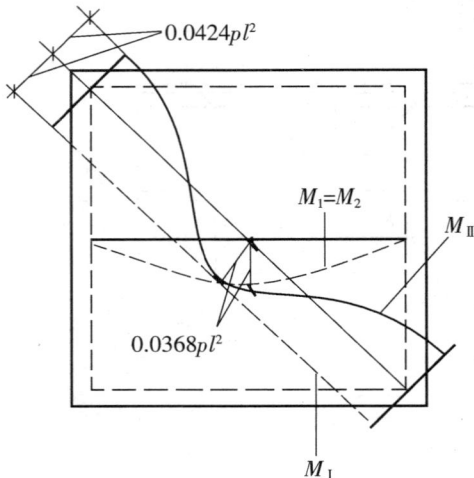

图 3-65　四边简支方板的主弯矩变化

0.0424pl^2

$M_1 = M_2$

M_{II}

0.0368pl^2

M_1

缝继续向四角扩展,直至因板的底部钢筋屈服而破坏。当接近破坏时,由于主弯矩 M_{II} 的作用,板顶面靠近四角附近,出现垂直于对角线方向,大体上呈圆形的环状裂缝。这些裂缝的出现,又促进了板底对角线方向裂缝的进一步扩展。

在两个方向配筋相同的矩形板板底的第一批裂缝,出现在中部,平行于长边方向,这是由于短跨跨中的正弯矩 M_I 大于长跨跨中的正弯矩 M_{II} 所致。随着荷载进一步加大,这些板底的跨中裂缝逐渐延长,并沿 45°角向极的四角扩展,如图 3-66(b)所示。板顶四角也出现大体呈圆形的环状裂缝,如图 3-66(c)所示。最终因板底裂缝处受力钢筋屈服而破坏。

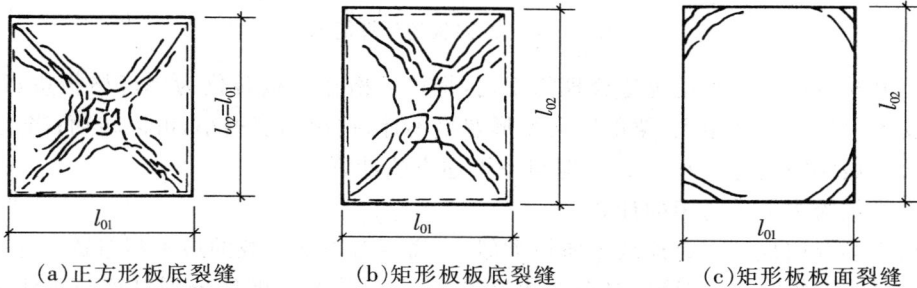

(a)正方形板底裂缝   (b)矩形板板底裂缝   (c)矩形板板面裂缝

图 3-66 均布荷载下双向板的裂缝分布

2. 双向板按弹性理论的内力计算

(1)单区格双向板的内力计算

当板厚远小于板短边边长的 1/30,且板的挠度远小于板的厚度时,双向板可按弹性薄板理论计算,由于内力分析很复杂,在实际设计工作中,为了简化计算,通常是直接应用根据弹性理论编制的计算用表(见附表 12)进行内力计算。在该附表中,按边界条件选列了 6 种计算简图(图 3-67),分别给出了在均布荷载作用下的跨内弯矩系数(泊松比 $v_c=0$ 时)、支座弯矩系数和挠度系数,则可算出有关弯矩和挠度。

$$m = 表中系数 \times (g+q)l^2 \qquad (3-132a)$$

$$v = 表中系数 \times \frac{(g+q)l^4}{B_c} \qquad (3-132b)$$

式中:m——跨中或支座单位板宽内的弯矩设计值(KN·m/m);

g、q——均布恒载、活载设计值(kN/m²);

l——短跨方向的计算跨度(m),计算方法与单向板相同。

v——挠度;

B_c——板的抗弯刚度;

需要说明的是,附录 8 中的系数是根据材料的波桑比 $v_c=0$ 制定的。当 $v_c \neq 0$ 时,可按下式计算:

$$m_1^v = m_1 + v_c m_2$$

$$m_2^v = m_2 + v_c m_1$$

对混凝土,可取 $v_c=0.2$。

(2)多区格等跨连续双向板的内力计算

连续双向板内力的精确计算更为复杂,在设计中一般采用实用计算方法,通过对双向板上活

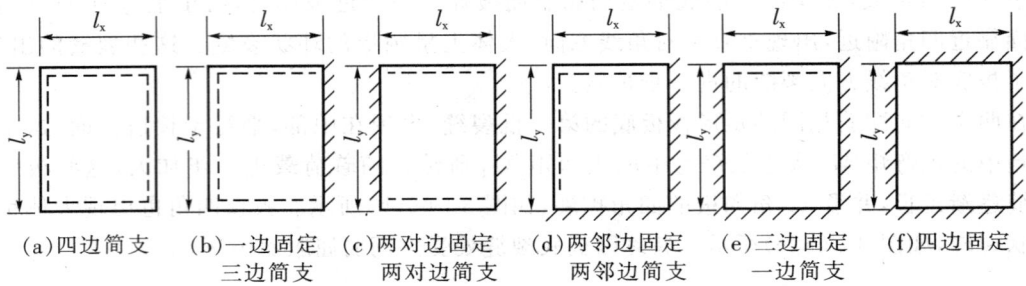

图 3-67 双向板的计算简图

荷载的最不利布置以及支承情况等合理的简化,将多区格连续板转化为单区格板进行计算。该法假定其支承梁抗弯刚度很大,梁的竖向变形忽略不计,抗扭刚度很小,可以转动;当在同一方向的相邻最大与最小跨度之差小于 20% 时可按下述方法计算。

①各区格板跨中最大弯矩的计算

多区格连续双向板与多跨连续单向板类似,也需要考虑活荷载的最不利布置。亦即,当求某区格板跨中最大弯矩时,应在该区格布置活荷载,然后在其左右前后分别隔跨布置活荷载,通常称为棋盘式布置(见图 3-68(a));此时在活荷载作用的区格内,将产生跨中最大弯矩。

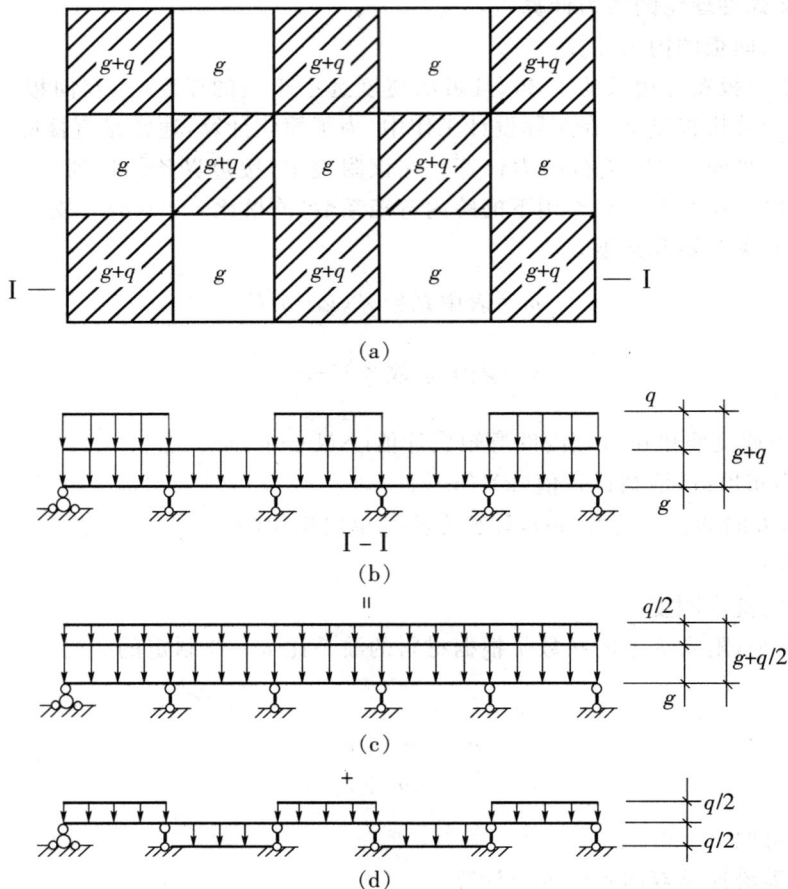

图 3-68 双向板活荷载的最不利布置

在图 3-68(b)所示的荷载作用下,任一区格板的边界条件为既非完全固定又非理想简支的情况;为了能利用单区格双向板的内力计算系数表计算连续双向板,可以采用下列近似方法:把棋盘式布置的荷载分解为各跨满布的对称荷载和各跨向上向下相间作用的反对称荷载(图 3-68(c)、(d))。

对称荷载 $$g' = g + \frac{q}{2}$$

反对称荷载 $$q' = \pm \frac{q}{2}$$

在对称荷载 $g' = g + \frac{q}{2}$ 作用下,所有中间支座两侧荷载相同,若忽略远跨荷载的影响,可以近似地认为支座截面处转角为零,即将所有中间支座均可视为固定支座,从而所有中间区格板均可视为四边固定双向板(图 3-67(f));边、角区格板的外边界条件按实际情况确定,如楼盖周边视为简支,则其边区格可视为三边固定一边简支双向板(图 3-67(e));角区格板可视为两邻边固定两邻边简支双向板(3-67(d))。这样,根据各区格板的四边支承情况,即可分别求出在 $g' = g + \frac{q}{2}$ 作用下的跨中弯矩。

在反对称荷载 $q' = \pm \frac{q}{2}$ 作用下,在中间支座处相邻区格板的转角方向一致,大小基本相同,即相互没有约束影响,若忽略梁的扭转作用,则可近似认为支座截面弯矩为零,即将所有中间支座均可视为简支支座,如楼盖周边视为简支,则所有各区格板均可视为四边简支板(见图 3-67(a)),于是可以求出在 $q' = \pm \frac{q}{2}$ 作用下的跨中弯矩。

最后将各区格板在上述两种荷载作用下的跨中弯矩相叠加,即得到各区格板的跨中最大弯矩。

②支座最大弯矩的计算

为求支座最大弯矩,亦应考虑活荷载的最不利布置,为简化计算,可近似认为恒载和活荷载皆满布在连续双向板所有区格时支座产生最大弯矩。此时,可用前述在对称荷载作用下的同样原则,即各中间支座均视为固定,各周边支座视为简支,则可利用附表 12 求得各区格板中各固定边的支座弯矩。但对某些中间支座,由相邻两个区格板求出的支座弯矩常常并不相等,则可近似地取其平均值作为该支座弯矩值。

3. 双向板的截面设计与构造要求

(1)截面设计

①双向板的厚度

板厚 h 应满足 $\geq \frac{1}{45}l$(四边简支)、$\geq \frac{1}{50}l$(四边连续),且 $\geq 80mm$,其中 l 为短向计算跨度。

②板的截面有效高度

由于跨中弯矩短跨方向比长跨方向大,因此短跨方向的受力钢筋应放在长跨方向受力钢筋的外侧,以充分利用板的有效高度,因而在估计 h_0 时(对一类环境):

短向　　　$h_0 = h - 20mm$

长向　　　$h_0 = h - 30mm$

求截面配筋时,内力臂系数可取 $r_s = 0.9 \sim 0.95$。

③弯矩折减

双向板在荷载作用下由于支座的约束,整块板存在着穹窿的作用,从而使板的跨中弯矩减小,因此,截面设计时考虑这种有利的影响,对周边与梁整体连结的板,其计算弯矩可根据下列情况予以减少。

a. 中间区格的跨中截面及中间支座上减少20%。

b. 边区格的跨中截面及从楼板边缘算起起的第二支座上:

当 $l_b/l < 1.5$ 时　　　　　减少20%

当 $1.5 \leq l_b/l < 2.0$ 时　　减少10%

c. 角区格不应减少。

式中:l——垂直于板边缘方向的计算跨度;

l_b——沿板边缘方向的计算跨度,如图 3-69 所示。

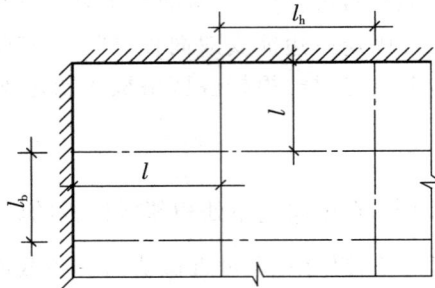

图 3-69　双向板的计算跨度

(2)钢筋配置

双向板的受力钢筋沿纵横两个方向配置,配筋形式类似于单向板,有弯起式和分离式两种。

按弹性理论计算时,板底钢筋数量是根据跨中最大弯矩求得的,而跨中弯矩沿板向两边逐渐减小,故配筋亦应向两边逐渐减少。考虑到施工方便,可将板在两个方向各划分成三个板带(见图 3-70),边缘板带的宽度为较小跨度的 1/4,其余为中间板带。在中间板带内按最大弯矩配筋,而边缘板带配筋减少一半,但每米宽度内不得少于 3 根。连续板支座负弯矩钢筋,则按各支座的最大负弯矩求得,沿全支座均匀布置而不在边缘板带内减少。

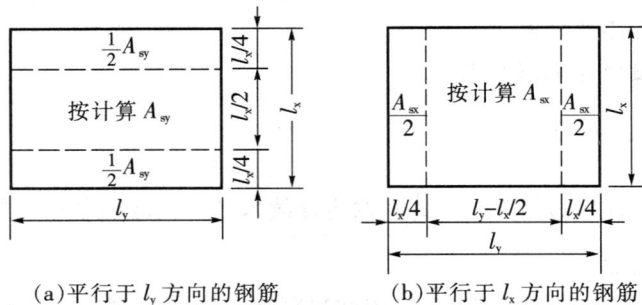

(a)平行于 l_y 方向的钢筋　　(b)平行于 l_x 方向的钢筋

图 3-70　双向板配筋时板带的划分

按塑性理论计算时,通常跨中及支座钢筋皆均匀布置。

在简支的双向板中,考虑到计算时未考虑支座的部分固定,故可将每个方向的跨中钢筋弯起 1/3 伸入至支座内,以承受可能产生的负弯矩。两边嵌固在墙内的板角处,与单向板肋梁楼盖中相同亦应双向配置构造负筋,这样不仅可以控制由于墙体的约束限制板角上翘而引起的与墙边成 45°方向裂缝的扩展,而且可以防止由此可能导致极限荷载的降低。在多区格连续板及四边固定的板中,跨中钢筋可弯起 1/2～2/3 作为支座负弯矩钢筋,不足部分另加直钢筋;由于边缘板带内纵筋较少,可在四角上面另加两个方向的附加钢筋。

4. 双向板支承梁的计算特点

精确确定双向板传给支承梁的荷载较为复杂,通常采用下述近似方法求得(见图 3-71),从每一区格的四角作 45°线与平行于长边的中线相交,将整块板分成四个板块,每个板块的荷载传至相邻的支承梁上,因此,作用在双向板支承梁上的荷载不是均匀分布的,长跨梁上荷载呈梯形分布,短跨梁上荷载呈三角形分布。

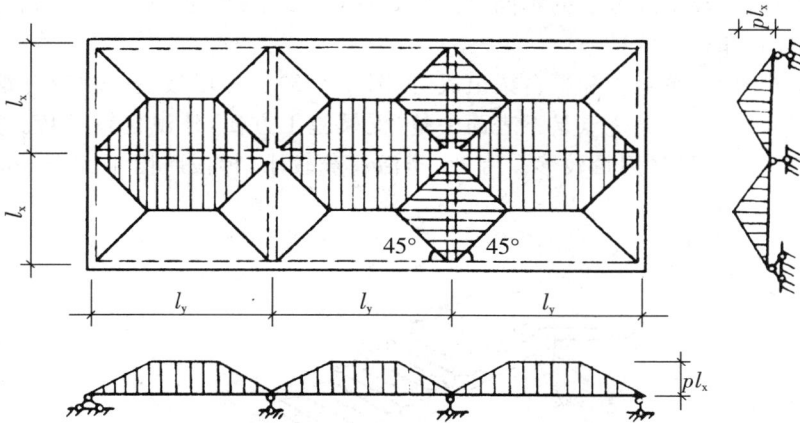

图 3-71　双向板支承梁的荷载分配

支承梁的内力可按弹性理论或塑性理论计算。

按弹性理论计算时可先将梁上的梯形或三角形荷载,根据支座转角相等的条件换算为等效均布荷载(见图 3-72),然后按结构力学方法计算;对等跨连续梁可查表求得等效均布荷载下的支座弯矩,再利用所求得的支座弯矩和每一跨的实际荷载,按平衡条件求得全梁弯矩。

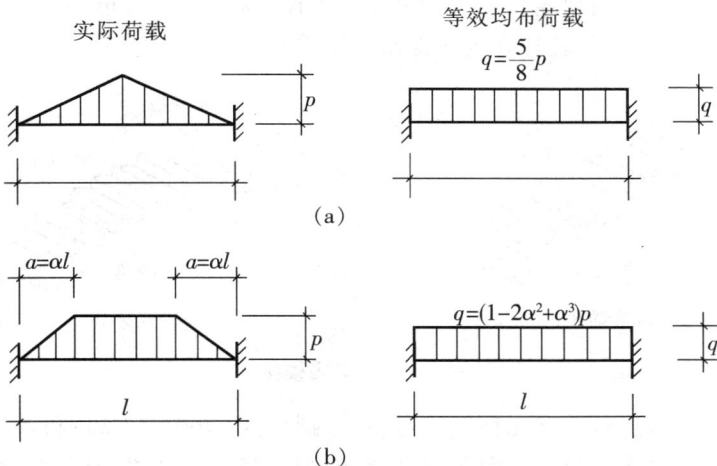

图 3-72　换算的等效均布荷载

按塑性理论计算时，可在弹性理论计算所得的支座弯矩基础上，应用调幅法选定支座弯矩，再按实际荷载求得跨中弯矩。

双向板支承梁的截面设计及构造要求与单向板肋梁楼盖的支承梁相同。

3.5.4 楼梯与雨篷

1.楼梯

楼梯是多层及高层房屋中的重要组成部分。楼梯的平面布置、踏步尺寸、栏杆形式等由建筑设计确定。

（1）楼梯结构的选型

楼梯的类型较多，按施工方法的不同，可分为整体式楼梯和装配式楼梯。按梯段结构型式的不同，主要分为板式和梁式两种。

板式楼梯由梯段板、平台板和平台梁组成（见图3-73）。梯段板是一块带有踏步的斜板，两端支承在上、下平台梁上。其优点是下表面平整，支模施工方便，外观也较轻巧。其缺点是梯段跨度较大时，斜板较厚，材料用量较多。因此，当活荷载较小，梯段跨度不大于3m时，宜采用板式楼梯。

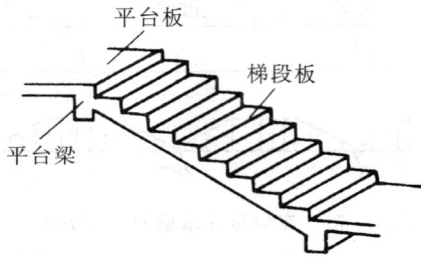

图3-73 板式楼梯

梁式楼梯由踏步板、梯段梁、平台板和平台梁组成（见图3-74），踏步板支承在两边斜梁（双梁式）或中间一根斜梁（单梁式）或一边斜梁另一边承重墙上；斜梁再支承在平台梁上，斜梁可设在踏步下面或上面，也可以用现浇栏板代替斜梁。当梯段跨度大于3m时，采用梁式楼梯较为经济，但支模及施工比较复杂，而且外观也显得比较笨重。

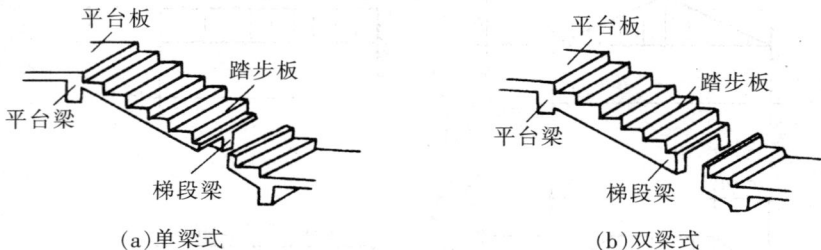

（a）单梁式　　　　　　　　　　　（b）双梁式

图3-74 梁式楼梯

除上述两种基本形式外，还有几种型式楼梯：如螺旋式（见图3-75）和对折式（见图3-76）楼梯，造型新颖、轻巧，常在公共建筑中采用，但它们是空间受力体系，计算复杂，用钢量大，造价高。螺旋式楼梯，一般多在不便设置平台的场合，或者在有特殊建筑造型需要时采用。对折式楼梯具有悬臂的梯段和平台，支座仅设在上下楼层处，当建筑中不宜设置平台梁和平台板的支承时,可予采用。

图 3-75　螺旋式楼梯

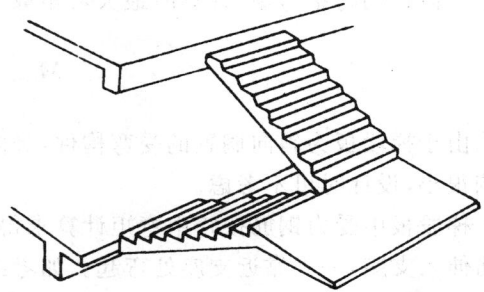

图 3-76　对折式楼梯

(2)现浇板式楼梯的计算与构造

①梯段板

计算梯段板时,可取出 1m 宽板带或以整个梯段板作为计算单元。

梯段板为两端支承在平台梁上的斜板,图 3-77(a)为其纵剖面。内力计算时,可以简化为简支斜板,计算简图如图 3-77(b)所示。斜板又可化作水平板计算(见图 3-77(c)),计算跨度按斜板的水平投影长度取值,但荷载亦同时化作沿斜板水平投影长度上的均布荷载。

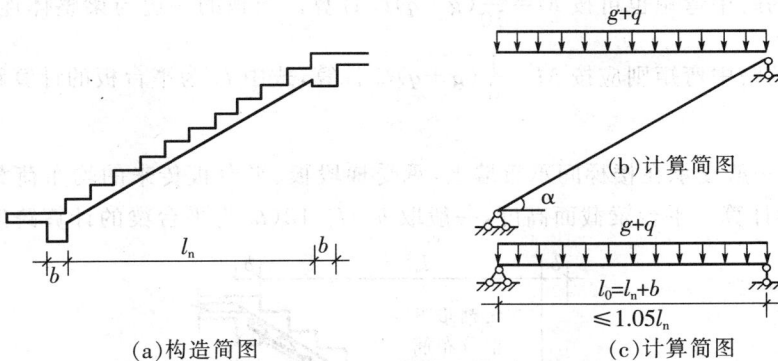

(a)构造简图　　(b)计算简图　　(c)计算简图

图 3-77　板式楼梯的梯段板

由结构力学可知,简支斜板在竖向均布荷载作用下(沿水平投影长度)的最大弯矩与相应的简支水平板(荷载相同、水平跨度相同)的最大弯矩是相等的,即

$$M_{max} = \frac{1}{8}(g+q)l_0^2 \qquad (3-133)$$

而简支斜板在竖向均布荷载作用下的最大剪力与相应的简支水平板的最大剪力有如下关系:

$$V_{max} = \frac{1}{2}(g+q)l_n\cos\alpha \qquad (3-134)$$

式中:g、q——作用于梯段板上,沿水平投影方向的恒载及活荷载设计值;

l_0、l_n——梯段板的计算跨度及净跨的水平投影长度;

α——梯段板的倾角。

考虑到梯段板与平台梁为整体连接,平台梁对梯段板有弹性约束作用这一有利因素,故可以减小梯段板的跨中弯矩,计算时最大弯矩取

$$M_{max} = \frac{1}{10}(g+q)l_0^2 \qquad (3-135)$$

由于梯段板为斜向搁置的受弯构件,竖向荷载除引起弯矩和剪力外,还将产生轴向力,但其影响很小,设计时可不考虑。

梯段板中受力钢筋按跨中弯矩计算求得,配筋可采用弯起式或分离式。采用弯起式时,一半钢筋伸入支座,一半靠近支座处弯起。如考虑到平台梁对梯段板的弹性约束作用,在板的支座应配置一定数量的构造负筋,以承受实际存在的负弯矩和防止产生过宽的裂缝,一般可取 ϕ 8@200,长度为 $l_n/4$。受力钢筋的弯起点位置见图 3-78。在垂直受力钢筋方向仍应按构造配置分布钢筋,并要求每个踏步板内至少放置一根分布钢筋。

梯段板和一般板的计算相同,可不必进行斜截面受剪承载力验算。梯段板厚度应不小于 $(\frac{1}{25} \sim \frac{1}{30})l_0$。

②平台板

平台板一般均属单向板(有时也可能是双向板),当板的两边均与梁整体连接时,考虑梁对板的弹性约束,板的跨中弯矩也可按 $M = \frac{1}{10}(g+q)l_0^2$ 计算。当板的一边与梁整体连接而另一边支承在墙上时,板的跨中弯矩则应按 $M = \frac{1}{8}(g+q)l_0^2$ 计算,式中 l_0 为平台板的计算跨度。

③平台梁

平台梁两端一般支承在楼梯间承重墙上,承受梯段板、平台板传来的均布荷载和自重,可按简支的倒 L 形梁计算。平台梁截面高度,一般取 $h > l_0/12$(l_0 为平台梁的计算跨度)。其他构造

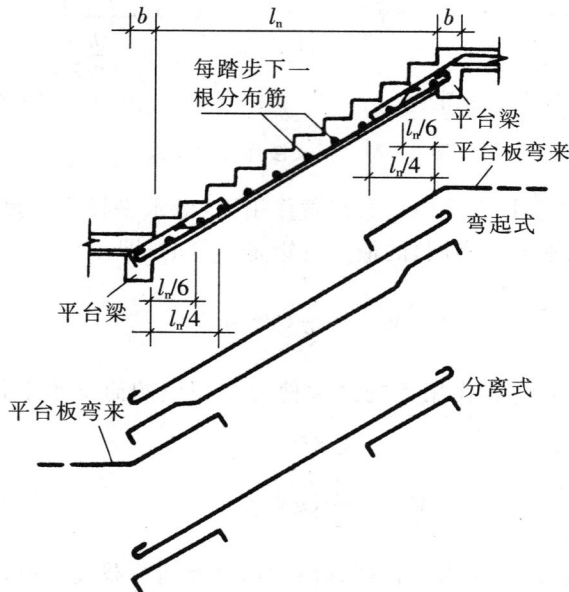

图 3-78 板式楼梯梯段板的配筋示意图

要求与一般梁相同。

（3）现浇梁式楼梯的计算与构造

①踏步板

梁式楼梯的踏步板为两端支承在梯段梁上的单向板（见图 3-79（a）），为了方便，可在竖向切出一个踏步作为计算单元（见图 3-79（b）中所示），其截面为梯形，可按截面面积相等的原则简化为同宽度的矩形截面的简支架计算，计算简图见图 3-79（c）。

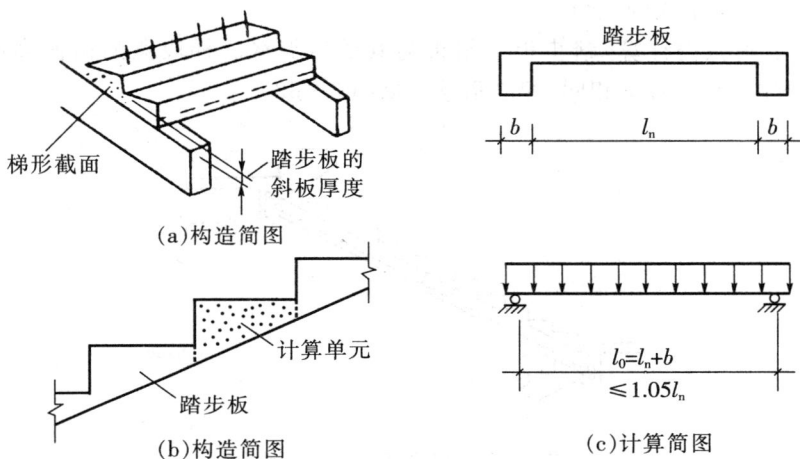

图 3-79　梁式楼梯的踏步板

斜板部分厚度一般取 $\delta=30\sim40$mm。踏步板配筋除按计算确定外，要求每个踏步一般不宜少于 $2\phi6$ 受力钢筋，布置在踏步下面斜板中，并沿梯段布置间距不大于 300mm 的分布钢筋，见图 3-80。

②梯段梁

梯段梁两端支承在平台梁上，承受踏步板传来的荷载和自重，图 3-81（a）为其纵剖面。计算内力时，与板式楼梯中梯段板的计算原理相同，可简化为简支斜梁，又将其化作水平梁计算，计算简图见图 3-81（b），其最大弯矩和最大剪力按下式计算（轴向力亦不予考虑）：

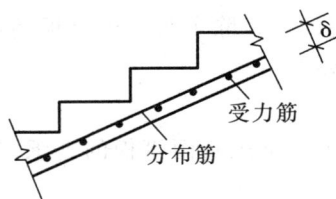

图 3-80　梁式楼梯踏步板横截面

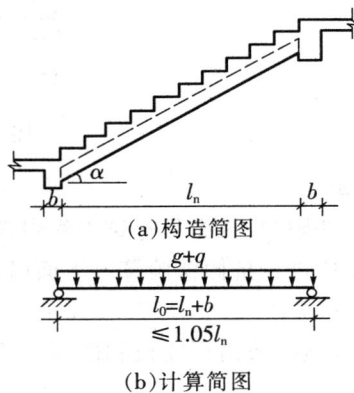

图 3-81　梁式楼梯的梯段梁

$$M_{max} = \frac{1}{8}(g+q)l_0^2 \qquad\qquad (3-136)$$

$$V_{max} = \frac{1}{2}(g+q)l_n \cos\alpha \qquad\qquad (3-137)$$

式中：g、q——作用于梯段梁上沿水平投影方向的恒荷载及活荷载设计值；

l_0、l_n——梯段梁的计算跨度及净跨的水平投影长度；

α——梯段梁与水平线的倾角。

梯段梁按倒 L 形截面计算，踏步板下斜板为其受压翼缘。梯段梁的截面高度一般取 h＞$l_0/20$。梯段梁的配筋与一般梁相同，配筋示意图见图 3-82。

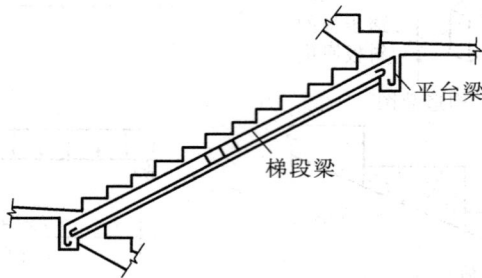

图 3-82　梯段梁配筋示意图

③平台梁与平台板

梁式楼梯的平台梁、平台板计算与板式楼梯基本相同，其不同处仅在于：梁式楼梯中的平台梁除承受平台板传来的均布荷载和其自重外，还承受梯段梁传来的集中荷载。平台梁的计算简图见图 3-83。

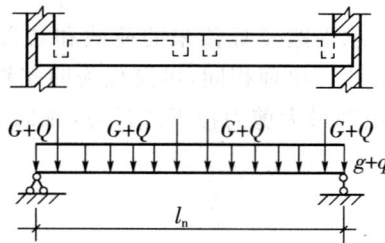

图 3-83　平台梁计算简图

2. 雨篷

雨篷、外阳台、挑檐是建筑工程中常见的悬挑构件，它们的设计除了与一般梁板结构相同的内容外，还应进行抗倾覆验算。下面以雨篷为例，介绍设计要点。

（1）一般要求

板式雨篷一般由雨篷板和雨篷梁组成（见图 3-84）。雨篷梁既是雨篷板的支承，又兼有过梁作用。

一般雨篷板的挑出长度为 0.6～1.2m 或更长，视建筑要求而定。现浇雨篷板多数做成变厚度的，一般根部板厚为 1/10 挑出长度，但不小于 70mm，板端不小于 50mm。雨篷板周围往往设置凸边以便能有组织排水。

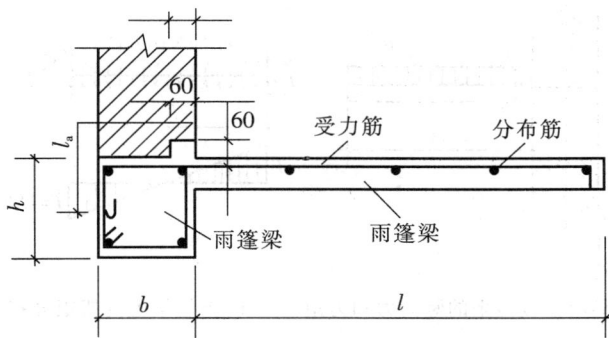

图 3-84　雨篷板

雨篷梁的宽度一般取与墙厚相同,梁的高度应按承载力确定。梁两端伸进砌体的长度应考虑雨篷抗倾覆因素。

（2）雨篷板和雨篷梁的计算要点

①雨篷板计算

雨篷板上的荷载有恒载（包括自重、粉刷等）、雪荷载、均布活荷载以及施工和检修集中荷载。以上荷载中,均布活荷载与雪荷载不同时考虑,取两者中的大值。

施工集中荷载与均布活荷载不同时考虑。每一个集中荷载值为 1.0kN,进行承载力计算时,沿板宽每 1m 考虑一个集中荷载；进行抗倾覆验算时,沿板宽每隔 2.5～3.0m 考虑一个。

雨篷板的内力分析,当无边梁时与一般悬臂板相同；当有边梁时,与一般梁板结构相同。

②雨篷梁计算

雨篷梁承受的荷载有自重、梁上砌体重、可能计入的楼盖传来的荷载,以及雨篷板传来的荷载。雨篷板传来的荷载将构成雨篷梁的扭矩。

当雨篷板上作用有均布荷载 p 时,作用在雨篷梁中心线的力包括竖向力 V 和力矩 m_p,沿板宽方向每 1m 的数值分别为 $V = pl(\text{kN/m})$ 和

$$m_p = pl\left(\frac{b+l}{2}\right)\text{kN} \cdot \text{m/m} \qquad (3-138)$$

在力矩 m_p 作用下,雨篷梁的最大扭矩为

$$T = m_p l_0/2 \qquad (3-139)$$

此处 l_0 为雨篷梁的跨度,可近似取 $l_0 = 1.05 l_n$。

雨篷梁在自重、梁上砌体重量等荷载作用下产生弯矩和剪力；在雨篷板传来的荷载作用下不仅产生弯矩和剪力,还将产生扭矩（见图 3-85 所示）。因此,雨篷梁是受弯、剪、扭的构件。

③雨篷抗倾覆验算

雨篷板上荷载使整个雨篷绕雨篷梁底的倾覆点转动倾倒,而梁上自重、梁上砌体重量等却有阻止雨篷倾覆的稳定作用。雨篷的抗倾覆验算参见《砌体结构设计规范》。

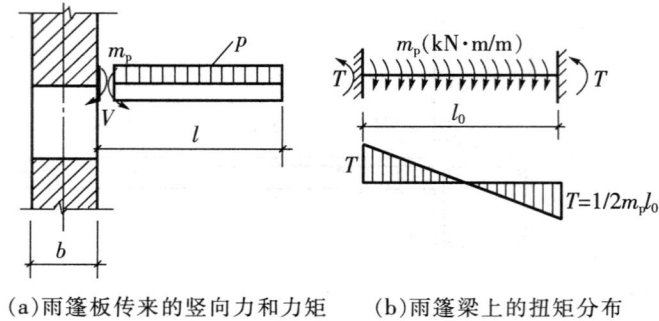

(a)雨篷板传来的竖向力和力矩　　(b)雨篷梁上的扭矩分布

图 3-85　雨篷梁上的扭矩

3.6　预应力混凝土结构

3.6.1　预应力混凝土的基本概念

1. 预应力的概念

预应力是预加应力的简称。这一名词的出现虽为时不长,只有几十年的历史,然而人们对预加应力原理的应用却由来已久,在日常生活中稍加注意是不难找到一些熟悉例子的。

图 3-86 是一个典型的例子。这种用竹箍的木桶,如洗脸盆、洗衣盆、洗澡盆、水桶等在我国日常生活中的应用已有几千年的历史。当套紧竹箍时,竹箍由于伸长而产生拉应力,而由木板拼成的桶壁则产生环向压应力。如木板板缝之间预先施加的压应力超过水压引起的拉应力,木桶就不会开裂和漏水。这种木桶的制造原理与现代预应力混凝土圆形水池的原理是完全一样的。这是利用预加压应力以抵抗预期出现的拉应力的一个典型例子。类似的例子还能举出一些,例如施工现场装卸红砖用的一次可以手提 5 块砖的砖夹子、自行车车轮的辐条等等. 这些例子都表明运用预加应力的原理和技术,既可用预加压应力来提高结构的抗拉能力和抗弯能力,又可用预加拉应力来提高结构的抗压能力。因此,只要善于运用,就可以利用预加应力获得改善结构使用性能和提高结构强度的效果。

2. 对混凝土施加预应力的原因

为了避免钢筋混凝土结构的裂缝过早出现,充分利用高强度钢筋及高强度混凝土,可以设法在结构构件受荷载作用前,使它产生预压应力来减小或抵消荷载所引起的混凝土拉应力,从而使结构构件的拉应力不大,甚至处于受压状态。在构件承受荷载以前预先对混凝土施加压应力的方法有多种,有配置预应力钢筋,再通过张拉或其他方法建立预加应力的;也有在离心制管中采用膨胀混凝土生产的自应力混凝土等。

3. 预应力混凝土的基本原理

现以图 3-87 所示预应力混凝土简支梁为例,说明预应力混凝土的基本原理。

在荷载作用之前,预先在梁的受拉区施加偏心压力 N,使梁下边缘混凝土产生预压应力为 σ_c,梁上边缘产生预拉应力 σ_{ct},见图 3-87(a)。当荷载 q(包括梁自重)作用时,如果梁跨中截面下边缘产生拉应力 σ_{ct},梁上边缘产生压应力 σ_c,见图 3-87(b)。这样在预压力 N 和荷载 q 共同作用下,梁的下边缘拉应力将减至 $\sigma_{ct}-\sigma_c$,梁上边缘应力一般为压应力,但也有可能为拉应力,见

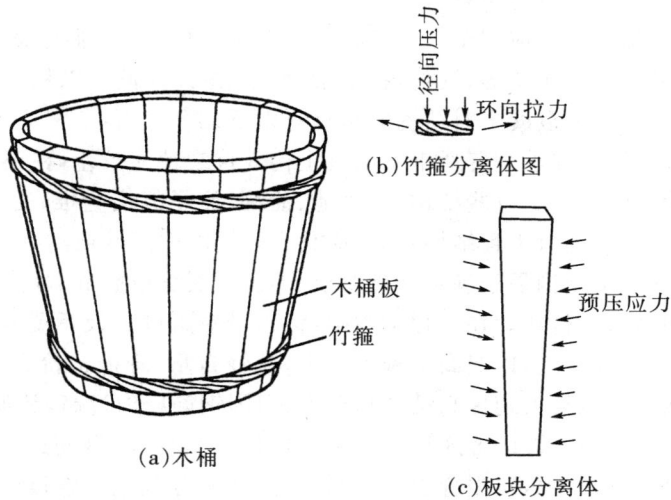

图 3-86　预应力原理在木桶上的应用

图 3-87(c)。如果增大预压力 N，则在荷载作用下梁的下缘的拉应力还可减小，甚至变成压应力。

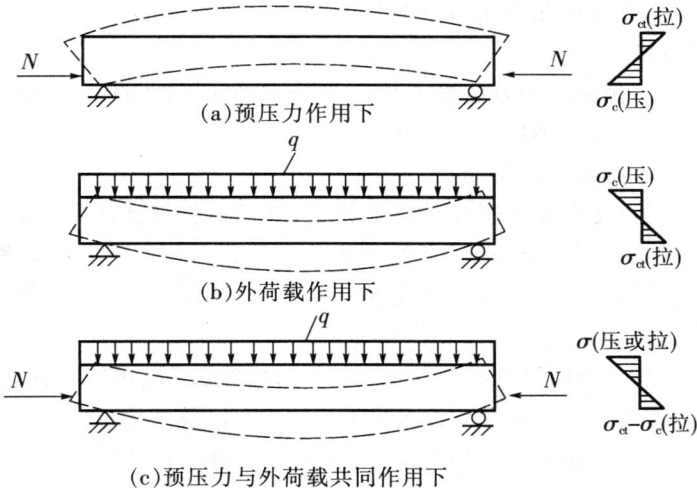

图 3-87　预应力混凝土简支梁

由此可见，预应力混凝土构件可延缓混凝土构件的开裂，提高构件的抗裂度和刚度，并取得节约钢筋，减轻自重的效果，克服了钢筋混凝土的主要缺点。

预应力混凝土构件具有很多的优点，其缺点是构造、施工和计算均较钢筋混凝土构件复杂，且延性也差些。

下列结构构件宜优先采用预应力混凝土：

(1)要求裂缝控制等级较高的结构；

(2)大跨度或受力很大的构件；

(3)对构件的刚度和变形控制要求较高的结构构件，如工业厂房中的吊车梁、码头和桥梁中的大跨度梁式构件等。

4. 预应力混凝土对结构的影响

预应力混凝土结构广泛应用于土木工程的各个领域中，如工业与民用建筑中的预应力空心楼板、屋面大梁、屋架及吊车梁等；其他，在桥梁、水利、海洋及港口工程中均已得到广泛的应用和很大的发展。采用预应力混凝土对结构的影响有以下几个方面：

（1）满足裂缝控制的要求。普通钢筋混凝土构件抗裂性能较差，在正常使用情况下往往会开裂，甚至会产生较宽的裂缝。有些结构，如水池、油罐、原子能反应堆、受到侵蚀性介质作用的工业厂房以及水利、海洋、港口工程结构物等，应具有较高的密闭性或耐久性，在裂缝控制上要求较严。采用预应力混凝土结构易于满足这种要求（不出现裂缝或裂缝宽度不超过允许的极限值）。

（2）充分利用高强度材料。在工程结构中，特别是对跨度大及承受重型荷载的构件，应采用高强度钢筋及高强度混凝土，以提高结构承载力，减轻自重，降低造价。而在普通钢筋混凝土构件中，采用高强钢筋虽能较大地提高结构承载力，但因钢筋应力过高，致使裂缝开展过宽，影响结构物正常使用；对于允许开裂的普通钢筋混凝土构件，配置高强钢筋远不能充分发挥作用；因而需要这些构件事先预加压力，对裂缝加以控制，以达到充分利用高强度钢筋，使结构达到高强轻质的目的。

（3）提高构件刚度，减小变形。有些结构物对于变形控制亦有较高要求，如工业厂房中的吊车梁，桥梁中的大跨度梁式构件等。采用预应力结构由于提高了抗裂度或减小了裂缝宽度，可使刚度不至于因裂缝原因而降低过多，有利于控制变形。同时，由于预加压力的偏心作用而使构件产生的反拱，还可以抵消或减小在使用荷载下产生的变形。

5. 预应力的施加方法

使构件混凝土中产生预应力的方法有多种，一般采用张拉钢筋的方法，由于受张拉钢筋的弹性回缩，使混凝土获得压应力。预加应力的方法主要有两种：

（1）先张法（浇灌混凝土前张拉钢筋）

先张法的主要工序为：在台座上张拉钢筋至预定长度后，将锚筋固定在台座的传力架上，然后浇灌混凝土。待混凝土达到一定强度后（约为设计强度的 70% 以上），切断钢筋。由于钢筋的弹性回缩，使得与钢筋粘结在一起的混凝土受到预压应力。因此，先张法是靠钢筋与混凝土间的粘结力来传递预应力的。

先张法适宜于用长线台座（台座长 50～200m）成批生产配直线预应力钢筋的构件，如房屋的檩条、屋面板及空心楼板等。其优点为生产效率高，施工工艺及程序较简单。除台座外，先张法为张拉及固定预应力钢筋，还需要一套传力架、千斤顶和锚固及夹持钢筋的设备。也可以不用台座而在钢模上张拉。

（2）后张法（混凝土结硬后在构件上张拉钢筋）

后张法的主要工序为：先浇灌好混凝土构件，并在构件中预留孔道（直线形或曲线形）。待混凝土达到预期强度（不低于设计强度的 70%）后，将预应力钢筋穿入孔道，利用构件本身作为受力台座进行张拉（一端锚固，另一端张拉或两端同时张拉）。在张拉钢筋的同时，混凝土受到压缩，张拉完毕后，将张拉端钢筋用工作锚具锚紧（此种锚具将永远留在构件内）。最后，在孔道内进行压力灌浆，以防止钢筋锈蚀，并使钢筋与混凝土较好地结成一个整体。后张法的特点是钢筋内的预应力靠构件两端工作锚具传递给混凝土。

后张法不需要专门台座，便于在现场制作大型构件或对结构的某一部分施加预应力，适宜于采用配置直线及曲线预应力钢筋的构件。采用后张法，预应力钢筋布置灵活，施加预应力时可以整束张拉，也可以单根张拉。其缺点有：施工工艺较复杂（钢筋中预应力需分别建立，并需增加在混凝土中预留孔道、穿筋及灌浆等工序），每个构件均需附有工作锚具，耗钢量较大及成本较高等。

3.6.2　预应力混凝土材料

1. 混凝土

预应力混凝土结构构件所用的混凝土，需满足下列要求：

（1）强度高

与钢筋混凝土不同，预应力混凝土必须采用强度高的混凝土。因为强度高的混凝土对采用先张法的构件可提高钢筋与混凝土之间的粘结力，对采用后张法的构件，可提高锚固端的局部承压承载力。

（2）收缩、徐变小

以减少因收缩、徐变引起的预应力损失。

（3）快硬、早强

可尽早施加预应力，加快台座、锚具、夹具的周转率，以利加速施工进度。

因此，《混凝土规范》规定，预应力混凝土构件的混凝土强度等级不应低于 C30。对采用钢绞线、钢丝、热处理钢筋作预应力钢筋的构件，特别是大跨度结构，混凝土强度等级不宜低于 C40。

2. 钢材

（1）预应力混凝土构件所用的钢筋（或钢丝）的要求

①强度高

混凝土预压应力的大小，取决于预应力钢筋张拉应力的大小。考虑到构件在制作过程中会出现各种应力损失，因此需要采用较高的张拉应力，这就要求预应力钢筋具有较高的抗拉强度。

②具有一定的塑性

为了避免预应力混凝土构件发生脆性破坏，要求预应力钢筋在拉断前，具有一定的伸长率。当构件处于低温或受冲击荷载作用时，更应注意对钢筋塑性和抗冲击韧性的要求。一般要求极限伸长率 $>4\%$。

③良好的加工性能

要求有良好的可焊性，同时要求钢筋"墩粗"后并不影响其原来的物理力学性能。

④与混凝土之间能较好地粘结

对于采用先张法的构件，当采用高强度钢丝时，其表面应经过"刻痕"或"压波"等措施进行处理。

（2）用于预应力混凝土构件中的预应力钢材分类

①钢绞线

常用的钢绞线是由直径 5～6mm 的高强度钢丝捻制成的。用三根钢丝捻制的钢绞线，其结构为 1×3，直径有 8.6mm、10.8mm、12.9mm。用七根钢丝捻制的钢绞线，其结构为 1×7，直径有 9.5～15.2mm。钢绞线的极限抗拉强度标准值可达 1860N/mm²，在后张法预应力混凝土中采用较多。

钢绞线经最终热处理后以盘或卷供应，每盘钢绞线应由一整根组成，如无特殊要求，每盘钢绞线长度 >200m。成品的钢绞线表面不得带有润滑剂、油渍等，以免降低钢绞线与混凝土之间的粘结力。钢绞线表面允许有轻微的浮锈，但不得锈蚀成目视可见的麻坑。

②钢丝

预应力混凝土所用钢丝可分为冷拉钢丝及消除应力钢丝两种。按外形分有光圆钢丝、螺旋肋钢丝、刻痕钢丝;按应力松弛性能分则有普通松弛即Ⅰ级松弛及低松弛即Ⅱ级松弛两种。钢丝的公称直径有 3～9mm,其极限抗拉强度标准值可达 1770N/mm²。要求钢丝表面不得有裂纹、小刺、机械损伤、氧化铁皮和油污。

③热处理钢筋

热处理钢筋是用热轧的螺纹钢筋经淬火和回火的调质热处理而成。热处理钢筋按其螺纹外形可分为有纵肋和无纵肋两种。钢筋经热处理后应卷成盘,每盘钢筋由一整根钢筋组成,其公称直径有 6～10mm,极限抗拉强度标准值可达 1470N/mm²。

热处理钢筋表面不得有肉眼可见的裂纹、结疤、折叠。钢筋表面允许有凸块,但不得超过横肋的高度,钢筋表面不得沾有油污,端部应切割正直。在制作过程中,除端部外,应使钢筋不受到切割火花或其他方式造成的局部加热影响。

3.6.3 张拉控制应力 σ_{con}

1. 张拉控制应力的概念

张拉控制应力是指预应力钢筋在进行张拉时所控制达到的最大应力值。其值为张拉设备(如千斤顶油压表)所指示的总张拉力除以预应力钢筋截面面积而得的应力值,以 σ_{con} 表示。

$$\sigma_{con} = \frac{N_p}{A_p} \tag{3-140}$$

式中:N_p——张拉设备所指示的总张拉力;

A_p——预应力钢筋截面面积。

2. 张拉控制应力的取值

根据预应力的基本原理,预应力配筋一定时,σ_{con} 越大,构件产生的有效预应力越大,对构件在使用阶段的抗裂能力及刚度越有利。但如果钢筋的 σ_{con} 与其强度标准值的相对比值 σ_{con}/f_{pyk} 或 σ_{con}/f_{ptk} 过大时,可能出现下列问题:

(1)张拉控制应力越大,若预应力钢筋为软钢,个别钢筋超过实际屈服强度而变形过大,可能失去回缩能力;若为硬钢个别钢筋可能被拉断。

(2)张拉控制应力越大,构件抗裂能力越好,出现裂缝越晚,抗裂荷载越高,若与构件的破坏荷载越接近,一旦裂缝,构件很快达到极限状态,即可产生无预兆的脆性破坏。

(3)张拉控制应力越大,受弯构件的反拱越大,构件上部可能出现裂缝,而后可能与使用阶段荷载作用下的下部裂缝贯通。

(4)张拉控制应力越大,会增加钢筋松弛而造成的预应力损失。

所以,预应力钢筋的张拉应力必须加以控制,张拉控制应力的大小应根据构件的具体情况,按照预应力钢筋的钢种及施加预应力的方法等因素加以确定。

张拉控制应力与张拉方法关系:先张法,当放松预应力钢筋使混凝土受到压力时,钢筋即随着混凝土的弹性压缩而回缩,此时预应力钢筋的预拉应力已小于张拉控制应力。后张法的张拉力由构件承受,它受力后立即因受压而缩短,故仪表指示的张拉控制应力是已扣除混凝土弹性压缩后的钢筋应力。因此,当张拉控制应力值相同时,不论受荷前还是受荷后,后张法构件中钢筋的实际应力值总比先张法构件的实际应力值高,故后张法的张拉控制应力值适当低于先张法。

张拉控制应力值大小的确定,还与预应力的钢种有关。由于预应力混凝土采用的都为高强度钢筋,其塑性较差,故控制应力不能取得太高。

根据长期积累的设计和施工经验,《混凝土规范》规定,在一般情况下,张拉控制应力不宜超过表 3 - 11 的限值。

表 3 - 11　张拉控制应力限值

钢筋种类	张拉方法	
	先张法	后张法
预应力钢丝、钢绞线	$0.75 f_{ptk}$	$0.75 f_{ptk}$
热处理钢筋	$0.70 f_{ptk}$	$0.65 f_{ptk}$

[注]　(1)表中 f_{ptk} 为预应力钢筋的强度标准值;(2)预应力钢丝、钢绞线、热处理钢筋的张拉控制应力值不应小于 $0.4 f_{ptk}$。(3)符合下列情况之一时,表 3 - 11 中的张拉控制应力限值可提高 $0.05 f_{ptk}$:①要求提高构件在施工阶段的抗裂性能,而在使用阶段受压区内设置的应力钢筋;②要求部分抵消由于应力松弛、摩擦、钢筋分批张拉以及预应力钢筋与张拉台座之间的温差等因素产生的预应力损失。

3.6.4　预应力损失

1. 预应力损失的概念

对于预应力混凝土构件,从张拉钢筋建立预应力初始值开始,到构件制作和使用过程中,预应力钢筋的张拉应力值将随着时间的推移而不断降低。将这种预应力降低的现象称为预应力损失,它的总和为预应力筋最初张拉应力的 15%～30%。预应力损失是预应力混凝土中一个至关重要的问题,关系到预应力构件的成败。早期某些预应力混凝土结构之所以不成功甚至失败,就是由于对预应力损失估计不足造成的。

2. 预应力损失的种类及减小措施

由于结构中的预压应力是通过张拉预应力筋得到的,因此凡能使预应力筋产生回缩的因素,都将造成预应力损失。引起预应力损失的因素很多,要准确估计预应力损失值是非常困难的。为简化计算,我国现行规范一般单独计算各种因素产生的预应力损失,然后叠加求得预应力混凝土构件的总预应力损失。通常情况下,可主要考虑 6 项预应力损失。下面将依次讲述它们产生的原因、计算方法以及减少预应力损失的措施。

(1)预应力钢筋由于锚具变形和钢筋内缩引起的预应力损失 σ_{l1}

①直线预应力筋

预应力直线钢筋当张拉到张拉控制应力 σ_{con} 后,锚固在台座或构件上时,锚具、垫板与构件之间的缝隙会被挤紧,以及钢筋和楔块在锚具内的滑移,引起被拉紧的钢筋内缩,应力下降,由此引起的预应力损失值用 σ_{l1}（N/mm^2）表示。

直线预应力钢筋由于锚具变形和钢筋内缩引起的预应力损失按下式计算:

$$\sigma_{l1} = \frac{a}{l} E_s \qquad (3-141)$$

式中:a——张拉端锚具变形和钢筋内缩值（mm）,按表 3 - 12 取用;

　　　l——张拉端至锚固端之间的距离,mm;

　　　E_s——预应力钢筋的弹性模量,N/mm^2。

从式(3-141)不难看出,要减少 σ_{l1},可采取如下措施:

尽量少用垫板,因每增加一块垫板,a 值就增加 1mm;

选择锚具变形小或使预应力钢筋内缩小的锚具、夹具;

增加台座长度,因 σ_{l1} 值与台座长度成反比,采用先张法生产的构件,当台座长度为 100m 以上时 σ_{l1} 可忽略不计。

表 3-12　锚具变形和钢筋内缩值 a(mm)

锚具类型		a
支承式锚具(钢丝束镦头锚具等)	螺帽缝隙	1
	每块后加垫板的缝隙	1
锥塞式锚具(钢丝束钢质锥形锚具等)		5
井夹式锚具	有顶压	5
	无顶压	6～8

[注] (1)表中的锚具变形和钢筋内缩值也可根据实测数据确定。(2)其他类型的锚具变形和钢筋内缩值应根据实测数据确定。

需要说明的是:a.锚具损失只考虑张拉端,而不必考虑固定端,因为锚固端的锚具变形引起的应力损失,能够为张拉设备及时补偿,在张拉过程中已经完成;b.对于块体拼成的结构,其预应力损失尚应考虑块体间填缝材料的预压变形,当采用混凝土或砂浆填缝材料时,每条填缝的材料的预压变形值应取 1mm。

②后张法构件曲线预应力钢筋或折线钢筋由于锚具变形和预应力钢筋内缩引起的预应力损失值 σ_{l1}

图 3-88 所示是一曲线预应力筋构件,张拉钢筋时,摩擦力方向与张拉力相反,指向跨中。锚具发生变形而钢筋内缩时,钢筋与孔道壁之间摩擦力则指向张拉端,阻止钢筋内缩,因此称之为反向摩擦力。由于反向摩擦力的存在,使得 σ_{l1} 距离张拉端越远,其值越小。距离张拉端某一距离 l_f 处,锚具变形和内缩值等于反摩擦力引起的钢筋变形值,所以钢筋应力不再下降,即 σ_{l1} 降为 0。也就是说,由于存在反向摩擦力,预应力钢筋只在 l_f 长度内回缩,所以只在 l_f 长度内产生 σ_{l1};而在 l_f 以外,钢筋和混凝土无相对滑动,也就不会产生 σ_{l1} 损失。l_f 称为反向摩擦影响长度。在 l_f 范围内的预应力钢筋的应力变化如图 3-89 直线 $A'B$ 所示。可见,对于后张法曲线预应力钢筋,由于曲线孔道上反向摩擦力的影响,使同一钢筋不同位置由于锚具变形和钢筋内缩引起的损失 σ_{l1} 各不相同。

曲线预应力筋的形式众多,《混凝土规范》仅对圆弧形预应力筋,且对应的圆心角 θ 不大于 30°时的情况给出了距离锚固端 x 截面处 σ_{l1} 的计算公式。这是根据 l_f 范围内预应力筋的变形值等于锚具变形和预应力钢筋内缩值确定的。

$$\sigma_{l1} = 2\sigma_{con} l_f \left(\frac{\mu}{\gamma_c} + \kappa \right) \left(1 - \frac{x}{l_f} \right) \tag{3-142}$$

$$l_f = \sqrt{\frac{a E_s}{1000 \sigma_{con} \left(\frac{\mu}{\gamma_c} + \kappa \right)}} \tag{3-143}$$

式中:μ 为预应力筋与孔道壁之间的摩擦系数,按表 3-13 取用;γ_c 为圆弧形曲线预应力钢筋的

(a)摩擦力指向跨中

(b)摩擦力指向张拉端

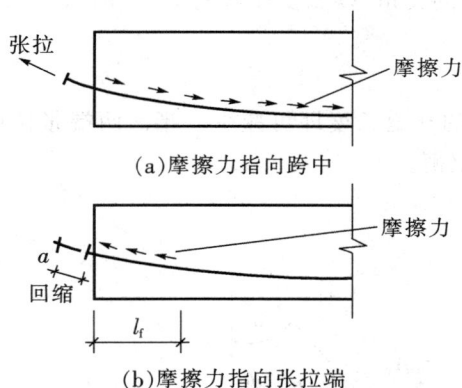

图 3-88　反向摩擦影响系数

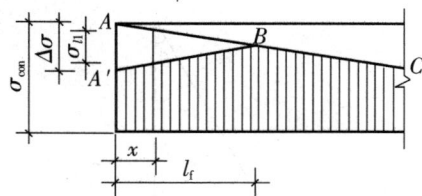

图 3-89　曲线预应力钢筋由于锚具变
形和预应力钢筋内缩引起的
预应力损失值 σ_{l1} 分布

曲率半径,单位 m(见图 3-90)。κ 为考虑孔道每米长度局部偏差的摩擦系数,按表 3-13 取用;x 为张拉端至计算截面的距离,单位 m,且应符合 $x \leqslant l_f$ 的条件;a 为张拉端锚具变形和钢筋内缩值,单位 mm,按表 3-12 取用;E_s 为预应力钢筋的弹性模量,单位 N/mm^2。

表 3-13　摩擦系数

孔道成型方式	κ	μ
预埋金属波纹管	0.0015	0.25
预埋钢管	0.0010	0.30
橡胶管或钢管抽芯成型	0.0014	0.55

［注］ 表中系数也可根据实测数据确定。

（2）预应力钢筋与孔道壁之间的摩擦引起的预应力损失 σ_{l2}

后张法张拉钢筋时,由于钢筋与预留孔道壁之间的摩擦,使预应力筋产生预应力损失。显然,距离预应力筋张拉端越远,构件各截面上的预应力越小,这种应力差额称为摩擦损失,以 σ_{l2} 表示。摩擦损失由两部分组成:一是由于孔道位置偏差产生的;二是由于预应力筋为曲线形而产生的。直线管道的摩擦损失只有第一部分,而曲线管道的摩擦损失则是两部分之和,因此曲线管道的摩擦损失要更大一些。

对于任意形状的曲线预应力筋,其值可按下式计算:

$$\sigma_{l2} = \sigma_{con}\left[1 - e^{-(\kappa x + \mu\theta)}\right] = \sigma_{con}\left[1 - \frac{1}{e^{(\kappa x + \mu\theta)}}\right] \tag{3-144}$$

当 $(\kappa x + \mu\theta) \leqslant 0.2$ 时,σ_{l2} 可按下列近似公式计算:

$$\sigma_{l2} = (\kappa x + \mu\theta)\sigma_{con} \tag{3-145}$$

式中:x——从张拉端至计算截面的孔道长度,单位 m,可近似取其在纵轴上的投影长度(见图 3-91);

θ——从张拉端至计算截面曲线孔道部分切线的夹角(以弧度计)(见图3-91);

其余符号含义同前。

减少σ_{l2}的措施有以下两点。

①对于较长的构件可采用两端张拉,则计算中的孔道长度即可减少一半。两端张拉可大大减少摩擦损失,也将引起σ_{l1}增加,故应用时应予以权衡。

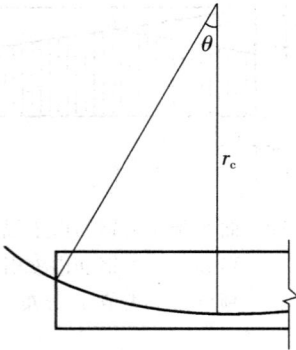

图3-90 曲线预应力筋

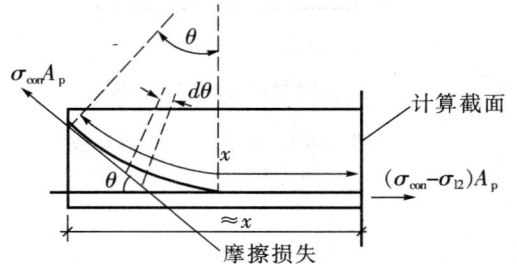

图3-91 摩擦损失

②可采用超张拉,以抵消摩擦引起的部分损失。

应当指出,先张法构件中,张拉钢筋时混凝土尚未浇灌,所以无此项损失。

(3)混凝土加热养护时受张拉的预应力筋与承受拉力的设备之间温差引起的预应力损失σ_{l3}

为了缩短先张法构件的生产周期,浇灌混凝土后常采用蒸汽养护的办法加速混凝土的硬结。在加热养护初期,混凝土尚未硬结,钢筋处于自由变形状态,受热伸长,而张拉台座的距离是固定的,所以钢筋变形略有恢复,应力降低,产生预应力损失σ_{l3}。降温时,钢筋与混凝土间已建立粘结力,二者一起回缩。由于钢筋和混凝土的温度膨胀系数相近,所以降低了的预应力σ_{l3}无法恢复。

设混凝土加热养护时,受张拉的预应力钢筋与承受拉力的设备(台座)之间的温差为Δt(℃),钢筋的线膨胀系数$\alpha=0.00001/℃$,则σ_{l3}可按下式计算:

$$\sigma_{l3}=\varepsilon_s E_s=\frac{\Delta l}{l}E_s=\frac{\alpha l\Delta t}{l}E_s=\alpha E_s\Delta t=0.00001\times2.0\times10^5\times\Delta t=2\Delta t \quad (3-146)$$

减少σ_{l3}损失的措施是采用两次升温养护。即先在常温下养护,待混凝土达到一定强度如C7.5~C10时,再逐渐升温至规定的养护温度,这样,第二次升温时,钢筋和混凝土之间的粘结力可阻止钢筋在混凝土中自由滑移,自然不会引起应力损失了。

需要说明的是:①后张法构件及不采用加热养护的先张法构件中均无此项预应力损失;②当采用钢模工厂化生产先张法构件时,由于预应力钢筋锚固在钢模上,两者共同受热,同步伸长,不应考虑此项损失。

(4)钢筋应力松弛引起的预应力损失σ_{l4}

钢筋在高应力作用下其塑性变形具有随时间而增长的性质。当钢筋在一定拉应力下,将其长度保持不变时,则表现为应力随时间的增长而降低,这种现象称为钢筋的应力松弛。显然,当预应力筋张拉后固定在台座或构件上时,都会产生应力松弛,造成预应力筋中的应力损失,称其为应力松弛引起的预应力损失σ_{l4}。

根据试验资料的统计分析,《混凝土规范》给出了 σ_{l4} 的计算公式。

①预应力钢丝、钢绞线

普通松弛

$$\sigma_{l4} = 0.4\Psi\left(\frac{\sigma_{con}}{f_{ptk}} - 0.5\right)\sigma_{con} \qquad (3-147)$$

式中:一次张拉,$\Psi=1.0$;超张拉,$\Psi=0.9$。

低松弛

$$0.5f_{ptk} < \sigma_{con} \leqslant 0.7f_{ptk}, \sigma_{l4} = 0.125\left(\frac{\sigma_{con}}{f_{ptk}} - 0.5\right)\sigma_{con} \qquad (3-148)$$

$$0.7f_{ptk} < \sigma_{con} \leqslant 0.8f_{ptk}, \sigma_{l4} = 0.2\left(\frac{\sigma_{con}}{f_{ptk}} - 0.575\right)\sigma_{con} \qquad (3-149)$$

不管是普通松弛还是低松弛,当 $\sigma_{con} \leqslant 0.5f_{ptk}$ 时,实际的松弛损失值已很小,为简化计算,取 $\sigma_{l4}=0$

②热处理钢筋

一次张拉

$$\sigma_{l4} = 0.05\sigma_{con} \qquad (3-150)$$

超张拉

$$\sigma_{l4} = 0.035\sigma_{con} \qquad (3-151)$$

试验表明,钢筋应力松弛主要与时间、初应力以及预应力筋的种类等有关,它具有以下特点:

a. 应力松弛在加载(张拉)初期发展很快,$1h$ 内松弛损失可达全部松弛损失的 50% 左右,$24h$ 后可达 80% 左右,以后发展缓慢。

b. 各类钢筋的应力松弛损失不同,热处理钢筋的应力松弛值比预应力钢丝、钢绞线的要小。

c. 钢筋的初应力越高,应力松弛越大。当初应力小于 $0.7f_{ptk}$ 时,松弛与初应力呈线性关系;初应力高于 $0.7f_{ptk}$ 时,松弛显著增大。根据这一原理,通常采用超张拉来减少 σ_{l4} 损失。这是因为在高应力下短时间所产生的松弛损失与低应力下经过较长时间才能完成的松弛损失大体相同,所以经过超张拉再重新张拉至 σ_{con} 时,部分松弛损失业已完成,从而减少了松弛引起的预应力损失。采用超张拉可使钢筋的应力松弛减少 $40\%\sim60\%$。

(5)混凝土收缩、徐变的预应力损失 σ_{l5}

预应力混凝土构件中,混凝土结硬时会发生体积收缩;而在预应力作用下,混凝土沿受压方向发生徐变。两者均使构件缩短,预应力筋随之内缩,导致预应力损失。由于收缩与徐变是伴随产生的,且二者的影响因素、由二者引起的钢筋应力的变化规律均很相似,因此《混凝土规范》将这两项预应力损失合在一起考虑。在总的预应力损失中,由混凝土收缩、徐变引起的预应力损失所占比重最大。

受拉区、受压区预应力筋的预应力损失 σ_{l5}、σ'_{l5} 可按下列方法确定。

①对于一般情况下的结构构件

先张法构件

$$\sigma_{l5} = \frac{45 + 280\,\dfrac{\sigma_{pc}}{f'_{cu}}}{1 + 15\rho} \qquad (3-152)$$

$$\sigma'_{l5} = \frac{45 + 280\,\dfrac{\sigma'_{pc}}{f'_{cu}}}{1 + 15\rho'} \qquad (3-153)$$

后张法构件

$$\sigma_{l5} = \frac{35 + 280\,\dfrac{\sigma_{pc}}{f'_{cu}}}{1 + 15\rho} \qquad (3-154)$$

$$\sigma'_{l5} = \frac{35 + 280\,\dfrac{\sigma'_{pc}}{f'_{cu}}}{1 + 15\rho'} \qquad (3-155)$$

式中：σ_{pc}、σ'_{pc}——受拉区、受压区预应力钢筋在各自合力点处的混凝土法向压应力；

f'_{cu}——施加预应力时的混凝土立方体抗压强度；

ρ、ρ'——受拉区、受压区预应力钢筋和非预应力钢筋的配筋率。

σ_{pc}、σ'_{pc}值不得大于 $0.5f'_{cu}$；当 σ'_{pc} 为拉应力时，则公式（3-153）、（3-155）中的 σ'_{pc} 应取零。计算混凝土法向应力 σ_{pc}、σ'_{pc} 时可根据构件制作情况考虑自重的影响。

受拉区、受压区预应力钢筋和非预应力钢筋配筋率可按下式确定。

先张法构件

$$\left.\begin{aligned} \rho &= \frac{A_p + A_s}{A_0} \\[2mm] \rho' &= \frac{A'_p + A'_s}{A_0} \end{aligned}\right\} \qquad (3-156)$$

后张法构件

$$\left.\begin{aligned} \rho &= \frac{A_p + A_s}{A_n} \\[2mm] \rho' &= \frac{A'_p + A'_s}{A_n} \end{aligned}\right\} \qquad (3-157)$$

式中：A_0、A_n——分别为混凝土换算截面面积、混凝土净截面面积。

对于对称配置预应力钢筋和非预应力钢筋的构件，配筋率 ρ、ρ' 应按钢筋总截面面积的一半进行计算。此时，预应力损失值仅考虑混凝土预压前（第一批）的损失，其非预应力钢筋中的应力 σ_{l5}、σ'_{l5} 值应取等于零。

试验资料表明，在低湿度环境下，混凝土的收缩量和徐变量将会增长。为此，《混凝土规范》规定，当结构处于年平均相对湿度低于 40% 的环境时 σ_{l5}、σ'_{l5} 值应增加 30%。

②对于重要的结构构件

对于重要的结构构件，当需要考虑与时间有关的混凝土收缩、徐变及钢筋应力松弛预应力损失时，可按《混凝土规范》附录 E 进行计算。

要减少损失 σ_{l5}，可采取以下措施：

a.采用高标号水泥，减少水泥用量，降低水灰比，采用干硬性混凝土；

b.采用级配较好的骨料，加强振捣，提高混凝土的密实性；

c.加强养护，以减少混凝土的收缩。

(6)用螺旋式预应力钢筋作配筋的环形构件，由于混凝土的局部挤压引起的预应力损失 σ_{l6}

电杆、水池、油罐、压力管道等环形构件，可配置环状或螺旋式预应力钢筋，采用后张法直接在混凝土上进行张拉。混凝土在预应力筋的挤压力下发生局部压陷，使环形构件的直径有所减小，造成预应力筋的拉应力降低，用 σ_{l6} 表示此项应力损失。

σ_{l6} 的大小与环形构件的直径 d 成反比，直径越小，损失越大，因此《混凝土规范》规定：

$$\sigma_{l6}=30\text{N/mm}^2 \quad (d\leqslant 3\text{mm}) \tag{3-158}$$

$$\sigma_{l6}=0 \quad (d>3\text{mm}) \tag{3-159}$$

3.预应力损失的组合

上述预应力损失，有的只发生在先张法构件中，有的只发生于后张法构件中，有的两种构件均有。而在先张法和后张法构件中，各项预应力损失出现的时间也不完全相同。为了便于分析和计算，《混凝土规范》将这些损失分作两批，以混凝土预压完成前后作为分界。混凝土受预压前的各项预应力损失称为第一批损失；混凝土受预压完成后出现的各项预应力损失称为第二批损失。预应力构件在各阶段的预应力损失值宜按表 3-14 的规定进行组合。

表 3-14　预应力损失值的组合

预应力损失的组合	先张法构件	后张法构件
混凝土预压前(第一批)的损失 σ_{lI}	$\sigma_{l1}+\sigma_{l2}+\sigma_{l3}+\sigma_{l4}$	$\sigma_{l1}+\sigma_{l2}$
混凝土预压后(第二批)的损失 σ_{lII}	σ_{l5}	$\sigma_{l4}+\sigma_{l5}+\sigma_{l6}$

[注]　先张法构件由于钢筋应力松弛引起的损失值，在第一批和第二批损失中所占的比例，如需区分，可根据实际情况确定。

考虑到各项预应力损失的离散性，实际损失值有可能比按《混凝土规范》的计算值高，所以当计算求得的预应力总损失值小于下列数值时，应按该数值取用：先张法构件为 100N/mm^2；后张法构件为 80N/mm^2。

3.7　单层厂房结构

3.7.1　单层厂房的特点

单层厂房是冶金、机械等车间的主要形式之一。为了满足在车间中放置大尺寸、重型设备生产重型产品，要求单层厂房适应不同类型生产的需要，构成较大的空间。同时由于产品较重且外形尺寸较大，因此作用在单层厂房结构上的荷载、厂房的跨度和高度都往往比较大，并且常受到来自吊车、动力机械设备的荷载的作用，要求单层厂房的结构构件要有足够的承载能力。

为了便于定型设计，单层厂房常采用构配件标准化、系列化、通用化、生产工厂化和便于机械化施工的建造方式。本节主要讲述常用的装配式钢筋混凝土排架结构的单层厂房。

3.7.2 单层厂房的结构类型

单层厂房的结构形式上可分为排架结构和刚架结构两大类。

1. 排架结构

钢筋混凝土排架结构形式是指由屋面梁(或屋架)、柱和基础组合,排架柱上部与屋架铰接,排架柱下部与基础刚接的结构形式。排架结构是目前单层厂房的基本结构形式,其跨度可超过30m,高度达 20～30m 或更高,吊车吨位可达 150t 以上。根据生产工艺和使用要求,排架结构可设计成如图 3-92 所示的单跨结构和多跨结构。多跨结构可以采用如图 3-92、3-93 所示的等高、不等高和锯齿形等多种形式。排架结构具有构造简单、施工方便的特点。

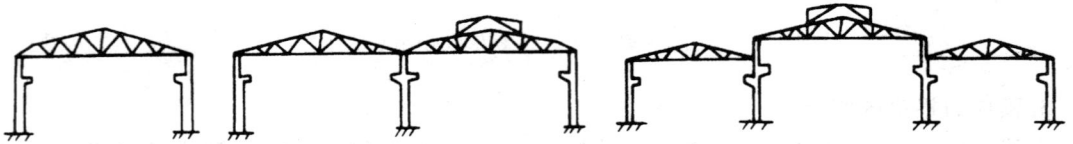

图 3-92　排架类型

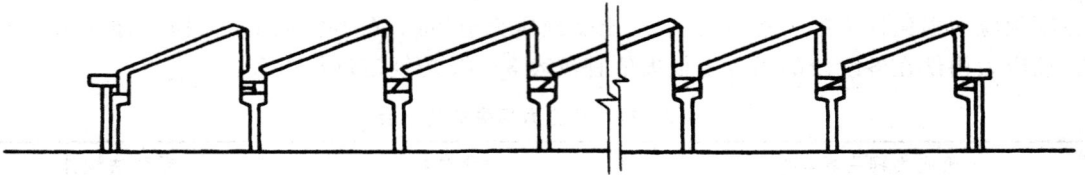

图 3-93　锯齿形厂房

2. 刚架结构

刚架结构形式的特点是梁柱合一,刚接成一个构件,柱下部与基础铰接,顶节点可为铰接或刚接。目前常用的刚架结构是装配式门式刚架。

顶节点为铰接时,称为三铰门式刚架(见图 3-94(a)),顶节点为刚接时称为二铰门式刚架(见图 3-94(b))。门式刚架可以做成单跨或多跨结构(见图 3-94(c)),其顶部一般为人字形,也可做成弧形。

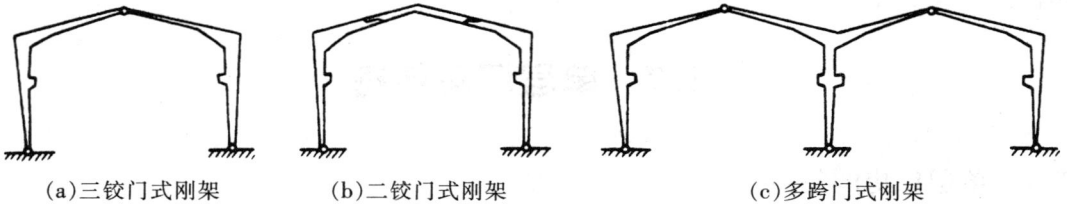

(a)三铰门式刚架　　　(b)二铰门式刚架　　　(c)多跨门式刚架

图 3-94　单层厂房门式刚架结构体系

刚架结构具有构件种类少,制作较简单,结构轻巧,室内有较大空间的优点,但由于横梁在荷载作用下会产生水平推力,产生跨变,在梁柱节点处易产生早期裂缝。所以门式刚架一般适用于吊车起重量不超过 10t,跨度不超过 16～34m 的金工、机修、装配等车间或仓库。

3.7.3 单层厂房的结构组成、荷载与传力途径

1. 单层厂房的结构组成

单层厂房中,使用较多的是铰接排架结构,其示意图如图 3 - 95 所示。

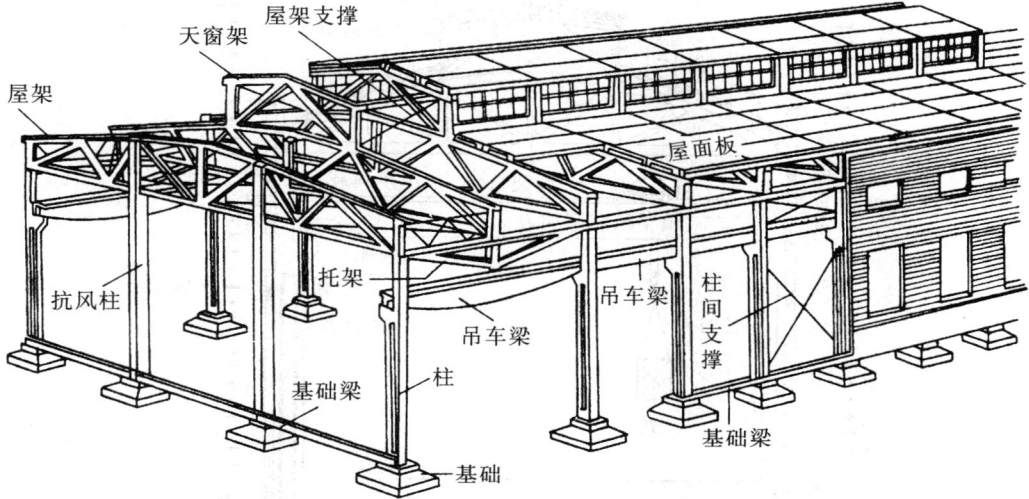

图 3 - 95 单层厂房铰接排架示意图

(1)屋盖和墙体维护结构体系

屋面板、屋架或屋面梁、托架、天窗架属于屋盖结构体系。屋盖结构分无檩屋盖和有檩屋盖两种,无檩屋盖由大型屋面板、屋面梁或屋架(包括屋盖支撑)组成,有檩屋盖由小型屋面板、檩条、屋架(包括屋盖支撑)组成。它们主要起围护和承重(承重屋架结构自重、屋面活荷载、雪荷载和其他荷载)以及采光和通风的作用。

(2)横向排架结构体系

屋面梁或屋架、横向柱列和基础等组成横向平面排架结构,它是单层厂房的基本承重结构。

(3)纵向排架结构体系

纵向平面排架结构体系是由纵向柱列、基础、连系梁、吊车梁和柱间支撑等组成的。它的作用是保证厂房结构的纵向稳定和承受纵向水平荷载。

2. 单层厂房结构的荷载

单层厂房结构在施工和生产使用期间所承受的主要荷载有(见图 3 - 96):

①恒载 各种结构构件、围护结构的自重,各种建筑构造层的重量等;

②吊车竖向荷载 吊车起吊重物在厂房内运行时的移动集中荷载;

③吊车纵、横向水平制动力 吊车起吊重物时,启动或制动时所产生的水平荷载;

④风荷载 根据基本风压、风荷载体型系数、风压高度系数算得的,作用在厂房各部分表面上的风压(吸)力;

⑤雪荷载 根据基本雪压、屋面积雪分布系数算得的,作用在厂房屋面上的积雪重量;

⑥施工荷载 施工或检修期间作用的荷载;

⑦地震作用 地震时作用在厂房结构上的惯性力;

⑧其他荷载 如设备工作平台加于厂房结构的荷载,管道荷载以及热加工车间的积灰荷

载等。

在这些荷载中,恒载、吊车荷载(竖向荷载和横向水平制动力)和风荷载对结构构件内力的影响比较大,在设计时要予以重视。上述主要荷载作用于厂房的位置和方向如图 3 - 96 所示。

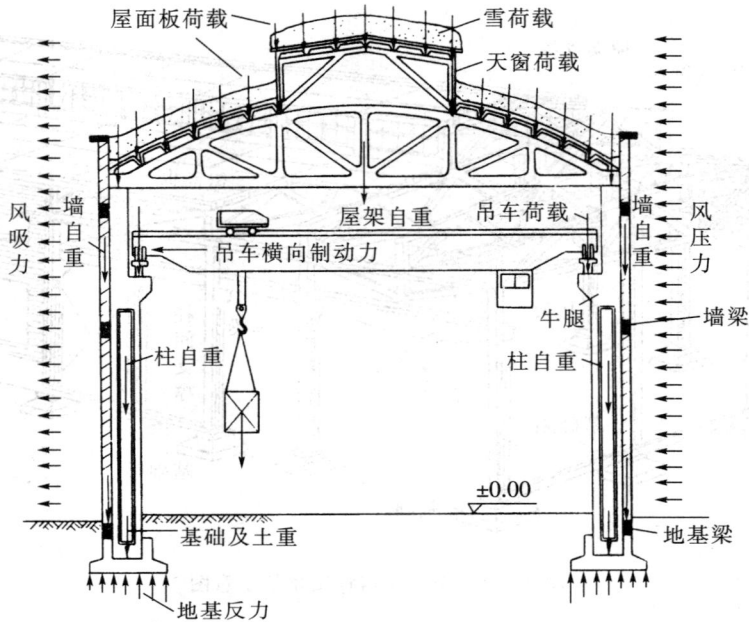

图 3 - 96　单层厂房主要荷载示意图

3. 单层厂房的结构传力途径

为了说明作用在厂房上的荷载是如何传递到地基的,结合上述的体系,将荷载分为竖向荷载和水平荷载,其荷载的传递路线如图 3 - 97 所示。

由荷载的传递路线可以看出,作用在厂房结构上的大部分荷载(屋盖上的竖向荷载,吊车上的竖向荷载和横向水平荷载,横向风荷载或横向地震作用,部分墙体和墙梁的自重以及柱上的设备等荷载)都是通过横向排架传给基础、再传到地基中去。所以,一般单层厂房中,横向排架是主要承重结构,屋架、吊车梁、柱和基础是主要承重构件。

3. 7. 4　单层厂房的结构布置

1. 单层厂房的平面布置

(1)柱网布置

在单层厂房结构的平面布置中,平面的主要尺寸都是由定位轴线表示的。承重柱和承重墙在平面上构成的网格称为柱网,柱网布置就是确定柱子的跨度(即纵向定位轴线之间的距离)和柱距(即横向定位轴线之间的距离)。

柱网布置的一般原则是:符合生产和使用要求;建筑平面和结构方案经济合理;在厂房结构形式和施工方法上先进合理;符合《厂房建筑模数协调标准》(GBJ6-86)的规定;适应生产发展和技术革新的要求。

按照模数化的要求,厂房的跨度在 18m 以下,一般取 3m 的倍数;在 18m 以上,取 6m 的倍

竖向荷载

吊车竖向荷载	屋面荷载		墙体重量

吊车梁 ← 吊车竖向荷载

屋面板 ← 屋面荷载 --- 屋面荷载

屋架或屋面梁 ← 悬挂吊车

墙梁 ← 墙体重量

水平荷载
- 吊车横向水平荷载 → 吊车梁
- 吊车纵向水平荷载 → 柱间支撑
- 纵墙风荷载 → 纵墙墙梁
- 山墙风荷载 → 山墙 → 墙梁
- 山墙风荷载 → 山墙 → 抗风柱 → 屋盖结构
- 柱间支撑

排架柱

连系梁　基础梁

基础

地基

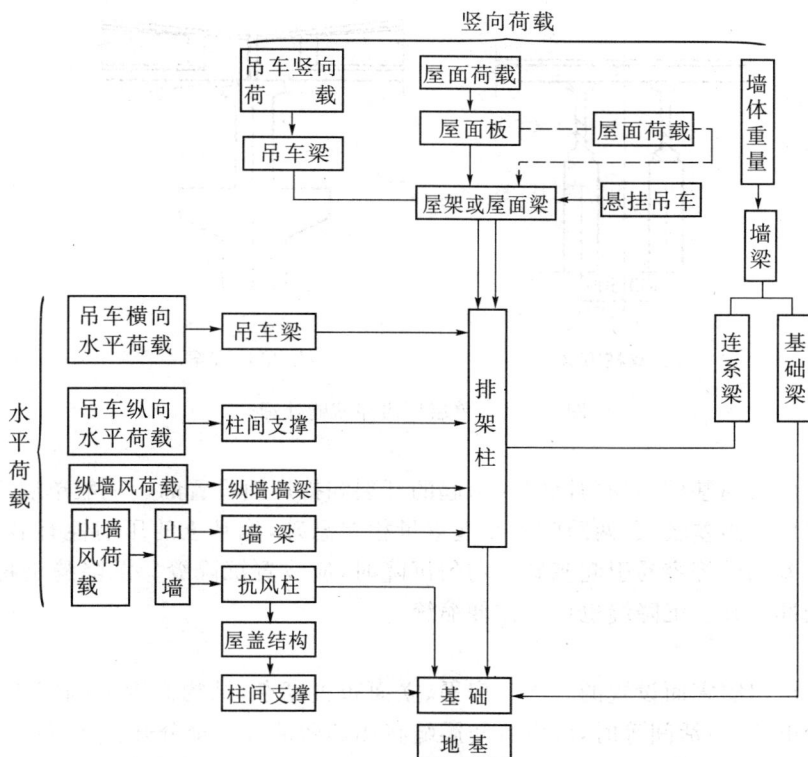

图 3-97　单层厂房传力途径

数；当工艺布置和技术经济有明显优越性时，也可采用 21m、27m 或 33m 的跨度。厂房的柱距，一般取 6m 的倍数。

　　确定柱网尺寸，既是确定柱的位置，同时也是确定屋面板、屋架和吊车梁等构件尺寸的依据，并涉及结构构件的布置。柱网布置合理与否，与使用功能也有密切关系，直接影响厂房结构的经济合理性和先进性。

　　(2)变形缝

　　在单层厂房的结构布置中要考虑变形缝。通常所说的变形缝包括伸缩缝、沉降缝和防震缝三种。

　　①伸缩缝

　　如果厂房的长度或宽度过大，在气温变化时，厂房埋入地下的部分和暴露在外的部分由于温度变化引起的伸缩程度不同，在结构内部(柱、墙、吊车梁、连系梁内部)会产生温度应力。这样可能使墙面、屋面等构件拉裂，影响厂房的正常使用。温度应力的大小与厂房长度(或宽度)有关。为了减少厂房结构中的温度应力，可沿厂房的纵向和横向在一定长度内设置伸缩缝(见图 3-98)，将厂房结构分成若干个温度区段，保证厂房正常使用。伸缩缝从基础顶面开始，将两个温度区段的上部结构完全分开，留出一定宽度的缝隙，当温度变化时，结构可自由地变形，防止房屋开裂。温度区段的长度取决于厂房结构类型和温度变化程度，《混凝土规范》对钢筋混凝土结构伸缩缝的最大间距作了规定。

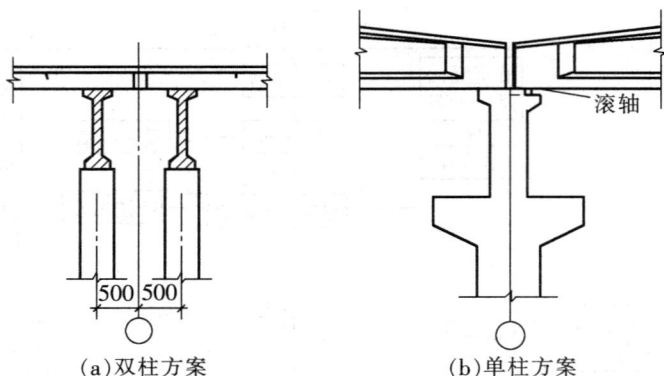

(a)双柱方案　　　　　　(b)单柱方案

图 3-98　单层厂房伸缩缝处理

②沉降缝

是为了避免厂房因基础不均匀沉降而引起的开裂和损坏而设置的。一般单层厂房可不做沉降缝。但当相邻厂房高差较大,两跨间吊车起重量相差悬殊,地基土的压缩性有显著差异,厂房结构类型有明显差别处等容易引起基础不均匀沉降时,应设置沉降缝。沉降缝是将两侧厂房结构(包括基础)全部分开。沉降缝也可兼作伸缩缝。

③防震缝

是为了减轻厂房震害而设置的。当厂房平、立面布置复杂,结构高度或刚度相差很大,以及厂房侧边贴建变电所、生活间等时,应设置防震缝将相邻两部分完全分开。地震区的厂房的伸缩缝和沉降缝均应符合防震缝的要求。防震缝的具体设置可参照《厂房建筑模数协调标准》(GBJ6-86)的有关规定。

2. 单层厂房的剖面布置

(1)厂房的高度

厂房的高度 H 是指室内地面至柱顶(或下撑式屋架下弦底面)的距离,如图 3-99 所示。厂房高度的确定取决于生产工艺和对建筑结构的要求,同时也应符合建筑模数制的规定。

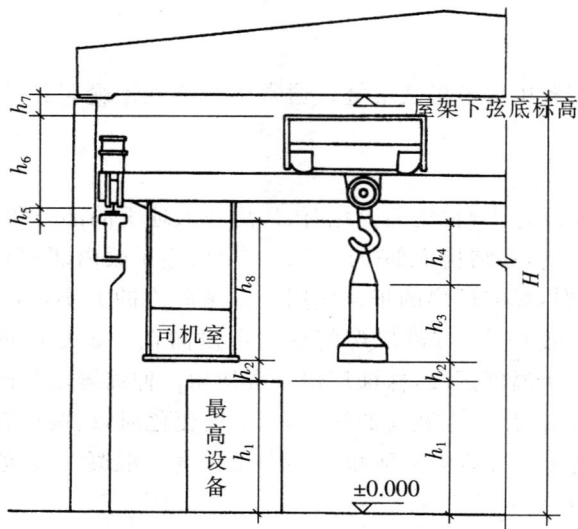

图 3-99　厂房剖面示意图

有吊车(包括有悬挂吊车的厂房)和无吊车的厂房自室内地面(其标高为±0.000)至柱顶(或屋架下弦底面)的高度应为扩大模数 3M 数列(300mm 的倍数),见图 3-100(a)。有吊车厂房室内地面至支承吊车梁的柱牛腿面的高度应为扩大模数 3M 数列。自室内地面至吊车轨顶标志高度应为扩大模数 6M 数列,见图 3-100(b)。

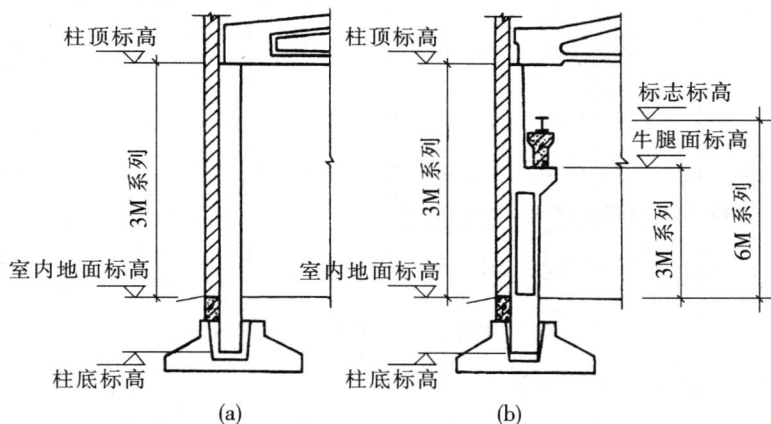

图 3-100　厂房高度示意图

(2)厂房跨度

厂房跨度也要根据生产工艺要求,为了便于采用标准预制构件,尚应满足《厂房建筑模数协调标准》的要求。对有吊车的厂房,厂房跨度可按下式确定(见图 3-101):

$$L=L_k+2e;e=B+C+h_1 \qquad (3-160)$$

式中:L、L_k——分别为厂房和吊车桥的跨度;

C——吊车桥架外缘与上柱内缘之间的净空尺寸;

B——吊车轨道中心线与吊车桥架外缘之间的尺寸;

h_1——上柱的截面高度。

3.7.5　排架结构计算

单层厂房结构实际上是一个空间受力体系,设计时为了简化计算,一般按纵向及横向的平面结构分析。

厂房的横向由屋架与柱子相连接,构成一个横向平面排架受力体系,厂房的各种荷载都是通过排架的柱子传递到基础和地基中去的。

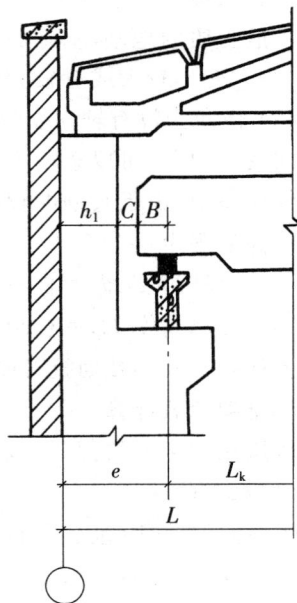

图 3-101　厂房跨度示意图

厂房的纵向结构体系由纵向柱列、基础、吊车梁、连系梁、柱间支撑等纵向构件联系而成。由于厂房的纵向柱子较多,其纵向水平刚度较大,使每根柱分担的水平力不大,因而往往不必计算。仅当厂房长度特别短、柱较少、柱的刚度较差或需要考虑地震作用及温度应力时才进行计算。这样,厂房结构计算主要归结于横向平面结构体系即横向平面排架的计算。

1. 排架计算简图

横向排架计算,是从厂房平面图中相邻柱距的中轴线之间,截出一个典型区段作为计算单元(见图 3 - 102 中阴影部分)。

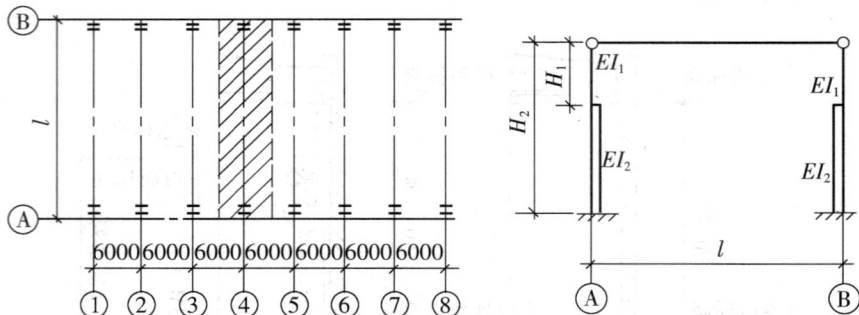

图 3 - 102　单跨排架计算单元与计算简图

在确定排架计算简图时,作如下假定:

(1)柱上端与屋架(或屋面梁)铰接,柱下端固接于基础顶面。由于预制的屋架或屋面梁搁置于柱顶,通过预埋钢板焊接或采用螺栓连接,计算中只考虑传递竖向力和水平剪力的作用,所以假定为铰接。由于柱下端插入杯形基础口内有一定的深度,并用细石混凝土和基础浇成一体,对于一般土质的地基,基础的转动不大,因此这样的假定较为符合实际。但对于一些土质较差的地基,当它变形较大或有较大的地面荷载时,则应考虑基础的位移或转动对排架的影响。

(2)横向为没有轴向变形的刚性杆。对于屋面梁或大多数下弦杆刚度较大的屋架,受力后的轴向变形很小,可以忽略不计,即排架受力后,横梁两端柱顶位移相等。而对于组合屋架,两铰或三铰拱屋架,由于其刚度较小,则应考虑横梁轴向变形对排架内力的影响。

柱高的确定:

上柱高度 H_1 =柱顶标高-轨顶标高+轨道高度+吊车梁高度

柱总高度 H_2 =柱顶标高+基础底面标高的绝对值-基础高度

上柱和下柱的截面抗弯刚度 EI_1、EI_2 可由预先假定的截面形状和尺寸来确定。

2. 排架荷载计算

作用在排架上的荷载分永久荷载及可变荷载两种。

(1)永久荷载

①屋面恒荷载:包括屋面板及板上构造层、屋架、托架、天窗架及支撑等自重,荷载通过屋架作用于柱顶,记为 G_1。

②柱自重:可分为上柱自重 G_2 及下柱自重 G_3,分别沿上、下中心线作用。

③吊车梁及轨道自重:作用在柱子的牛腿顶面 G_4,沿吊车梁中心线作用。

④悬墙自重:由柱侧牛腿上连系梁传来 G_5,沿连系梁中心线作用于牛腿顶面。

标准构件自重可以从标准图上直接查得,其他永久荷载的数值可根据几何尺寸、材料的自重等计算求得。

在计算这些重力产生的弯矩时应注意它们的作用位置(图 3 - 103),对于任何屋架(或屋面梁)以及任何形式的柱均位于厂房纵向定位轴线内侧 150mm 处,上柱截面高度通常为 400mm,故其偏心距 e_1 =50mm。

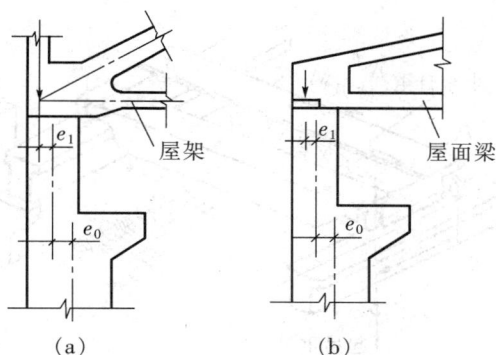

图 3 - 103　屋盖恒载的作用位置

(2)可变荷载

①屋面活荷载 Q_1

屋面活荷载包括屋面均布活荷载、雪荷载和积灰荷载三种,均按屋面的水平投影计算。

屋面均布活荷载　其值根据不上人屋面和上人屋面两种情况,按《建筑结构荷载规范》(GB50009—2001)表 4.3.1 采用。

雪荷载　屋面水平投影上的雪荷载标准值 S_k 按下式计算

$$S_k = \mu_r S_0 (kN/m^2) \tag{3-161}$$

式中：S_0——基本雪压,是以一般空旷平坦地面上统计所得 50 年一遇最大积雪的自重确定,其值可由建筑结构荷载规范中全国基本雪压分布图查得；

μ_r——屋面积雪分布系数,根据不同类别的屋面形式,按荷载规范中表 6.2.1 中采用。

积灰荷载　对于在生产中有大量排灰的厂房及其邻近建筑,在设计时应考虑屋面的积灰荷载,具体由荷载规范中表 4.4.1-1 及表 4.4.1-2 规定采用。

在排架计算时,屋面均布活荷载不应与雪荷载同时考虑,仅取两者中较大值。考虑积灰荷载时,积灰荷载应与雪荷载或屋面均布荷载两者中较大值同时考虑。

②吊车荷载

选用的吊车是按其工作的繁重程度来分级的,这不仅对吊车本身的设计有直接的意义,也和厂房结构的设计有关。在考虑吊车繁重程度时,它区分了吊车的利用次数和荷载大小两个因素。按吊车在使用期内要求的总工作循环次数分成 10 个利用等级,又按吊车荷载达到其额定值的频繁程度分成 4 个荷载状态(轻、中、重、特重)。根据要求的利用等级和荷载状态,确定吊车的工作级别,共分 8 个级别作为吊车设计的依据。

桥式吊车由大车(桥架)和小车组成。大车在吊车梁的轨道上沿纵向行驶,带有吊钩的小车在大车的轨道上沿厂房横向运动。

桥式吊车对于排架的作用有竖向荷载和水平荷载两种。

a. 吊车竖向荷载

D_{max}、D_{min}通过轮压作用在吊车梁上,再由吊车梁传给排架柱。当吊车满载,卷扬机小车运行到大车一侧极限位置时,这一侧每个大车的垂直轮压为最大轮压 P_{max},而另一侧每个大车轮压的垂直轮压为最小轮压 P_{min},二者同时出现(见图 3-104)。

P_{max}、P_{min}以及小车重、吊车总重、吊车最大宽度 B、吊车轮距 K 等参数可根据吊车的规格

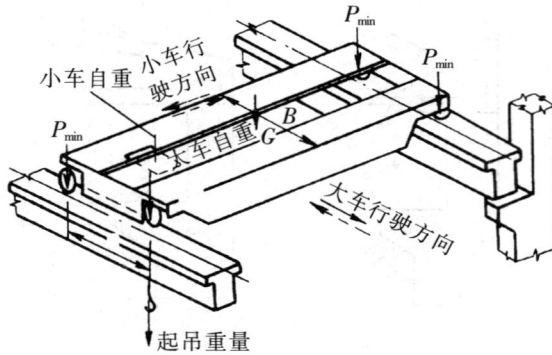

图 3 - 104　最大轮压与最小轮压

（额定起重量 Q、跨度 L_k 及工作制）由产品目录或有关手册查得。对于四轮吊车，P_{min} 也可由下式计算：

$$P_{min}=\frac{G+g+Q}{2}-P_{max} \qquad (3-162)$$

式中：G——大车自重标准值；

　　　g——小车自重标准值。

吊车是移动的，当大车在轨道上行驶到一定位置时，由 P_{max}、P_{min} 对排架柱所产生的最大与最小竖向荷载即为 D_{max}、D_{min}。

在厂房中同一跨内可能有多台吊车，当计算由吊车作用在排架上所产生的竖向荷载时，荷载规范规定：对于单跨厂房一般按不多于两台吊车考虑；对于多跨厂房一般按不多于四台吊车考虑。

吊车轮压是一组移动荷载，通过吊车传给柱子的吊车竖向荷载将随吊车位置的移动而变化，因此，须利用吊车梁的支座竖向反力影响线来求出 P_{max} 产生的支座最大竖向反力及由 P_{min} 产生的支座最小竖向反力，亦即 D_{max}、D_{min}。考虑两台吊车完全相同时，计算 D_{max} 的吊车位置及反力影响线如图 3 - 105 所示。

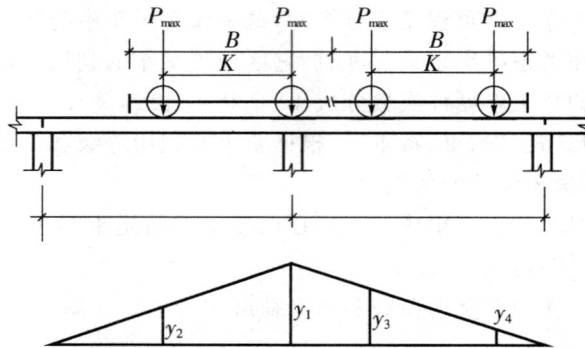

图 3 - 105　吊车梁支反力影响线

由于多台吊车同时满载，且小车同时处于极限位置的情况很少出现，因此，计算中应考虑多台吊车的荷载折减系数 Ψ_c（表 3 - 15）。这样，利用支座反力影响线可按下式求出 D_{max}、D_{min}：

表 3 - 15　多台吊车的荷载折减系数 Ψ_c 值

参与组合的吊车台数	吊车工作级别	
	轻级和中级 ($A_1 \sim A_5$)	重级和超重级 ($A_6 \sim A_8$)
2	0.90	0.95
3	0.85	0.90
4	0.80	0.85

$$D_{max} = \gamma_Q \Psi_c P_{max} \sum y_i \tag{3-163}$$

$$D_{min} = \gamma_Q \Psi_c P_{min} \sum y_i \tag{3-164}$$

式中：γ_Q——可变荷载各项系数，$\gamma_Q = 1.4$。

$\sum y_i$——吊车各轮子下反力影响线的坐标总和。与吊车各轮子相对应的反力影响线的坐标可按几何关系求得。

　　b. 吊车水平荷载

吊车的水平荷载分为横向水平荷载和纵向水平荷载两种。

吊车的横向水平荷载是当小车沿厂房横向运动时，突然刹车引起的水平惯性力，通过小车制动轮与桥架上轨道之间的摩擦传给大车，由两侧大车轮均匀传给大车轨道和吊车梁，再由吊车梁与上柱的连接钢板传给两侧柱（见图 3 - 106），其作用在吊车梁顶面处。

四轮吊车满载运行时，大车每个轮子传递的横向水平荷载设计值 F_{h1} 按下式确定：

$$F_{h1} = \gamma_Q \frac{Q+g}{4} \alpha \tag{3-165}$$

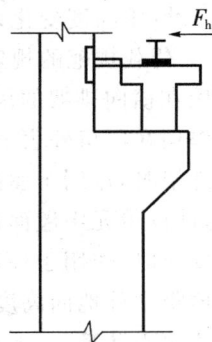

图 3 - 106　吊车横向水平荷载

式中：α——横向水平荷载动力系数。

软钩吊车：当 $Q \leqslant 100$kN 时，$\alpha = 0.12$；
　　　　　当 $Q = 150 \sim 500$kN 时，$\alpha = 0.10$；
　　　　　当 $Q \geqslant 750$kN 时，$\alpha = 0.08$。

硬钩吊车：$\alpha = 0.20$。

吊车每个轮子横向水平荷载 F_{h1} 对排架柱所产生的最大横向水平荷载 F_h 值，可用计算吊车竖向荷载 D_{max}、D_{min} 的同样方法计算。按荷载规范规定，考虑多台吊车水平荷载时，无论单跨还是多跨厂房，最多考虑两台吊车同时刹车，并考虑正反两个方面的刹车可能性计算时，同样考虑多台吊车的荷载折算系数 Ψ_c，可算吊车最大横向水平荷载

$$F_h = \Psi_c F_{h1} \sum y_i \tag{3-166}$$

吊车纵向水平荷载是由吊车的大车突然启动或制动引起的纵向水平惯性力，由大车每侧的刹车轮传给轨道、吊车梁，再传给纵向排架，一般可不作计算。需计算时，可按下式确定：

$$F_{h0} = \gamma_Q \frac{nP_{max}}{10} \tag{3-167}$$

式中：n——吊车每侧的刹车轮数，一般刹车轮数为每侧总轮数的二分之一，故对于四轮吊车 $n=1$。

在计算 F_{h0} 时，无论是单跨或多跨厂房，一侧的整个纵向排架最多只能考虑两台吊车。当设有柱间支撑时，F_{h0} 由柱间支撑承担；当无柱间支撑时，F_{h0} 由同一伸缩缝区段内所有各柱共同承担，并按各柱沿厂房纵向的抗侧移刚度大小分配。

③风荷载

a. 垂直作用在建筑物表面上的荷载

风荷载垂直地作用在单层厂房的外表面，其标准值与厂房的高度、体型和尺寸有关。

垂直作用在厂房表面上的风荷载标准值按下式计算

$$w_k = \beta_z \mu_s \mu_z w_0 \tag{3-168}$$

式中：w_0——基本风压（kN/m^2），系以当地比较空旷平坦地面上离地 10m 高统计所得的 50 年一遇 10 分钟平均最大风速 v_0（m/s）为标准。

β_z——z 高度处的风振系数，是考虑风压脉动影响的风载增大系数。对于单层厂房其高度一般在 30m 以内，且高宽比不大于 1.5，可不考虑风振的影响，取 $\beta_z=1.0$。

μ_s——风荷载体型系数，正值表示压力，负值表示吸力，可从荷载规范查得。

μ_z——风压高度变化系数，即不同高度处的风压值与离地 10m 高度处的风压值的比值；按荷载规范的规定确定。

b. 作用在横向排架的风荷载

垂直作用在厂房外表上的风荷载是通过外墙和屋面传递到排架柱上去的。

计算排架时，作用于屋架下弦高度以上的风荷载，通过屋架以集中力 F_w 形式施加于排架柱顶，其值为计算单元中屋面风荷载合力的水平力和屋架高度范围内墙体风荷载的总和。

计算排架时，作用于柱顶以下风荷载，近似地按沿边柱高度均布荷载考虑，其风压高度变化系数按柱顶距室外地面高度取值。

3. 排架内力计算

等高排架的特点是当排架发生水平侧移时，各柱顶位移相同。等高排架一般采用剪力分配法求解。具体解排架内力时，将各单项荷载对排架的作用分为两类，即排架柱顶作用水平集中力和排架在任意荷载作用下两种情况。

（1）排架柱顶作用水平集中力 F 时排架内力计算

图 3-107 为柱顶作用一水平集中力 F 的多跨等高排架。

集中力 F 由 n 根柱子共同承担，如能确定各柱分担的柱顶剪力，则可按悬臂柱求解内力，问题归结于如何求出各柱顶剪力。各柱顶剪力的大小取决于柱的"抗剪刚度"。

由结构力学可知，单阶悬臂柱单位水平力作用于柱顶时，柱顶水平位移为 δ（见图 3-108）。

$$\delta = \frac{H_2^3}{3EI_2}\left[1+\lambda^3\left(\frac{1}{n}-1\right)\right] = \frac{H_2^3}{EI_2 C_0} \tag{3-169}$$

式中 $\lambda = \dfrac{H_1}{H_2}$，$n = \dfrac{I_1}{I_2}$，$C_0 = 3/\left[1+\lambda^3\left(\dfrac{1}{n}-1\right)\right]$

C_0 可由附录 13 查得。

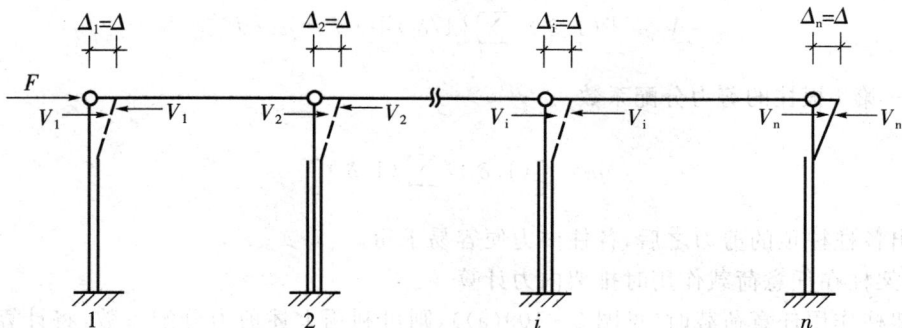

图 3-107　多跨等高排架计算简图

所谓柱的"抗剪刚度"就是使柱顶产生单位水平位移时,需在柱顶施加的剪力,即 $\frac{1}{\delta}$(见图 3-108)。显然,材料相同,同时柱截面越大,使柱顶产生单位水平位移所施加的柱顶剪力越大,可见 $1/\delta$ 反映柱的抗侧移能力,一般称它为柱的"抗剪刚度"或"侧移刚度"。

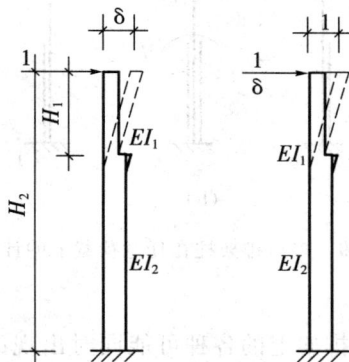

图 3-108　柱的抗剪刚度

每根柱子分担的柱顶剪力 V 可由平衡条件和变形条件求得(图 3-107)。

由前述假定可知:　　　　　　　　　$\Delta_1 = \Delta_2 \cdots = \Delta_i = \cdots = \Delta_n$　　　　　　　　(3-170)

再由平衡条件:　　　　　　　　　$F = V_1 + V_2 \cdots + V_i \cdots + V_n$　　　　　　　　(3-171)

由图 3-108 可知,单阶柱的柱顶产生单位位移时所需之剪力应为

$$V_i = \frac{1}{\delta_i} \Delta_i = \frac{1}{\delta_i} \Delta \tag{3-172}$$

将公式(3-172)代入公式(3-171)可得

$$F = V_1 + V_2 \cdots + V_i \cdots + V_n$$
$$= \left(\frac{1}{\delta_1} + \frac{1}{\delta_2} \cdots + \frac{1}{\delta_i} \cdots + \frac{1}{\delta_n} \right) \cdot \Delta = \Delta \sum_{i=1}^{n} \frac{1}{\delta_i}$$

则得　　　　　　　　　$\Delta = \left[1 / \sum_{i=1}^{n} (1/\delta_i) \right] \cdot F$　　　　　　　　(3-173)

将上式代入(3-172),得

$$V_i = \left[(1/\delta_i) / \sum_{i=1}^{n} (1/\delta_i) \right] \cdot F = \mu_i \cdot F \qquad (3-174)$$

式中: μ_i——第 i 根柱的剪力分配系数

$$\mu_i = \left[(1/\delta_i) / \sum_{i=1}^{n} (1/\delta_i) \right] \qquad (3-175)$$

当求出各柱柱顶的剪力之后,各柱内力便容易求得。

(2)排架柱在任意荷载作用时排架内力计算

当排架柱作用任意荷载时(见图 3-109(a)),则可利用上述剪力分配系数,将计算过程分两步骤进行。先将作用有荷载的排架柱柱顶加不动铰支座,求出其支座反力 R(见图 3-109(b))然后将 R 反向作用于排架柱顶(见图 3-109(c)),即撤除不动铰支座,以恢复到原来结构的受力情况。这样,将上述两种情形所求得的内力相叠加,即为排架的实际内力。在各种荷载下的排架,当柱顶为不动铰支座时,可查附表 13 得其不动铰支座反力系数,从而求得其反力 R 值。

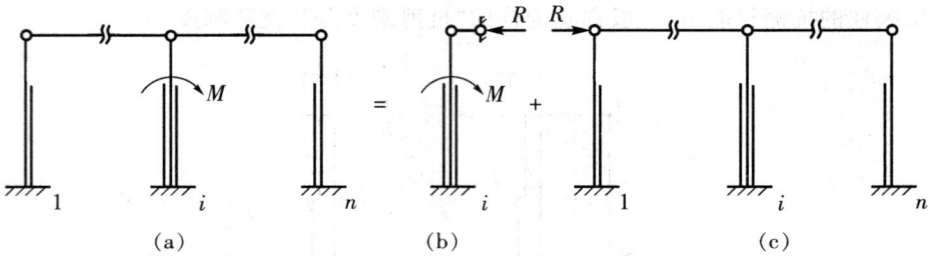

图 3-109　多跨排架柱在任意荷载下的计算简图

4. 排架内力组合

内力组合的目的,是把作用在排架上的各种可能同时出现的荷载,经过综合分析,求出在某些荷载作用下,在控制截面处所产生的最不利内力,作为柱及基础截面设计的依据。

(1)控制截面

控制截面是指对柱内配筋量计算起控制作用的截面。

对于一般单阶柱,上柱底部Ⅰ－Ⅰ截面的内力比上柱其他截面大,故取该截面作为上柱的控制截面。

对于下柱,在牛腿顶面Ⅱ－Ⅱ截面及下柱底部基础顶面处的Ⅲ－Ⅲ截面内力较大,故取Ⅱ－Ⅱ、Ⅲ－Ⅲ截面作为下柱的控制截面(见图 3-110),Ⅲ－Ⅲ截面的内力同时也是设计柱下基础的依据。

(2)荷载组合

在排架分析中,当分别算出了各种荷载单独作用下的内力后,为了将这些内力组合起来,就必须考虑各种荷载同时作用时出现最不利内力的可能性,即考虑荷载组合问题。实践证明,几种荷载同时出现的情况是可能的,但同时都达到最大的概率毕竟是不多的。例如 50 年一遇的大风发生,吊车满载又是急刹车的同时刚好发生大

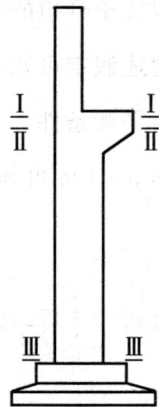

图 3-110　控制截面示意图

地震,也是几乎不可能遇到的。通常将这些荷载作用下的内力乘以组合系数,予以适当折减。具体组合见《建筑结构荷载规范》(GB50009－2001)。

（3）内力组合

内力组合的目的，是为了求出柱子各控制截面最不利的弯矩 M、轴向力 N 和剪力 V 等内力值，以便给柱子配筋和给基础设计提供依据。在一般情况下，排架实腹柱的剪力对柱的配筋影响很小，计算时可不必考虑剪力的影响。

排架柱在各种不同的永久荷载和可变荷载作用下对柱子可以产生各种的弯矩 M 和轴力 N 的组合。通常由于 M 及 N 的同时存在，很难直接看出哪一种组合为最不利，因此，一般总是先确定几种可能最不利内力组合值，经过计算比较，从中选择其配筋较大者，作为最后的计算值。

影响内力组合的因素很多，对矩形或工字形截面柱，从分析其偏心受压计算公式看，通常当 M 越大相应的 N 越小，其偏心矩 e_0 就越大，可能形成大偏压，这对受拉钢筋不利；有时当 M 和 N 都大，可能对受压钢筋不利；但若 M 和 N 虽然都同时增加，N 却将增加的多一些，由于 e_0 值的减少，可能反而使所需的钢筋面积减少了。在少数情况下，由于 N 值较大或混凝土强度过低等原因，使柱子截面的配筋量增加。

根据以上分析和设计经验，通常应考虑以下四种内力组合：

① $+M_{max}$ 及相应的 N、V；

② $-M_{max}$ 及相应的 N、V；

③ N_{max} 及相应的 M、V；

④ N_{min} 及相应的 M、V。

以上的四种内力组合中，第①、②、④组合主要是考虑构件可能出现大偏心受压破坏的情况；第③组合考虑构件可能出现小偏心受压破坏的情况，从而使柱子能够避免任何一种形式的破坏。

在计算基础时，可根据柱子底部Ⅲ—Ⅲ截面的内力，求得基础底面处的内力进行设计，通常采用第③种的内力组合进行计算。在计算时，Ⅲ—Ⅲ截面的剪力 V 对基础底面产生的附加弯矩较大不能忽略，此外，基础梁传来的墙体荷载，计算时应考虑。

在内力组合时必须注意以下几点：

①在任何一种内力组合时，必须将永久荷载产生的内力组合进去。

②风荷载向左、向右作用的两种情况，只能取一种情况的内力参加组合。

③ D_{max} 作用在左柱与 D_{max} 作用在该跨的右柱两种情况不可能同时出现，只能选择一种情况的内力参加组合。

④吊车的横向水平荷载不可能脱离其竖向荷载单独存在，因此，当取用 F_h 所产生的内力时，应把同跨内 D_{max} 或 D_{min} 作用产生的内力组合进去。

思 考 题

1. 试绘出有明显流幅的钢筋的拉伸曲线图，说明各阶段的特点，指出比例极限、屈服强度、极限强度的含义。

2. 何谓屈强比。试述钢筋混凝土结构对钢筋性能有哪些要求。

3. 我国用于钢筋混凝土结构的钢筋有几种？我国热轧钢筋的强度分为几个等级？

4. 试说明无屈服点钢筋的条件屈服点的定义。

5. 什么是立方体抗压强度？混凝土立方体抗压强度能不能代表实际构件中的混凝土的强度？

6. 为什么混凝土立方体试件的抗压强度 f_{cu} 高于柱体试件（$h/b \geqslant 3$）的轴心抗压强度？

7. 混凝土在短期、一次加载轴心压力作用下的应力应变曲线，和热轧钢筋一次加载受拉时的应力应变曲线对比起来有什么不同？并说出各条曲线的特点。

8. 混凝土应力等于 f_c 时的应变 ε_0 和极限压应变有什么区别？它们各在什么受力情况下考虑？其应变数值大致为多少？

9. 混凝土的徐变和收缩有什么不同？减少徐变和收缩的措施有哪些？

10. 为什么钢筋和混凝土能够共同工作？它们之间的粘结力是由哪几部分组成的，影响粘结强度的因素有哪些？

11. 当结构按极限状态进行设计时，可将极限状态分为哪两类？

12. 钢筋和混凝土的强度标准值与强度设计值之间的关系是怎样的？

13. 什么是配筋率，配筋量对梁的正截面受弯承载力有何影响？

14. 试述适筋梁、超筋梁和少筋梁的破坏特征有什么不同？

15. 试说明集中荷载作用下简支梁的三种剪切破坏形态，及其破坏特征。

16. 钢筋混凝土轴心受压柱配置普通箍筋和配置螺旋式箍筋在箍筋作用方面有什么区别？

17. 如何判断矩形截面偏心受压构件的类型？

18. 现浇单向板肋梁楼盖中的主梁按连续梁进行内力分析的前提条件是什么？

19. 计算板传给次梁的荷载时，可按次梁的负荷范围确定，隐含着什么假定？

20. 试比较钢筋混凝土塑性铰与结构力学中的理想铰和理想塑性铰的区别。

21. 按考虑塑性内力重分布设计连续梁是否在任何情况下总是比按弹性方法设计节省钢筋？

22. 试比较内力重分布和应力重分布。

23. 什么叫预应力混凝土结构？为什么对构件要施加预应力？

24. 为什么在普通钢筋混凝土中不能有效地利用高强度钢材和高级别混凝土？而在预应力结构中却必须采用高强度钢材和高级别混凝土？

25. 预应力混凝土结构有何优缺点？

26. 预应力施加方法有几种？它们主要区别是什么？其特点和适用范围如何？

27. 制作预应力构件时锚固预应力钢筋的锚具形式有哪些？对锚具有何要求？

28. 为什么后张法的张拉控制应力 σ_{con} 要略小于先张法的张拉控制应力 σ_{con}？

29. 预应力损失有哪些？它们是如何产生的？采取什么措施可以减少这些损失？

30 单层厂房排架结构中，哪些构件是主要承重构件，单层厂房中的支撑分几类，支撑的主要作用是什么？

31. 排架内力分析的目的是什么，排架内力分析的步骤是怎样的？

32. 排架柱"抗剪刚度"或"侧移刚度"的物理意义是什么，任意荷载作用下，等高铰接排架的剪力分配法是怎样的？

习　题

1. 已知一矩形截面梁，截面尺寸 $b=200\text{mm}$，$h=500\text{mm}$。梁上作用的弯矩设计值 $M=75\text{kN}\cdot\text{m}$，混凝土为 C 20 级，纵向钢筋采用 HRB335 级钢。求此梁所需配置的纵向受拉钢筋？

2. 矩形截面梁，截面尺寸 $b=250\text{mm}$，$h=450\text{mm}$。混凝土为 C 20 级，纵向钢筋采用 HRB400 级钢。梁承受的弯矩设计值 $M=250\text{kN}\cdot\text{m}$。求此梁所需配置的纵向钢筋。

3. 有一 T 形截面梁，梁的截面尺寸如图 3 - 111 所示，混凝土采用 C 20，纵筋采用 HRB335 级，弯矩设计值为 $M=100\text{kN}\cdot\text{m}$，求梁的配筋。

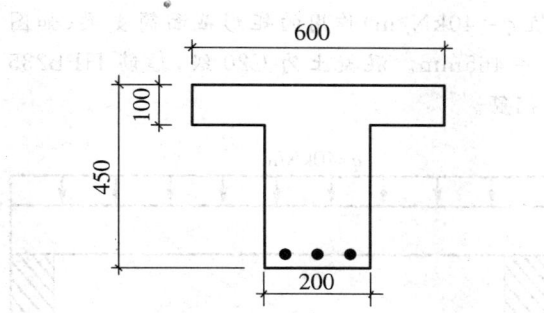

图 3 - 111　习题 3 图例

4. T 形截面，$b=350mm$，$h=800mm$，$b'_f=600mm$，$h'_f=100mm$。混凝土为 C20 级，纵筋采用 HRB335 级钢筋，弯矩设计值 $M=500kN \cdot m$，求梁的配筋。

5. T 形截面梁，截面尺寸及配筋如图 3 - 112 所示。截面配有纵向受压钢筋 2 ⚲ 20（$A'_s=628mm^2$），纵向受拉钢筋 6 ⚲ 25（$A_s=2945mm^2$）。混凝土为 C30 级，纵筋为 HRB335 级。求此截面所能承受的弯矩设计值 M。

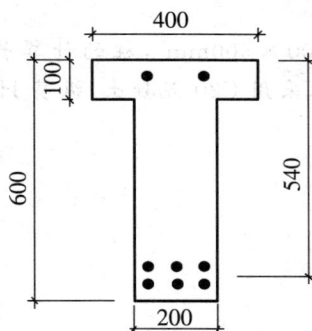

图 3 - 112　习题 5 图例

6. 受均布荷载作用的矩形截面梁，截面尺寸 $b=200mm$，$h=600mm$，（$h_0=565mm$）。已知支座边缘截面的最大剪力设计值 $V=90kN$，混凝土为 C20，箍筋 HPB235 级，求此梁所需配置的箍筋。

7. 受单个集中荷载作用的矩形截面简支梁，见图 3 - 113，截面尺寸 $b=200mm$，$h=600mm$，$h_0=565mm$。集中荷载设计值 $P=240kN$，混凝土为 C20 级，箍筋 HPB235 级。设梁中仅配置箍筋，求箍筋的直径及间距。

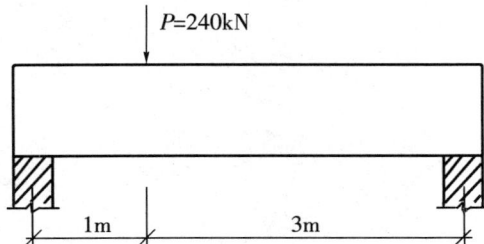

图 3 - 113　习题 7 图例

8. 受均布荷载(设计值 $q=40kN/m$)作用的矩形截面简支梁(如图 3-114 所示),截面尺寸 $b=200mm$,$h=500mm$,$h_0=465mm$。混凝土为 C20 级,箍筋 HPB235 级,已配 ϕ 6@200,纵筋用 HRB335 级。计算弯起钢筋。

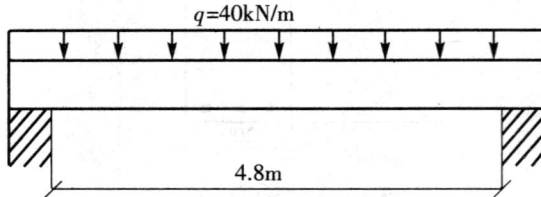

图 3-114 习题 8 图例

9. 某一轴心受压柱,轴力设计值 $N=2000kN$,柱的计算高度 $l_0=4.8m$。采用 C30 混凝土,纵筋采用 HRB335,要求确定柱截面尺寸及纵向受力钢筋。

10. 某多层框架结构建筑,底层门厅柱为圆形截面,直径 $d=500mm$,按轴心受压柱设计。柱的轴向力设计值 $N=3800kN$,柱的计算长度 $l_0=6m$。混凝土为 C30,纵向钢筋为 HRB335 级,配置螺旋式箍筋,求柱的配筋。

11. 已知矩形截面柱 $b \times h=300 \times 500mm^2$,柱的计算长度 $l_0=4.5m$,轴力设计值 $N=800kN$,弯矩设计值 $M=250kN \cdot m$,采用 C20 混凝土,纵筋 HRB335 级,采用对称配筋,求纵向受力钢筋 A_s' 及 A_s。

第4章 砌体结构

砌体结构是最古老而且被广泛应用的建筑结构,它有着悠久而灿烂的历史。举世闻名的万里长城、埃及的金字塔、古罗马大角斗场、建于1400多年前的赵州桥、有着2200多年历史的都江堰水利工程,都是经典的砌体结构。

4.1 砌体结构的基本概念

由块体和砂浆砌筑而成的墙、柱作为建筑物主要受力构件的结构称为砌体结构。有砖砌体、砌块砌体和石砌体等。通常的块体有天然的石材、人造的烧结普通粘土砖、烧结多孔砖以及不经过烧结的硅酸盐砖、混凝土小型空心砌块、轻集料混凝土砌块等。通常所用的砂浆有天然的胶泥、人工和制的白灰砂浆、水泥砂浆和白灰水泥砂浆等。

1. 砌体结构的优缺点

砖、石结构适合"因地制宜、就地取材"且造价低廉及施工简便。许多新的非粘土砖和砌块所用原料为工业废渣,既变废为宝,又保护了土地资源,同时又获得了许多优良的性能。砌体材料有着良好的耐火性、化学稳定性和大气稳定性,特别是砖砌体有着良好的隔热、隔声性能。但砌体的强度较低,使得构件体积大、用料多、自重大。另外砂浆和砌块的粘结强度弱,因此砌体的抗拉、抗剪强度较低,砌体结构的整体性能不良,抗震性能较差。

2. 砌体的分类

按照砌体结构所用材料的不同,砌体可以分为如下几类:

(1) 石材砌体

采用天然的石材与砂浆砌筑而成的砌体称为石材砌体。石材具有脆性,不宜承受动荷载,而且截面不宜太小。

(2) 砖砌体

采用普通的烧结粘土砖、粘土空心砖以及非烧结的硅酸盐砖与砂浆砌筑而成的砌体。

(3) 砌块砌体

砌块砌体是用小型混凝土砌块或者硅酸盐砌块与砂浆砌筑而成的砌体。

(4) 配筋砌体

由于砌体的抗震性能差,为了提高砌体的抗震性能而配置了钢筋或钢筋网的砌体,称为配筋砌体。

(5) 预应力砌体

为了进一步提高砌体的整体性能,提高其抗剪强度和抗震性能,在配置竖向钢筋的同时,施加预应力,这种砌体称为预应力砌体。

(6) 夹心墙砌体

现在有很多新型的空心砌块材料,由这些砌块砌筑而成的墙体,可以分为内外两叶墙体,内墙体为承重墙体,外墙体为围护墙,中间空腔填充了隔热保温用的材料如聚乙烯苯,珍珠岩等。由于这个填充的空腔的存在,这种砌体称为夹心墙砌体,这种砌体可以提高节能、隔声效果。

3.国内外砌体结构的发展

砌体结构是一种很古老的结构,由于历史和生产发展的原因,我国很长时间内大量使用粘土砖,造成了土地资源的严重破坏,因此,国家已经加大力度来禁止粘土砖的生产和使用,这大大推动了新型砌块材料的开发、推广和应用。我国现行的《砌体结构设计规范》GB50003—2001(以下简称《砌体规范》),于2002年3月1日正式实施。规范增加了许多与新砌体材料及新的结构形式相适应的计算方法和设计方法,增加了结构构件抗震设计内容,反映了我国的砌体结构的研究和工程应用已经进入了一个现代砌体结构的发展阶段。

在国外,砌体结构也一直在不停的发展。内容不仅涉及了砌体材料的生产、砌体结构的构造原理和细部设计,还涉及砌体结构的经济、环境和节能,以及砌体结构的评估、修复和加固等领域。同时,许多新型的高强的砌块、高粘度的高强砂浆和有机化合物树脂、新的结构形式都被应用到了砌体结构中,使得砌体结构具有良好的适用性和经济效益。

砌体结构有着许多其他结构无法比拟的优点,可以应用到很多领域。随着我国基本建设规模的扩大,经济的发展,人们对居住条件要求的提高和技术的不断发展,砌体结构将会有更广阔的前景。

4.2 砌体材料

砌体材料分为块体材料和砂浆。

4.2.1 块体材料

1.砖

砖分为烧结砖和非烧结砖。烧结砖有烧结普通砖和烧结多孔砖。烧结普通砖是由粘土、叶岩、粉煤灰、煤矸石为主要原料,经过焙烧而成的实心或者孔洞率不超过15%的砖。标准砖的规格尺寸为240mm×115mm×53mm(图4-1(a))。烧结多孔砖是由粘土、叶岩、粉煤灰、煤矸石为主要原料,经过焙烧而成的,孔洞率不超过25%,孔的尺寸小而且数量较多(图4-1(b)),主要用于承重砖。非烧结砖是以硅质材料和石灰为主要原料,经过压制成坯、蒸压养护而成的实心砖,统称硅酸盐砖,其尺寸与烧结普通砖相同。

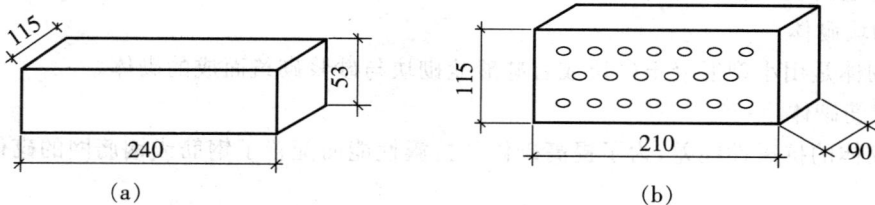

图4-1 部分砖的规格

砖的强度等级以"MU"来表示,单位为"MPa"。烧结普通砖、烧结多孔砖强度等级分为五级:MU30、MU25、MU20、MU15、MU10。蒸压灰砂砖、蒸压粉煤灰砖强度等级分为:MU25、MU20、MU15、MU10四个等级。

烧结普通砖和烧结多孔砖的强度等级指标分别见表4-1和表4-2:

表 4-1　烧结普通砖强度等级(MPa)

强 度 等 级	抗压强度平均值 $\overline{f} \geqslant$	变异系数 $\delta \leqslant 0.21$	变异系数 $\delta > 0.21$
		强度标准值 $f_k \geqslant$	单块最小抗压强 $f_{min} \geqslant$
MU30	30.0	22.0	25.0
MU25	25.0	18.0	22.0
MU20	20.0	14.0	16.0
MU15	15.0	10.0	12.0
MU10	10.0	6.5	7.5

表 4-2　烧结多孔砖强度等级(MPa)

强 度 等 级	抗压强度平均值 $\overline{f} \geqslant$	变异系数 $\delta \leqslant 0.21$	变异系数 $\delta > 0.21$
		强度标准值 $f_k \geqslant$	单块最小抗压强 $f_{min} \geqslant$
MU30	30.0	22.0	25.0
MU25	25.0	18.0	22.0
MU20	20.0	14.0	16.0
MU15	15.0	10.0	12.0
MU10	10.0	6.5	7.5

2. 砌块

与小块的砖相比,尺寸较大,可以减小劳动量,加快施工进度,是墙体材料改革的一个重要方向。

砌块按尺寸可以分为小型砌块、中型砌块和大型砌块三种。混凝土小型空心砌块是我国目前应用最为普遍的墙体承重材料,主要规格为 390mm×190mm×190mm,空心率在 25% 和 50% 之间,简称混凝土砌块或者砌块。

混凝土空心砌块的强度等级是根据标准试验方法,按毛截面面积计算的极限抗压强度 MPa 值来划分的。混凝土小型空心砌块的强度等级指标见表 4-3。

表 4-3　混凝土小型空心砌块的强度等级指标(MPa)

强 度 等 级	抗压强度	
	平均值不小于	单块最小值不小于
MU20	20.0	16.0
MU15	15.0	12.0
MU10	10.0	8.0
MU7.5	7.5	6.0
MU5.0	5.0	4.0
MU3.5	3.5	2.8

3. 石材

天然的石材具有强度高、抗冻性好和抗气性好的特点,由于其传热性能高、保温性能差,在寒冷和炎热的地区,需要很大尺寸的墙厚而且不经济。

4.2.2 砂 浆

砂浆的作用是连结砌块,使其成为整体,均匀抹平的砂浆可以使砌块间的应力分布均匀。此外,砂浆填满了块体间的缝隙,减少了砌体的透气性,提高了砌体的隔热性能,提高砌体的抗冻性。

砂浆按其成分可分为:无塑性掺和料的(纯)水泥砂浆、有塑性掺和料(石灰浆或粘土浆)的混合砂浆,以及不含水泥的石灰砂浆、粘土砂浆和石膏砂浆等非水泥砂浆。

砂浆的主要指标有:可塑性、保水性和强度。砂浆的可塑性可以用标准锥体沉入砂浆中的深度来测定。保水性是影响砂浆质量的另一个重要指标,保水性就是砂浆在运输和砌筑时保持相当质量的能力。在砌筑时,砖将吸收一部分水分,只有当吸收的水分在一定范围内时,对于灰缝中的砂浆的强度和密度才会具有良好的影响。在工程中,通常要在砂浆中掺加塑化剂,用来增加砂浆的可塑性,同时,还可以提高砂浆的保水性,提高劳动生产率,保证砌筑质量。

砂浆强度等级分为:M15、M10、M7.5、M5 和 M2.5,单位为 MPa。

4.3 砌体的力学性能

4.3.1 砌体的受压性能

1. 砌体的受压破坏特征

试验研究表明,砌体的受压破坏大致要经历以下三个阶段:

(1) 第一阶段

从砌体受压开始,随着荷载的增大,砌体的应力逐渐变大,单块砖内将出现微小的竖向裂缝。这时的荷载约为破坏荷载的 50%~70%。

(2) 第二阶段

随着荷载的增加,单块砖内的微小竖裂缝不断发展,个别裂缝连接起来,形成连续的裂缝,而且逐渐延伸到竖向灰缝和其他的若干皮砖,在砌体内形成较连续的裂缝段。此时的荷载为破坏荷载的 80%~90%,即使荷载不再增加,裂缝也将继续开展,最后砌体已经临近破坏。假如荷载长时间作用在砌体上将进入第三阶段。

(3) 第三阶段

随着荷载的增加,砌体内的裂缝迅速延伸、宽度变大,并且形成竖向的通缝,大约贯穿在砌体中间,把砌体分成两个立柱,砌体向外凸出,个别砖被压坏,小立柱将因为失稳而破坏,砌体将完全破坏。砌体破坏时的压力除以砌体截面面积所得的应力值为砌体的极限抗压强度。

2. 砌体受压应力状态

砌体受压,其应力状态有如下特点:

(1)砖内的弯应力和剪应力引起砌体内的初始裂缝。由于砖形状和表面是不规则,而且灰缝厚度和密实度不均匀,所以单块砖在砌体中要受弯、受剪、受压。

(2)砌体横向变形存在砖和砂浆的交互作用。由于砖和砂浆的弹性模量和横向变形系数是不同的,当砌体受压时,砖的横向变形将比砂浆的横向变形大,这样,砖将会受到拉、压、弯、剪的复合应力作用,其抗压强度降低。

（3）弹性地基梁作用。砖的上下两面都是灰缝,可以把砖视为作用在弹性地基上的梁,其下面的砌体即可视为"弹性地基",砖上承受竖向荷载。反过来,也可以把下部反力看作荷载,上部砌体也看作倒置的"弹性地基"。这一"地基"的弹性模量越小,砖的变形越大,在砖内产生的弯剪应力就越高。

（4）竖向灰缝上的应力集中。砌体的竖向灰缝不饱满,竖向灰缝的砂浆和砖的粘结力较低,不能使砌体连成整体。因此,横跨竖向灰缝的砖内将产生拉应力和剪应力的集中,从而加快砖的开裂。

3. 影响砌体抗压强度的因素

影响砌体抗压强度的主要因素有:

（1）块体和砂浆的强度

块体和砂浆的强度等级是确定砌体强度最主要的因素。随着块体强度的提高和砂浆等级的提高,砌体的抗压强度也提高。

（2）砂浆的流动性、保水性和弹塑性

砂浆的流动性和保水性好,则可容易铺成比较密实均匀的灰缝,提高强度。

（3）砌筑质量

砌体的强度很大程度上受砂浆的影响,当砂浆铺砌比较均匀、饱满的时候,块体受力均匀,可以提高砌体抗压强度。

（4）块体形状和大小

块体的形状和大小也会影响砌体的强度。高度变大,则抗弯、抗剪能力提高;长度变大,则降低,从而砌体的强度降低。表面规则平整,则受力均匀;反之,则受力不均匀,砌体强度降低。

4. 砌体抗压强度计算公式

砌体的抗压强度主要取决于块体的抗压强度平均值 f_1,其次为砂浆的抗压强度平均值 f_2,《砌体规范》规定了砌体抗压强度计算公式为:

$$f_m = k_1 f_1^a (1 + 0.07 f_2) k_2 \qquad (4-1a)$$

式中:f_m——砌体轴心抗压强度平均值(MPa);

f_1、f_2——分别为块体、砂浆的抗压强度平均值(MPa);

k_1——与块体类别及砌体类别有关的参数,见表 4-4;

a——与块体类别及砌体类别有关的参数,见表 4-4;

k_2——砂浆强度影响的修正系数,见表 4-4。

表 4-4　砌体轴心抗压强度平均值计算参数

序号	砌体类别	计算公式		
		k_1	a	k_2
1	烧结普通砖、烧结多孔砖、蒸压灰砂砖、蒸压粉煤灰砖	0.78	0.5	当 $f_2 < 1$ 时,$k_2 = 0.6 + 0.4 f_2$
2	混凝土砌块	0.46	0.9	当 $f_2 = 0$ 时,$k_2 = 0.8$
3	毛料石	0.79	0.5	当 $f_2 < 1$ 时,$k_2 = 0.6 + 0.4 f_2$
4	毛石	0.22	0.5	当 $f_2 < 2.5$ 时,$k_2 = 0.4 + 0.24 f_2$

[注]　（1）k_2 在表列条件以外时均等于 1.0;（2）对混凝土砌块的轴心抗压强度平均值,当 $f_2 > 10$MPa 时,应乘以系数 $(1.1 - 0.01 f_2)$,MU20 的砌块应乘以系数 0.95,且满足 $f_2 \leq f_1 \leq 20$MPa。

4.3.2 砌体的抗拉、抗弯和抗剪强度

砌体的抗拉强度和抗剪强度远远小于抗压强度。通常,我们只考虑水平灰缝的砂浆与块体的粘结强度。块体与砂浆的粘结强度取决于砂浆的强度等级,因此,砌体的轴心抗拉强度可由砂浆的强度等级来确定。在轴心拉力作用下,砌体一般沿齿缝截面发生破坏。砌体结构的受弯破坏主要有两种,一种是沿齿缝破坏,另外一种是沿水平灰缝破坏,两种破坏形式都与砂浆的强度有关。砌体受纯剪时的抗剪强度主要取决于水平灰缝中砂浆和块体的粘结强度。规定砌体轴心抗拉强度平均值、砌体弯曲抗拉强度平均值和砌体抗剪强度平均值的计算公式为:

$$轴心抗拉强度平均值 \qquad f_{t,m} = k_3 \sqrt{f_2} \qquad\qquad (4-1b)$$

$$弯曲抗拉强度平均值 \qquad f_{tm,m} = k_4 \sqrt{f_2} \qquad\qquad (4-1c)$$

$$抗剪强度平均值 \qquad f_{v,m} = k_5 \sqrt{f_2} \qquad\qquad (4-1d)$$

式中:$f_{t,m}$——砌体轴心抗拉强度平均值(MPa);

$f_{tm,m}$——砌体弯曲抗拉强度平均值(MPa)

$f_{v,m}$——砌体抗剪强度平均值(MPa)

f_2——砂浆的抗压强度平均值(MPa);

k_3, k_4, k_5——与砌体类别有关的参数,取值见表4-5。

表4-5 砌体轴心抗拉强度平均值计算参数

序号	砌体类别	k_3	k_4		k_5
			齿缝	通缝	
1	烧结普通砖、烧结多孔砖	0.141	0.250	0.125	0.125
2	蒸压灰砂砖、蒸压粉煤灰砖	0.09	0.18	0.09	0.090
3	混凝土砌块	0.069	0.081	0.056	0.069
4	毛石	0.075	0.113	—	0.188

4.3.3 砌体的变形和其他性能

1. 砌体的弹性模量

砌体的弹性模量是其应力与应变的比值,砌体是弹塑性材料,从受压一开始,应力与应变就不是直线变化。随着荷载的增加,应变增长加快,接近破坏时,荷载虽然增加很少,但变形急剧增长。所以,砌体的应力—应变关系呈曲线变化。

$\sigma-\varepsilon$ 关系可以采用下式表达:

$$\varepsilon = -\frac{n}{\xi} \ln\left(1 - \frac{\sigma}{nf_m}\right) \qquad\qquad (4-2)$$

式中:ξ——弹性模量特征值;

n——为1或略大于1的常系数。

2. 砌体的剪变模量

砌体的剪变模量为

$$G=\frac{E}{2(1+v)} \tag{4-3}$$

式中：v——材料的泊松系数，一般为 $0.1\sim0.2$，因此 $G=\dfrac{E}{2(1+v)}=(0.41\sim0.45)E$，《砌体规范》近似取 $G=0.4E$。

3. 砌体的干缩变形

砌体遇水体积膨胀，失水干缩，而且收缩变形比较大。

4.4　砌体结构构件的承载力计算

砌体结构构件按照受力情况可以分为受压、受拉、受弯和受剪；按照有无配筋可以分为无筋砌体和配筋砌体构件。《砌体规范》采用以概率论为基础的极限状态设计方法，以可靠度指标度量结构的可靠度，采用分项系数的设计表达式计算。

根据砌体结构的特点，砌体结构正常使用极限状态的要求，一般情况下可由相应的构造措施来保证。

4.4.1　砌体结构的计算指标

砌体的强度设计值 f 是砌体结构构件按照承载能力极限状态设计时所采用的砌体强度代表值：$f=f_k/\gamma_f$。（f_k 为砌体的抗压强度标准值，γ_f 为结构构件材料性能分项系数）

表 4-6～4-9 为施工质量控制等级为 B 级时，各类砌体的抗压、抗拉、抗弯和抗剪强度设计值。

表 4-6　烧结普通砖和烧结多孔砖砌体的抗压强度设计值(MPa)

砖强度等级	砂浆强度等级					砂浆强度
	M15	M10	M7.5	M5	M2.5	0
MU30	3.94	3.27	2.93	2.59	2.26	1.15
MU25	3.60	2.98	2.68	2.37	2.06	1.05
MU20	3.22	2.67	2.39	2.12	1.84	0.94
MU15	2.79	2.31	2.07	1.83	1.60	0.82
MU10	—	1.89	1.69	1.50	1.30	0.67

表 4-7　蒸压灰砂砖和蒸压粉煤灰砖砌体的抗压强度设计值(MPa)

砖强度等级	砂浆强度等级				砂浆强度
	M15	M10	M7.5	M5	0
MU25	3.60	2.98	2.68	2.37	1.05
MU20	3.22	2.67	2.39	2.12	0.94
MU15	2.79	2.31	2.07	1.83	0.82
MU10	—	1.89	1.69	1.50	0.67

表 4-8　单排孔混凝土和轻集料混凝土砌块砌体的抗压强度设计值(MPa)

砌块强度等级	砂浆强度等级				砂浆强度
	Mc15	Mc10	Mc7.5	Mc5	0
MU20	5.68	4.95	4.44	3.94	2.33
MU15	4.61	4.02	3.61	3.20	1.89
MU10	—	2.79	2.50	2.22	1.31
MU7.5	—	—	1.93	1.71	1.01
MU5	—	—	—	1.19	0.70

[注]　(1)对错孔砌筑的砌体,应按表中数值乘以 0.8;(2)独立柱或厚度为双排组砌的砌块砌体,应按表中数值乘以 0.7;(3)对 T 形截面砌体,应按表中数值乘以 0.85;(4)表中的轻集料混凝土为矸石和水泥煤渣混凝土。

表 4-9　沿砌体灰缝截面破坏时砌体的轴心抗拉强度、弯曲抗拉强度和抗剪强度设计值(MPa)

强度类别	破坏特征与砌体种类		砂浆强度等级			
			≥M10	M7.5	M5	M2.5
轴心抗拉	沿齿缝	烧结普通砖、烧结多孔砖	0.19	0.16	0.13	0.09
		蒸压灰砂砖、蒸压粉煤灰砖	0.12	0.10	0.08	0.06
		混凝土砌块	0.09	0.08	0.07	
		毛石	0.08	0.07	0.06	0.04
弯曲抗拉	沿齿缝	烧结普通砖、烧结多孔砖	0.33	0.29	0.23	0.17
		蒸压灰砂砖、蒸压粉煤灰砖	0.24	0.20	0.16	0.12
		混凝土砌块	0.11	0.09	0.08	
		毛石	0.13	0.11	0.09	0.07
	沿通缝	烧结普通砖、烧结多孔砖	0.17	0.14	0.11	0.08
		蒸压灰砂砖、蒸压粉煤灰砖	0.12	0.10	0.08	0.06
		混凝土砌块	0.08	0.06	0.05	
抗剪	烧结普通砖、烧结多孔砖		0.17	0.14	0.11	0.08
	蒸压灰砂砖、蒸压粉煤灰砖		0.12	0.10	0.08	0.06
	混凝土砌块		0.09	0.08	0.06	
	毛石		0.22	0.19	0.16	0.11

[注]　(1)用形状规则的块体砌筑的砌体,当搭接长度与块体高度的比值小于 1 时,其轴心抗拉强度设计值 f_t 和弯曲抗拉强度设计值 f_{tm} 应按表中数值乘以搭接长度与块体高度比之后采取;(2)对孔洞率不大于 35 % 的双排孔或多排孔轻骨料混凝土砌块砌体的抗剪强度设计值,可按表中混凝土砌块砌体抗剪强度设计值乘以 1.1;(3)对蒸压灰砂砖、蒸压粉煤灰砖砌体,当有可靠的实验数据时,表中的强度设计值,允许作适当的调整;(4)对烧

结页岩砖、烧结煤矸石砖、烧结粉煤灰砖砌体,当有可靠的实验数据时,表中强度设计值,允许作适当调整。

考虑到一些不利因素,下列情况的各类砌体,其强度设计值应乘以调整系数 γ_a:

(1)有吊车房屋砌体、跨度不小于 9m 的梁下烧结普通砖砌体、跨度不小于 7.5m 的梁下烧结多孔砖、蒸压灰砂砖、蒸压粉煤灰砖砌体,混凝土和轻骨料混凝土砌块砌体,γ_a 为 0.9。

(2)对无筋砌体构件,其截面面积小于 $0.3m^2$ 时,γ_a 为其截面面积加 0.7。对配筋砌体构件,当其中砌体截面面积小于 $0.2m^2$ 时,γ_a 为其截面面积加 0.8。

(3)当砌体用水泥砂浆砌筑时,对表 4-6~4-8 中的数值,γ_a 为 0.9;对表 4-9 中的数值,γ_a 为 0.8;对配筋砌体构件,当其中的砌体采用水泥砂浆砌筑时,仅对砌体的强度设计值乘以调整系数 γ_a。

(4)当验算施工中房屋的构件时,γ_a 为 1.1。

4.4.2　受压构件

1. 受压短柱受力分析

在短柱情况,当轴向压力作用在截面重心时,截面的应力是均匀分布的,破坏时截面所能承受的最大压应力就是砌体的轴心抗压强度。当轴向力具有较小偏心时,截面的压应力为不均匀分布,对比不同偏心距的偏心受压短柱试验发现,随着偏心距 e_0 的增大,构件所能承担的轴向压力明显降低。

2. 轴心受压长柱的受力分析

当砌体柱的长细比较大时,会由于侧向变形增大而发生纵向弯曲破坏,受压承载力比短柱要低,因此在受压构件的承载力计算时考虑稳定系数 φ 的影响。

3. 偏心受压长柱的受力分析

长柱在承受偏心压力作用时,因柱的纵向弯曲产生一个附加偏心距 e_i(如图 4-2),使砌体柱中截面的轴向压力偏心距 e 增大,因此要考虑 e_i 对承载力的影响。

《砌体规范》根据不同的砂浆强度等级和不同的偏心距 e 及高厚比 β 计算出 φ 值。表 4-10~4-12 供计算时查用。

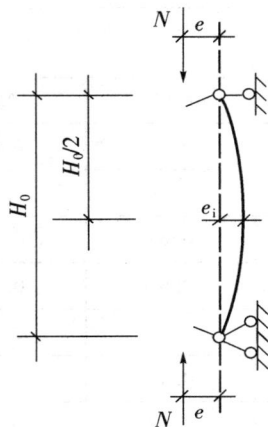

图 4-2　偏心受压构件的附加偏心距

表 4-10　影响系数 φ(砂浆强度等级≥M5)

β	$\dfrac{e}{h}$ 或 $\dfrac{e}{h_T}$						
	0	0.025	0.05	0.075	0.1	0.125	0.15
≤3	1	0.99	0.97	0.94	0.89	0.84	0.79
4	0.98	0.95	0.90	0.85	0.80	0.74	0.69
6	0.95	0.91	0.86	0.81	0.75	0.69	0.64
8	0.91	0.86	0.81	0.76	0.70	0.64	0.59

（续表）

β	$\dfrac{e}{h}$ 或 $\dfrac{e}{h_{\mathrm{T}}}$					
	0	0.025	0.05	0.075	0.1	0.125	0.15
10	0.87	0.82	0.76	0.71	0.65	0.60	0.55
12	0.82	0.77	0.71	0.66	0.60	0.55	0.51
14	0.77	0.72	0.66	0.61	0.56	0.51	0.47
16	0.72	0.67	0.61	0.56	0.52	0.47	0.44
18	0.67	0.62	0.57	0.52	0.48	0.44	0.40
20	0.62	0.57	0.53	0.48	0.44	0.40	0.37
22	0.58	0.53	0.49	0.45	0.41	0.38	0.35
24	0.54	0.49	0.45	0.41	0.38	0.35	0.32
26	0.50	0.46	0.42	0.38	0.35	0.33	0.30
28	0.46	0.42	0.39	0.36	0.33	0.30	0.28
30	0.42	0.39	0.36	0.33	0.31	0.28	0.26

β	$\dfrac{e}{h}$ 或 $\dfrac{e}{h_{\mathrm{T}}}$					
	0.175	0.2	0.225	0.25	0.275	0.3
$\leqslant 3$	0.73	0.68	0.62	0.57	0.52	0.48
4	0.64	0.58	0.53	0.49	0.45	0.41
6	0.59	0.54	0.49	0.45	0.42	0.38
8	0.54	0.50	0.46	0.42	0.39	0.36
10	0.50	0.46	0.42	0.39	0.36	0.33
12	0.47	0.43	0.39	0.36	0.33	0.31
14	0.43	0.40	0.36	0.34	0.31	0.29
16	0.40	0.37	0.34	0.31	0.29	0.27
18	0.37	0.34	0.31	0.29	0.27	0.25
20	0.34	0.32	0.29	0.27	0.25	0.23
22	0.32	0.30	0.27	0.25	0.24	0.22
24	0.30	0.28	0.26	0.24	0.22	0.21
26	0.28	0.26	0.24	0.22	0.21	0.19
28	0.26	0.24	0.22	0.21	0.19	0.18
30	0.24	0.22	0.21	0.20	0.18	0.17

表 4 - 11　影响系数 φ (砂浆强度等级 M2.5)

β	$\dfrac{e}{h}$ 或 $\dfrac{e}{h_T}$						
	0	0.025	0.05	0.075	0.1	0.125	0.15
≤3	1	0.99	0.97	0.94	0.89	0.84	0.79
4	0.97	0.94	0.89	0.84	0.78	0.73	0.67
6	0.93	0.89	0.84	0.78	0.73	0.67	0.62
8	0.89	0.84	0.78	0.72	0.67	0.62	0.57
10	0.83	0.78	0.72	0.67	0.61	0.56	0.52
12	0.78	0.72	0.67	0.61	0.56	0.52	0.47
14	0.72	0.66	0.61	0.56	0.51	0.47	0.43
16	0.66	0.61	0.56	0.51	0.47	0.43	0.40
18	0.61	0.56	0.51	0.47	0.43	0.40	0.36
20	0.56	0.51	0.47	0.43	0.39	0.36	0.33
22	0.51	0.47	0.43	0.39	0.36	0.33	0.31
24	0.46	0.43	0.39	0.36	0.33	0.31	0.28
26	0.42	0.39	0.36	0.33	0.31	0.28	0.26
28	0.39	0.36	0.33	0.30	0.28	0.26	0.24
30	0.36	0.33	0.30	0.28	0.26	0.24	0.22

β	$\dfrac{e}{h}$ 或 $\dfrac{e}{h_T}$					
	0.175	0.2	0.225	0.25	0.275	0.3
≤3	0.73	0.68	0.62	0.57	0.52	0.48
4	0.62	0.57	0.52	0.48	0.44	0.40
6	0.57	0.52	0.48	0.44	0.40	0.37
8	0.52	0.48	0.44	0.40	0.37	0.34
10	0.47	0.43	0.40	0.37	0.34	0.31
12	0.43	0.40	0.37	0.34	0.31	0.29
14	0.40	0.36	0.34	0.31	0.29	0.27
16	0.36	0.34	0.31	0.29	0.26	0.25
18	0.33	0.31	0.29	0.26	0.24	0.23
20	0.31	0.28	0.26	0.24	0.23	0.21
22	0.28	0.26	0.24	0.23	0.21	0.20
24	0.26	0.24	0.23	0.21	0.20	0.18
26	0.24	0.22	0.21	0.20	0.18	0.17
28	0.22	0.21	0.20	0.18	0.17	0.16
30	0.21	0.20	0.18	0.17	0.16	0.15

表 4 - 12 影响系数 φ(砂浆强度 0)

β	$\frac{e}{h}$ 或 $\frac{e}{h_T}$						
	0	0.025	0.05	0.075	0.1	0.125	0.15
≤3	1	0.99	0.97	0.94	0.89	0.84	0.79
4	0.87	0.82	0.77	0.71	0.66	0.60	0.55
6	0.76	0.70	0.65	0.59	0.54	0.50	0.46
8	0.63	0.58	0.54	0.49	0.45	0.41	0.38
10	0.53	0.48	0.44	0.41	0.37	0.34	0.32
12	0.44	0.40	0.37	0.34	0.31	0.29	0.27
14	0.36	0.33	0.31	0.28	0.26	0.24	0.23
16	0.30	0.28	0.26	0.24	0.22	0.21	0.19
18	0.26	0.24	0.22	0.21	0.19	0.18	0.17
20	0.22	0.20	0.19	0.18	0.17	0.16	0.15
22	0.19	0.18	0.16	0.15	0.14	0.14	0.13
24	0.16	0.15	0.14	0.13	0.13	0.12	0.11
26	0.14	0.13	0.13	0.12	0.11	0.11	0.10
28	0.12	0.12	0.11	0.11	0.10	0.10	0.09
30	0.11	0.10	0.10	0.09	0.09	0.09	0.08

β	$\frac{e}{h}$ 或 $\frac{e}{h_T}$					
	0.175	0.2	0.225	0.25	0.275	0.3
≤3	0.73	0.68	0.62	0.57	0.52	0.48
4	0.51	0.46	0.43	0.39	0.36	0.33
6	0.42	0.39	0.36	0.33	0.30	0.28
8	0.35	0.32	0.30	0.28	0.25	0.24
10	0.29	0.27	0.25	0.23	0.22	0.20
12	0.25	0.23	0.21	0.20	0.19	0.17
14	0.21	0.20	0.18	0.17	0.16	0.15
16	0.18	0.17	0.16	0.15	0.14	0.13
18	0.16	0.15	0.14	0.13	0.12	0.12
20	0.14	0.13	0.12	0.12	0.11	0.10
22	0.12	0.12	0.11	0.10	0.10	0.09
24	0.11	0.10	0.10	0.09	0.09	0.08
26	0.10	0.09	0.09	0.08	0.08	0.07
28	0.09	0.08	0.08	0.08	0.07	0.07
30	0.08	0.07	0.07	0.07	0.07	0.06

4. 受压构件承载力计算

在以上的分析基础上,《砌体规范》规定无筋砌体受压构件的承载力按下列公式计算:

$$N \leqslant \varphi f A \tag{4-4}$$

式中:N——轴向力设计值;

φ——高厚比 β 和轴向力偏心距 e 对受压构件承载力的影响系数,可查表 4 - 10~4 - 12;

f——砌体抗压强度设计值;

A——截面面积,对各类砌体均应按毛截面计算。

(注:对矩形截面构件,当轴向力偏心方向的截面边长大于另一方向的边长时,除了按偏心受压计算外,还应对较小边长方向,按轴心受压进行验算。)

查影响系数 φ 表时,构件高厚比 β 应按下列公式确定:

对矩形截面　　　　　　　　　$\beta = \gamma_\beta \dfrac{H_0}{h}$ 　　　　　　　　　(4 - 5)

对 T 形截面　　　　　　　　　$\beta = \gamma_\beta \dfrac{H_0}{h_T}$ 　　　　　　　　　(4 - 6)

式中:γ_β——不同砌体材料的高厚比修正系数,按表 4 - 13 采用;

H_0——受压构件的计算高度;

h——矩形截面轴向力偏心方向的边长,当轴心受压时为截面较小边长;

h_T——T 形截面的折算厚度,可近似按 $3.5i$ 计算;

i——截面回转半径。

表 4 - 13　高厚比修正系数 γ_β

砌体材料类别	γ_β
烧结普通砖、烧结多孔砖	1.0
混凝土及轻骨料混凝土砌块	1.1
蒸压灰砂砖、蒸压粉煤灰砖、细料石、半细料石	1.2
粗料石、毛石	1.5

另外,当偏心受压构件的偏心距过大时,构件的承载力明显下降;而且,偏心距过大可能使截面受拉边出现过大的水平裂缝。因此规范规定轴向力的偏心距 e 不应超过 $0.6y$,y 是截面重心到受压边缘的距离。

5. 例题

[例题 4 - 1]　截面尺寸为 $370 \times 490\text{mm}$ 的砖柱,砖的强度等级为 MU10,混合砂浆强度等级为 $M5$,柱高 3.2m,两端为不动铰支座。柱顶承受轴向压力标准值 $N_k = 160\text{kN}$(其中永久荷载 130 kN,已包括柱自重),试验算该柱的承载力。

[解]　　　　　　　　　$N = 1.2 \times 130 + 1.4 \times 30 = 198\text{kN}$

$$\beta = \frac{3.2}{0.37} = 8.65$$

查表的影响系数 $\varphi = 0.90$

柱截面面积 $\qquad$ $A=0.37\times0.49=0.18m^2<0.3m^2$

故 $\qquad$ $\gamma_a=0.7+0.18=0.88$

根据砖和砂浆的强度等级查表得砌体的轴心抗压强度 $f=1.5N/mm^2$,则

$$\varphi Af=0.88\times0.18\times10^6\times0.9\times1.5=213.84\times10^3N=213.84kN>198kN \quad 安全$$

由于可变荷载效应与永久荷载之比 $\rho=0.23$ 应属于以自重为主的构件,所以再以荷载分项系数 1.35 和 1.0 重新进行计算

$$N=1.35\times130+1.0\times30=205.5\ kN<213.84kN \quad 仍然安全$$

6. 局部受压

（1）砌体局部受压的特点

局部受压是指轴向力仅作用于砌体的部分截面上。当砌体截面上作用局部均匀压力时（如承受上部柱或墙传来压力的基础顶面），称为局部均匀受压；当砌体截面上作用局部非均匀压力时（如支承或屋架端部支承处的砌体顶面），称为局部不均匀受压。

砌体局部受压大致有三种破坏形式：

①因纵向裂缝发展而引起的破坏；

②劈裂破坏；

③与垫板直接接触的砌体局部（压碎）破坏。

（2）砌体局部均匀受压

砌体截面中受局部均匀压力时的承载力按下列公式计算：

$$N_l\leqslant\gamma fA_l \tag{4-7}$$

式中：N_l——局部受压面积上的轴向力设计值；

γ——砌体局部抗压强度提高系数，$\gamma=1+0.35\sqrt{\dfrac{A_0}{A_l}-1}$，$A_0$ 为影响砌体局部抗压强度的

计算面积；

f——砌体的抗压强度设计值，可不考虑强度调整系数 γ_a 的影响；

A_l——局部受压面积。

其中计算所得 γ 值，应符合下列规定：1）在图 4-3(a) 的情况下，$\gamma\leqslant2.5$；2）在图 4-3(b) 情况下，$\gamma\leqslant2.0$；3）在图 4-3(c) 的情况下，$\gamma\leqslant1.5$；4）在图 4-3(d) 情况下；$\gamma\leqslant1.25$；5）对多孔砖砌体和混凝土砌块灌孔砌体，在 1）、2）、3）的情况下，尚应符合 $\gamma\leqslant1.5$；未灌孔混凝土砌块砌体，$\gamma\leqslant1.0$。

A_0 则按下列规定采用：①在图 4-3(a) 的情况下，$A_0=(a+c+h)h$；②在图 4-3(b) 情况下，$A_0=(b+2h)h$；③在图 4-3(c) 的情况下，$A_0=(a+h)h+(b+h_1-h)h_1$；④在图 4-3(d) 情况下，$A_0=(a+h)h$。

其中：a、b—矩形局部受压面积 A_l 的边长；

$\qquad$ h、h_1—墙厚或柱的较小边长，墙厚。

（3）梁端局部受压

梁端支承处砌体的局部受压承载力应按下列公式计算：

$$\Psi N_0+N_l\leqslant\eta\gamma fA_l \tag{4-8}$$

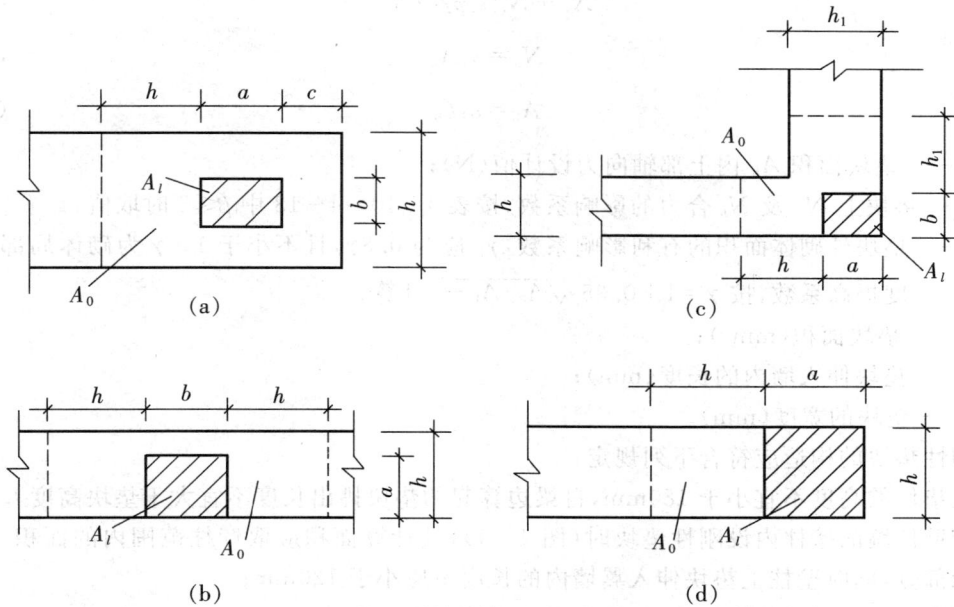

图 4-3　影响局部抗压强度的面积 A_0

$$\Psi = 1.5 - 0.5 \frac{A_0}{A_l} \tag{4-9}$$

$$N_0 = \sigma_0 A_l \tag{4-10}$$

$$A_l = a_0 b \tag{4-11}$$

$$a_0 = 10 \sqrt{\frac{h_c}{f}} \tag{4-12}$$

式中：Ψ——上部荷载的折减系数；当 A_0/A_l 大于等于 3 时，应取 Ψ 等于 0；

　　　N_0——局部受压面积内上部轴向力设计值（N）；

　　　N_l——梁端支承压力设计值（N）；

　　　σ_0——上部平均压应力设计值（N/mm²）；

　　　A_l——局部受压面积；

　　　η——梁端底面压应力图形的完整系数，可取 0.7，对于过梁和墙梁可取 1.0；

　　　a_0——梁端有效支承长度（mm），当 a_0 大于 a 时，应取 a_0 等于 a；

　　　a——梁端实际支承长度（mm）；

　　　b——梁的截面宽度（mm）；

　　　h_c——梁的截面高度（mm）；

（4）梁下设有刚性垫块

当梁端局部受压承载力不满足时，在梁端下设置预制或现浇混凝土垫块扩大局部受压面积，是较有效的方法之一。当垫块的高度大于或等于 180mm，且垫块自梁边缘起挑出的长度不大于垫块的高度时，称为刚性垫块。

①在梁端设有刚性垫块的砌体局部受压承载力应符合下列公式计算规定：

$$N_0 + N_l \leqslant \varphi \gamma_1 f A_b \qquad (4-13)$$

$$N_0 = \sigma_0 A_b \qquad (4-14)$$

$$A_b = a_b b_b \qquad (4-15)$$

式中：N_0——垫块面积 A_b 内上部轴向力设计值(N)；

　　φ——垫块上 N_0 及 N_l 合力的影响系数，按表 $4-10 \sim 4-13$ 中 $\beta \leqslant 3$ 时取值。

　　γ_1——垫块外砌体面积的有利影响系数，γ_1 应为 0.8γ，且不小于1。γ 为砌体局部抗压强度提高系数，按 $\gamma = 1 + 0.35\sqrt{A_0/A_b - 1}$ 计算；

　　A_b——垫块面积(mm^2)；

　　a_b——垫块伸入墙内的长度(mm)；

　　b_b——垫块的宽度(mm)。

②刚性垫块的构造应符合下列规定：

刚性垫块的高度不宜小于180mm，自梁边算起的垫块挑出长度不宜大于垫块高度 t_b；

在带壁柱墙的壁柱内设刚性垫块时(图 $4-4$)，其计算面积应取壁柱范围内的面积，而不应计算翼缘部分，同时壁柱上垫块伸入翼墙内的长度不应小于120mm；

当现浇垫块与梁端整体浇筑时，垫块可在梁高范围内设置。

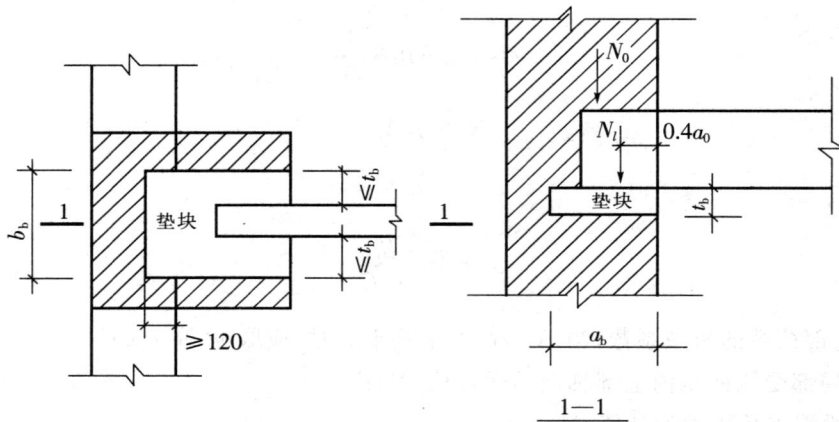

图 $4-4$ 壁柱上设有垫块时梁端局部受压

刚性垫块上表面梁端有效支承长度 a_0 按下式确定：

$$a_0 = \delta_1 \sqrt{\frac{h}{f}} \qquad (4-16)$$

式中：δ_1——刚性垫块的影响系数，按表 $4-14$ 采用。垫块上 N_l 作用点的位置可取 $0.4a_0$ 处。

表 $4-14$　系数 δ_1 值表

σ_0/f	0	0.2	0.4	0.6	0.8
δ_1	5.4	5.7	6.0	6.9	7.8

[注]　表中其间的数值可采用插入法求得。

(5)当梁下设有长度大于 πh_0 的钢筋混凝土垫梁

规范考虑到荷载沿墙方向分布不均匀的影响,规定梁下设有长度大于 πh_0 的钢筋混凝土垫梁的砌体局部受压承载力应按下列公式计算:

$$N_0 + N_l \leqslant 2.4\delta_2 f b_b h_0 \qquad (4-17)$$

$$N_0 = \pi b_b h_0 \sigma_0 / 2 \qquad (4-18)$$

$$h_0 = 2\sqrt[3]{\frac{E_b I_b}{Eh}} \qquad (4-19)$$

式中:N_0——垫梁上部轴向力设计值(N);

　　　b_b——垫梁在墙厚方向的宽度(mm);

　　　δ_2——当荷载沿墙厚方向均匀分布时 δ_2 取 1.0,不均匀分布时 δ_2 可取 0.8;

　　　h_0——垫梁折算高度(mm);

　　　E_b、I_b——分别为垫梁的混凝土弹性模量和截面惯性矩;

　　　h_b——垫梁的高度(mm);

　　　E——砌体的弹性模量;

　　　h——墙厚(mm)。

4.4.3　墙柱高厚比验算

砌体结构房屋的墙、柱均是受压构件,除了满足承载力要求外,还要进行墙、柱的高厚比验算,这是保证砌体结构在施工阶段和使用阶段稳定性的一项重要构造措施。

高厚比验算包括两方面:(1)允许高厚比的限值,(2)墙、柱高厚比的实际数值的计算。

1. 影响高厚比的因素及允许高厚比

影响允许高厚比限值 $[\beta]$ 的因素有很多,也很复杂。主要有以下几点:

砂浆强度等级;砌体截面刚度;砌体类型;构件的重要性和房屋的使用情况;构造柱间距及截面;横墙间距;支撑条件。

《砌体规范》给出了不同的砂浆砌筑的砌体的允许高厚比 $[\beta]$ 值见表 4-15。

表 4-15　墙、柱的允许高厚比 $[\beta]$ 值

砂浆强度等级	墙	柱
M2.5	22	15
M5.0	24	16
≥M7.5	26	17

[注]　(1)毛石墙、柱允许高厚比应按表中数值降低 20%;(2)组合砖砌体构件的允许高厚比,可按表中数值提高 20%,但不得大于 28;(3)验算施工阶段砂浆尚未硬化的新砌砌体高厚比时,允许高厚比对墙取 14,对柱取 11。

2. 高厚比验算

一般高厚比验算

$$\beta = \frac{H_0}{h} \leqslant \mu_1 \mu_2 [\beta] \qquad (4-20)$$

式中：H_0——墙、柱的计算高度，H_0 的确定见《砌体规范》表 5.1.3。

$\quad$ h——墙厚或矩形柱与 H_0 相对应的边长；

$\quad$ μ_1——自承重墙允许高厚比的修正系数；

$\qquad$ $h = 240mm$ $\qquad\qquad$ $\mu_1 = 1.2$

$\qquad$ $h = 90mm$ $\qquad\qquad$ $\mu_1 = 1.5$

$\qquad$ $90mm < h < 240mm$ $\qquad$ μ_1 可按插入法取值

[注] （1）上端为自由端的允许高厚比，除按上述规定提高外，尚可提高30％；（2）对厚度小于 90mm 的墙，当双面用不低于 M10 的水泥砂浆抹面，包括抹面层的墙厚不小于 90mm 时，可按墙厚等于 90mm 验算高厚比。

$\quad$ μ_2——有门窗洞口墙允许高厚比的修正系数；

$$\mu_2 = 1 - 0.4 \frac{b_s}{s} \tag{4-21}$$

式中：b_s——在宽度 s 范围内的门窗口总宽度；

$\quad$ s——相邻窗间墙或壁柱之间的距离。

[注] 当按公式（4-21）算得 μ_2 的值小于 0.7 时，应采用 0.7。当洞口高度等于或小于墙高的 1/5 时，可取 μ_2 等于 1.0。

3. 带壁柱墙高厚比验算

带壁柱墙的高厚比验算包括两部分内容，即把带壁柱墙视为厚度为 $h_T = 3.5i$（i 为截面回转半径）的一片墙的整体验算和壁柱之间墙面的局部高厚比验算。

（1）带壁柱整片墙的高厚比验算

将壁柱视为墙的一部分，即墙截面为 T 型，按惯性矩和面积都相等的原则换算为矩形截面，其折算墙厚为 $h_T = 3.5i$。

此时按下式验算高厚比：$\qquad$ $$\beta = \frac{H_0}{h_T} \leqslant \mu_1 \mu_2 [\beta] \tag{4-22}$$

在确定整片墙的计算高度时，取支承横墙间距离，即墙长 s 取相邻横墙的距离。

在求算带壁柱截面的回转半径时，翼缘宽度对于无窗洞口的墙面取壁柱宽加 2/3 壁柱高度，同时不得大于壁柱间距；有窗洞口时，取窗间墙宽度。

（2）壁柱之间墙局部高厚比验算

除了整片墙的高厚比验算外，还应该对壁柱之间墙厚为 h 的墙面进行高厚比验算。壁柱视为墙的侧向不动铰支点，s 取壁柱间距离。而且不管房屋静力计算采用何种方案，确定壁柱间墙的 H_0 时，均按刚性方案考虑。

当壁柱间的墙较薄、较高以致超过高厚比限值时，可在墙高范围内设置钢筋混凝土圈梁，而且 $b/s \geqslant 1/30$（b 为圈梁宽度）圈梁可以视作壁柱间墙的不动铰支点，（因为圈梁水平方向刚度较大，能够限制壁柱间墙体的侧向变形）。这样，墙高也就降低为基础顶面至圈梁底面的高度。另外，当与墙体连接的相邻横墙间距 s 太小时，墙体的高厚比可不受 $[\beta]$ 的限制，墙厚按承载力计算需要加以确定，这时横墙间距规定为：

$$s \leqslant \mu_1 \mu_2 [\beta] h \tag{4-23}$$

当壁柱间或相邻横墙间的墙的长度 $s \leqslant H$（H 为墙的高度）时，应按计算高度 $H_0 = 0.6s$ 来计算墙面的高厚比。

4.例题

[例题4-2]　如图4-5所示,某单层单跨无吊车的仓库,壁柱间距4米,中开宽1.8米的窗口,车间长40米,屋架下弦标高为5米,壁柱为370×490mm,墙厚为240mm,根据车间构造确定为刚弹性方案,试验算带壁柱整片墙的高厚比。

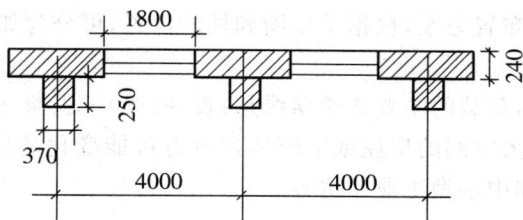

图 4-5　[例题4-2]图

[解](1)求壁柱截面的几何特征

$$A = 240 \times 2\,200 + 370 \times 250 = 620\,500 \text{mm}^2$$

$$y_1 = \frac{240 \times 2\,200 \times 120 + 250 \times 370(240 + \frac{1}{2} \times 250)}{620\,500} = 156.5 \text{mm}$$

$$y_2 = (240 + 250) - 156.5 = 333.5 \text{mm}$$

$$I = \frac{1}{12} \times 2\,200 \times 240^3 + 2\,200 \times 240 \times (156.5 - 120)^2$$
$$+ \frac{1}{12} \times 370 \times 250^3 + 370 \times 250 \times (333.5 - 125)^2$$
$$= 7\,740\,000\,000 \text{mm}^4$$

$$i = \sqrt{\frac{I}{A}} = 111.8 \text{mm}$$

$$h_T = 3.5i = 3.5 \times 111.8 = 391 \text{mm}$$

(2)确定计算高度

$$H = 5 + 0.5 = 5.5 \text{m(到基础顶面)}$$

$$H_0 = 1.2H = 1.2 \times 5.5 = 6.6 \text{m}$$

(3)墙高厚比验算

采用 M2.5 混合砂浆时查表得[β]=22

开有门窗的墙,[β]的修正系数 μ_2 为

$$\mu_2 = 1 - 0.4 \frac{b_s}{s} = 1 - 0.4 \frac{1.8}{4} = 0.82$$

$$\beta = \frac{H_0}{h_T} = \frac{6.6}{0.391} = 16.9 < \mu_1 \mu_2 [\beta] = 0.82 \times 22 = 18 \qquad 满足要求。$$

4.5 混合结构房屋的承重体系和静力计算方案

混合结构房屋系指主要承重构件由不同的材料所组成的房屋,如楼(屋)盖用钢筋混凝土结构,墙体、柱子和基础等用砌体做成的房屋。

1. 混合结构房屋的承重体系

混合结构房屋的结构布置方案,根据承重墙和柱的位置,可分为如下:

(1)纵墙承重体系

纵墙是主要的承重墙,荷载的主要传递路线是:板→(梁)→纵墙→基础→地基。纵墙承重体系适用于使用上要求有较大空间的房屋或隔断墙位置有可能变化的房屋,如教学楼、实验楼、办公楼、图书馆、食堂、仓库和中小型工业厂房等。

(2)横墙承重体系

横墙是主要的承重墙,纵墙主要起围护、隔断和将横墙连成整体的作用。荷载主要传递路线是:板→横墙→基础→地基。横墙承重体系由于横墙间距较密,使用于宿舍、住宅等居住建筑。

(3)纵横墙混合承重体系

实际上,房屋常常是由纵横墙混合承重体系来支撑竖向荷载。荷载的主要传递路线是:板→(梁)→纵墙和横墙→基础→地基。

(4)内框架承重体系

墙和柱都是主要的承重构件。内框架承重体系一般多用于多层工业车间、商店、旅馆等建筑。此外,某些建筑的底层,为取得较大的使用空间,往往也采用这种体系。

2. 混合结构房屋静力计算方案

试验表明,房屋的空间刚度主要受屋(楼)盖的水平刚度、横墙间距和墙体本身刚度的影响。根据房屋空间刚度的大小,混合结构房屋的静力计算方案分为以下三种类型:

(1)刚性方案

房屋横墙间距较小,屋(楼)盖的水平刚度较大,则房屋的空间刚度也较大,在水平荷载作用下房屋的水平侧移较小,可将屋盖或楼盖视为纵墙或柱不动铰支承,即忽略房屋的水平位移,这种房屋称为刚性方案房屋。

(2)弹性方案

房屋的横墙间距较大,屋(楼)盖的水平刚度较大,则房屋的空间刚度也较小,在水平荷载作用下房屋的水平侧移较大,不可忽略,这种房屋称为弹性方案房屋。

(3)刚弹性方案

房屋的空间刚度介于刚性方案和弹性方案之间的房屋称为刚弹性方案房屋。

按照以上原则,将房屋按屋盖或楼盖的刚度划分为不同类型,并根据房屋的横墙间距 s 来确定其静力计算方案。

4.6 过梁、圈梁、墙体的构造措施

4.6.1 过梁

过梁是墙体门窗洞口上常用的承重构件,主要有砖砌过梁和钢筋混凝土过梁两种。过梁承

受荷载有两种情况:第一种仅有墙体荷载;第二种除墙体荷载外,还承受梁板荷载。

1. 过梁的荷载的规定

(1) 梁、板荷载

对砖和小型砌块砌体,当梁、板下的墙体高度 $h_w < l_n$ 时(l_n 为过梁的净跨),应计入梁、板传来的荷载;当梁、板下的墙体高度 $h_w \geq l_n$ 时,可不考虑梁、板荷载。

(2) 墙体荷载

① 对砖砌体,当过梁上的墙体高度 $h_w < l_n/3$ 时,应按墙体的均布自重采用。当墙体高度 $h_w \geq l_n/3$ 时,应按高度为 $l_n/3$ 墙体的均布自重采用;

② 对混凝土砌块砌体,当过梁上的墙体高度 $h_w < l_n/2$ 时,应按墙体的均布自重采用。当墙体高度 $h_w \geq l_n/2$ 时,应按墙体高度为 $l_n/2$ 墙体的均布自重采用。

2. 过梁的计算

(1)砖砌过梁的破坏特征

砖砌过梁承受荷载后,上部受压、下部受拉,像受弯构件一样受力。随着荷载的增大,当跨中竖向截面的拉应力或支座斜截面的主拉应力超过砌体的抗拉强度时,将先后在跨中出现竖向裂缝,在靠近支座处出现阶梯形裂缝。对钢筋砖过梁,过梁下部的拉力将由钢筋承受,对砖砌平拱过梁,过梁下部的拉力将由两端砌体提供的推力平衡(如图 4-6)。这如同像一个三角拱。过梁可能发生下列三种破坏:①过梁跨中截面因受弯承载力不足而破坏;②过梁支座处附近截面因受剪承载力不足,沿灰缝产生 45°方向的阶梯型裂缝扩展而破坏;③外墙端部因端部墙体宽度不够,引起水平灰缝的受剪承载力不足而发生支座滑动破坏。

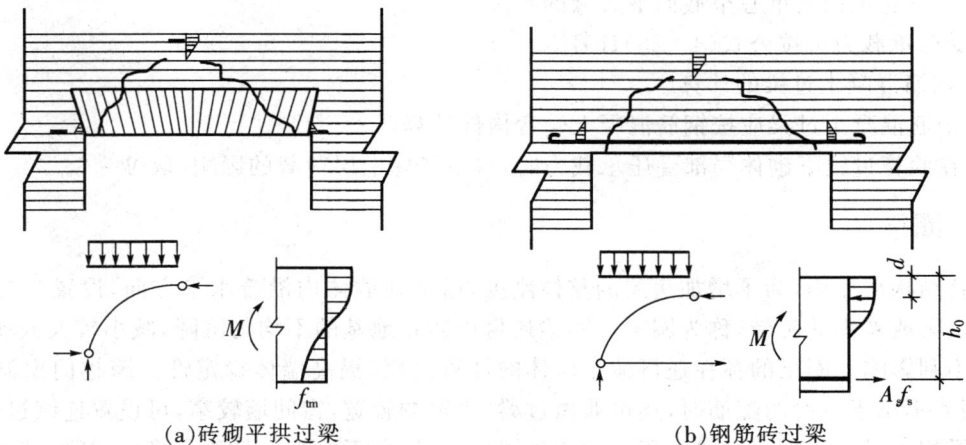

(a)砖砌平拱过梁　　　　　　　(b)钢筋砖过梁

图 4-6　砖砌过梁破坏特征

(2)砖砌平拱的计算

①受弯承载力可按下列公式计算

$$M \leq f_{tm} W \tag{4-24}$$

式中:M——按简支梁并取净跨计算的过梁跨中弯矩设计值;

　　　f_{tm}——砌体沿齿缝截面的弯曲抗拉强度设计值;

　　　W——过梁的截面抵抗矩。

②受剪承载力可按下列公式计算

$$V \leqslant f_v bz \tag{4-25}$$

式中:V——按简支梁并取净跨计算的过梁支座剪力设计值;

　　f_v——砌体的抗剪强度设计值;

　　b——过梁的截面宽度,取墙厚;

　　z——内力臂,取 $z = I/S = 2h/3$;

　　I——截面惯性矩;

　　S——截面面积矩;

　　h——过梁的截面计算高度。

（3）钢筋砖过梁的计算

① 受弯承载力可按下列公式计算

$$M \leqslant 0.85 f_y A_s h_0 \tag{4-26}$$

式中:M——按简支梁并取净跨计算的过梁跨中弯矩设计值;

　　f_y——钢筋的抗拉强度设计值;

　　A_s——受拉钢筋的截面面积;

　　h_0——过梁截面的有效高度,$h_0 = h - a_s$;

　　h——过梁的截面计算高度,取过梁底面以上的墙体高度,但不大于 $l_n/3$;当考虑梁、板传来的荷载时,则按梁、板下的高度采用。

　　a_s——受拉钢筋重心至截面下边缘的距离。

②受剪承载力可按公式(4-25)计算。

（4）钢筋混凝土过梁的计算

① 钢筋混凝土过梁应按钢筋混凝土受弯构件计算。

② 在验算过梁下砌体局部受压承载力时,可不考虑上层荷载的影响,取 $\Psi = 0$。

4.6.2　圈梁

混合结构房屋内,为了增加房屋的整体刚度,通常在墙体内沿着水平方向,设置一封闭的钢筋混凝土梁或者钢筋砖带,称为圈梁。圈梁还可以防止地基的不均匀沉降,减小较大振动荷载对房屋的不利影响。圈梁的存在还可减小墙体的计算高度,提高墙体稳定性。跨越门窗洞口的圈梁,配筋若不小于过梁的配筋时,还可兼做过梁;当窗洞较宽,窗间墙较窄,可设置连续过梁,其两端与圈梁相连时亦可起到圈梁作用。位于顶层屋面梁、板下的圈梁又称为檐口圈梁;其他各层的门窗口或楼面梁板下设置的圈梁又称为腰箍;基础顶面设置的圈梁又称为地圈梁,简称地梁。

1. 圈梁的布置

圈梁的设置,应该根据房屋的类型、墙体的材料、吊车和震动设备要求和情况来决定。圈梁的设置应符合下列原则:

（1）车间、仓库、食堂等空旷的单层房屋,当墙厚 $h \leqslant 240mm$ 时,应按下列规定设置圈梁:

①砖砌体房屋,檐口标高为 5~8m 时,应设圈梁一道;檐口标高大于 8m 时宜适当增设;

②砌块及石砌体房屋,檐口标高为 4~5m 时,应设圈梁一道;檐口标高大于 5m 时宜适当增设;

③对有电动桥式吊车或较大振动设备的单层工业厂房,除在檐口或窗顶标高处设置钢筋混

凝土圈梁外,尚宜在吊车梁标高处或其他适当位置增设。

（2）对多层砖砌体房屋：

①对如宿舍、办公楼等多层砖砌体房屋,当墙厚 $h \leqslant 240$mm 且层数为 3～4 层时,宜在檐口标高处设置一道圈梁；当层数超过 4 层时,可适当增设。

②多层砖砌体工业房屋应每层设置钢筋混凝土圈梁。

2. 圈梁的构造要求

（1）钢筋混凝土圈梁的宽度宜与墙厚相同,当墙厚 $h \geqslant 240$mm 时,其宽度不宜小于 $2/3h$。圈梁高度不应小于 120mm；

（2）钢筋混凝土圈梁中的纵向钢筋不应小于 4 ϕ 10,绑扎接头的搭接长度按受拉钢筋考虑。箍筋间距不宜大于 300mm。混凝土强度等级：现浇时不宜低于 C15,预制时不宜低于 C20；

（3）钢筋砖圈梁应采用不低于 M5 的砂浆砌筑,圈梁高度为 4～6 皮砖。纵向钢筋不宜少于 6 ϕ 6（分上下两层设置在圈梁的顶部和底部的水平灰缝内）。水平间距不宜大于 120mm；

（4）其他构造要求详见《砌体规范》相关规定。

4.6.3　墙体的构造措施

1. 砌体材料的最低强度等级

根据工程调查发现,砖强度等级低于 MU10 或采用石灰砂浆砌筑的普通粘土砖砌体,容易腐蚀风化。当砌体处于潮湿的环境或具有腐蚀介质时,强度及质量的要求更为突出。所以《砌体规范》从提高房屋的耐久性考虑对其中一些材料强度进一步提高了要求：

（1）五层及五层以上房屋的砌体以及受振动或层高大于 6 米的墙、柱所用的材料的最低强度等级：砖为 MU10,砌块为 MU7.5,石材为 MU30,砂浆为 M5。对于安全等级为一级或设计使用年限大于 50 年的房屋,墙、柱所用材料的最低强度等级应至少提高一级。

（2）在室内地面以下,室外散水坡顶面以上的砌体内,应设防潮层。地面以下或防潮层以下的气体、潮湿房间的墙,所用材料的最低强度等级应符合表 4-16。

表 4-16　材料的最低强度等级

基土的潮湿程度	烧结普通砖、蒸压灰砂砖		混凝土砌块	石材	水泥砂浆
	严寒地区	一般地区			
稍潮湿的	MU10	MU10	MU7.5	MU30	M5
很潮湿的	MU15	MU10	MU7.5	MU30	M7.5
含水饱和的	MU20	MU15	MU10	MU40	M10

2. 最小截面规定和柱墙连接构造

为了避免墙柱截面过小导致稳定性能变差,以及局部缺陷对构件影响增大,所以规范规定了各种构件的最小尺寸。

承重独立砖柱的截面尺寸,不应小于 240×370mm；毛石墙的厚度,不宜小于 350mm,毛料石柱较小边长不宜小于 400mm。当有振动荷载时,墙、柱不宜用毛石砌体。

为了增强砌体房屋的整体性和避免局部受压损伤,规范从构造上提出了一些规定。

预制钢筋混凝土板在墙上的支承长度,不宜小于 100mm,这是考虑墙体施工时可能的偏斜、板在制作和安装时的误差等因素对墙体承载力和稳定性的不利影响而确定的。此时,板与墙一一般不需要特殊的锚固措施,而能保证房屋的稳定性。如果板搁置在钢筋混凝土圈梁上或加强墙与板的拉结等,则板的搁置深度可适当减小,但不宜小于 80mm。

预制混凝土梁在墙上的支承长度不宜小于 180～240mm。支承在砖墙、柱上且跨度 $l \geqslant 9m$ 的预制梁、屋架的端部,应采用锚固件与墙、柱上的垫块锚固。对砌块和料石墙体,如果 $l \geqslant 7.2m$,就应采用上述措施。

山墙处的壁柱宜砌至山墙的顶端。在风压较大的地区,除檩条应与山墙锚固外,屋盖不宜挑出山墙。

跨度大于 6m 的屋架和跨度大于对砖砌体 4.8m,对砌块、料石砌体 4.2m,对毛石砌体 3.9m 的梁的支承面下,混凝土或按构造要求配置双层钢筋网的钢筋混凝土垫块,当墙体中设有圈梁时,垫块与圈梁宜浇成整体。

对墙 $h \leqslant 240mm$ 厚的房屋,当大梁跨度对砖墙为 6m,对砌块、料石墙为 4.8m 时,其支承处的墙体宜加设壁柱或构造柱。

3. 砌块砌体的构造规定

混凝土小型空心砌块是当前墙体改革中最有竞争力的墙体材料,各地逐渐修建了不少砌块房屋,但也出现一些问题,《砌体规范》加强了这方面的构造规定。

砌块砌体应分皮错缝搭接砌,小型空心砌块上下皮搭砌长度,不得小于 90mm。当搭砌长度不满足上述要求时,应在灰缝内设置不少于 2 φ 4 的焊接钢筋网片,网片每端均应超过该垂直缝,其长度不得小于 300 mm。

混凝土小型空心砌块房屋,宜在纵横墙交接处、距墙中心线每边不小于 300mm 范围内的孔洞,采用不低于 Cb20 混凝土灌实,灌实高度应为全部墙身高度。砌块墙与后砌隔墙交接处,应沿墙高每 400mm 在水平灰缝内设置不少于 2 φ 4 的焊接钢筋网片(见图 4-7)。

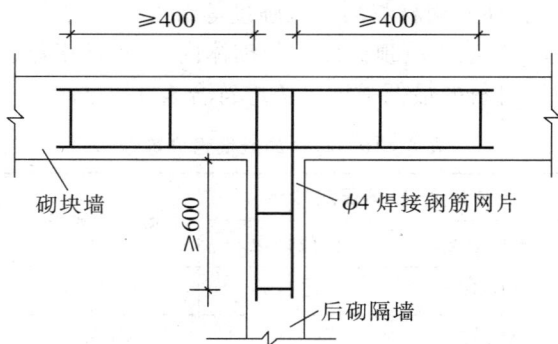

图 4-7　砌块墙与后砌隔墙交接处钢筋网片

混凝土小型空心砌块墙体的下列部位,如未设圈梁或混凝土垫块,应采用不低于砌块材料强度等级的混凝土将孔洞灌实:

(1)隔栅、檩条和钢筋混凝土楼板的支承面下,高度不小于 200mm 的砌体;

(2)屋架、大梁的支承面下,高度不小于 600mm,长度不小于 600mm 的砌体;

(3)挑梁支承面下,纵横墙交接处,距墙中心线每边不应小于 300mm,高度不应小于 600mm 的砌体。

4. 关于夹心墙构造

为适应建筑节能要求,各地(特别是北方寒冷地区)修建了一些高效能墙体采用多叶墙型式,一般来说内叶墙承重,外叶墙作为保护层,中间夹以高效保温性能材料如苯板、岩棉、玻璃丝棉等,内外叶墙之间用钢筋拉结或丁砖拉结,这种夹心复合墙体从结构上看即是空腔墙。

《砌体规范》根据我国的试验并参考国外规范的有关规定提出了夹心墙的有关构造要求。

(1)夹心墙应符合下列规定:

① 混凝土砌块的强度等级不应低于 MU10;

② 夹心墙的夹层厚度不宜大于 100mm;

③ 夹心墙外叶墙的最大横向支承间距不宜大于 9m。

(2)夹心墙叶墙间的连接应符合下列规定:

① 叶墙应用经防腐处理的拉结件或钢筋网片连接;

② 当采用环形拉结件时,钢筋直径不应小于 4mm,当为 Z 型拉结件时,钢筋直径不应小于 6mm。拉结件沿竖向梅花形布置,拉结件的水平和竖向间距分别不宜大于 800mm 和 600mm;对有振动或有抗震设防要求时,其水平和竖向最大间距分别不宜大于 800mm 和 400mm;

③ 当采用钢筋网片作拉结件时,网片横向钢筋的直径不应小于 4mm,其间距不应大于 400mm;网片的竖向间距不宜大于 600 mm,对有振动或有抗震设防要求时,不宜大于 400mm;

④ 拉结件在叶墙上的搁置长度,不应小于叶墙厚度的 2/3,并不应小于 60mm;

⑤ 门窗洞口周边 300mm 范围内应附加间距不大于 600mm 的拉结件。

[注]　对安全等级为一级或设计使用年限大于 50 年的房屋,夹心墙叶墙宜采用不锈钢拉结件。

思 考 题

1. 影响砌体抗压强度的因素有哪些?

2. 墙柱高厚比验算包括哪几方面?

3. 混合结构房屋有哪几种静力计算方案 ?

4. 混合结构房屋的结构布置方案有哪几种?

5. 什么是过梁? 过梁承受的荷载如何考虑?

6. 简述圈梁的作用? 圈梁的设置原则是什么?

第5章 钢结构

　　钢结构作为一种承重结构,由于其自重轻、强度高、塑韧性好、抗震性能优越、工业装配化程度高、综合经济效益显著、造型美观以及符合绿色建筑等众多优点,深受建筑师和结构工程师的青睐,被广泛用于各类建筑中,如重型工业厂房、受动力荷载作用的厂房结构、大跨结构、高层和超高层建筑、高耸构筑物、可拆卸房屋及其他构筑物等等。随着我国国民经济的进一步发展,钢结构应用领域将进一步得到拓展。

　　本章主要内容介绍钢结构的材料、钢结构的连接构造和计算、钢结构基本受力构件的计算、钢屋盖的组成及设计要点等。

5.1　钢结构的材料

　　钢材的品种很多,但各自的性能、产品规格及用途都各不相同,所以并不是所有的钢材都能用于钢结构,符合建筑钢结构性能要求的只是碳素钢及合金钢中的少数几种,建筑用钢材对材料的性能要求包括较高的强度、较好的塑韧性、良好的冷热加工及可焊性能。

　　根据上述要求,对于承重结构,我国《钢结构设计规范》(GB50017—2003)(以下简称《钢结构规范》)推荐采用 Q235 钢和 Q345 钢、Q390 钢、Q420 钢,前一种应符合国家标准《碳素结构钢》(GB/T700)的规定,后三种应符合国家标准《低合金高强度结构钢》(GB/T1590)的要求。

5.1.1　建筑钢材的主要性能

1. 钢材的两种破坏形式

　(1)塑性破坏:其主要特征是破坏前变形很大,构件的应力达到钢材的抗拉极限强度。

　(2)脆性破坏:特征是破坏前无明显的变形和征兆,构件的应力可能小于钢材的屈服强度。

　　脆性破坏是一种危险的破坏形式,为了避免脆性破坏,在实际工程中,除了选用塑性好的材料外,还必须在设计、施工和使用钢结构时,注意避免或减少导致材料变脆的条件,如不要造成缺口和裂纹等,防止脆性破坏的发生。

2. 单向均匀应力作用下钢材的静力工作性能

　(1)钢材的强度指标

　　在静载、常温下标准试件一次单向均匀拉伸的应力—应变图是确定钢材强度指标和钢结构设计的依据。如图 5-1 所示为碳素结构钢材的应力—应变($\sigma-\varepsilon$)曲线,从钢材的应力—应变曲线,可以得到以下强度指标:

　①比例极限 f_p

　　弹性阶段和塑性阶段分界点处的应力

　②屈服强度 f_y

　　也称为屈服点,屈服阶段最低点处的应力

　③抗拉强度 f_u

　　也称极限强度,曲线最高点处的应力

为了简化计算,通常假定屈服点之前材料为完全弹性的,屈服点之后变为塑性材料(如图 5-2 所示)。因此钢结构在按弹性设计时,以屈服点作为强度计算的依据,并据以确定钢材的强度设计值;在按塑性设计时,则有意识地利用材料的塑性性质获得节约钢材的效果。

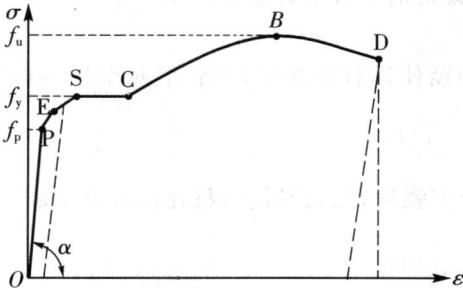

图 5-1　钢材的一次拉伸应力-应变曲线　　　　图 5-2　理想弹塑性体的应力-应变图

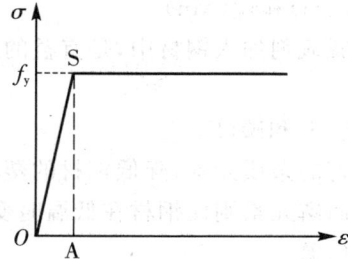

抗拉强度 f_u 是钢材破坏前能够承受的最大应力。钢材达到 f_u 时,已产生很大塑性变形而失去使用性能,故实用意义不大。但 f_u 高则可以增加结构构件的安全保障,故屈强比 f_y/f_u 的值可看作钢材强度储备系数。

(2)钢材的塑性指标(伸长率 δ,又称延伸率)

延伸率 δ 的计算见式(5-1),它是衡量钢材破坏前产生塑性变形的能力,δ 越大,塑性越好。材料在破坏前具有很大的塑性变形对房屋安全很有利。

$$\delta = \frac{l_1 - l_0}{l_0} \times 100\% \qquad (5-1)$$

式中:l_1——试件拉断后标距间长度;

l_0——试件原标距长度。

3. 冷弯性能

冷弯性能是衡量钢材在常温下冷加工弯曲时塑性变形的能力及判别钢材内部缺陷和可焊性的综合指标,通过冷弯试验来测定。

4. 冲击韧性

冲击韧性衡量钢材断裂时吸收机械能量的能力,是强度与塑性的综合指标,由冲击韧性试验测定。

《钢结构规范》规定:承重结构的钢材应具有抗拉强度、伸长率、屈服点和碳、硫、磷含量的合格保证;焊接承重结构以及重要的非焊接承重结构的钢材尚应具有冷弯试验的合格保证;对某些承受动力荷载的结构以及重要的受拉或受弯的焊接结构尚应具有常温(+20℃)或负温(0℃、-20℃、-40℃)冲击韧性的合格保证。

5.1.2　影响钢材性能的因素

影响钢材性能的因素是各种各样的,钢材上述的一些性能指标只是在特定的条件下测得的,如果条件发生了变化,材料性能则会随之变化,为了能正确进行各种情况下的钢结构设计,保证结构安全可靠,应该研究各种因素是如何影响材料性能的。

1. 化学成分的影响

钢材中主要化学成分是铁元素(Fe),占 99% 左右,此外是碳(C)、硅(Si)、锰(Mn)、硫(S)、磷(P)、氧(O)、氮(N)等元素。

（1）碳（C）

普通碳素钢中碳是除铁之外最主要的元素，它直接影响着钢材的强度、塑性和可焊性等，碳含量增加会使钢材的强度提高、塑韧性下降及焊接性能恶化。因此这也是《钢结构规范》推荐的碳素钢必须是低碳钢的原因所在，它规定建筑用普通低碳素钢中碳不应超过 0.22%。

（2）硅（Si）和锰（Mn）

作为脱氧剂加入钢材中，是有益的元素，适量的硅和锰使钢材的强度提高，但对塑韧性影响不大。

（3）硫（S）和磷（P）

是有害的杂质元素，降低钢材的塑韧性、可焊性及疲劳强度，硫元素使钢材在高温时变脆（热脆现象），而磷元素则使钢材在低温时变脆（冷脆现象）。

（4）氧、氮

也是有害物质，将严重降低钢材的塑性、韧性、低温冲击韧性、冷弯性能和可焊性。

2. 冶金与轧制过程的影响

钢材的化学成分及力学性能在冶金过程中设计控制，但不可避免有化学成分分布不均、非金属夹杂、气泡、裂纹等缺陷。冶金过程本身有炉种、脱氧程度等的差异。如顶吹氧气转炉质量就较侧吹的好，建筑钢材的冶炼以顶吹氧气转炉为主。冶炼将要结束时要脱氧，按脱氧方法不同分为沸腾钢、镇静钢、半镇静钢。镇静钢最好，含有害物质少，组织致密，均匀性好，冶金缺陷少。轧制型材的过程能使金属晶粒变细，也能使其中部分缺陷弥合，如气泡、裂缝等。因此，相对来说，辊轧成薄的型材由于辊轧次数多要比厚的型材强度高，钢材的力学性能是按轧制厚度分类规定的。

3. 钢材硬化的影响

（1）应变硬化

由于冷加工使钢材产生塑性变形而引起钢材变脆的现象。如图 5-3（a）所示。

（2）时效硬化

钢材中的氮和碳，随时间的增长从固体中析出，形成渗碳体和氮化物的混杂物，散布在晶粒的滑移面上，起着阻碍滑移的强化作用，从而使钢材的强度提高，塑性韧性降低，脆性增大。这种现象称为时效硬化，也称老化。如图 5-3（b）所示。

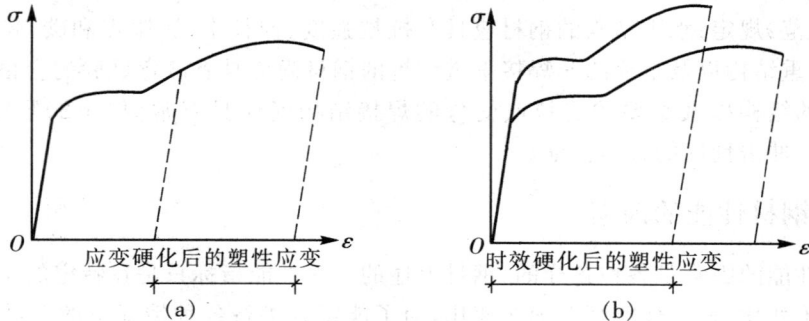

图 5-3　钢材的硬化

（3）应变时效硬化

钢材经冷加工硬化后又经时效而硬化变脆的现象，称为应变时效硬化。

上述硬化的结果都使钢材的强度提高,但同时塑韧性下降,因而普通钢结构中是不考虑用此种方法提高强度的,因为它容易引起裂缝。

4. 应力集中的影响

实际的钢结构中,不可避免地存在着孔洞、槽口、凹角、厚度或形状改变,这时在钢材中的应力不再能保持均匀分布,某些点上产生局部高峰应力,另外点上相应应力降低,即形成所谓的应力集中现象,如图 5-4 所示,其中 σ_M 为高峰处应力,σ_0 为截面平均应力。

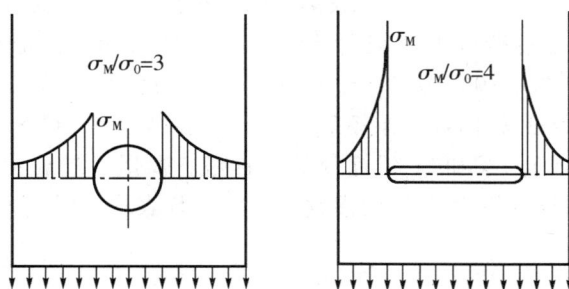

图 5-4 孔洞处的应力集中

应力集中区常形成两向同号应力场,甚至是三向同号应力场,使钢材强度提高、塑韧性降低,从而引起钢材变脆,受到动荷载时容易形成裂纹,导致脆性破坏的发生。

截面变化越急剧,应力集中就越严重,钢材变脆越厉害。设计中若仅承受静力荷载,并符合规定的要求,可不考虑应力集中问题;但对于有尖锐凹角、缺口或裂缝的截面以及在动力荷载作用和低温下工作的结构,则应考虑应力集中问题。

5. 温度的影响

在正温范围内,总的趋势是随着温度的升高,钢材的强度降低,塑性增大。在 250℃ 左右时,钢材的抗拉强度略有提高,而塑性降低,因而钢材呈脆性,由于此时钢材表面氧化膜呈蓝色,因而这种现象称为蓝脆现象。在 250℃～350℃ 时,钢材会产生徐变现象。600℃ 时钢材的强度很低已不能承担荷载。

《钢结构规范》规定:在结构的表面长期受辐射热达 150℃ 以上或在短时间内可能受到火焰作用时应采取有效的防护措施(如加隔热层或水套等)。

在负温范围内,随着温度降低,钢材的脆性倾向逐渐增加,钢材的冲击韧性随着温度的降低而下降(低温冷脆现象)。当冬季计算温度等于或低于 -20℃ 时,特别是受动力荷载的结构,其选用的钢材要有负温冲击韧性的保证。

6. 钢材疲劳的影响

在动力荷载、连续反复荷载或循环荷载作用下,结构的抗力及性能都会发生重要变化,甚至发生疲劳破坏。根据试验,在直接的、连续反复的动力荷载作用下,钢材的强度将降低,即低于一次静力荷载作用下的拉伸试验的极限强度 f_u,这种现象称为钢材的疲劳。疲劳破坏是脆性破坏,是一种突然发生的断裂。

5.1.3 建筑钢材的种类、钢号(牌号)、选择及钢材的规格

1. 种类和钢号

在我国,常用的建筑钢材主要分为碳素结构钢和低合金高强度结构钢两种。优质碳素结构

钢在冷拔碳素钢丝和连接用的紧固件中也有应用。

（1）碳素结构钢

根据《碳素结构钢》（GB/T700）的规定，碳素结构钢的牌号表示方法是由代表屈服点的字母Q、屈服点的数值、质量等级符号、脱氧方法符号等四个部分按顺序组成。所采用的符号分别用下列方法表示：

Q—代表屈服点的字母，屈字汉语拼音的第一个大写字母；钢材屈服点数值，单位为 N/mm^2；A、B、C、D—钢材质量等级。其中：A 级钢只保证抗拉强度、屈服点、伸长率，必要时可附加冷弯试验的要求，化学成分对碳可不作交货条件。B、C、D 级钢均保证抗拉强度，屈服点、伸长率、冷弯和冲击韧性（分别为＋20℃，0℃，－20℃）等力学性能，化学成分对碳、硫、磷的极限含量有严格要求；脱氧方法，F—沸腾钢，b—半镇静钢，Z—镇静钢，TZ—特殊镇静钢。

在牌号组成表示方法中，"Z"和"TZ"符号予以省略。根据上述表示方法，Q235 A·F 表示屈服点为 235 N/mm^2，质量等级为 A 级的沸腾钢；Q235 B 表示屈服点为 235 N/mm^2，质量等级为 B 级的镇静钢。

（2）低合金钢

根据《低合金高强度结构钢》（GB/T1590）的规定，低合金钢的牌号采用与碳素结构钢牌号相同的表示方法。质量等级分为 A、B、C、D、E 共 5 个等级，从 A 到 E 逐级提高，E 级钢主要是要求－40℃ 的冲击韧性。低合金高强度钢均为镇静钢，因此钢的牌号中不再加注脱氧方法，如Q345 A、Q345 B，Q390 C 等。

（3）优质碳素结构钢

对优质碳素结构钢，如果需要进行热处理状态的应在合同中注明，不进行热处理状态交货的不必注明。用于高强度螺栓的 45 号优质碳素钢需要热处理，强度较高，对塑性和韧性又无显著影响。

2. 钢材的选择

钢材的选择在钢结构设计中是非常重要的，选择的基本原则是：保证结构安全可靠，同时要经济合理，降低造价。选择钢材时考虑的因素有：结构的类型及重要性；荷载情况（静力荷载或动力荷载）；连接方法；所处环境条件（温度、腐蚀等）；钢材的性能、经济价格、供应情况等。

对钢材质量的要求，一般地说，承重结构的钢材应保证抗拉强度、屈服点、伸长率和硫、磷的极限含量，对焊接结构尚应保证碳的极限含量。

对于一般工业与民用建筑，承重结构中宜采用 Q235 钢、Q345 钢、Q390 钢、Q420 钢；在主要的焊接结构中，不能使用 Q235A·F 级钢（因为碳含量可不作交货条件）；对重级工作制吊车梁、冬季工作温度等于或低于－20℃ 的吊车梁等非焊接结构不宜采用沸腾钢。

选材时应根据《钢结构规范》规定、钢结构设计手册建议以及具体情况综合考虑。

3. 钢材的规格

钢结构所用钢材主要有热轧成型的钢板和型钢，冷弯成型的薄壁型钢，也采用圆钢或无缝钢管。

（1）钢板

钢板分厚钢板、薄钢板、扁钢和特厚板。

①厚板

厚：4.5～60mm，宽：700～3000mm，长：4～12m

②薄板

厚：0.35～4mm，宽：500～1800mm，长：4～6m

③扁钢

厚:4～60mm,宽:12～200mm,长:3～9m

④特厚板

厚:＞60mm,宽:600～3800mm,长:4～9m

图纸中钢板规格采用"－宽×厚×长"或"－宽×厚"表示。

例:－500×10×10000 表示钢板宽 500mm,厚 10mm,长 10m。

(2)热轧型钢

常用的热轧型钢有角钢、工字钢、槽钢、H 型钢、剖分 T 形钢和钢管等,截面形式如图 5 - 5 所示。

图 5 - 5　热扎型钢截面

　角钢分等边角钢和不等边角钢。等边角钢用符号"L"和肢宽×肢厚(单位为 mm)表示,如 L125 ×10 为肢宽 125mm,肢厚 10mm 的等边角钢。不等边角钢用符号"L"和长肢宽×短肢宽 ×肢厚(单位为 mm)表示,如 L125×80×10 为长肢宽 125mm,短肢宽 80mm,肢厚 10mm 的不等 边角钢。角钢可作为独立构件使用。

　普通工字钢以截面高度(单位为 cm)进行编号,以符号"I"表示。I 20 号～I 28 号工字钢分 a、b 二项,I 32 号～I 63 号工字钢分 a、b、c 三项,分别表示腹板较薄、中等和较厚。如"I22a"表示 高度为 220mm,腹板较薄的工字钢。

　普通槽钢也以截面高度(单位为 cm)来编号,用符号"["表示。14～22 号分 a、b 项,25 号以 上分 a、b、c 三项,分别表示腹板较薄、中等和较厚。如,"[22a"表示腹板高度为 220mm,腹板较 薄的槽钢。

　H 型钢和剖分 T 形钢的表示方法详见有关参考书及国家标准规定。

　钢管规格以直径的毫米数表示。钢管以符号 φ 后加外径×厚度(单位为 mm)表示。如 φ400 ×6 表示外径 400mm、厚 6mm 的钢管。

(3)冷弯型钢和压型钢板

冷弯型钢是用厚度为 1.5～6mm 薄钢板经冷轧(弯)或模压而成,故也称冷弯薄壁型钢。常 用截面形式如图 5-6 所示。

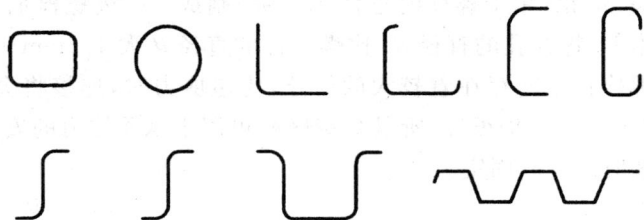

图 5-6　冷弯型钢截面

　压型钢板是用 0.3mm～1.6mm 厚的钢板、镀锌钢板、彩色涂层钢板(表面覆盖有彩色油漆) 经冷轧(压)成的各种类型的波形板。

5.2 钢结构的连接

钢结构是先由钢板、型钢通过必要的连接组成构件,各构件再通过一定的连接方法而形成整体结构。连接部位应有足够的强度、刚度及延性,钢结构连接设计的重要性不亚于构件的设计。钢结构的连接应符合安全可靠、传力明确、构造简单、制造方便和节约钢材的原则。

5.2.1 钢结构的连接方法和特点

钢结构的连接方法可分为铆钉连接、焊缝连接、普通螺栓连接和高强螺栓连接。目前大多数钢结构采用焊接或高强螺栓连接成基本构件,工地安装多采用螺栓连接。铆钉连接费工费料,房屋结构中已很少采用。

1. 焊缝连接

焊缝连接是目前钢结构中最主要的连接方法,其优点是构造简单,用钢量省,任何形式的构件都可直接相连。在工业与民用建筑中,只有少数情况不宜采用焊接,如重级工作制吊车梁、制动梁及制动梁与柱的连接部位。

2. 铆钉连接

目前很少采用,因为这种连接费工又费时,它最大优点是连接的塑韧性好、传力可靠。在一些重型和直接承受动力荷载的结构中,有时仍然采用。

3. 螺栓连接

螺栓连接分为普通螺栓连接和高强螺栓连接两大类。

(1)普通螺栓连接

普通螺栓连接的优点是施工简单、拆装方便,缺点是用钢量较多。适用于安装连接和需要经常拆装的结构。普通螺栓分为 A 级、B 级和 C 级螺栓。A 级、B 级螺栓又称为精制螺栓,C 级螺栓称为粗制螺栓。

A 级、B 级螺栓一般用 45 号钢和 35 号钢制成(用于螺栓时也称 8.8 级)。8.8 级代表螺栓材料的性能等级,小数点前的数字表示螺栓成品的抗拉强度不小于 $800\text{N}/\text{mm}^2$,小数点后及小数点以后数字表示其屈强比(f_y/f_u)为 0.8。A 级和 B 级的区别只是尺寸不同。A、B 级螺栓需要机械加工,尺寸准确,要求 I 类孔,栓径和孔径的公称尺寸相同,允许偏差 0.18mm~0.25mm 间隙。这种螺栓连接传递剪力的性能较好,变形很小,但制造安装比较复杂,价格昂贵,目前在钢结构中较少采用。

C 级螺栓一般用 Q235 钢(用于螺栓时也称 4.6 级)制成。C 级螺栓加工粗糙,尺寸不够准确,只要求 II 类孔,成本低,螺栓孔的直径 d_0 比螺栓杆的直径 d 大 1.5mm~2.0mm。由于 C 级螺栓连接的螺栓杆与螺栓孔之间存在着较大的间隙,传递剪力时,连接将会产生较大的剪切滑移,但 C 级螺栓传递拉力的性能仍很好,所以 C 级螺栓可用于承受拉力的安装连接,以及不重要的抗剪连接或用作安装时的临时固定。

(2)高强螺栓连接

高强螺栓连接有两种类型:一种是只依靠摩擦阻力传力,并以剪力不超过接触面摩擦力作为设计准则,称为摩擦型连接;另一种是允许接触面滑移,以连接达到破坏的极限承载力作为设计准则,称为承压型连接。

高强螺栓一般采用 45 号钢、40B 钢和 20MnTiB 钢加工而成,经热处理后,螺栓抗拉强度应

分别不低于 $800N/mm^2$ 和 $1000N/mm^2$,即前者的性能等级为 8.8 级,后者的性能等级为 10.9 级。摩擦型连接高强度螺栓的孔径比螺栓公称直径 d 大 1.0mm～1.5mm。

摩擦型连接的剪切变形小,弹性性能好,施工较简单,可拆卸,耐疲劳,特别适用于承受动力荷载的结构。承压型连接的承载力高于摩擦型,连接紧凑,但剪切变形大,故不得用于承受动力荷载的结构中。

5.2.2　焊接方法及焊缝连接形式

1. 焊接方法

焊接是将被连接的构件需要连接处的钢材加以融化,加入热融的焊条或焊丝作为填充金属一起化成焊池,经冷却结晶后形成焊缝把构件连接起来。

焊接方法很多,房屋钢结构主要采用电弧焊,以焊条为一极接于电机上,以焊件为另一极接地,使焊接处形成可高达 3000℃ 的高温电弧。电弧焊分手工电弧焊、埋弧焊(自动或半自动埋弧焊)以及气体保护焊等。

手工电弧焊是常用的一种焊接方法(图 5-7)。通电后在涂有药皮的焊条与焊件之间产生电弧。在高温作用下,电弧周围的金属变成液态,形成熔池。同时,焊条中的焊丝很快熔化,滴落入焊池中,与焊件的熔融金属相互结合,冷却后即形成焊缝。手工电弧焊的设备简单,焊接的质量与焊工的熟练程度有关。手工电弧焊所用焊条应与被焊钢材(或称主体金属)相适应,一般为:Q235 钢焊件采用 E43×× 型焊条,Q345 钢焊件采用 E50×× 型焊条,Q390 和 Q420 钢焊件采用 E55×× 型焊

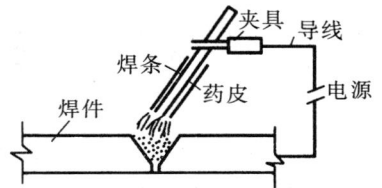

图 5-7　手工电弧焊

条。其中 E 表示焊条,后面的两位数字表示焊缝熔敷金属的抗拉强度,最后两位×× 是数字,表示适用焊缝位置、焊条药皮类型及电源种类。焊条药皮的作用是在焊接时形成溶滴和气体覆盖溶池,防止空气中的氧、氮等有害气体与融化的液体金属接触。

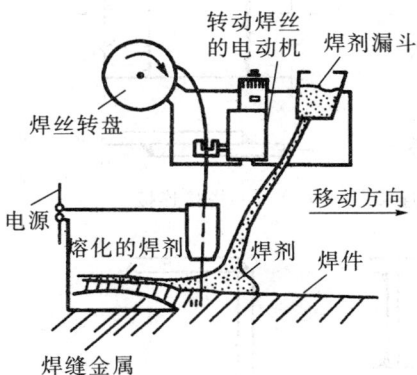

图 5-8　埋弧自动焊

自动和半自动埋弧是电弧在焊剂层下燃烧的一种电弧焊方法。焊丝送进和电弧按焊接方向的移动有专门机构控制完成的称"埋弧自动电弧焊"(图 5-8);焊丝送进有专门机构,而电弧按焊接方向的移动靠人工操作完成的称"埋弧半自动电弧焊"。自动焊和半自动埋弧焊也应采用与焊件相应的焊丝和焊剂,即要求焊缝与主体金属等强。

焊接的优点是不削弱截面,连接接头构造简单,施工操作方便,不透气,不透水。缺点是可能产生残余应力和残余变形,使薄的构件翘曲,厚的构件形成焊接应力区段,以致产生脆性断裂;连接件通过焊缝形成整体,刚度大,局部裂缝可能通过焊缝扩展;焊接操作或钢材本身也可能使焊缝产生裂纹、夹渣、气孔、烧穿、咬边、未熔合、未焊透等焊接缺陷(图 5-9),使焊缝变脆、产生应力集中,降低抗脆断能力等。防止措施是在保证足够强度的条件下,尽量减少焊缝数量、厚度和密集程度,并尽可能将焊缝对称布置,采用合理的施工工艺。

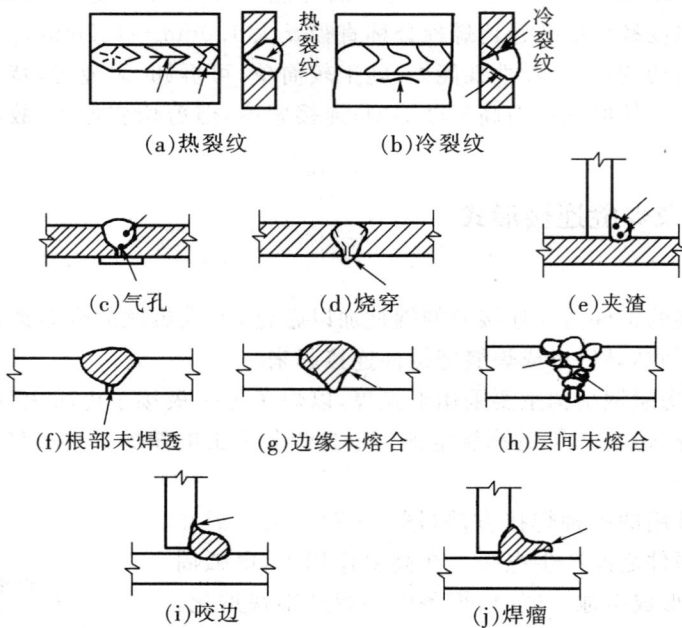

图 5-9 焊缝缺陷

2. 焊缝连接形式及焊缝形式

（1）焊缝连接形式

焊缝连接形式按被连接钢材的相互位置可分为对接、搭接、T形连接和角部连接四种（图 5-10）。

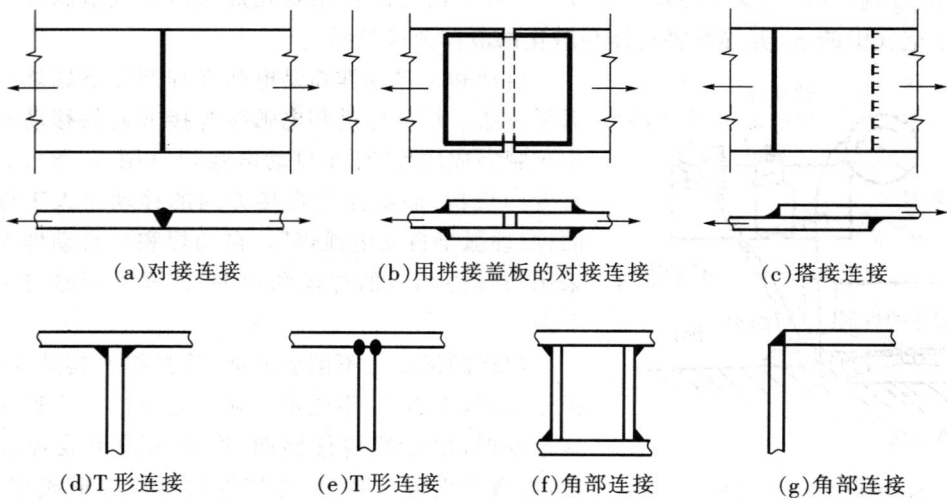

图 5-10 焊缝连接的形式

对接连接主要用于厚度相同或接近相同的两构件的相互连接。搭接连接特别适用于不同厚度构件的连接。T形连接省工省料，常用于制作组合截面。角部连接主要用于制作箱形截面。

（2）焊缝形式

焊缝形式可分为对接焊缝和角焊缝(图 5-11),其中角焊缝按受力方向又分为正面角焊缝和侧面角焊缝,角焊缝平行受力方向的为侧面角焊缝,垂直受力方向的为正面角焊缝。

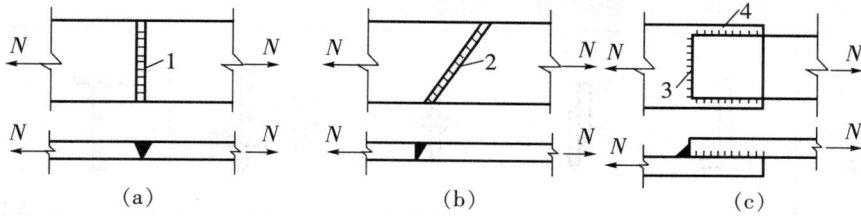

1.对接焊缝—正焊缝;2.对接焊缝—斜焊缝;3.角焊缝—正面角焊缝;4.角焊缝—侧面角焊缝
图 5-11　焊缝形式

焊缝按施焊位置分为平焊(俯焊)、横焊(水平焊)、立焊(垂直焊)和仰焊,如图 5-12 所示。

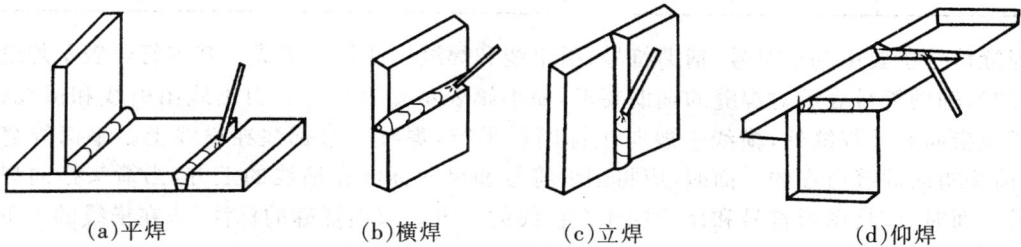

(a)平焊　　　　(b)横焊　　　　(c)立焊　　　　(d)仰焊
图 5-12　焊缝施焊位置

平焊施焊方便,质量易于保证,应尽量采用。仰焊条件最差,焊缝质量不保证,故应从设计构造上尽量避免。

3. 焊缝质量检验和焊缝质量级别

由于焊缝中不可避免会存在焊缝缺陷,所以焊缝的质量检验极为重要,对焊缝应按其受力性质和所处部位分级检验,《钢结构工程施工及验收规范》(GB50205-2001)规定,焊缝质量检验标准及相应的焊缝质量级别分为三级,其中第三级只要求通过外观检查,即检查焊缝实际尺寸是否符合设计要求和有无明显的裂纹等缺陷。对于重要的结构连接焊缝或要求与被焊金属等强的对接焊缝,必须进行一级或二级质量检验,即在外观检查的基础上再做无损检验。其中二级检查要求采用超声波检验每条焊缝的 20%长度,一级检查要求用超声波检验每条焊缝的全部长度,以便于揭示焊缝内部缺陷。设计所采用的焊缝级别须在钢结构施工图中明确标注,三级焊缝可以不标注。

4. 焊缝符号及标注方法

焊缝一般应按《焊缝符号表示方法》(GB/T324-1988)和《建筑结构制图标准》(GB/T50105-2001)的规定符号在结构施工图中标注。表 5-1 摘录部分代号标注。

表 5 - 1　焊缝代号

	角　焊　缝				对接焊缝	塞焊缝	三面围焊
	单面焊缝	双面焊缝	安装焊缝	相同焊缝			
型式							
标注方法							

　　焊缝符号主要由基本符号、辅助符号、引出线和焊缝尺寸符号组成。基本符号表示焊缝的横剖面形状;辅助符号表示对焊缝的辅助要求,如小旗表示安装焊缝。引出线由引线和横线组成,指引线应指向有关焊缝处,横线一般与主标题栏平行,焊缝符号标注在横线上。单面焊缝的标注:当箭头指向焊缝所在的一面时,应将围形符号和尺寸标注在横线的上方,当箭头指向焊缝所在的另一面时,应将图形符号和尺寸标注在横线的下方。双面焊缝的标注:应在横线的上下方都标注符号和尺寸;当两面尺寸相同时,只需在横线的上方标注尺寸。

5.2.3　对接焊缝的构造和计算

1. 对接焊缝的构造

(1)坡口形式

　　对接焊缝又称坡口焊缝,因为在施焊时焊件间须有适合于焊条运转的空间,故一般将焊件边缘加工成坡口。对接焊缝的坡口形式分为Ⅰ形、单边V形、V形、U形、K形及X形等(图5-13)。实际选用何种坡口的形式主要根据焊件的厚度和施焊条件来确定。

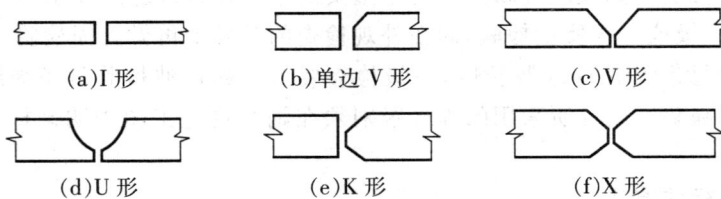

(a)Ⅰ形	(b)单边V形	(c)V形
(d)U形	(e)K形	(f)X形

图 5 - 13　对接焊缝的坡口形式

(2)厚度或宽度变化时的构件连接要求

　　在对接焊缝的拼接处,当焊件的宽度不同或厚度相差4mm以上时,应分别在宽度或厚度方向从一侧或两侧做成坡度不大于1/2.5的斜角(见图5-14),以使截面平缓过渡,减小应力集中。

(3)引弧板构造

　　对接焊缝的起弧点和落弧点常因不能焊透而出现凹形的焊口,形成弧坑的缺陷,受力后易出现裂纹和应力集中,为避免这种情况,焊接时常将焊缝的起弧点和落弧点延伸至引弧板上(图

5-15)，焊后将引弧板切除（用气割切除、修磨平整的方法）。

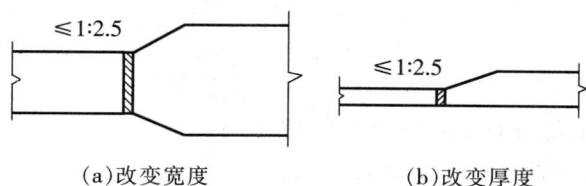

(a)改变宽度　　　(b)改变厚度

图 5-14　钢板连接的构造要求

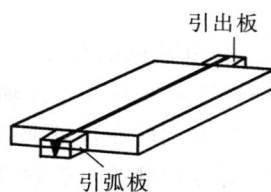

图 5-15　引弧板构造

对于承受静力荷载的某些特殊情况无法采用引弧板时，应在连接强度计算中将每条焊缝长度各减去 $2t$（t 为较薄焊件厚度）。

2. 对接焊缝的计算

对接焊缝可视为构件截面的延续组成部分，焊接中的应力分布情况基本与原有构件相同，所以计算时可利用《材料力学》中各种受力状态下构件的强度计算公式。

对接焊缝的质量分为一、二、三级，一、二级焊缝与钢材等强，可不必作计算，当为三级焊缝且受拉时，其焊缝的强度低于焊件的强度，因而需要进行计算。

（1）垂直于焊缝的轴心力作用下对接焊缝的计算

轴心受力的对接焊缝（图 5-16）可按下式计算：

$$\sigma = \frac{N}{l_w t} \leqslant f_t^w \text{ 或 } f_c^w \qquad (5-2)$$

式中：N——轴心拉力或轴心压力；

l_w——焊缝计算长度，不用引弧板施焊时，为焊缝的实际长度减去 $2t$；

t——在对接接头中为连接件的较小厚度；在 T 形接头中为腹板的厚度；

f_t^w 或 f_c^w——对接焊缝的抗拉、抗压强度设计值，查《钢结构规范》表 3.4.1-3。

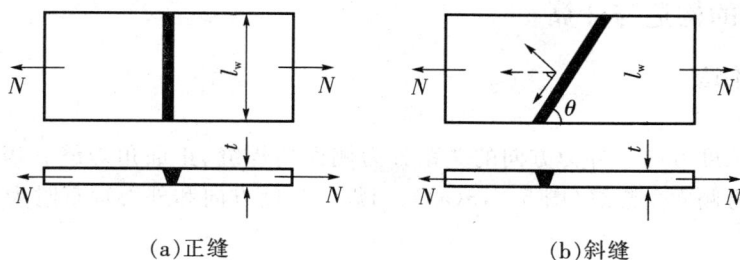

(a)正缝　　　　　　(b)斜缝

图 5-16　对接焊缝受轴心力作用

如果经验算直缝的强度不满足，可改用斜对接焊缝（图 5-16(b)）。《钢结构规范》规定：焊缝与力的夹角 θ 当符合 $\theta \leqslant 56°$ 时，斜焊缝的强度不低于母材强度，可不再进行强度验算。

（2）弯矩和剪力共同作用下的对接焊缝计算

图 5-17(a)所示是对接接头受到弯矩和剪力的共同作用，由于焊缝截面是矩形，正应力与剪应力分别为三角形与抛物线形，其最大值应分别满足下列强度条件：

$$\sigma_{max} = \frac{M}{W_w} = \frac{6M}{l_w^2 t} \leqslant f_t^w \qquad (5-3)$$

$$\tau_{max} = \frac{VS_w}{I_w t} = \frac{3}{2} \cdot \frac{V}{l_w t} \leqslant f_v^w \tag{5-4}$$

式中:W_w——焊缝截面的截面模量;

$\quad$ I_w——焊缝截面对其中性轴的惯性矩;

$\quad$ S_w——焊缝截面在计算剪应力处以上截面部分对中和轴的面积矩;

$\quad$ f_v^w——对接焊缝的抗剪强度设计值,查《钢结构规范》表3.4.1-3。

$\quad$ σ_{max},τ_{max}——验算点处的焊缝正应力与剪应力。

图5-17(b)所示是工字形截面梁的接头,采用对接焊缝,除应分别验算最大正应力和剪应力外,对于同时受有较大正应力和较大剪应力处,例如腹板与翼缘的交接点,还应按下式验算折算应力:

$$\sqrt{\sigma_1^2 + 3\tau_1^2} \leqslant 1.1 f_t^w \tag{5-5}$$

式中:σ_1,τ_1——验算点处的焊缝正应力和剪应力

$\quad$ 1.1——考虑到最大折算应力只在局部出现,而将强度设计值适当提高的系数。

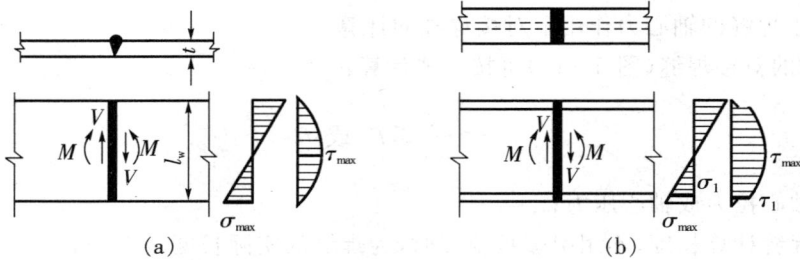

图5-17 对接焊缝受弯矩和剪力联合作用

5.2.4 角焊缝的构造与计算

1. 角焊缝的构造

(1)角焊缝的分类

角焊缝按其长度方向和外力方向的关系分为侧面角焊缝、正面角焊缝。当焊缝长度方向和外力作用平行时为侧面角焊缝(图5-18(a));当焊缝长度方向和外力垂直时为正面角焊缝(图5-18(b))。

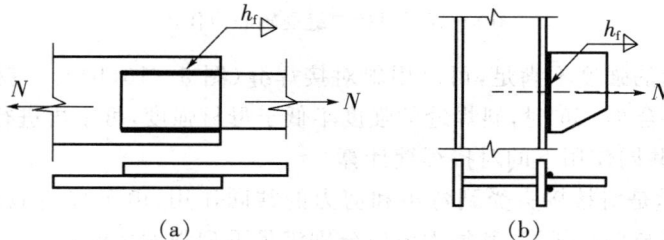

图5-18 正面角焊缝和侧面角焊缝

(2)角焊缝的截面形式

角焊缝可分为直角角焊缝和斜角角焊缝(图 5-19)。一般受力焊缝采用直角角焊缝。

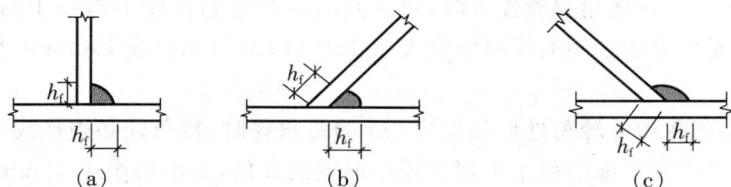

图 5-19　角焊缝的形式

直角角焊缝的截面形式有普通焊缝、平坡焊缝、凹缝等几种(图 5-20)。一般情况下常用普通焊缝。

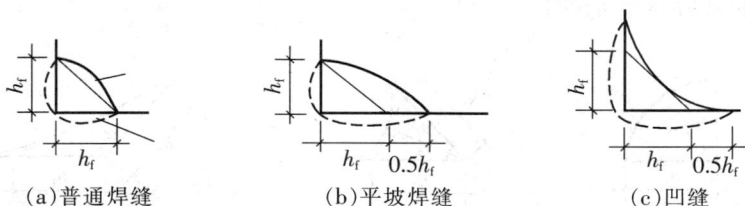

(a)普通焊缝　　　　(b)平坡焊缝　　　　(c)凹缝

图 5-20　直角角焊缝的截面形式

(3)角焊缝的尺寸限制

①焊脚尺寸 h_f

角焊缝的焊脚尺寸 h_f 应与焊件的厚度相适应,不宜过大或过小。

焊脚尺寸 h_f 不宜过小,以保证焊缝的最小承载力,并防止因焊件较厚且焊脚过小冷却过快而产生的裂纹,角焊缝的最小焊脚尺寸 h_f 应满足下列要求:

对手工焊:　　　　　　　　$h_f \geqslant 1.5\sqrt{t}$,其中 t 为较厚焊件厚度(mm);

对于自动焊:　　　　　　　$h_f \geqslant 1.5\sqrt{t}-1$;

对于 T 形连接的单面角焊缝:　$h_f \geqslant 1.5\sqrt{t}+1$;

当焊件厚度等于或小于 4mm 时,则 h_f 应与焊件厚度相同。

焊脚尺寸 h_f 亦不宜过大,以避免焊缝冷却收缩而产生较大的焊接残余变形,且热影响区扩大,容易产生脆裂,较薄焊件易烧穿。因此,《钢结构规范》规定角焊缝的最大焊脚尺寸 h_f 为:

T 形连接角焊缝: $h_f \leqslant 1.2t$,t 为较薄焊件厚度(mm);

板边缘的角焊缝:当板厚 $t \leqslant 6$mm 时,$h_f \leqslant t$;

　　　　　　　　当板厚 $t > 6$mm 时,$h_f \leqslant t-(1\sim2)$mm;

因此,在选择焊缝的焊脚尺寸时,应符合: $h_{fmin} \leqslant h_f \leqslant h_{max}$

②角焊缝计算长度 l_w

侧面角焊缝或正面角焊缝的计算长度不得小于 $8h_f$ 和 40mm,以免起落弧的弧坑太近,并产生应力集中。

由于侧面角焊缝沿长度方向的剪应力布不均匀,两端大中间小,当侧焊缝长度过长时就有可能使两端先出现裂缝,而焊缝中间还未充分发挥其承载能力。因此,侧面角焊缝的计算长度不宜大于 $60h_f$,当大于上述数值时其超过部分在计算中不予考虑。若内力沿侧面角焊缝全长均匀分布时,计算长度不受此限制。

③其他构造要求

当构件的端部仅有两侧角焊缝连接时,每条侧面角焊缝的长度不得小于两侧面角焊缝之间的距离;同时两侧面角焊缝之间的距离不宜大于 $16t$(当 $t>12mm$)或 190mm(当 $t\leqslant12mm$),t 为较薄焊件的厚度。

当角焊缝的端部在构件转角处作长度为 $2h_f$ 的绕角焊时,转角处必须连续施焊。

在搭接连接中,搭接长度不得小于焊件较小厚度的 5 倍,并不得小于 25mm。

2. 角焊缝的计算

(1)角焊缝计算的基本公式

①角焊缝的有效截面

平分角焊缝夹角 α 的截面称为角焊缝的有效截面,破坏往往从这个截面发生。有效截面的高度称为角焊缝的有效厚度 h_e(图 5 - 21)。

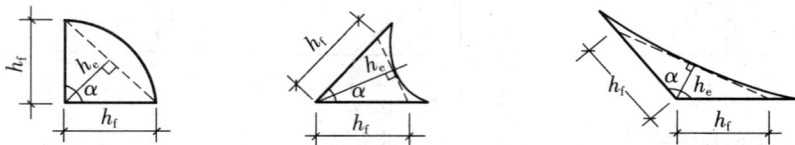

图 5 - 21 角焊缝有效厚度计算简图

②角焊缝计算的基本公式

对正面角焊缝:

$$\sigma_f = \frac{N}{h_e \sum l_w} \leqslant \beta_f f_f^w \tag{5 - 6}$$

对侧面角焊缝:

$$\tau_f = \frac{N}{h_e \sum l_w} \leqslant f_f^w \tag{5 - 7}$$

如角焊缝既有正面角焊缝受力性质又有侧面角焊缝受力性质,则按下式计算:

$$\sqrt{\left(\frac{\sigma_f}{\beta_f}\right)^2 + \tau_f^2} \leqslant f_f^w \tag{5 - 8}$$

式中:β_f——正面角焊缝的强度设计值增大系数,静载、间接动载 $\beta_f=1.22$,动载 $\beta_f=1.0$;

h_e——角焊缝的有效厚度,直角角焊缝 $h_e=0.7h_f$;

$\sum l_w$——两焊件间角焊缝计算长度总和,每条焊缝取实际长度减去 $2h_f$,以考虑扣除施焊时起弧、落弧处的弧坑缺陷。

f_f^w——角焊缝的强度设计值,查《钢结构规范》表 3.4.1-3。

(2)各种受力状态下角焊缝连接的计算

①轴心力作用下角焊缝的计算

a.钢板连接

当焊件受轴心力,且轴心力通过连接焊缝形心时,焊缝的应力可认为是均匀分布的(见图 5 - 22)。

当只有侧面角焊缝时,按式(5-7)计算;当只有正面角焊缝时,按式(5-6)计算;当采用三面围焊时,可先按式(5-6)计算正面角焊缝所承担的内力 $N' = \beta_f f_f^w \sum h_e l_w$。式中 $\sum l_w$ 为连接一侧正面角焊缝计算长度的总和,再由力($N-N'$)计算侧面角焊缝的强度:

$$\tau_f = \frac{N-N'}{\sum h_e l_w} \leqslant f_f^w \tag{5-9}$$

b. 角钢连接

当角钢用角焊缝连接时(见图 5-23),虽然轴心力通过截面形心,但由于截面形心到角钢肢背和肢尖的距离不等,肢背焊缝和肢尖焊缝受力也不等。由力的平衡关系($\sum M = 0$;$\sum N = 0$)可求出各焊缝的受力。

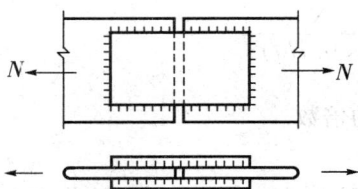

图 5-22　受轴心力的盖板连接

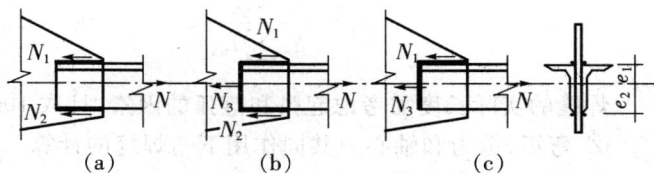

图 5-23　受轴心力的角钢连接

两边仅用侧面角焊缝连接时(图 5-23(a)):

$$肢背:\quad N_1 = e_2 N/(e_1+e_2) = K_1 N \tag{5-10a}$$

$$肢尖:\quad N_1 = e_1 N/(e_1+e_2) = K_2 N \tag{5-10b}$$

式中:K_1,K_2——角钢肢背、肢尖焊缝内力分配系数,见表 5-2

表 5-2　角钢角焊缝的内力分配系数

连接情况	连接形式	分配系数	
		K_1	K_2
等肢角钢		0.70	0.30
不等肢角钢短肢连接		0.75	0.25
不等肢角钢长肢连接		0.65	0.35

三面围焊时(图 5-23(b)):

正面角焊缝承担的力:$N_3 = 0.7 h_f \sum l_{w3} \beta_f f_f^w$

肢背：$\qquad N_1 = e_1 N/(e_1 + e_2) - N_3/2 = K_1 N - N_3/2 \qquad$ (5 - 11a)

肢尖：$\qquad N_1 = e_1 N/(e_1 + e_2) - N_3/2 = K_2 N - N_3/2 \qquad$ (5 - 11b)

L 形焊缝（图 5 - 23(c)）：

正面角焊缝承担的力：$\qquad N_3 = 0.7 h_f \sum l_{w3} \beta_f f_f^w$

肢背：$\qquad N_1 = N - N_3 \qquad$ (5 - 12)

上述各种情况的 N_1、N_2 求出以后，根据侧缝强度计算公式计算强度：

$$\tau_1 = \frac{N_1}{h_e \sum l_{w1}} \leqslant f_f^w \quad 或 \quad l_{w1} \geqslant \frac{N_1}{2 \times 0.7 h_f f_f^w}$$

$$\tau_2 = \frac{N_2}{h_e \sum l_{w2}} \leqslant f_f^w \quad 或 \quad l_{w2} \geqslant \frac{N_2}{2 \times 0.7 h_f f_f^w}$$

焊缝的实际长度需考虑起弧和落弧的因素，且取 10mm 的倍数。

② 弯矩、剪力和轴心力共同作用下角焊缝的计算

在弯矩 M 单独作用的角焊缝连接中，角焊缝有效截面上的应力呈三角形分布（见图 5 - 24b），属正面角焊缝受力性质。其最大应力的计算公式为：

$$\sigma_f = \frac{M}{W_w} \leqslant \beta_f f_f^w \qquad (5 - 13)$$

式中：W_w——角焊缝有效截面的截面模量，$W_w = \sum (h_e l_w^2)/6$。

当角焊缝同时承受弯矩 M、剪力 V 和轴力 N 的作用时（图 5 - 24a），应分别计算角焊缝在 M、V、N 作用下的应力，求出有效截面受力最大 A 点的应力分量 σ_A^M（式 5 - 13）、τ_A^V（式 5 - 7）、σ_A^N（式 5 - 6），然后按下式计算：

$$\sqrt{\left(\frac{\sigma_A^M + \sigma_A^N}{\beta_f}\right)^2 + (\tau_A^V)^2} \leqslant f_f^w \qquad (5 - 14)$$

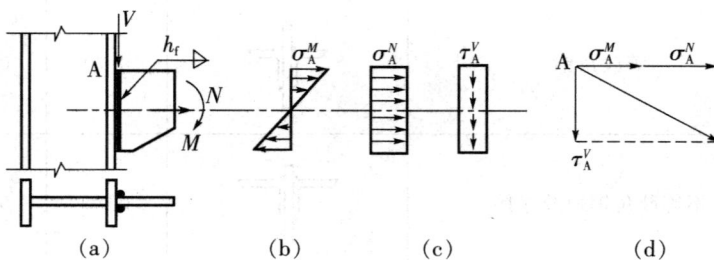

图 5 - 24　弯矩作用时角焊缝应力

③扭矩、剪力和轴心力共同作用下角焊缝的计算

在扭矩 T 单独作用下的角焊缝连接中（图 5 - 25b），假定：被连接构件是刚性的，而焊缝则是弹性的；被连接板件绕角焊缝有效截面形心 o 旋转，角焊缝上任一点的应力方向垂直于该点与形心 o 的连线，应力的大小与其距离 r 大小成正比。

扭矩单独作用时角焊缝应力计算公式为：

$$\tau_A = \frac{T r_A}{J} \tag{5-15}$$

式中：J——角焊缝有效截面的极惯性矩，$J = I_x + I_y$；

　　　r_A——A 点至形心 O 点的距离。

上式所给出的应力与焊缝长度方向成斜角，把它分解到 x 轴上和 y 轴上的分应力为：

$$\tau_{Ax}^T = \frac{T r_{Ay}}{J} \text{（正面角焊缝受力性质）} \tag{5-16a}$$

$$\sigma_{Ay}^T = \frac{T r_{Ax}}{J} \text{（侧面角焊缝受力性质）} \tag{5-16b}$$

当角焊缝同时承受扭矩 T、剪力 V 和轴力 N 共同作用（图 5-25a）时，应分别计算角焊缝在 T、V 和 N 作用下的应力，求出受力最大点的应力分量 τ_{Ax}^T、σ_{Ay}^T（式 5-16a、b）、σ_{Ay}^V（式 5-6）、τ_{Ax}^N（式 5-7），然后按式（5-17）验算：

$$\sqrt{\left(\frac{\sigma_{Ay}^T + \sigma_{Ay}^V}{\beta_f}\right)^2 + (\tau_{Ax}^T + \tau_{Ax}^N)^2} \leqslant f_f^w \tag{5-17}$$

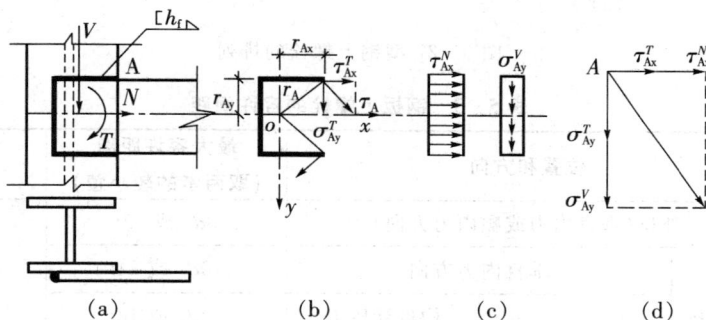

图 5-25　扭矩作用时角焊缝应力

5.2.5　螺栓连接的构造与计算

螺栓连接分普通螺栓连接和高强螺栓连接两种。高强螺栓又分为摩擦型和承压型两种。

1. 普通螺栓连接

（1）传力方式与构造

普通螺栓连接按螺栓受力情况可分为受剪螺栓、受拉螺栓和拉剪螺栓连接三种。受剪螺栓连接是靠螺栓杆受剪和孔壁挤压传力。受拉螺栓连接是靠沿杆轴线方向受拉传力，拉剪螺栓连接则兼有上述两种传力方式。

螺栓在构件上的排列可以是并列或错列（图 5-26），排列时应考虑受力要求、构造要求和施工要求。钢板上螺栓的排列要求见图 5-26 和表 5-3。型钢上螺栓的排列见图 5-27 和表 5-4、表 5-5、表 5-6。

在钢结构施工图上需要将螺栓孔的施工要求用图形表示出来，常用的图例见表 5-7。

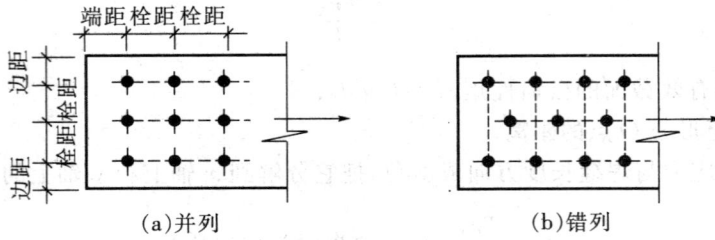

图 5-26 钢板上螺栓的排列

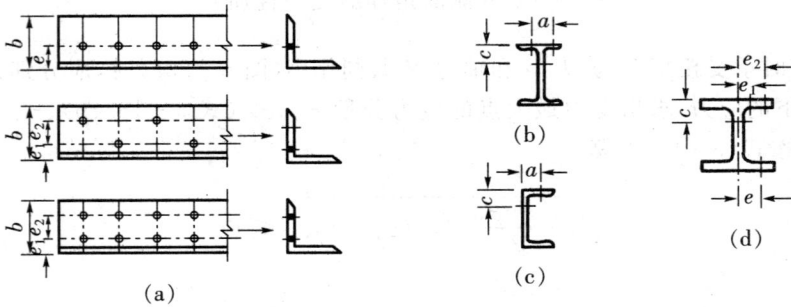

图 5-27 型钢上螺栓的排列

表 5-3　钢板上螺栓的容许间距

名称	位置和方向			最大容许距离 （取两者的较小值）	最小容许距离
中心 间距	外排（垂直内力或顺内力方向）			$8d_0$ 或 $12t$	$3d_0$
	中间排	垂直内力方向		$16d_0$ 或 $24t$	
		顺内力方向	构件受压力	$12d_0$ 或 $18t$	
			构件受拉力	$16d_0$ 或 $24t$	
	沿对角线方向			—	
中心至 构件边 缘距离	顺内力方向			$4d_0$ 或 $8t$	$2d_0$
	垂直 内力 方向	剪切或手工气割边			$1.5d_0$
		轧制边、自动气 割或锯割边	高强度螺栓		$1.5d_0$
			其他螺栓		$1.2d_0$

　[注]（1）d_0 为螺栓孔径，t 为外层薄板件厚度；（2）钢板边缘与刚性构件（如角钢、槽钢）相连的螺栓最大间距，可按中间数值采用。

表 5-4　角钢上螺栓的容许间距（mm）

肢宽 b		40	45	50	56	63	70	75	80	90	100	110	125
单行	e	25	25	30	30	35	40	40	45	50	55	60	70
	d_0	11.5	13.5	13.5	15.5	17.5	20	22	22	24	24	26	26

表 5 - 5 工字钢和槽钢腹板上螺栓的容许间距(mm)

工字钢号	12	14	16	18	20	22	25	28	32	36	40	45	50	56	63
线距 c_{min}	40	45	45	45	50	50	55	60	60	65	70	75	75	75	75
槽钢型号	12	14	16	18	20	22	25	28	32	36	40				
线距 c_{min}	40	45	50	50	55	55	55	60	65	70	75				

表 5 - 6 工字钢和槽钢翼缘上螺栓的容许间距(mm)

工字钢号	12	14	16	18	20	22	25	28	32	36	40	45	50	56	63
线距 c_{min}	40	40	50	55	60	65	65	70	75	80	80	85	90	95	95
槽钢型号	12	14	16	18	20	22	25	28	32	36	40				
线距 c_{min}	30	35	35	40	40	45	45	45	50	56	60				

表 5 - 7 螺栓、孔的表示方法

序 号	名 称	图 例	说 明
1	永久螺栓		
2	高强度螺栓		1. 细"+"线表示定位线 2. 采用引出线标注时,横线上标注螺栓规格,横线下标注螺栓孔直径
3	安装螺栓		
4	圆形螺栓孔		3. M 表示螺栓型号 4. ϕ 表示螺栓孔直径
5	长圆形螺栓孔		

(2)普通螺栓连接的计算

①抗剪螺栓连接的计算

单个抗剪螺栓的承载力设计值为:

抗剪承载力设计值:
$$N_v^b = n_v \frac{\pi d^2}{4} f_v^b \tag{5-18}$$

承压承载力设计值:
$$N_c^b = d \sum t f_c^b \tag{5-19}$$

式中:n_v——螺栓受剪面数(图 5 - 28),单剪 $n_v = 1$,双剪 $n_v = 2$,四剪 $n_v = 4$ 等;

$\sum t$——在不同受力方向中一个受力方向承压板件总厚度的较小值;

d——螺栓杆直径;

f_v^b、f_c^b——螺栓的抗剪、承压强度设计值，查《钢结构规范》表 3.4.1-4。

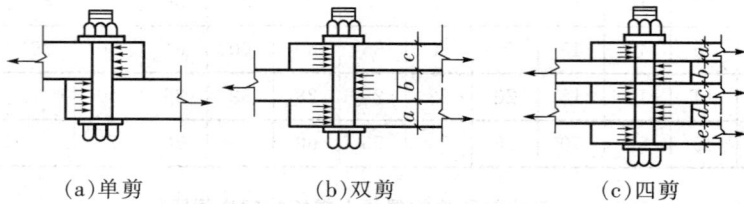

(a)单剪 (b)双剪 (c)四剪

图 5-28 抗剪螺栓连接的受剪面数

一个抗剪螺栓的承载力设计值应取上面两式算得的较小值

$$N_{min}^b = Min\{N_v^b, N_c^b\} \tag{5-20}$$

a. 轴向力作用下螺栓群的抗剪计算 当外力作用线通过螺栓群中心时所需螺栓数目为：

$$n = \frac{N}{N_{min}^b} \quad （取整） \tag{5-21}$$

b. 螺栓群在扭矩作用下的抗剪计算 承受扭矩的螺栓连接，可先按构造要求布置螺栓群，然后计算受力最大的螺栓所承受的剪力，并与一一个抗剪螺栓的承载力设计值进行比较。

分析螺栓群受扭矩作用时采用下列计算假定：

(a)被连接构件是绝对刚性的，而螺栓是弹性的；

(b)各螺栓绕螺栓群形心 O 旋转(图 5-29)，其受力大小与其至螺栓群形心 O 的 r 成正比，力的方向与其至螺栓群形心的连线相垂直。

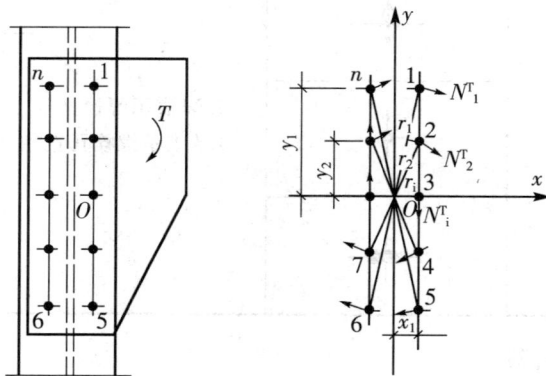

图 5-29 螺栓群受扭矩作用

这样可得受力最大的 I 号螺栓所受的力 N_1^T：

$$N_1^T = \frac{Tr_1}{\sum r_i^2} = \frac{Tr_1}{\sum x_i^2 + \sum y_i^2} \tag{5-22}$$

为便于计算，可将 N_1^T 分解为沿 x 轴和 y 轴上的两个分量：

$$N_{1x}^T = \frac{Ty_1}{\sum x_i^2 + \sum y_i^2} \tag{5-23a}$$

$$N_{1y}^T = \frac{Tx_1}{\sum x_i^2 + \sum y_i^2} \tag{5-23b}$$

设计时,受力最大的螺栓所承受的剪力 N_1^T 不应大于抗剪螺栓承载力设计值 N_{min}^b,即:

$$N_1^T \leqslant N_{min}^b \tag{5-24}$$

c.螺栓群在扭矩、剪力和轴心力作用下的抗剪计算

如图 5-29 所示的螺栓群如受扭矩 T、剪力 V 和轴心力 N 共同作用,首先进行受力分析,判断受力最不利的螺栓,然后对此螺栓求矢量合力,要求此合剪力 N_1 不应大于抗剪螺栓的承载力设计值 N_{min}^b,即:

$$N_1 = \sqrt{(N_{1x}^N + N_{1x}^T)^2 + (N_{1y}^V + N_{1y}^T)^2} \leqslant N_{min}^b \tag{5-25}$$

其中 N_{1x}^N 和 N_{1y}^V 分别为最危险的螺栓所负担的水平轴向力和竖向剪力。

②抗拉螺栓连接的计算

a.单个螺栓抗拉承载力设计值为:

$$N_t^b = \frac{\pi d_e^2}{4} f_t^b = A_e f_t^b \tag{5-26}$$

式中:d_e、A_e——螺栓杆螺纹处的有效直径和有效截面面积,见表 5-8;

f_t^b——螺栓的抗拉强度设计值,查《钢结构规范》表 3.4.1-4。

表 5-8　普通螺栓规格

螺栓直径 d(mm)	螺距 p(mm)	螺栓有效直径 d_e(mm)	螺栓有效面积 A_e(mm²)	说　　明
16	2	14.12	156.7	
18	2.5	15.65	192.5	
20	2.5	17.65	244.8	
22	2.5	19.65	303.4	
24	3	21.19	352.5	螺栓有效截面面积
27	3	24.19	459.4	按下式算得
30	3.5	26.72	560.6	$A_e = \frac{\pi}{4}(d - \frac{13}{24}\sqrt{3}p)^2$
33	3.5	29.72	693.6	
36	4	32.25	816.7	
39	4	35.25	975.8	
42	4.5	37.78	1121.0	

b.轴向力作用下螺栓群的抗拉连接计算　当外力通过螺栓群形心时,假定所有螺栓受力相等,所需的螺栓数目为:

$$n = \frac{N}{N_t^b}(\text{取整}) \tag{5-27}$$

式中:N——螺栓群承受的轴心拉力设计值。

c.弯矩和轴心力作用下的抗拉螺栓群连接计算　螺栓群在弯矩作用下上部螺栓受拉,因而有

使连接上部分离的趋势,使螺栓群形心下移。与螺栓群拉力相平衡的压力产生于下部的接触面上,精确确定中和轴的位置比较复杂。为便于计算,通常假定中和轴在最下排螺栓处(图5-30c)。因此弯矩作用下螺栓的最大拉力为:

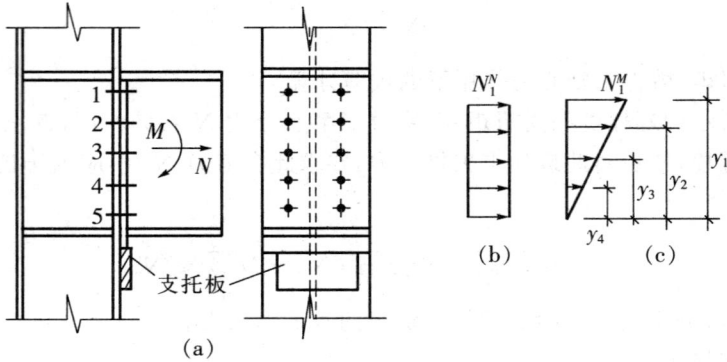

图5-30 弯矩和轴心力作用下的普通螺栓群

$$N_1^M = \frac{My_1}{m \sum y_i^2} \tag{5-28}$$

式中:m——螺栓排列的纵向列数(如图5-30中$m=2$);

y_i——各螺栓到螺栓群中和轴的距离;

y_1——受力最大的螺栓到中和轴的距离。

在螺栓群受弯矩M和轴心力N共同作用下的连接中(图5-30(a)),首先进行受力分析,判断受力最大的螺栓(1号螺栓),求出螺栓的受力N_1,要求N_1不应大于其抗拉承载力N_t^b,即

$$N_1 = N_1^N + N_1^M = \frac{N}{n} + \frac{My_1}{m \sum y_i^2} \leqslant N_t^b \tag{5-29}$$

③剪力和拉力共同作用下的螺栓群连接计算

在螺栓群受弯矩、剪力和轴力共同作用下的连接中(图5-31),螺栓群承受剪力和拉力作用,这种连接可以有两种算法。

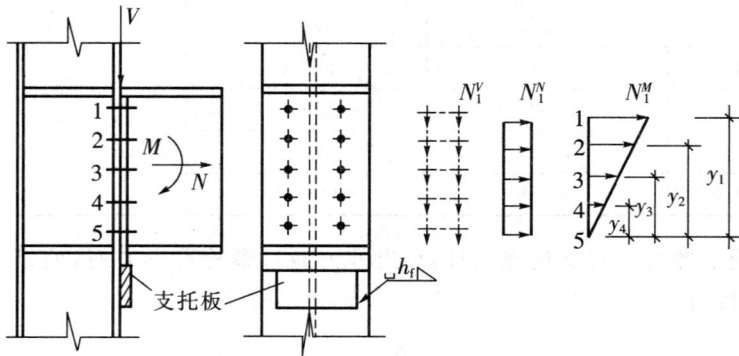

图5-31 剪力和拉力作用下的螺栓群连接

a. 当不设置支托或支托仅起安装作用时 螺栓群受拉力和剪力共同作用,应按下式计算:

$$\sqrt{\left(\frac{N_v}{N_v^b}\right)^2 + \left(\frac{N_t}{N_t^b}\right)^2} \leqslant 1 \qquad (5-30)$$

$$N_v = \frac{V}{n} \leqslant N_c^b \qquad (5-31)$$

式中：N_v，N_t——分别为受力最大的螺栓所受的剪力和拉力，其中 $N_v = N_1^V$，$N_t = N_1^N + N_1^M$。

b. 假定支托承受剪力 此时螺栓仅承受弯矩。对于粗制螺栓，一般不宜受剪，可设置支托承受剪力，螺栓只承受拉力作用。螺栓受拉按式(5-29)计算。

2. 摩擦型高强螺栓连接

(1)高强螺栓的预拉力

高强螺栓和普通螺栓连接的主要区别在于：高强螺栓连接除了材料强度高之外，另外在拧紧螺帽时，螺栓内施加了很大的预拉力，连接件间的挤压力就很大，因而接触面的摩擦力就很大，摩擦型高强螺栓的传力方式就是依靠摩擦力传递外力的。

摩擦力的大小取决于所施加的预拉力。高强螺栓预拉力设计值与材料强度和螺栓有效截面面积有关。《钢结构规范》规定的高强螺栓预拉力设计值见表5-9。

表5-9 单个高强螺栓的预拉力 P(kN)

螺栓的性能等级	螺栓的公称直径					
	M16	M20	M22	M24	M27	M30
8.8级	80	125	150	175	230	280
10.9级	100	155	190	225	290	355

(2)高强度螺栓连接的摩擦面抗滑移系数

被连接板件之间的摩擦力大小，不仅和螺栓的预拉力有关，还与被连接板件材料及其接触面的表面处理有关。《钢结构规范》规定的高强度螺栓连接的摩擦面抗滑移系数 μ 值见表5-10。

表5-10 摩擦面抗滑移系数 μ

连接处构件接触面的处理方法	构件的钢号		
	Q235钢	Q345钢、Q390钢	Q420钢
喷沙(丸)	0.45	0.50	0.50
喷沙(丸)后涂无机富锌漆	0.35	0.40	0.40
喷沙(丸)后生赤锈	0.45	0.50	0.50
钢丝刷清除浮锈或未经处理的干净轧制表面	0.30	0.35	0.40

(3)单个摩擦型高强度的抗剪承载力设计值

$$N_v^b = 0.9 n_f \mu P \qquad (5-32)$$

式中：0.9——抗力分项系数 γ_R 的倒数，即 $1/\gamma_R = 1/1.111 = 0.9$；

n_f——传力的摩擦面数；

μ——高强度螺栓摩擦面抗滑移系数 μ，按表5-10采用

P——一个高强螺栓预拉力，按表5-9采用。

(4)单个摩擦型高强度的抗拉承载力设计值

$$N_t^b = 0.8P \qquad (5-33)$$

（5）摩擦型高强螺栓群的计算

①抗剪连接计算

a. 轴心力作用下的摩擦型高强螺栓群计算

此时连接所需螺栓数目可按下式计算：

$$n = \frac{N}{N_v^b} \text{（取整）} \tag{5-34}$$

式中：N——作用于螺栓群的轴心力设计值。

b. 扭矩 T、剪力 V 和轴心力 N 作用下的摩擦型高强螺栓群计算

螺栓群受扭矩、剪力和轴心力共同作用的高强螺栓连接的抗剪计算与普通螺栓相同，只是抗剪螺栓的承载力用高强度螺栓摩擦型连接的承载力设计值代替即可。

②抗拉连接计算

a. 轴心拉力作用下的摩擦型高强螺栓群计算

因为通过螺栓群形心，每个螺栓所受拉力为：

$$N_t = \frac{N}{n} \leqslant 0.8P \tag{5-35}$$

式中：n——螺栓数目。

b. 在弯矩和轴力作用下的摩擦型高强螺栓群计算

高强螺栓群在弯矩 M 作用下（见图5-32），由于被连接构件的接触面一直保持紧密贴合，可以认为受力时中和轴在螺栓群的形心处。如果以板不被拉开为承载力的极限，在弯矩和轴力的作用下，最上端的螺栓拉力应按式（5-29）计算，只是中和轴取螺栓群形心线处。

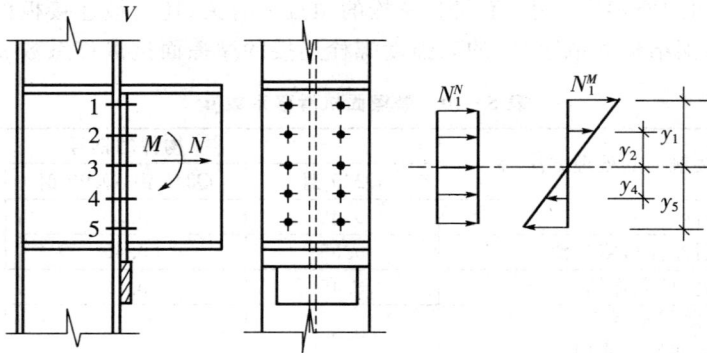

图 5-32　弯矩和轴力作用下的高强度螺栓连接

③同时受剪力和拉力的计算

由于外拉力的作用，板件间的挤压力降低，每个螺栓的抗剪承载力也随之减少。另外，抗滑移系数随板件间的挤压力的减少而降低。《钢结构规范》规定按下式计算高强度螺栓摩擦型连接的抗剪承载力，μ 值仍用原值。

$$\frac{N_v}{N_v^b} + \frac{N_t}{N_t^b} \leqslant 1 \tag{5-36}$$

式中：N_v、N_t——受力最大的螺栓所受的剪力和拉力的设计值；

N_v^b、N_t^b——一个高强度螺栓抗剪、抗拉承载力设计值,分别按式(5-32)和式(5-33)计算。

3. 承压型高强螺栓连接

限于篇幅,在此不多加讨论,具体内容见相关参考书。

5.3 轴心受力构件

钢结构的基本构件按受力性质区分主要有轴心受力构件、受弯构件、拉(压)弯构件等。本节介绍轴心受力构件计算及构造要求。

轴心受力构件包括轴心受压杆和轴心受拉杆。轴心受力构件广泛应用于各种钢结构之中,如网架与桁架的杆件、钢塔的主体结构构件、双跨轻钢厂房的铰接中柱、带支撑体系的钢平台柱等等。

轴心受力构件常用的截面形式有型钢截面和组合截面两大类,如图 5-33 所示。

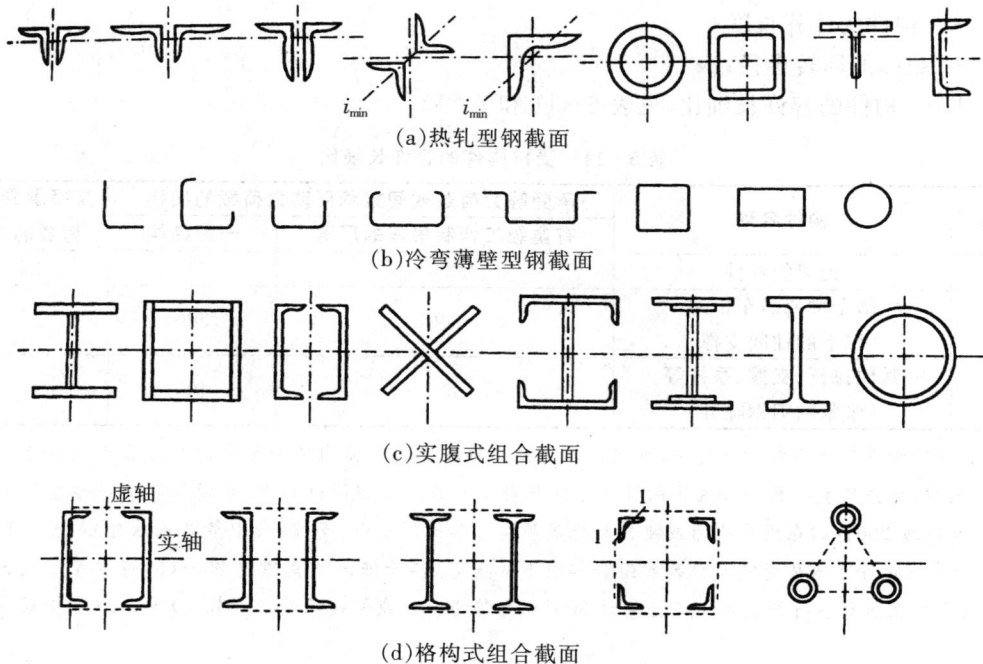

(a)热轧型钢截面

(b)冷弯薄壁型钢截面

(c)实腹式组合截面

(d)格构式组合截面

图 5-33 轴心受力构件常用的截面形式

钢结构基本构件设计采用以概率理论为基础的极限状态设计法,因而设计计算轴力构件应满足两种极限状态的要求:a.承载能力极限状态;b.正常使用极限状态。为达到上述要求,轴拉构件应进行强度、刚度计算;轴压构件应进行强度、稳定及刚度计算。轴心受拉构件一般均按强度控制设计,轴心受压构件常按稳定控制设计。

5.3.1 轴心受力构件的强度计算

轴心受力构件的强度承载力是以净截面的平均应力达到钢材的屈服应力(屈服点)为极限。

轴心受力构件的强度按下式计算:

$$\sigma = \frac{N}{A_n} \leqslant f \qquad (5-37)$$

式中：N——轴心拉力设计值；

    A_n——构件净截面面积；

    f——钢材的抗拉和抗压强度设计值，查《钢结构规范》表 3.4.1－1。

5.3.2 轴力构件的刚度验算

按照正常使用要求，轴心受力构件不应过分柔弱，必须有一定的刚度，防止使用中产生过大变形。轴力构件的刚度标志是长细比，因而刚度的保证通过限制构件的长细比来实现的。

$$\lambda = \frac{l_0}{i} \leqslant [\lambda] \tag{5-38}$$

式中：λ——构件长细比，对于仅承受静力荷载的桁架为自重产生弯曲的竖向平面内的长细比，其他情况为构件最大长细比；

    l_0——构件的计算长度；

    i——截面的回转半径；

    $[\lambda]$——构件的容许长细比，见表 5－11 和 5－12。

表 5-11 受拉构件的容许长细比

项次	构件名称	承受静力荷载或间接承受动力荷载的结构		直接承受动力荷载的结构
		有重级工作制吊车的厂房	一般结构	
1	桁架的杆件	250	350	250
2	吊车梁或吊车桁架以下的柱间支撑	200	300	—
3	其他拉杆、支撑、系杆等（张紧的圆钢除外）	350	400	—

[注] (1)承受静力荷载的结构中，可仅计算受拉构件在竖向平面内的长细比；(2)在直接或间接承受动力荷载的结构中，单角钢受拉构件长细比的计算方法与表 5－12 注 2 相同；(3)中、重级工作制吊车桁架下弦杆的长细比不宜超过200；(4)在设有夹钳或刚性料耙等硬钩吊车的厂房中，支撑（表中第 2 项除外）的长细比不宜超过 300；(5)受拉构件在永久荷载与风荷载组合作用下受压时，其长细比不宜超过 250；(6)跨度等于或大于 60m 的桁架，其受拉弦杆和腹杆的长细比不宜超过 300（承受静力荷载或间接承受动力荷载）或 250（直接承受动力荷载）。

表 5-12 受压构件的容许长细比

项次	构件名称	容许长细比
1	柱、桁架和天窗架构件	150
	柱的缀条、吊车梁或吊车桁架以下的柱间支撑	
2	支撑（吊车梁或吊车桁架以下的柱间支撑除外）	200
	用以减少受压构件长细比的杆件	

[注] (1)桁架（包括空间桁架）的受压腹杆，当其内力等于或小于承载能力的 50% 时，容许长细比值可取 200；(2)计算单角钢受压构件的长细比时，应采用角钢的最小回转半径，但计算在交叉点相互连接的交叉杆件平面外的长细比时，可采用与角钢肢边平行轴的回转半径；(3)跨度等于或大于 60m 的桁架，其受压弦杆和端压杆的容许长细比值宜取 100，其他受压腹杆可取 150（承受静力荷载或间接承受动力荷载）或 170（直接承受动力荷载）；(4)由容许长细比控制截面的杆件，在计算其长细比时，可不考虑扭转效应。

5.3.3 轴心受压构件的整体稳定计算

1. 整体稳定的临界应力

轴心受压构件的整体稳定临界应力和许多因素有关,如构件中的残余应力、初弯曲及初偏心等,而这些因素的影响又是错综复杂的。

确定轴心压杆稳定临界应力的方法有好几种,如屈曲准则、边缘屈服准则、最大强度准则和经验公式等。现行《钢结构规范》是以最大强度准则作为确定轴心压杆整体稳定承载力的依据。最大强度准则以有初始缺陷(初弯曲、初偏心和残余应力等)的压杆为基础,考虑塑性深入截面,以构件最后破坏时所能达到的最大压力值 N_{cr} 作为压杆的极限承载能力值。$\sigma_{cr} = N_{cr}/A$,A 为截面的毛截面面积。

2. 轴心受压构件的柱子曲线

压杆失稳时临界应力 σ_{cr} 与长细比 λ 之间的关系曲线称为柱子曲线。《钢结构规范》所采用的轴心受压柱子曲线是按最大强度准则确定的。压杆的极限承载力不仅仅取决于长细比,由于残余应力的影响,即使长细比相同的构件,随着截面形状、弯曲方向、残余应力水平及分布不同,构件的极限承载力有很大差异。所计算的轴压构件柱子曲线呈相当宽的带状分布。

规范将这些柱子曲线合并归纳为 4 组(见图 5-34),即图中的 a、b、c、d 4 条曲线。曲线 d 最低,主要用于厚板截面。组成板件厚度 $t < 40\text{mm}$ 的轴心受压构件的截面分类见表 5-13(a),而 $t \geqslant 40\text{mm}$ 的截面分类见表 5-13(b)

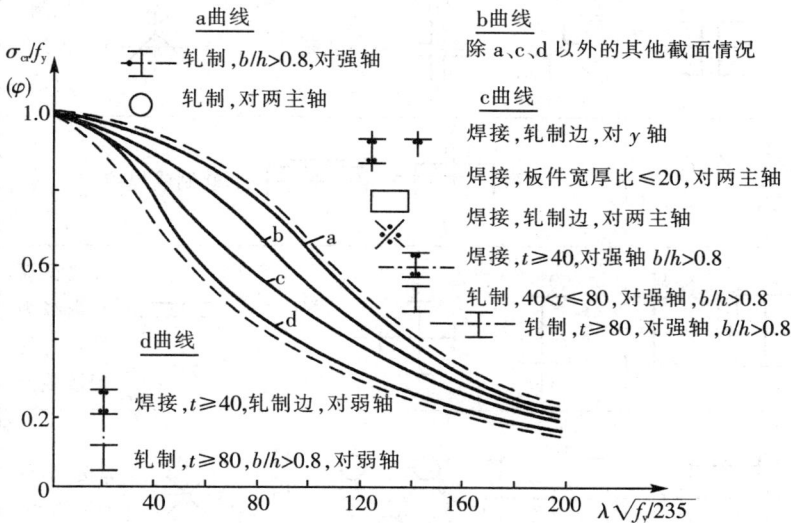

图 5-34 《钢结构规范》的柱子曲线

3. 轴心受压构件的整体稳定计算

当截面没有削弱时,轴心受压构件一般不会因截面的平均应力达到钢材的抗压强度而破坏,构件的承载力由稳定控制。此时构件所受应力应不大于整体稳定的临界应力,考虑抗力分项系数 γ_R 后,即为:

$$\sigma = \frac{N}{A} \leqslant \frac{\sigma_{cr}}{\gamma_R} = \frac{\sigma_{cr}}{f_y} \cdot \frac{f_y}{\gamma_R} = \varphi \cdot f$$

整体稳定计算按式 5-39 计算:

$$\frac{N}{\varphi A} \leqslant f \qquad\qquad (5-39)$$

式中：φ——轴心受压构件的整体稳定系数，由柱子曲线确定，设计时可根据构件的长细比、钢材屈服强度和截面分类直接查表。表见《钢结构规范》表 C—1～表 C—4。

表 5‑13(a)　轴心受压构件的截面分类（板厚 $t < 40mm$）

截面形式			对 x 轴	对 y 轴
轧制			a 类	a 类
轧制，$b/h \leqslant 0.8$			a 类	b 类
轧制 $b/h > 0.8$	焊接，翼缘为焰切边	焊接		
轧制		轧制等边角钢		
轧制、焊接（板件宽度厚比 > 20）	轧制或焊接		b 类	b 类
焊接		轧制截面和翼缘为焰切边的焊接截面		
格构式		焊接，板件边缘焰切		
焊接，翼缘为轧制或剪切边			b 类	c 类
焊接，板件边缘轧制或剪切	焊接，板件宽厚比 ≤ 20		c 类	c 类

表 5-13(b)　轴心受压构件的截面分类(板厚≥40mm)

截　面　情　况		对 x 轴	对 y 轴
轧制工字形或 H 形截面	$t<80mm$	b 类	c 类
	$t\geqslant80mm$	c 类	d 类
焊接工字形截面	翼缘为焰切边	b 类	b 类
	翼缘为轧制或剪切边	c 类	d 类
焊接箱形截面	板件宽厚比>20	b 类	b 类
	板件宽厚比≤20	c 类	c 类

5.3.4　轴心受压构件的局部稳定计算

为节约材料,轴心受压构件的板件宽厚比一般都较大,由于压应力的存在,板件可能会发生局部屈曲,设计时应予注意。图 5-35 为一工字形截面轴心受压构件发生局部失稳的现象,图(a)为腹板失稳现象,图(b)为翼缘失稳现象。构件丧失局部稳定后还可能继续承载,但板件的局部屈曲对构件的承载力有所影响,会加速构件的整体失稳。

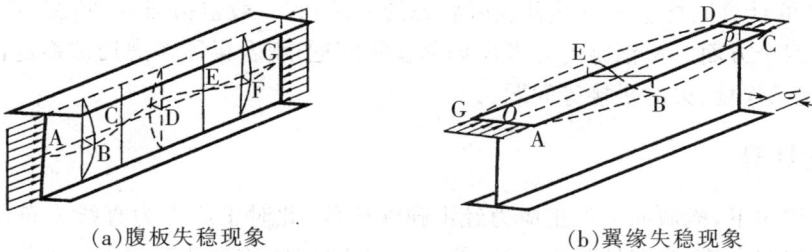

(a)腹板失稳现象　　　　　　　　(b)翼缘失稳现象

图 5-35 轴心受压构件的局部失稳

为防止轴心受压板件发生局部失稳而影响构件的承载力,《钢结构规范》通过限制板件的宽厚比或高厚比的方法来保证,限制的原则是:板件的局部失稳不先于构件的整体失稳。对于工字形截面和 H 型截面,其翼缘的宽厚比 b/t 和腹板的高厚比的限值 h_0/t_w 分别按公式(5-40(a))和(5-40(b))计算。

$$b/t\leqslant(10+0.1\lambda)\sqrt{235/f_y} \tag{5-40a}$$

$$h_0/t_w\leqslant(25+0.5\lambda)\sqrt{235/f_y} \tag{5-40b}$$

式中:b、t——分别为翼缘的宽度和厚度;

h_0、t_w——分别为腹板的高度和厚度;

λ——构件两方向长细比的较大值。当 $\lambda<30$ 时,取 $\lambda=30$;当 $\lambda>100$ 时,取 $\lambda=100$。

5.4 受弯构件

受弯构件常称为梁式构件,主要用以承受横向荷载。钢梁在工业与民用建筑中常见到的有平台梁、楼盖梁、墙架梁、吊车梁以及檩条等。一般分为型钢梁和组合梁。型钢梁加工简单、制造方便、成本较低,因而广泛用作小型钢梁。当跨度较大时,由于工厂轧制条件的限制,型钢梁的尺寸有限,不能满足构件承载能力和刚度的要求,则必须采用组合钢架。钢梁的截面形式如图5-36所示。

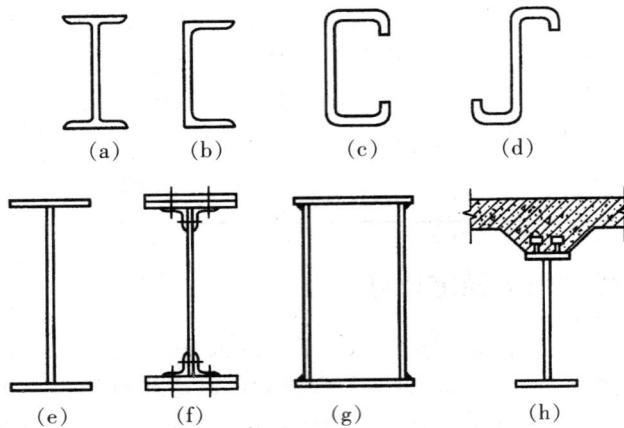

图 5-36 钢梁的截面形式

受弯构件的计算同样应满足两种极限状态的要求,它一般包括强度、刚度、整体稳定性和局部稳定性计算四个方面。型钢梁不必考虑局部稳定问题;组合梁需考虑局部稳定,另外还有截面沿长度改变、翼缘焊接、梁的拼接等问题。

5.4.1 强度计算

梁在弯矩作用下,横截面上的正应力经由弹性阶段:此时正应力为直线分布,梁最外边的正应力没达到屈服应力值;弹塑性阶段:梁边缘部分出现塑性,应力达到屈服应力值,而中性轴附近材料仍处于弹性;塑性阶段:梁全截面进入塑性,应力均等于屈服应力值,形成塑性铰。一般结构设计按弹性阶段计算。为节约钢材,《钢结构规范》规定,对承受静力荷载或间接承受动力荷载的受弯构件,应适当考虑截面中的塑性发展,在强度计算公式中增加一个塑性发展系数 γ。

梁的抗弯强度计算

单向受弯时

$$\sigma_{\max} = \frac{M_x}{\gamma_x W_{nx}} \leqslant f \tag{5-41}$$

双向受弯时

$$\sigma_{\max} = \frac{M_x}{\gamma_x W_{nx}} + \frac{M_y}{\gamma_y W_{ny}} \leqslant f \tag{5-42}$$

式中:M_x、M_y——绕 $x-x$、$y-y$ 轴的弯矩设计值(对工字型截面,x 轴为强轴,y 轴为弱轴);

W_{nx}、W_{ny}——对 $x-x$、$y-y$ 轴的净截面模量;

γ_x、γ_y——截面塑性发展系数;

f——钢材抗弯强度设计值。

(注:当压弯构件受压翼缘的自由外伸宽度与其厚度之比大于 $13\sqrt{235/f_y}$ 而不超过 $15\sqrt{235/f_y}$ 应取 $\gamma_x=1.0$。)

在强度设计中,对直接承受动力荷载的受弯构件不考虑塑性发展,即取 $\gamma_x=\gamma_y=1.0$。

剪应力强度验算

$$\tau_{max}=\frac{VS}{It_w}\leqslant f_v \tag{5-43}$$

式中:V——计算截面沿腹板平面的剪力;

S——计算截面一半毛截面对中轴的面积矩;

I——计算截面毛截面的惯性矩;

t_w——腹板厚度;

f_v——钢材的抗剪强度设计值。

型钢梁腹板较厚,一般均能满足抗剪强度要求,如最大剪力处截面无削弱可不必进行抗剪验算。

5.4.2 刚度验算

验算公式

$$v\leqslant[v] \tag{5-44}$$

式中:v——由荷载标准值产生的梁的最大挠度;

$[v]$——《钢结构规范》规定的受弯构件容许挠度,见表 5-14。

表 5-14 受弯构件容许挠度值

项次	构件类别	挠度容许值	
		$[v_T]$	$[v_Q]$
1	吊车梁和吊车桁架(按自重和起重量最大的一台吊车计算挠度)		
	(1)手动吊车和单梁吊车(含悬挂吊车)	$l/500$	
	(2)轻级工作制桥式吊车	$l/800$	
	(3)中级工作制桥式吊车	$l/1000$	—
	(4)重级工作制桥式吊车	$l/1200$	
2	手动或电动葫芦的轨道梁	$l/400$	—
3	有重轨(重量等于或大于 38kg/m)轨道的工作平台梁	$l/600$	—
	有轻轨(重量等于或小于 24kg/m)轨道的工作平台梁	$l/400$	

（续表）

项次	构件类别			挠度容许值	
				$[v_T]$	$[v_Q]$
4	楼(屋)盖梁或桁架、工作平台梁(第3项除外)和平台板				
	(1)主梁或桁架(包括设有悬挂起重设备的梁和桁架)			$l/400$	$l/500$
	(2)抹灰顶棚的次梁			$l/250$	$l/350$
	(3)除(1)、(2)款外的其他梁(包括楼梯梁)			$l/250$	$l/300$
	(4)屋盖檩条	支承无积灰的瓦楞铁和石棉瓦屋面者		$l/250$	—
		支承压型金属板、有积灰的瓦楞铁和石棉瓦等屋面者		$l/200$	—
		支承其他屋面材料者		$l/200$	—
	(5)平台板			$l/150$	—
5	墙架构件(风荷载不考虑阵风系数)				
	(1)支柱			—	$l/400$
	(2)抗风桁架(作为连续支柱的支承时)			—	$l/1000$
	(3)砌体墙的横梁(水平方向)			—	$l/300$
	(4)支承压型金属板、瓦楞铁和石棉瓦墙的横梁(水平方向)			—	$l/200$
	(5)带有玻璃窗的横梁(竖直和水平方向)			—	$l/200$

[注] (1)为受弯构件的跨度(对悬臂梁和伸臂梁为悬伸长度的2倍);(2)$[v_T]$为永久和可变荷载标准值产生的挠度的容许值;$[v_Q]$为可变荷载标准值产生的挠度的容许值。

5.4.3 整体稳定计算

有些梁在荷载作用下,虽然其截面的正应力还低于钢材的强度,但其变形会突然偏离原来的弯曲变形平面,同时发生侧向弯曲和扭转(如图5-37所示),这种现象称为梁的整体失稳。梁整体失稳的主要原因是侧向刚度及抗扭刚度太小、侧向支承的间距太大等。

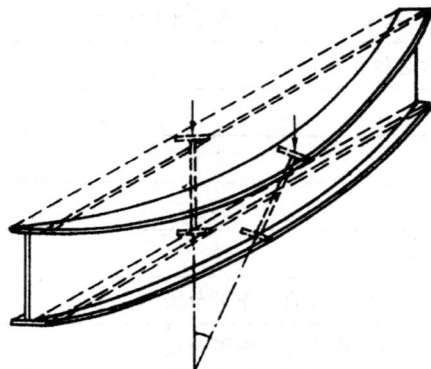

图5-37 梁整体失稳现象

《钢结构规范》规定,凡符合下列情况之一的梁,可不计算整体稳定,由强度条件控制。

(1)有铺板(各种钢筋混凝土板和钢板)密铺在梁的受压翼缘上并与其牢固连接,能阻止受压翼缘侧向位移时;

(2)H 型钢或等截面工字型简支梁受压翼缘的自由长度 l_1 与其宽度 b_1 之比不超过表 5-15 规定的数值时。l_1 为对跨中无侧向支撑点的梁为其跨度;对跨中有侧向支撑点的梁为受压翼缘侧向支撑点间的距离。

表 5-15　工字型截面简支梁不需要计算整体稳定的最大 l_1/b_1 值

跨中无侧向支撑,荷载作用在		跨中有侧向支撑,不论荷载作用在何处
上翼缘	下翼缘	
$13\sqrt{235/f_y}$	$20\sqrt{235/f_y}$	$16\sqrt{235/f_y}$

如不符合上述条件,则应按以下公式进行整体稳定验算。

在最大刚度主平面内受弯时

$$\frac{M_x}{\varphi_b W_x} \leqslant f \qquad (5-45)$$

两个主平面受弯的 H 型钢截面或工字型截面构件

$$\frac{M_x}{\varphi_b W_x} + \frac{M_y}{\gamma_y W_y} \leqslant f \qquad (5-46)$$

式中:M_x、M_y——绕 $x-x$、$y-y$ 轴的弯矩设计值;

W_x、W_y——按受压翼缘确定的对 $x-x$、$y-y$ 轴的毛截面模量;

γ_x、γ_y——截面塑性发展系数,由表 5-16 选用

f——钢材抗弯强度设计值。

φ_b——受弯构件绕强轴的整体稳定系数,φ_b 值的计算详见《钢结构规范》附录 B。对于轧制普通钢简支梁的 φ_b 可查表 5-17。

上述整体稳定系数 φ_b 是按弹性理论推导的,故只适用于弹性阶段失稳的梁,而大量中等跨度的梁常在弹塑性阶段失稳。当 $\varphi_b > 0.6$ 时,用 φ_b' 代替 φ_b。φ_b' 可按表 5-18 选用。

表 5-16　截面塑性发展系数

项次	截面形式		γ_x	γ_y
1			1.05	1.2
2				1.05
3			$\gamma_{x1}=1.05$ $\gamma_{x2}=1.2$	1.2
4				1.05

（续表）

项次	截面形式	γ_x	γ_y
5		1.2	1.2
6		1.15	1.15
7		1.0	1.05
8			1.0

表 5-17 轧制普通工字钢简支梁的 φ_b

项次	荷载情况		工字钢型号	自由长度 l_1（m）								
				2	3	4	5	6	7	8	9	10
1	跨中无侧向支承点的梁	集中荷载作用于 上翼缘	10～20	2.00	1.30	0.99	0.80	0.68	0.58	0.53	0.48	0.43
			22～32	2.40	1.48	1.09	0.86	0.72	0.62	0.54	0.49	0.45
			36～63	2.80	1.60	1.07	0.83	0.68	0.56	0.50	0.45	0.40
2		集中荷载作用于 下翼缘	10～20	3.10	1.95	1.34	1.01	0.82	0.69	0.63	0.57	0.52
			22～40	5.50	2.80	1.84	1.37	1.07	0.86	0.73	0.64	0.56
			45～63	7.30	3.60	2.30	1.62	1.20	0.96	0.80	0.69	0.60
3		分布荷载作用于 上翼缘	10～20	1.70	1.12	0.84	0.68	0.57	0.50	0.45	0.41	0.37
			22～40	2.10	1.30	0.93	0.73	0.60	0.51	0.45	0.40	0.36
			45～63	2.60	1.45	0.97	0.73	0.59	0.50	0.44	0.38	0.35
4		分布荷载作用于 下翼缘	10～20	2.50	1.55	1.08	0.83	0.68	0.56	0.52	0.47	0.42
			22～40	4.00	2.20	1.45	1.10	0.85	0.70	0.60	0.52	0.46
			45～63	5.60	2.80	1.80	1.25	0.95	0.78	0.65	0.55	0.49
5	跨中有侧向支承点的梁（不论荷载作用点在截面高度上的位置）		10～20	2.20	1.39	1.01	0.79	0.66	0.57	0.52	0.47	0.42
			22～40	3.00	1.80	1.24	0.96	0.76	0.65	0.56	0.49	0.43
			45～63	4.00	2.20	1.38	1.01	0.80	0.66	0.56	0.49	0.43

［注］ （1）表中集中荷载是指一个或少数几个集中荷载位于跨中央附近的情况，对其他情况的集中荷载，应按均布荷载作用时取值；（2）表中的 φ_b 适用于 Q235（3 号钢），对其他钢号，表中数值应乘以 $235/f_y$。

表 5-18 　整体稳定系数 φ'_b

φ_b	0.60	0.65	0.70	0.75	0.80	0.85	0.90	0.95	1.00
φ'_b	0.60	0.627	0.653	0.676	0.697	0.715	0.732	0.748	0.762
φ_b	1.05	1.10	1.15	1.20	1.25	1.30	1.35	1.40	1.45
φ'_b	0.775	0.788	0.799	0.809	0.819	0.828	0.837	0.845	0.852
φ_b	1.50	1.60	1.80	2.00	2.25	2.50	3.00	3.50	$\geqslant 4.00$
φ'_b	0.859	0.872	0.894	0.913	0.931	0.946	0.970	0.987	1.000

5.4.4 局部稳定

受弯构件由板件组成,例如焊接组合钢板工字形钢梁,如果受压翼缘的宽度与厚度之比太大,或腹板的高度与厚度之比太大,则在受力过程中它们出现波状的局部屈曲,如图 5-38 所示,此种现象称为局部失稳。梁的翼缘或腹板出现局部失稳,削弱了截面的强度和刚度,虽然不致使梁立即破坏,但在发展时可能引起梁迅速丧失承载能力。为避免局部失稳,应从以下几方面加以保证。

(1)翼缘宽度比限值

如图 5-39 所示,翼缘自由外伸宽度 b_1 与其厚度 t 之比的限值为

$$b_1/t \leqslant 15 \sqrt{235/f_y} \tag{5-47}$$

如果考虑截面部分发展塑性时,为保证局部稳定,翼缘宽厚比限值应满足下列要求:

$$b_1/t \leqslant 13 \sqrt{235/f_y} \tag{5-48}$$

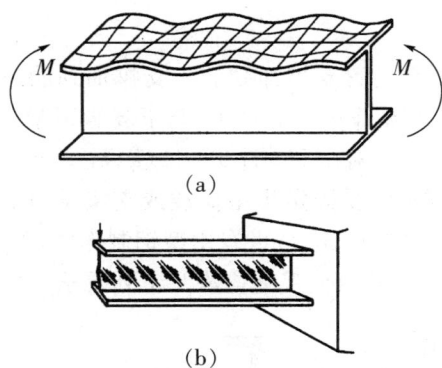

图 5-38 　梁截面的局部失稳

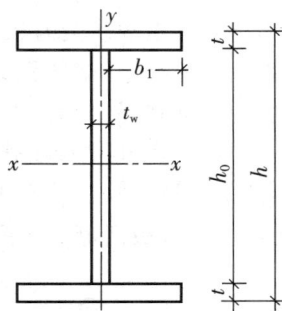

图 5-39 　工字形截面尺寸

(2)腹板根据高厚比采用纵、横加劲肋加强

对于直接承受动力荷载的吊车梁及其类似构件,按下列规定配置加劲肋,并计算各板段的稳定性。

①当 $\dfrac{h_0}{t_w} \leqslant 80 \sqrt{235/f_y}$ 时,对由局部压应力($\sigma_c \neq 0$)的梁,如主梁支承次梁,次梁传给主梁的压应力,宜按构造配置横向加劲肋,其间距不得小于 $0.5h_0$,也不得大于 $2h_0$。但对局部无压应力的

梁,可不配置加劲肋。

②当 $80\sqrt{235/f_y}<\dfrac{h_0}{t_w}\leqslant170\sqrt{235/f_y}$ 时,应配置横向加劲肋。先在满足构造要求范围内布置加劲肋,再验算各区格板是否满足稳定条件。若不满足(不足或太富裕),再调整加劲肋间距,重新计算。

③当 $\dfrac{h_0}{t_w}>170\sqrt{235/f_y}$ 时,应配置横向加劲肋和在受压区配置纵向加劲肋,必要时尚应在受压区配置短加劲肋,加劲肋间距应按计算确定。纵向加劲肋至腹板计算受压边缘的距离应在 $h_c/2.5\sim h_c/2.0$ 范围内,h_c 为腹板受压区高度。

加劲肋形式如图 5-40 所示。

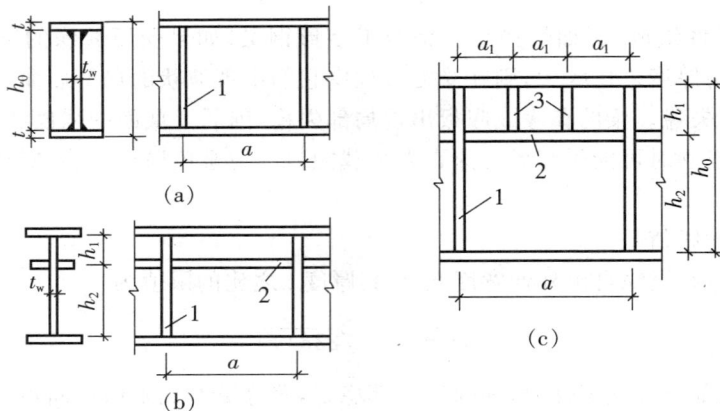

1—横向加劲肋;2—纵向加劲肋;3—短加劲肋

图 5-40 加劲肋的布置

任何情况下 h_0/t_w 均不超过 250。

④梁的支座处和上翼缘受有较大固定集中荷载处,宜设置支撑加劲肋。支撑加劲肋应在腹板两侧成对设置,并应进行整体稳定和端面承压计算。在制作中注意刨平,与下翼缘顶紧。

⑤加劲肋的截面选择与构造。加劲肋宜在腹板两侧成对配置(图 5-41(a)),也可单侧配置,如图 5-41(b)所示,但重级工作制吊车和支承加劲肋(承受固定集中荷载或支座反力的横向加劲肋)必须两侧配置。加劲肋有用钢板制作的(图 5-41(a)、(b)),也有用型钢制作的,如图 5-41(c)、(d)所示。在腹板两侧成对配置的钢板横向加劲肋,其截面尺寸应满足下列要求

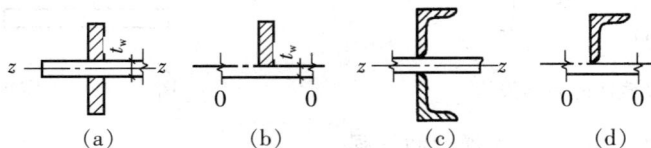

图 5-41 加劲肋截面

外伸宽度

$$b_s\geqslant\frac{h_0}{30}+40\text{mm}\qquad\qquad(5-49)$$

厚度

$$t_s \geq \frac{b_s}{15} \tag{5-50}$$

在腹板一侧配置的钢板横向加劲肋,其外伸宽度应大于按式(5-49)算得 1.2 倍,厚度则不应小于其外伸宽度的 1/15。

在同时用横向加劲肋和纵向加劲肋加强的腹板中,横向加劲肋截面尺寸除应满足上述规定外,其断面对腹板水平轴 z—z(与腹板截面垂直的轴)的惯性矩 I_z 尚应满足下式要求:

$$I_z \geq 3h_0 t_w^3$$

纵向加劲肋对腹板竖直轴的截面惯性矩应满足下列公式要求:

当 $a/h_0 \leq 0.85$ 时 $\qquad I_y \geq 1.5 h_0 t_w^3$

当 $a/h_0 > 0.85$ 时 $\qquad I_y \geq (2.5 - 0.45 \frac{a}{h_0})(\frac{a}{h_0})^2 h_0 t_w^3$

当加劲肋为单侧配置时,上列各式中的 I_x、I_y 应以与加劲肋相连的腹板边缘为轴线进行计算。

用型钢作成的加劲肋,其截面惯性矩不得小于相应钢板作加劲肋的惯性矩。

在同时用横向加劲肋和纵向加劲肋加强的腹板中,横向加劲肋还作为纵向加劲肋的支承,故应保持横向加劲肋连续,而应在相交处切断纵向加劲肋。如图 5-40(b)(c)所示。

为了避免焊缝交叉,减少焊接应力,横向加劲肋内端角应切去宽约 $b_s/3$ 但不大于 40mm、高约 $b_s/2$ 但不大于 60mm 的斜角,以便于翼缘焊缝通过。同样,在纵向与横向肋相交处亦应将纵向肋内角两端切去相应的斜角,使横向肋焊缝通过。对直接承受动力荷载的梁(如吊车梁),中间横向加劲肋下端不应与受拉翼缘焊接(若焊接,将降低受拉翼缘的疲劳强度),一般在距受拉翼缘 50~100mm 处断开。

承受静力荷载和间接动力荷载的组合梁,宜考虑腹板屈曲后强度,则仅在支承处和固定集中荷载处设置支承加劲肋,或者有中间横向加劲肋,其高厚比可以达到 250 也不必设置纵向加劲肋。但应按《钢结构规范》第 4.4 节的规定计算其抗弯和抗剪承载力。

基本构件中的拉压弯构件的设计计算见相关参考书。

5.5　钢屋盖

5.5.1　屋盖结构的组成

钢屋盖包括屋架、屋盖支撑系统、檩条、屋面板,有时还有托架和天窗等。根据屋面材料和屋面结构布置不同,可分为有檩体系屋盖和无檩体系屋盖两类,如图 5-42 所示。采用较轻和小块的屋面材料时,如压型钢板、石棉水泥波形瓦等多用有檩体系屋盖,屋面荷载通过檩条传给屋架,整体刚度较差,常见于中小型厂房。采用钢筋混凝土等大型屋面板时,多用无檩体系屋架,屋面荷载直接传给屋架,整个屋架刚度较大。托架用于支持在纵向柱距大于 6 米的柱间设置的屋架,属于屋盖系统的支撑结构。天窗架支撑并固定于屋架的上弦节点,用于设置天窗。

整个屋盖结构的形式、屋架的布置、采用有檩体系还是无檩体系,除由屋面材料决定外,还需根据建筑要求、跨度大小、柱网布置、当地材料供应情况、经济条件等决定。

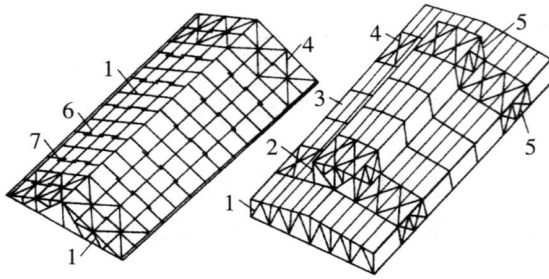

图 5-42 屋盖结构的组成形式

1—屋架;2—天窗架;3—大型屋面板;4—上弦横向水平支撑;5—垂直支撑;6—檩条;7—拉条

5.5.2 屋盖支撑系统

屋盖支撑系统包括:上、下弦横向水平支撑;下弦纵向水平支撑;垂直支撑;系杆等。

1. 屋盖支撑的作用

支撑在柱顶或墙上的单榀屋架,在屋架平面内具有较大的强度和刚度,在垂直于屋架平面方向的强度和刚度较差。若未设置足够的支撑,在荷载作用下,可能整个屋架沿垂直屋架方向失稳,如图 5-43(a)所示。因此,必须设置屋架支撑系统。支撑的作用是:

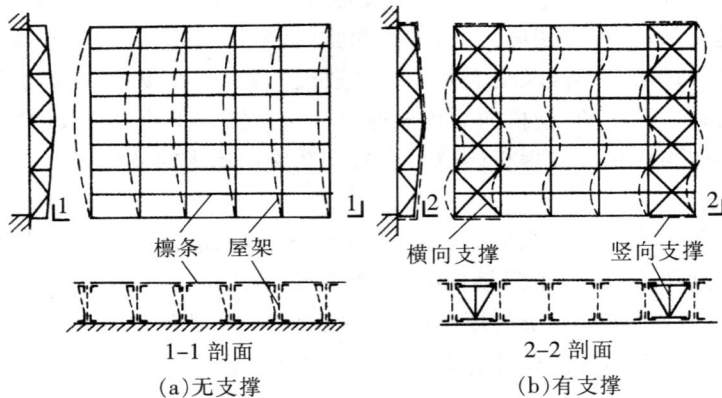

图 5-43 屋架上弦侧向失稳

(1)保证屋盖结构的空间几何不变性和稳定性。

如图 5-42、图 5-43(b)所示,屋架支撑系统与它们相连的屋架组成空间几何不变性和整体刚度好的稳定空间桁架结构体系,然后再用上、下弦平面内系杆将其余的屋架和它相连,保证了整个屋盖结构的稳定性。

(2)作为屋架弦杆的侧向支撑点。

屋架支撑和系杆可作为屋架弦杆的侧向支撑点,使其在屋架平面外的计算长度大为缩短,从而上弦压杆的侧向稳定性能提高,下弦拉杆的侧向刚度增加。

(3)支撑和传递水平荷载。

支撑体系可有效地承受和传递风荷载、悬挂吊车的刹车荷载及地震作用等。

(4)保证屋盖结构的安装质量和施工安全。

2. 屋盖支撑系统的布置

屋盖支撑系统应根据厂房跨度和长度、伸缩缝的设置、屋架的结构形式、对车间刚度的要求及是否作抗震设计等情况进行布置。

(1) 上弦横向水平支撑

无论是有檩和无檩屋盖体系均应设置上弦横向水平支撑。上弦横向水平支撑一般设置在房屋或温度区段两端的第一柱间的两屋架上弦,沿跨度全长布置,其净距不宜大于60mm,否则应在房屋中间增设。当第一柱间距离小于标准柱距时,宜在第二柱间设置,以和中部上弦横向水平支撑尺寸相同,减少构件种类。屋架有天窗时,也宜设置在第二柱间,以和天窗支撑系统配合。但第一开间须在支撑结点处用刚性系杆(即能承受拉力,也能承受压力的杆)与端部屋架连接,如图 5-44(a) 所示。

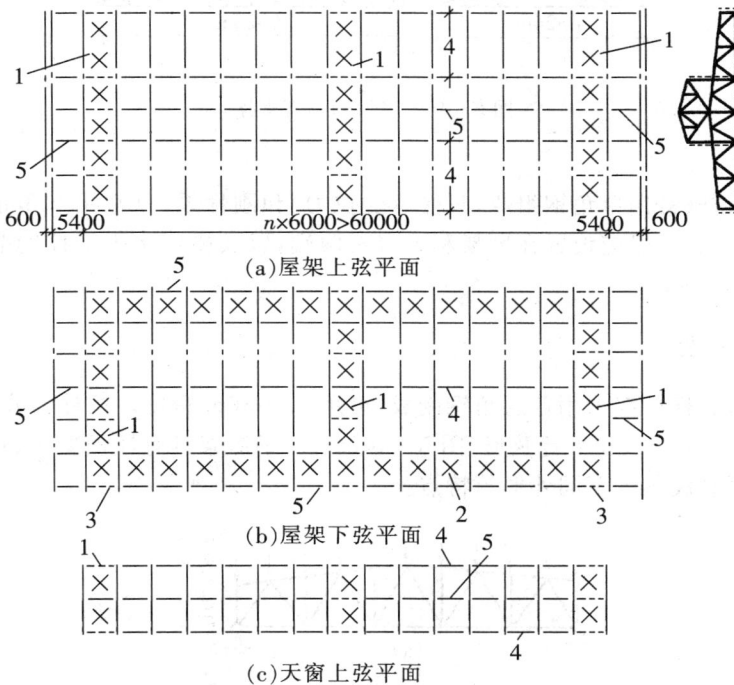

(a) 屋架上弦平面

(b) 屋架下弦平面

(c) 天窗上弦平面

图 5-44　屋盖支撑布置示例

1—横向水平支撑;2—纵向水平支撑;3—垂直支撑;4—柔性系杆;5—刚性系杆

(2) 下弦横向水平支撑

下弦横向水平支撑应在屋架下弦平面沿跨度全长布置,并与上弦横向水平支撑在同一柱间,以形成空间稳定体系,如图 5-44(b) 所示。当屋架跨度较小($L \leq 18m$)且没有悬挂吊车,厂房内也没有较大振动设备时,可不设下弦横向水平支撑。

(3) 纵向水平支撑

当房屋内有托架,或有较大吨位的重级、中级工作制吊车,或有大型振动设备,以及房屋较高、跨度较大,空间刚度要求较高时设置纵向水平支撑。纵向水平支撑应设置在屋架下弦(三角形屋架也可设在上弦)端节间,如图 5-44(b) 所示。

(4) 垂直支撑

垂直支撑是屋盖形成稳定的几何不变空间体系的不可缺少的部分,屋盖系统中均应设置垂直支撑。凡有横向支撑的柱间,都要沿房屋的纵向设置垂直支撑。梯形屋架在跨度 $L \leqslant 30$m,三角形屋架在跨度 $\leqslant 24$m 时,仅在跨度中间位置设置一道,如图 5-45(a)、(b)虚线所示。当跨度大于上述数值时,宜在跨度 1/3 附近或天窗架侧柱处设置两道,如图 5-45(c)、(d)所示。梯形屋架不分跨度大小,其两端还各设置一道。

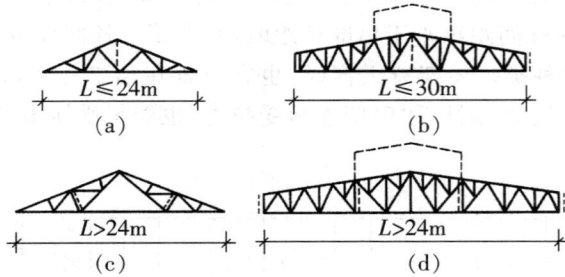

图 5-45 屋架的垂直支撑

(5)系杆

系杆分柔性系杆(常用单角钢组成,只能承受拉力)和刚性系杆(常用双角钢组成,既能承受拉力又能承受压力)。一般应设置在屋架和天窗架两端,以及横向水平支撑的节点处,沿房屋纵向通长布置,见图 5-44。

5.5.3 普通钢屋架

普通钢屋架所有杆件都采用普通角钢制成,可用 18~36m 跨度。按外形分为梯形(图 5-46(a))、三角形(图 5-46(b))和平行弦形(图 5-46(c))。钢屋架具有耗钢量小、自重轻、平面内刚度大和容易按需要制成各种不同外形等特点。

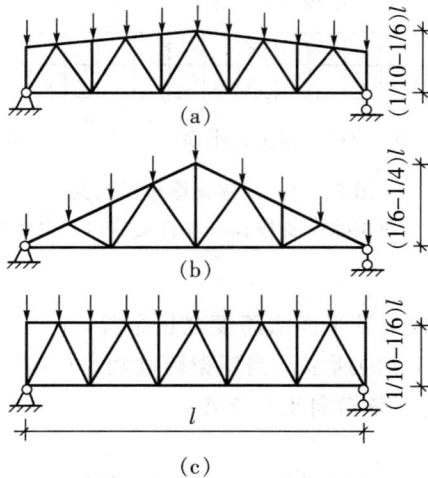

图 5-46 屋架形式

1.屋架的选形原则

屋架选形时主要考虑以下几条原则:

（1）使用要求

根据屋面材料的排水需要来考虑上弦的坡度。当采用短尺压型钢板、波形石棉瓦等屋面材料时，其排水坡度要求比较陡，应采用三角形屋架。当采用大型屋面板油毡防水材料或长尺压型钢板时，其排水坡度可比较平缓，应采用梯形屋架。另外，还应考虑建筑上的净空要求，以及有无天窗、天棚和悬挂吊车等方面的要求。

（2）受力合理

屋架的外形应尽量与弯矩图相同，以使弦杆内力均匀，充分利用各部分材料。腹杆布置应使长腹杆受拉，短腹杆受压。另外应尽可能使荷载作用在结点上。

（3）便于施工

杆件、结点数量和品种宜少，尺寸力求统一，构造应简单，以便制造。节点夹角宜在 $30°\sim60°$ 之间。

2. 各型屋架的特性和适用范围

（1）三角形屋架

三角形屋架适用于坡度较陡的有檩盖结构。根据屋面材料的排水要求，屋面坡度一般为1/2～1/3。三角形屋架端部只能与柱、墙铰接，故房屋横向刚度较低。且其外形与弯矩图差别较大，因而弦杆的内力很不均匀。三角形屋架的上、下弦交角一般较小，使支座结点构造复杂。三角形屋架一般只宜用于中小跨度（$L=18\sim24m$）的轻屋面结构。

（2）梯形屋架

梯形屋架适用于屋面坡度平缓的无檩梯形屋盖和采用长尺压型钢板的有檩体系屋盖。由于梯形屋架的外形与均布荷载引起的弯矩图比较接近，因而弦杆内力比较均匀。梯形屋架与柱连接可做成刚接，也可做成铰接。

（3）平行弦屋架

平行弦屋架的上、下弦杆平行，且可做成不同坡度。与柱连接可做成刚接和铰接。平行弦屋架多用于单坡屋盖和双坡屋盖，或用作托架，支撑系统。

屋架设计包括受力分析，杆件截面选取，结点设计等，最后应画出施工详图。

思 考 题

1. 钢结构有哪些特点？简述钢结构在工业与民用建筑中的应用范围。

2. 钢结构对材料性能的基本要求是什么？钢结构选择钢材时要考虑哪些因素？

3. 钢结构的连接方法有几种？

4. 焊缝质量级别有几级？其检验标准分别有何不同要求？

5. 角焊缝在尺寸上有哪些构造要求？为什么？

6. 简述摩擦型高强螺栓和普通螺栓连接的传力方式有何区别？

7. 按承载能力极限状态和正常使用极限状态设计时，轴心受拉构件和轴心受压构件分别要进行哪些方面的计算？

8. 受弯构件的受力特点是什么？

9. 钢结构受弯构件的计算包括哪几个方面？

10. 为什么钢结构受弯构件要进行整体稳定性和局部稳定性验算？

11. 屋盖支撑系统的作用是什么？如何布置？

第6章　建筑结构抗震设计基础知识

地震是一种自然现象，我国是多地震的国家之一，抗震设防的国土面积约占全国国土面积的 60%。历次强震经验表明，地震造成的人员伤亡和经济损失，主要是因为房屋破坏和建筑结构倒塌引起的，例如，我国 1976 年 7 月发生的唐山大地震和 2008 年 5 月发生的四川汶川强烈地震。因此，对各类建筑结构进行抗震设计，提高结构的抗震性能是减轻地震灾害的根本途径。

本章主要介绍建筑结构抗震设计的一些基础知识。

6.1　地震的基础知识

6.1.1　地震类型与成因

地震按照其成因可分为三种主要类型：火山地震、塌陷地震和构造地震。

伴随火山喷发或由于地下岩浆迅猛冲出地面引起的地面运动称为火山地震。这类地震一般强度不大，影响范围和造成的破坏程度均比较小，主要分布于环太平洋、地中海以及东非等地带，其数量约占全球地震的 7% 左右。

地表或地下岩层由于某种原因陷落和崩塌引起的地面运动称为塌陷地震。这类地震的发生主要由重力引起，地震释放的能量与波及的范围均很小，主要发生在具有地下溶洞或古旧矿坑地质条件的地区，其数量约占全球地震的 3% 左右。

由于地壳构造运动，造成地下岩层断裂或错动引起的地面振动称为构造地震。这类地震破坏性大、影响面广，且发生频繁，几乎所有的强震均属构造地震。构造地震为数最多，约占全球地震的 90% 以上。构造地震一直是人们的主要研究对象，下面主要介绍构造地震的发生过程。

构造地震成因的局部机制可以用地壳构造运动来说明，地球内部处于不断运动之中，地幔物质发生对流释放能量，使得地壳岩石层处在强大的地应力作用之下。在漫长的地质年代中，原始水平状的岩层在地应力作用下发生形变（图 6-1(a)）；当地应力只能使岩层产生弯曲而未丧失其连续性时，岩层发生褶皱（图 6-1(b)）；当岩层变形积蓄的应力超过本身极限强度时，岩层就发生突然断裂和猛烈错动，岩层中原先积累的应变能全部释放，并以弹性波的形式传到地面，地面随之振动形成地震（图 6-1(c)）。

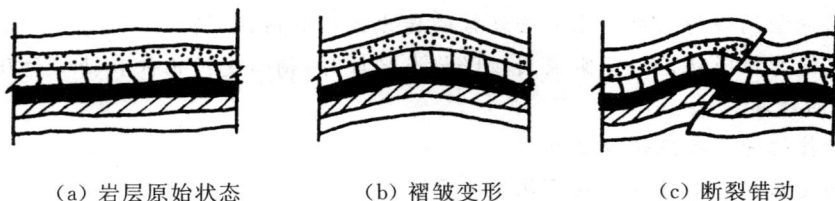

　　　(a) 岩层原始状态　　　　(b) 褶皱变形　　　　(c) 断裂错动
图 6-1　地壳构造运动

构造地震成因的宏观背景可以借助板块构造学说来解释。板块构造学说认为，地壳和地幔顶部厚约 70km ～100km 的岩石组成了全球岩石圈,岩石圈由大大小小的板块组成,类似一个破裂后仍连在一起的蛋壳,板块下面是塑性物质构成的软流层。软流层中的地幔物质以岩浆活动的形式涌出海岭,推动软流层上的大洋板块在水平方向移动,并在海沟附近向大陆板块之下俯冲,返回软流层。这样在海岭和海沟之间便形成地幔对流,海岭形成于对流上升区,海沟形成于对流下降区(图 6-2)。全球岩石圈可以分为六大板块,即欧亚板块、太平洋板块、美洲板块、非洲板块、印澳板块和南极板块(图 6-3),各板块由于地幔对流而互相挤压、碰撞,地球上的主要地震带就分布在这些大板块的交界地区,据统计,全球 85% 左右的地震发生在板块边缘及附近,仅有 15% 左右地震发生于板块内部。

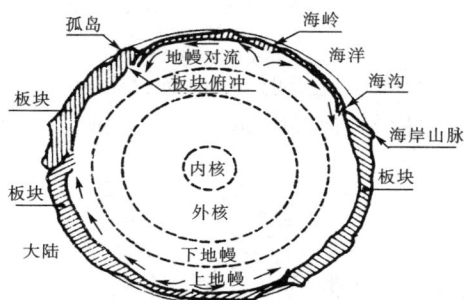

图 6-2　地球构造

图 6-3　板块分布

6.1.2　地震特征描述

地震在发生的空间、强度、时间等方面有很大的随机性。为了同地震灾害作斗争,需要对地震的特征加以描述,下面介绍描述地震空间位置、强度大小和发生时间的有关概念。

1. 地震空间位置

图 6-4 示意了描述地震空间位置的常用术语。震源是指地球内部发生地震首先发射出地震波的地方,往往也是能量释放中心。震源在地面上的投影称为震中。震源到地面的垂直距离,或者说震源到震中的距离称为震源深度。地面某处到震中的距离称为震中距。地面某处到震源的距离称为震源距。震中周围地区称为震中区。地面震动最剧烈、破坏最严重的地区称为极震区,极震区一般位于震中附近。

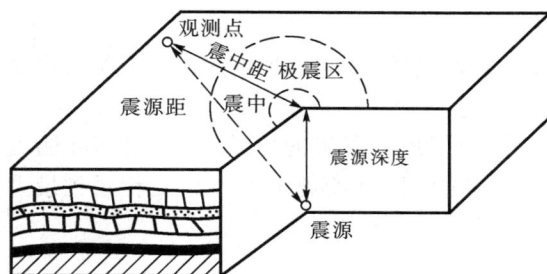

图 6-4　地震术语示意图

地震按震源深浅可分为浅源地震(震源深度小于 60km)、中源地震(震源深度在 60km～300km)和深源地震(震源深度大于 300km)。其中浅源地震造成的危害最大,全世界每年地震释放的能量约有 85％来自浅源地震。我国发生的地震绝大多数是浅源地震,震源深度在 10km～20km。

2. 地震强度度量

(1) 地震波

地震引起的振动以波的形式从震源向各个方向传播并释放能量,这就是地震波。地震波是一种弹性波,它包括在地球内部传播的体波和在地面附近传播的面波。

体波可分为两种形式的波,即纵波(P 波)和横波(S 波)。

纵波在传播过程中,其介质质点的振动方向与波的前进方向一致。纵波又称压缩波,其特点是周期较短,振幅较小(图 6-5(a))。

横波在传播过程中,其介质质点的振动方向与波的前进方向垂直。横波又称剪切波,其特点是周期较长,振幅较大(图 6-5(b))。

纵波的传播速度比横波的传播速度要快。所以当某地发生地震时,在地震仪上首先记录到的地震波是纵波,随后记录到的才是横波。先到的波通常称为初波(Primary wave)或 P 波;后到的波通常称为次波(Secondary wave)或 S 波。

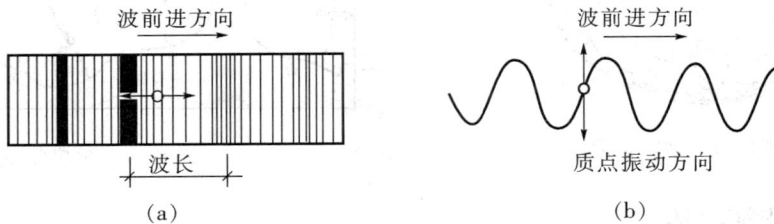

图 6-5 纵波示意图

面波是体波经地层界面多次反射形成的次生波,它包括两种形式的波,即瑞雷波(R 波)和乐甫波(L 波)。瑞雷波传播时,质点在波的前进方向与地表面法向组成的平面内(图 6-6 中 xz 平面)作逆向椭圆运动;乐甫波传播时,质点在波的前进方向垂直的水平方向(图 6-6 中 y 方向)作蛇形运动。与体波相比,面波周期长,振幅大,衰减慢,能传播到很远的地方。

地震波的传播速度,以纵波最快,横波次之,面波最慢。纵波使建筑物产生上下颠簸,横波使建筑物产生水平摇晃,而面波使建筑物既产生上下颠动又产生水平晃动,当横波和面波都到达时震动最为剧烈。一般情况下,横波产生的水平震动是导致建筑物破坏的主要因素;在强震震中区,纵波产生的竖向振动造成的影响也不容忽视。

(2) 震级

地震震级是表示地震本身大小的等级,它以地震释放的能量为尺度,根据地震仪记录到的地震波来确定。

1935 年里克特(Richter)给出了地震震级的原始定义:用标准地震仪(周期为 0.8s,阻尼系数为 0.8,放大倍数为 2800 倍的地震仪)在距震中 100km 处记录到最大水平位移(单振幅,以 μm 计)的常用对数值。表达式为

$$M = \log A \tag{6-1}$$

式中:M——震级,即里氏震级

A——地震仪记录到的最大振幅。

例如,某次地震在距震中 100km 处地震仪记录到的振幅为 10nun 即 $1000\mu m$,取其对数等于

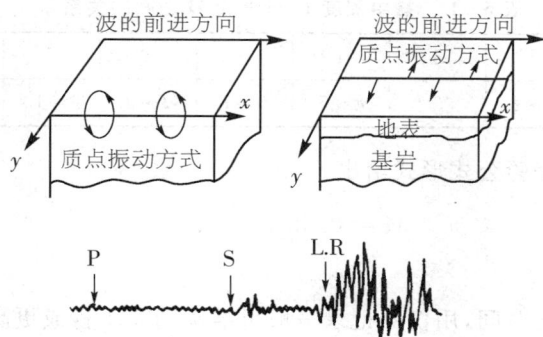

图 6 - 6　面波示意图

4,根据定义这次地震就是 4 级。实际上地震发生时距震中 100km 处不一定有地震仪,现在也都不用上述的标准的地震仪,需要根据震中距和使用仪器对上式确定的震级进行修正。

震级 M 与震源释放的能量 E(尔格)之间有如下对应关系。

$$\log E = 11.8 + 1.5M \tag{6-2}$$

上式表明,震级每增加一级,地震释放的能量增大约 32 倍。

一般地说,小于 2 级的地震,人感觉不到,称为微震;2～4 级地震,震中附近有感,称为有感地震;5 级以上地震,能引起不同程度的破坏,称为破坏地震;7 级以上的地震,称为强烈地震或大地震;8 级以上地震,称为特大地震。到目前为止,世界上记录到的最大的一次地震是 1960 年 5 月 22 日发生在智利的 8.5 级地震。

(3) 烈度

地震烈度是指某地区地面和各类建筑物遭受一次地震影响的强烈程度,它是按地震造成的后果分类的。相对于震源来说,烈度是地震的强度。

对一次地震表示地震大小的震级只有一个,但同一次地震对不同地点的影响是不一样的,因而烈度随地点的变化而存在差异。一般来说,距震中越远,地震影响越小,烈度越低;距震中越近,地震影响越大,烈度越高。震中区的烈度称为震中烈度,震中烈度往往最高。

为了评定地震烈度,需要制定一个标准,目前我国和世界上绝大多数国家都采用 12 等级的烈度划分表(见表 6 - 14)。它是根据地震时人的感觉、器物的反应、建筑物的破坏和地表现象划分的。把地面运动最大加速度和最大速度作为参考物理指标,给出了对应于不同烈度(5 度～10 度)的具体数值。地震烈度既是地震后果的一种评价,又是地面运动的一种度量,它是联系宏观地震现象和地面运动强弱的纽带。需要指出的是,地震造成的破坏是多因素综合影响的结果,把地震烈度孤立地与某项物理指标联系起来的观点是片面的、不恰当的。

(4) 震级与震中烈度关系

地震震级与地震烈度是两个不同的概念,震级表示一次地震释放能量的大小,烈度表示某地区遭受地震影响的强弱程度。两者关系可用炸弹爆炸来解释,震级好比是炸弹的装药量,烈度则是炸弹爆炸后造成的破坏程度。震级和烈度只在特定条件下存在大致对应关系。

对于浅源地震(震源深度在 10km～30km)震中烈度 I_0 和震级 M 之间有如下对照关系(表 6 - 1)。

表 6-1　震中烈度 I_0 与震级 M 之间的关系

震级 M	2	3	4	5	6	7	8	8 以上
震中烈度 I_0	1~2	3	4~5	6~7	7~8	9~10	11	12

上面对应关系也可用经验公式形式给出

$$M = 0.58 I_0 + 1.5$$

3. 地震时间描述

发震时刻指地震发生的时间,用仪器记录一般可准确到 0.1 秒或更高精度。

强震持时指地震发生时强震阶段持续的时间,可自几秒到几十秒甚至上百秒。地面运动持续时间对建筑物破坏有很大影响,持时长会加重结构破坏程度。

地震序列是指一定时间内在相近地区相继发生的一系列大小地震。地震序列中最强烈的一次叫做主震;主震前的一系列小地震叫做前震;主震后的一系列地震叫做余震。根据地震活动和释放能量特点,地震序列大致可分为三种基本类型。主震余震型地震:这类地震前震较少,主震震级突出,释放的能量一般占全序列能量的 80% 以上,而余震则较多。例如唐山地震,1976 年 7月 28 日凌晨发生 7.8 级强震后,当天就发生一次 7.1 级强余震和 10 次大于 6 级的较强余震,以后余震逐渐衰减;震群型地震:这类地震没有突出的主震,前震和余震较多,地震能量是通过多次震级相近的地震释放出来。例如邢台地震,1963 年 3 月台日发生 6.8 级强烈地震,接着 3 月 22日在 8 分钟内相继发生 6.8 级和 7.2 级两次强震,随后又发生两次 6 级以上地震;单发型地震:这类地震几乎没有前震和余震,地震能量基本上通过主震一次释放。

6.2　抗震设计的基本要求

6.2.1　建筑结构抗震设防依据

抗震设防的依据是抗震设防烈度,全国的抗震设防烈度以地震烈度区划图体现。

工程抗震的目标是减轻工程结构的地震破坏,降低地震灾害造成的损失,减轻震害的有效措施是对已有工程进行抗震加固和对新建工程进行抗震设防。在采取抗震措施之前,必须知道哪些地方存在地震危险性,其危害程度如何。地震的发生在地点、时间和强度上都具有不确定性,为适应这个特点,目前采用的方法是基于概率含义的地震预测。该方法将地震的发生及其影响视作随机现象,根据区域性地质构造、地震活动性和历史地震资料,划分潜在震源区,分析震源区地震活动性,确定地震动衰减规律,利用概率方法评价某一地区未来一定期限内遭受不同强度地震影响的可能性,给出以概率形式表达的地震烈度区划或其他地震动参数。

基于上述方法编制的《中国地震烈度区划图(1990)》经国务院批准由国家地震局和建设部于1992 年 6 月 6 日颁布实施,该图用基本烈度表示地震危险性,把全国划分为基本烈度不同的 5个地区,基本烈度是指:50 年期限内,一般场地条件下。可能遭受超越概率为 10% 的烈度值。我国目前以地震烈度区划图上给出的基本烈度作为抗震设防的依据,《建筑抗震设计规范规范》GB50011-2001(2008 年版)(以下简称《抗震规范》)规定,一般情况下可采用基本烈度作为建筑抗震设计中的抗震设防烈度。

6.2.2　建筑结构抗震设计思想

1. 三水准的抗震设防准则

抗震设防是为了减轻建筑的地震破坏,避免人员伤亡和减少经济损失。鉴于地震的发生,在时间、空间和强度上都不能确切预测,要使所设计的建筑物在遭受未来可能发生的地震时不发生破坏,是不现实和不经济的。抗震设防水准在很大程度上依赖于经济条件和技术水平,既要使震前用于抗震设防的经费投入为国家经济条件所允许,又要使震后经过抗震技术设计的建筑的破坏程度不超过人们所能接受的限度。为达到经济与安全之间的合理平衡,现在世界上大多数国家都采用了下面的设防标准:抵抗小地震,结构不受损坏;抵抗中等地震,结构不显著破坏;抵抗大地震,结构不倒塌。也就是说,建筑物在使用期间,对不同强度和频率的地震,结构具有不同的抗震能力。

基于上述抗震设计准则,我国《抗震规范》提出了三水准的抗震设防要求。

(1) 第一水准:当遭受低于本地区设防烈度的多遇地震(或称小震)影响时,建筑物一般不损坏或不需修理仍可继续使用;

(2) 第二水准:当遭受本地区设防烈度的地震影响时,建筑物可能损坏,经过一般修理或不需修理仍可继续使用;

(3) 第三水准:当遭受高于本地区设防烈度的预估罕遇地震(或称大震)影响时,建筑物不倒塌,或不发生危及生命的严重破坏。

上述三个烈度水准分别对应于多遇烈度、基本烈度和罕遇烈度(图6-7)。与三个烈度水准相应的抗震设防目标是:遭遇第一水准烈度时,一般情况下建筑物处于正常使用状态,结构处于弹性工作阶段;遭遇第二水准烈度时,建筑物可能发生一定程度的破坏,允许结构进入非弹性工作阶段,但非弹性变形造成的结构损坏应控制在可修复范围内;遭遇第三水准烈度时,建筑物可以产生严重破坏,结构可以有较大的非弹性变形,但不应发生建筑倒塌或危及生命的严重破坏。概括起来就是"小震不坏,中震可修,大震不倒"的设计思想。

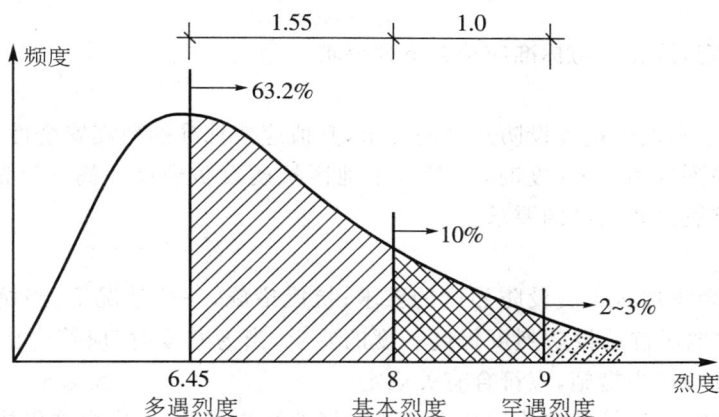

图6-7　地震烈度概率分布

2. 二阶段设计方法

为使三水准设防要求在抗震分析中具体化,《抗震规范》采用二阶段设计方法实现三水准的抗震设防要求。

第一阶段设计是多遇地震下承载力验算和弹性变形计算。取第一水准的地震动参数,用弹性方法计算结构的弹性地震作用,然后将地震作用效应和其他荷载效应进行组合,对构件截面进行承载力验算,保证必要的强度可靠度,满足第一水准"不坏"的要求;对有些结构(如钢筋混凝土结构)还要进行弹性变形计算,控制侧向变形不要过大防止结构构件和非结构构件出现较多损坏,满足第二水准"可修"的要求;再通过合理的结构布置和抗震构造措施,增加结构的耗能能力和变形能力,即认为满足第三水准"不倒"的要求。对于大多数结构,可只进行第一阶段设计,不必进行第二阶段设计。

第二阶段设计是罕遇地震下弹塑性变形验算。对于特别重要的结构或抗侧能力较弱的结构,除进行第一阶段设计外,还要取第三水准的地震动参数进行薄弱层(部位)的弹塑性变形验算,如不满足要求,则应修改设计或采取相应构造措施来满足第三水准的设防要求。

3. 建筑物分类与设防标准

抗震设计中,根据建筑遭受地震破坏后可能产生的经济损失、社会影响及其在抗震救灾中的作用,将建筑物按重要性分为殊殊设防类、重点设防类、标准设防类、适度设防类四类。对于不同重要性的建筑,采取不同的抗震设防标准。

特殊设防类建筑(简称甲类)

特殊要求的建筑,如核电站、中央级电信枢纽,这类建筑遇到破坏会导致严重后果,如产生放射性污染、剧毒气体扩散或其他重大政治和社会影响。

重点设防类建筑(简称乙类)

国家重点抗震城市的生命线工程的建筑,如这些城市中的供水、供电、广播、通讯、消防、医疗、幼儿园、中小学教学建筑或其他重要建筑。

标准设防类建筑(简称丙类)

甲、乙、丁以外的建筑,如大量的一般工业与民用建筑。

适度设防类建筑(简称丁类)

遇到地震破坏不易造成人员伤亡和较大经济损失的建筑,如一般仓库,人员较少的辅助性建筑。

《抗震规范》规定,抗震设防标准应符合下列要求:

(1)甲类建筑

地震作用应高于本地区抗震设防烈度的要求,其值应按标准的地震安全性评价结果确定;抗震措施,当抗震设防烈度为6~8度时,应符合本地区抗震设防烈度提高一度的要求,当为9度时,应符合比9度抗震设防更高的要求。

(2)乙类建筑

地震作用应符合本地区抗震设防烈度的要求;抗震措施,一般情况下,当抗震设防烈度为6~8度时,应符合本地区抗震设防烈度提高一度的要求,当为9度时,应符合比9度抗震设防更高的要求;地基基础的抗震措施,应符合有关规定。

对较小的乙类建筑,当其结构改用抗震性能较好的结构类型时,应允许仍按本地区抗震设防烈度的要求采取抗震措施。

(3)丙类建筑

地震作用和抗震措施均应符合本地区抗震设防烈度的要求。

(4)丁类建筑

一般情况下,地震作用仍应符合本地区抗震设防烈度的要求;抗震措施应允许比本地区抗震设防烈度的要求适当降低,但抗震设防烈度为 6 度时不应降低。

另外,抗震设防为 6 度时,除《抗震规范》有具体规定外,对乙、丙、丁类建筑可不进行地震作用计算。

6.2.3 地震作用计算方法

1.建筑结构考虑地震作用的原则

(1)一般情况下,应允许在结构两个主轴方向分别考虑水平地震作用计算并抗震验算,各方向的水平地震作用应由该方向抗侧力构件承担。有斜交抗侧力构件的结构,当相交角度大于 15°时,应分别计算各抗侧力构件方向的水平地震作用;

(2)质量与刚度分布明显不对称、不均匀的结构,应计入双向水平地震作用下的扭转影响;其他情况,应允许采用调整地震作用效应的方法计入扭转影响;

(3)8 度、9 度抗震设计时,大跨度和长悬臂结构及 9 度时的高层建筑应计算竖向地震作用;

注:8、9 度时采用隔震设计的建筑结构,应按规定计算竖向地震作用。

2.水平地震作用计算方法

目前,在设计中应用的水平地震作用计算方法有:底部剪力法、振型分解反应谱法和弹性时程分析法。

底部剪力法最为简单,根据建筑物的总重力荷载可计算出结构底部的总剪力,按一定的规律分配到各楼层,得到各楼层的水平地震作用,然后按静力方法计算结构内力,具体计算步骤和计算公式可见相关参考书或见《抗震规范》第 5.2 节有关内容。

振型分解反应谱法首先计算结构的自振振型,选取前若干个振型分别计算各振型的水平地震作用,再计算各振型水平地震作用下的结构的内力,最后将各振型的内力进行组合,得到地震作用下的结构的内力。

弹性时程分析法又称直接动力法,将建筑结构作为一个多质点的振动体系,输入已知的地震波,用结构动力学的方法,分析地震全过程中每一时刻结构的振动状况,从而了解地震过程中结构的反应(加速度、速度、位移和内力)。

《抗震规范》规定建筑结构应根据不同情况,分别采用下列地震作用计算方法(表 6-2):

表 6-2 水平地震作用的计算方法

序号	计算方法	适用条件	
		房高	其他条件
1	底部剪力法	≤40m	以剪切变形为主,且质量和刚度沿高度分布均匀的结构
2	振型分解反应谱法	不限	不符合底部剪力法应用条件的结构
	弹性时程分析法		特别不规则建筑、甲类建筑
3	(作为上述二法的补充计算)	>100m	8 度Ⅰ、Ⅱ类场地和 7 度
		>80m	8 度Ⅲ、Ⅳ类场地
		>60m	9 度

6.2.4 结构构件截面抗震计算

结构构件的截面验算应采用下列设计表达式:

$$S \leqslant R / \gamma_{RE} \tag{6-3}$$

式中：γ_{RE}——承载力抗震调整系数，按《抗震规范》表5.4.2采用；

    R——结构构件承载力设计值；

    S——结构构件内力组合的设计值，是指结构构件的地震作用效应和其他荷载效应的基本组合。组合原则详见《抗震规范》有关规定。

6.2.5 建筑结构抗震概念设计基本要求

概念设计考虑地震及其影响的不确定性，依据历次震害总结出的规律性，既着眼于结构的总体地震反应，合理选择建筑体型和结构体系，又顾及结构关键部位细节问题，正确处理细部构造和材料选用，灵活运用抗震设计思想，综合解决抗震设计的基本问题，概念设计包括以下内容：

1. 建筑形状选择

建筑形状关系到结构的体型结构体型，其对建筑物抗震性能有明显影响。震害表明，形状比较简单的建筑在遭遇地震时一般破坏较轻，这是因为形状简单的建筑受力性能明确，传力途径简捷，设计时容易分析建筑的实际地震反应和结构内力分布，结构的构造措施也易于处理。因此，建筑形状应力求简单规则，注意遵循如下要求：

（1）建筑平面布置应简单规整。

建筑平面的简单和复杂可通过平面形状的凸凹来区别。简单的平面图形多为凸形的，即在图形内任意两点间的连线不与边界相交，如方形、矩形、圆形、椭圆形、正多边形等（图6-8(a)）。复杂图形常有凹角，即在图形内任意两点间的边线可能同边界相交，如L形、T形、U形，十字形和其他带有伸出翼缘的形状（图6-8(b)）。有凹角的结构容易应力集中或应变集中，形成抗震薄弱环节。

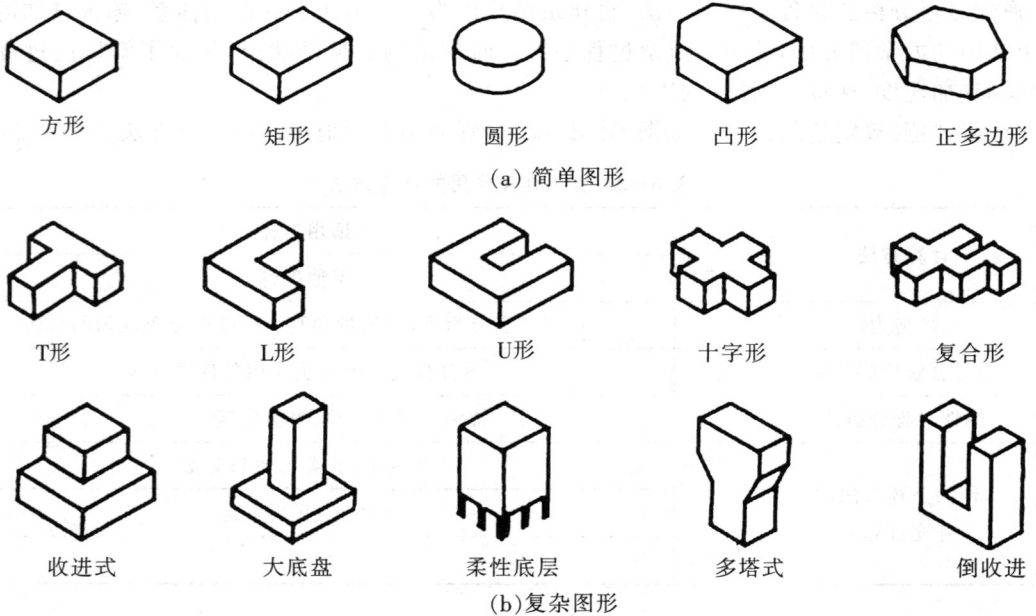

| 方形 | 矩形 | 圆形 | 凸形 | 正多边形 |

(a) 简单图形

| T形 | L形 | U形 | 十字形 | 复合形 |

| 收进式 | 大底盘 | 柔性底层 | 多塔式 | 倒收进 |

(b) 复杂图形

图6-8　建筑形状

（2）建筑物竖向布置应均匀和连续。

　　建筑体型复杂会导致结构体系沿竖向强度与刚度分布不均匀,在地震作用下某一层间或某一部位率先屈服而出现较大的弹塑性变形。例如,立面突然收进的建筑或局部突出的建筑,会在凹角处产生应力集中;大底盘建筑,低层裙房与高层主楼相连,体型突变引起刚度突变,在裙房与主楼交接处塑性变形集中;柔性底层建筑,建筑上因底层需要开放大空间,上部的墙、柱不能全部落地,形成柔弱底层。

　　(3) 刚度中心和质量中心应一致。

　　房屋中抗侧力构件合力作用点的位置称为质量中心。地震时,如果刚度中心和质量中心不重合,会产生扭转效应使远离刚度中心的构件产生较大应力而严重破坏。例如,前述具有伸出翼缘的复杂平面形状的建筑,伸出端往往破坏较重,又如,刚度偏心的建筑,有的建筑虽然外形规则对称,但抗侧力系统不对称,如将抗侧刚度很大的钢筋混凝土芯筒或钢筋混凝土墙偏设,造成刚心偏离质心,产生扭转效应。

　　(4) 复杂体型建筑物的处理。

　　房屋体型常常受到使用功能和建筑美观的限制,不易布置成简单规则的形式,对于体型复杂的建筑物可采取下面两种处理方法:设置建筑防震缝,将建筑物分隔成规则的单元,但设缝会影响建筑立面效果,引起相邻单元之间碰撞。不设防震缝,但应对建筑物进行细致的抗震分析,估计其局部应力,变形集中及扭转影响,判明易损部位,采取加强措施提高结构变形能力。

2. 抗震结构体系

　　抗震结构体系的主要功能为承担侧向地震作用,合理选用抗震结构体系是抗震设计中的关键问题,直接影响着房屋的安全性和经济性。在结构方案决策时,应从以下几方面加以考虑:

　　(1)结构屈服机制

　　结构屈服机制可以根据地震中构件出现屈服的位置和次序划分为两种基本类型:层间屈服机制和总体屈服机制。层间屈服机制是指结构的竖向构件先于水平构件屈服,塑性铰首先出现在柱上,只要某一层柱上下端出现塑性铰,该楼层就会整体侧向屈服,发生层间破坏,如弱柱型框架、强梁型联肢剪力墙等。总体屈服机制是指结构的水平构件先于竖向构件屈服,塑性铰首先出现在梁上,即使大部分梁甚至全部梁上出现塑性铰,结构也不会形成破坏机构,如强柱型框架、弱梁型联肢剪力墙等。总体屈服机制有较强的耗能能力,在水平构件屈服的情况下,仍能维持相对稳定的竖向承载力,可以继续经历变形而不倒塌,其抗震性能优于层间屈服机制。

　　(2)多道抗震防线

　　结构的抗震能力依赖于组成结构的各部分的吸能和耗能能力,在抗震体系中,吸收和消耗地震输入能量的各部分称为抗震防线。一个良好的抗震结构体系应尽量设置多道防线,当某部分结构出现破坏,降低或丧失抗震能力,其余部分能继续抵抗地震作用。具有多道防线的结构,一是要求结构具有良好的延性和耗能能力,二是要求结构具有尽可能多的抗震赘余度。结构的吸能和耗能能力,主要依靠结构或构件在预定部位产生塑性铰,若结构没有足够的赘余度,一旦某部位形成塑性铰后,会使结构变成可变体系而丧失整体稳定。另外,应控制塑性铰出现在恰当位置,塑性铰的形成不应危及整体结构的安全。

　　(3)结构构件

　　结构体系是由各类构件连接而成,抗震结构的构件应具备必要的强度、适当的刚度、良好的延性和可靠的连接,并注意强度、刚度和延性之间的合理均衡。

　　结构构件要有足够的强度,其抗剪、抗弯、抗压、抗扭等强度均应满足抗震承载力要求。要合理选择截面,合理配筋,在满足强度要求同时,还要做到经济可行。在构件强度计算和构造处理上要避免剪切破坏先于弯曲破坏,混凝土压溃先于钢筋屈服,钢筋锚固失效先于构件破坏,以便更好发挥构件的耗能能力。

结构构件的刚度要适当。构件刚度太小,地震作用下结构变形过大,会导致非结构构件的损坏甚至结构构件的破坏;构件刚度太大,会降低构件延性,增大地震作用,还要多消耗大量材料。抗震结构要在刚柔之间寻找合理的方案。

结构构件应具有良好的延性,即具有良好的变形能力和耗能能力,从某种意义上说,结构抗震的本质就是延性。提高延性可以增加结构抗震潜力,增强结构抗倒塌能力。采取措施4可以提高和改善构件延性,如砌体结构,具有较大的刚度和一定的强度,但延性较差,若在砌体中设置圈梁和构造柱,将墙体横竖相箍,可以大大提高变形能力。又如钢筋混凝土抗震墙,刚度大强度高,但延性不足,若在抗震墙中用竖缝把墙体划分成若干并列墙段,可以改善墙体的变形能力,做到强度、刚度和延性的合理匹配。

构件之间要有可靠连接,保证结构空间整体性,构件的连接应具有必备的强度和一定的延性,使之能满足传递地震力的强度要求和适应地震对大变形的延性要求。

(4)非结构构件

非结构构件一般指附属于主体结构的构件,如围护墙、内隔墙、女儿墙、装饰贴面、玻璃幕墙、吊顶等。这些构件若构造不当,处理不妥,地震时往往发生局部倒塌或装饰物脱落,砸伤人员,砸坏设备,影响主体结构的安全。非结构构件按其是否参与主体结构工作,大致分成两类:

一类为非结构的墙体,如围护墙、内隔墙、框架填充墙等,在地震作用下,这些构件或多或少地参与了主体结构工作,改变了整个结构的强度、刚度和延性,直接影响了结构抗震性能。设置上要考虑其对结构抗震的有利和不利影响,采取妥善措施。例如,框架填充墙的设置增大了结构的质量和刚度,从而增大了地震作用,但由于墙体参与抗震,分担了一部分水平地震力,减小了整个结构的侧移。因此在构造上应当加强框架与填充墙的联系,使非结构构件的填充墙成为主体抗震结构的一部分。

另一类为附属构件或装饰物,这些构件不参与主体结构工作。对于附属构件,如女儿墙、雨篷等,应采取措施加强本身的整体性,并与主体结构加强连接和锚固,避免地震时倒塌伤人。对于装饰物,如建筑贴面、玻璃幕墙、吊顶等,应增强与主体结构的连接,必要时采用柔性连接,使主体结构变形不会导致贴面和装饰的破坏。

6.3　场地和地基

6.3.1　场地和地基的概念

场地是指大体上相当于厂区、居民点或自然村的区域范围的建筑物所在地。地基是指建筑物持力层范围内的那部分土层。在地震作用下,场地土层既是地震波的传播介质,又是建筑物的地基;作为传播介质,地基将地震波传给建筑物,引起建筑物的振动,使建筑物在振动惯性力与其他荷载的组合作用下,可能因结构强度不足而破坏;作为地基,地基土本身的强度和稳定性可能遭到破坏,如砂性土的液化和软粘土的震陷等,造成地基失效,从而引起上部结构的破坏。结构物震害的程度,除了与地震烈度、近震、远震及建筑物自身的动力特性有关外,还与建筑物所在场地的地形、地貌、土层性质、水文条件密切相关。震害调查常发现,同一小区内结构类型和施工质量基本相同的房屋,震害却有很大差别,宏观地震烈度可能相差1至2度;这种现象正是场地条件差异产生的结果。在抗震设计中,对于地基失效问题可采用场地选择和地基处理来解决;在地基不失效的情况下场地条件对建筑物地震振动的影响可通过划分场地类别来加以考虑。

6.3.2　工程地质条件对震害的影响

1. 地形条件的影响

震害调查,仪器观测和理论分析都表明,局部孤突地形对震害具有明显的影响。一般来说,局部地形高差大于 30～50m 时,震害就开始表现明显差异,位于高处的建筑物的震害较重。1920 年宁夏海原地震时,处于渭河谷地的姚庄,烈度为 7 度,而相距 2km 的牛家山庄,位于突出的黄土山梁上,高出姚庄约百米左右,烈度竟达 9 度。

综上所述,孤突的山梁、孤立的山包、高差较大的台地、陡坡及故道岸边等,都是对抗震不利的地形。

2. 局部地质构造的影响

局部地质构造主要是指断层。断层为地质构造的薄弱环节,分为发震断层和非发震断层。具有潜在地震活动的断层称为发震断层;与地震成因没有联系的断层,在地震作用下不会产生新的错动,称为非发震断层。多数的浅源地震均与发震断层活动有关。一些具有潜在地震活动的发震断层,地震时会出现很大的错动,如 1906 年 4 月 18 日,美国旧金山大地震,圣安德烈斯断层两侧相对错动达 3～6m,这是建筑物无法抵御的。在选择场地时,应尽量使建筑物远离断层及其破碎带。近年来,对非发震断层的大量调查研究表明,这类断层对建筑物的破坏无明显影响,断烈带处烈度也无增高趋势。但在具体进行建筑布置时,不宜将建筑物横跨在断层上,以避免可能发生的错动或不均匀沉降带来的危害。

3. 地基土质的影响

地基土质条件对建筑物震害的影响十分明显。在同一地区,相同类型的建筑物,会因所处的地基土质条件不同,发生不同程度的震害;或者,相同的地基土质条件,不同类型的建筑物震害可能会有很大的差别。例如,1923 年日本关东大地震,该市地势高的地区是坚实的坡积土,地势低的地区是潮湿的冲积亚粘土;震害调查表明,地势高的地区砖房破坏严重,木房破坏较少;地势低的地区砖房破坏很少,而木房破坏较重,且随冲积层厚度加大而加重。

4. 地下水的影响

地下水位对建筑物震害有明显影响,不同地基土中的地下水位的影响程度也有差别。宏观现象表明,水位越浅,震害越重。地下水位深度在 1～5m 时,影响最明显,地下水位较深时,其影响不再显著。地下水位对软弱土层,如粉砂、细砂、淤泥质土等影响最大,粘性土次之,对卵砾石、碎石角砾土等影响最小。在进行地下水影响分析时,需结合地基土的情况全面考虑。

6.3.3　场地选择及场地分类

1. 场地选择

如前所述,工程地质条件不同,建筑物震害差异显著。为了减轻震害,《抗震规范》提出应按表 6-3 划分对建筑抗震有利、不利和危险的地段。在选择建筑场地时,应尽量选择对抗震有利的地段,避开不利地段,而不得在危险地段进行建设。

表 6-3 各类地段划分

地段类别	地质、地形、地貌
有利地段	稳定基岩,坚硬土或开阔、平坦、密实、均匀的中硬土等
不利地段	软弱土,液化土,条状突起的山嘴,高耸孤立的山丘,非岩质的陡坡,河岸和边坡边缘,平面分布上的成因、岩性、状态明显不均匀的土层(如古河道、断层破碎带、暗埋的塘滨沟谷及半填半挖的地基)等
危险地段	地震时可能发生滑坡、崩塌、地陷、地裂、泥石流等及发震断裂带上可能发生地表位错的部位

2. 场地分类

场地类别反应地震情况下的场地的动力效应。决定场地类别的主要因素是土层等效剪切波速和场地覆盖层厚度。

(1) 场地土类型

场地土是指场地范围内的地基土,在平面上大致相当于厂区、居民点或自然村的区域范围,在剖面上按地面下 15m 深度内土层平均性质划分,其类别主要取决于土的刚度。土的刚度可按土的剪切波速划分(见表 6-4)。当场地土为单一土层时,一般取地面以下 15m 且不深于覆盖层厚度范围内各土层的剪切波速,按土层厚度加权平均值划分。

表 6-4 场地土的类型划分

场地土类型	土层的剪切波速(m/s)
坚硬场地土	$V_s > 500$
中硬场地土	$500 \geqslant V_s > 250$
中软场地土	$250 \geqslant V_s > 140$
软弱场地土	$V_s \leqslant 140$

在缺乏必要的勘察手段,无法测得土层的剪切波速情况下,可采用近似分类法。《抗震规范》规定,对丙、丁类建筑无实测剪切波速时,也可根据表层土的岩土性状划分(见表 6-5)。同样,当地表土层为多层土时,应根据各层土的类型及厚度综合评定。

表 6-5 土的类型划分

土的类型	岩土名称和性状
坚硬土	稳定岩石,密实的碎石土
中硬土	中密、稍密的碎石土,密实、中密的砾、粗、中砂,$f_{ak} \geqslant 200$ 的粘性土和粉土
中软土	稍密的砾、粗、中砂,除松散的细、粉砂外,$f_{ak} \leqslant 200$ 的粘性土和粉土,$f_{ak} \geqslant 130$ 的填土
软弱土	淤泥和淤泥质土,松散的砂,新近沉积的粘性土和粉土,$f_{ak} < 130$ 的填土

[注] f_{ak} 为地基土静承载力标准值(kPa)。

(2) 场地覆盖层厚度

从理论角度说,比上层土剪切波速大得多的下层土可当作基岩;而实际土层刚度的变化是逐渐的,如果要求波速比很大时的下层土才能当作基岩,覆盖层厚度势必定得很大。由于地震波对建筑物破坏作用最大的是其中短周期成分,而深层土对这些成分影响甚微,因此,作为分类标准的覆盖层厚度没有必要考虑得很大。《抗震规范》规定:场地覆盖层厚度,是指从地面至坚硬场地土顶面的距离。坚硬场地土包括岩石和其他坚硬土,其剪切波速大于 $500m/s$,但薄的硬夹层或孤石不得作为基岩对待。

(3) 场地类别

场地条件对地震的影响已为多次大地震震害现象、理论分析结果和强震观测资料所证实。通过总结国内外对场地划分的经验,我国《抗震规范》提出:建筑的场地类别,应根据等效剪切波速和场地覆盖层厚度划分为 4 类(见表 6 - 6)。

表 6 - 6　建筑场地的覆盖层厚度(m)

等效剪切波速 (m/s)	场地类别			
	I	II	III	IV
$V_s > 500$	0			
$500 \geqslant V_s > 250$	<5	$\geqslant 5$		
$250 \geqslant V_s > 140$	<3	$3\sim5$	>50	
$V_s \leqslant 140$	<3	$3\sim15$	$>15\sim80$	>80

6.4　砌体结构和钢筋混凝土结构抗震规定

6.4.1　多层砌体结构房屋

多层砌体房屋的自重较大,地震时地震作用亦大,而房屋的整体性不强,所用材料具有脆性性质,抗剪、抗拉和抗弯强度都很低,故抗震性能较差。震害调查发现,烈度不高时,砌体房屋仍具有一定的抗震能力,即使在 7 度和 8 度区,甚至在 9 度区,也有为数不少的砖混结构房屋震害较轻或基本完好。对这些房屋的分析表明,通过合理的抗震设计,采取可靠的抗震构造措施,并保证施工质量,能有效地减轻多层砌房屋的震害,提高其抗震性能。

由于多层砌体房屋的抗震性能较差,震害较重。因此,应十分重视多层砌体房屋的抗震设计,在遵循《抗震规范》有关设计原则的同时,还应满足以下几方面的具体规定。

1. 建筑体型与结构布置

实践证明,多层砌体房屋的抗震性能与建筑体型和结构布置关系甚大。当房屋体型复杂,平、立面布置不规则,以及墙体布置不均匀时,地震时容易产生应力集中和扭转影响,震害加剧。因此,房屋的建筑体型应尽可能简单、规则,避免平面凹凸曲折,立面高低错落。

多层砌体房屋的结构布置应符合下列要求:

(1) 优先采用横墙承重或纵横墙共同承重的结构体系,不宜采用抗震差、易破坏的纵墙承重结构体系;

(2) 纵横墙体布置宜均匀、对称和上下连续同一轴线上的窗间墙宽度宜均匀,以使各墙垛受力基本相同,避免应力集中和扭转作用;

(3) 楼梯间不宜设置在房屋的尽端和转角处,也不宜突出于外纵墙平面之外;

（4）设置烟道、风道、垃圾道等洞口时，不应削弱承重墙体，否则应对被削弱的墙体采取加强措施；不宜采用无竖向配筋的附墙烟囱及出屋面的烟囱；

（5）不宜采用无锚固措施的钢筋混凝土预制挑檐；

（6）当房屋立面高差在6m以上，或有错层且楼板高差较大，或房屋各部分结构的刚度、质量截然不同时，在8度和9度区，宜在上述部位设置防震缝。防震缝应沿房屋全高设置（基础处可不设），缝两侧应设置墙体，缝宽应根据房屋高度、场地类别和烈度不同确定，一般取50～100mm。

2. 房屋总高度及层数

历次震害调查表明，砌体房屋的高度越大、层数越多，震害越严重，破坏和倒塌率也越高。同时，由于我国目前砌体的材料强度较低，随房屋层数增多，墙体截面加厚，结构自重和地震作用都将相应加大，对抗震十分不利。因此，对这类房屋的总高度和层数应予以限制，不应超过表6-7的限值，且普通砖、多空砖和小砌体承重房屋层高不宜超过3.6m。

表6-7　砌体房屋总高度(m)和层数限值

砌体类别	最小墙厚（mm）	烈度							
		6		7		8		9	
		高度	层数	高度	层数	高度	层数	高度	层数
普通砖	240	24	8	21	7	18	6	12	4
多孔砖	240	21	7	21	7	18	6	12	4
多孔砖	190	21	7	18	6	15	5		
小砌块	190	21	7	21	7	18	6		

［注］（1）房屋的总高度指室外地面到檐口的高度，半地下室可从地下室室内地面算起，全地下室可从室外地面算起；（2）对医院、教学楼等及横墙较少的多层砌体房屋，总高度比表中规定降低3m，各层横墙很少的多层砌体房屋，还应根据具体情况再适当降低总高度和减少层数。

3. 房屋最大高宽比

多层砌体房屋的高宽比较小时，地震作用引起的变形以剪切为主。随高宽比增大，变形中弯曲效应增加，由此在墙体水平截面产生的弯曲应力也将增大，而砌体的抗拉强度较低，故很容易出现水平裂缝，发生明显的整体弯曲破坏。为此，多层砌体房屋的最大高宽比应符合表6-8的规定，以限制弯曲效应，保证房屋的稳定性。

表6-8　房屋最大高宽比

烈度	6	7	8	9
最大高宽比	2.5	2.5	2.0	1.5

4. 抗震横墙最大间距

在横向水平地震作用下，砌体房屋的楼（屋）盖和横墙是主要的抗侧力构件。对于横墙，一方面应通过抗震强度验算，保证具有足够的承载力；另一方面，必须使横墙间距能满足楼盖传递水平地震力所需的刚度要求。如横墙间距过大，楼盖的水平刚度较差，不能将地震力传给横墙，同时使纵墙因层间变形过大而产生平面外弯曲破坏。

《抗震规范》规定，多层砌体房屋的抗震横墙间距不应超过表6-9规定。

表 6 - 9　抗震横墙最大间距(m)

房屋类型		烈度			
		6	7	8	9
多层砌体	现浇或装配整体式钢筋混凝土楼、屋盖	18	18	15	11
	装配式钢筋混凝土楼、屋盖	15	15	11	7
	木楼、屋盖	11	11	7	4

5. 房屋局部尺寸

房屋的窗间墙、墙端至门窗洞边间的墙段、突出屋面的女儿墙和烟囱等部位是多层砌体房屋抗震的薄弱环节,地震时往往首先破坏,甚至会导致整幢房屋破坏或倒塌。因此,《抗震规范》根据宏观调查,规定这些部位的局部尺寸宜符合表 6 - 10 的要求。当采用增设构造柱等措施时,表 6 - 10 中限值可适当放宽。

表 6 - 10　房屋的局部尺寸限值(m)

部位	6 度	7 度	8 度	9 度
承重窗间墙最小宽度	1.0	1.0	1.2	1.5
承重外墙尽端至门窗洞口边的最小距离	1.0	1.0	1.2	1.5
非承重外墙尽端至门窗洞口边的最小距离	1.0	1.0	1.0	1.0
内墙阳角至门窗洞口边的最小距离	1.0	1.0	1.5	2.0
无锚固女儿墙(非出入口)的最大高度	0.5	0.5	0.5	0.0

6.4.2　现浇钢筋混凝土结构

现浇钢筋混凝土结构主要包括:框架结构、框架—抗震墙结构、抗震墙结构和筒体结构。框架结构是由梁、柱组成的杆系结构,结构抗侧刚度较低,不适合高度较高的房屋和对结构层间变形要求较严的建筑物。框架—抗震墙体系正是为了改进框架结构的不足之处,在框架结构中设置若干抗震墙来提高结构抗侧刚度,多用于房屋高度较高层间变形限制较严的建筑物。

《抗震规范》在总结大地震灾害经验的基础上,并结合近年来关于钢筋混凝土结构抗震性能的研究成果,为使多高层钢筋混凝土房屋达到三水准抗震设防目标,分别就建筑物体形、结构布置、抗震结构体系等作出了相应规定。

1. 房屋最大高度与房屋高宽比

(1) 房屋最大高度

《抗震规范》依据震害经验和科研成果,参考国外有关规定并结合我国工程实际,综合考虑地震烈度、场地类别、结构抗震性能、使用要求和经济指标,对各类钢筋混凝土结构体系给出了适用的房屋最大高度,见表 6 - 11。

表 6 - 11　现浇钢筋混凝土房屋使用的最大高度

结构类型	烈度			
	6	7	8	9
框架结构	60	55	45	25
框架-抗震墙结构	130	120	100	50
抗震墙结构	140	120	100	60

应当指出,随着研究工作的进展和设计方法的改进,房屋高度限值也会不断变动。只要有充

分理论与试验依据,也可超过表中高度限值。

(2)房屋高宽比

震害调查表明,房屋高宽比大,地震作用产生的倾覆力矩会造成基础上转动,引起上部结构产生较大侧移,影响结构整体稳定。同时倾覆力矩还会在两侧柱中引起较大轴力,使构件产生压屈破坏。为了避免出现上述情况,房屋高宽比应满足表 6－12 限值。

表 6－12　房屋高宽比限值

结构类型	烈度		
	6、7	8	9
框架结构	5	4	2
框架-抗震墙结构	5	4	3
抗震墙结构	6	5	4

2. 结构抗震等级

钢筋混凝土结构房屋的抗震要求,不仅与建筑重要性和地震烈度有关,而且与建筑结构抗震潜力有关。结构抗震潜力又与房屋潜力和结构类型、主要抗侧力构件还是次要抗侧力构件等直接相关。结构在水平地震作用下,其内力和侧移随房屋高度增长速度加快,房屋越高地震效应越大;不同结构类型其抗侧力体系或构件对结构抗震潜力的贡献不同,例如,抗震墙结构和框架－抗震墙结构的抗震能力明显优于框架结构。因此,框架－抗震墙结构中框架的要求可低于框架体系中的框架,抗震墙结构中抗震墙的抗震要求可低于框架－抗震墙结构中的抗震墙,见表 6－12。

《抗震规范》根据建筑物重要性、设防烈度、结构类型和房屋高度等因素,将其抗震要求以抗震等级表示。抗震等级分为四级(表 6－13),一级抗震要求最高,四级抗震要求最低,对于不同抗震等级的建筑物采取不同的计算方法和构造要求,以利于做到经济合理的设计。

表 6－13　现浇钢筋混凝土结构的抗震等级

结构类型		烈度						
		6		7		8		9
框架结构	高度(m)	≤30	>30	≤30	>30	≤30	>30	≤25
	框架	四	三	三	二	二	一	一
	剧场体育馆等大跨度公共建筑	三		二		一		一
框架-抗震墙结构	高度(m)	≤60	>60	≤60	>60	≤60	>60	≤50
	框架	四	三	三	二	二	一	一
	抗震墙	三		二		一		一
抗震墙结构	高度(m)	≤80	>80	≤80	>80	≤80	>80	≤60
	抗震墙	四	三	三	二	二	一	一
部分框支抗震墙结构	抗震墙	三	二	二	二	一		
	框支层框架	二	二	二	一			

[注]　(1)建筑场地为Ⅰ类时,除 6 度外可按表内降低一度所对应的抗震等级采取抗震构造措施,但相应的计算要求不应降低;(2)接近或等于高度分界时,应允许结合房屋不规则程度及场地、地基条件确定抗震等级;(3)部分框支抗震墙结构中,抗震墙加强部位以上的一般部位,应允许按抗震墙结构确定其抗震等级。

3. 规则结构与不规则结构

建筑抗震设计规范主要根据房屋平面和立面布置、质量和刚度分布情况将结构划分为两类：规则结构与不规则结构。规则结构的具体要求如下：

（1）平面宜简单、对称、减少偏心，局部突出部分尺寸满足 $b/l \leqslant 1$ 且 $b/B \leqslant 0.3$（图 6 - 9）；

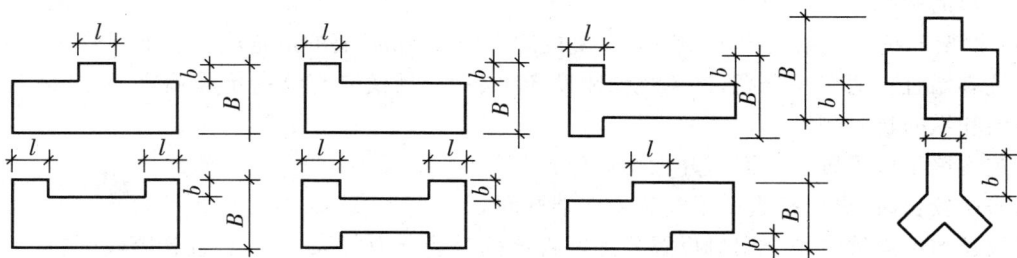

图 6 - 9　规则结构

（2）竖向体型力求规则、均匀，避免有过大的外挑和内收，局部缩进尺寸满足 $b/B \geqslant 0.75$，$h/b > 1.0$（图 6 - 10）；

（3）质量和刚度平面分布基本均匀对称，沿竖向质量和刚度变化较均匀，不宜突变。若楼层刚度小于其相邻上层时，应满足 $K_i/K_{i+1} \geqslant 0.7$ 且 $K_i \geqslant 0.8 \left(\dfrac{K_{i+1} + K_{i+2} + K_{i+3}}{3} \right)$（图 6 - 11）。

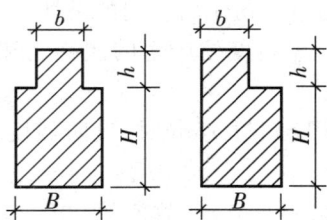

图 6 - 10　竖向体型

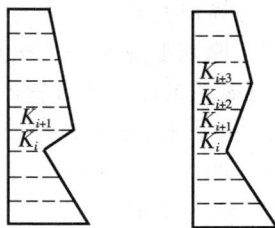

图 6 - 11　刚度竖向分布

当结构满足上述要求时，可视为规则结构，采取较简单的分析方法和构造措施进行抗震设计；若结构不能满足其中任一项要求时，视为不规则结构，应采用严格的分析方法和构造措施进行抗震设计。如考虑扭转，采用平动、扭转耦连振型分解反应谱方法；对薄弱楼层进行罕遇地震作用下的弹塑性变形分析等。

区分规则结构与不规则结构是概念设计的一个重要部分。对不规则结构除进行必要的数值计算外更应注重概念设计。

4. 结构体系选择及结构布置原则

考虑到地震作用的复杂性，为提高结构抗震能力，减少结构计算模型与实际工作状态的差异，合理地控制结构破坏机制，降低震后灾害和修复费用。钢筋混凝土多高层建筑应按下列原则选择结构体系，进行结构布置。

（1）对于高档宾馆、写字楼一类建筑，建筑装饰造价约占建筑物造价的 70%，装饰部分一旦损坏，往往难以修复。因此，对建筑装饰标准高的房屋和高层建筑应优先选用抗侧性能良好的框架—抗震墙或抗震墙结构。

（2）框架和框架—抗震墙结构中，框架或抗震墙均宜双向布置；并且尽可能均匀、对称，减小地震作用时的扭转振动;梁与柱或柱与抗震墙的中线宜重合,框架梁与柱中线之间偏心距不宜大于柱宽的1/4等。

(3)抗震墙的间距与楼盖水平刚度有密切关系,为了保证楼、屋盖具有可靠地传递水平地震作用的刚度,抗震墙之间无大洞口的楼、屋盖的长宽比应符合表6-12要求,否则应考虑楼、屋盖平面内变形的影响。

(4)框架—抗震墙结构中抗震墙为主要抗侧力构件,抗震墙的设置应符合下列要求:

①抗震墙宜贯通房屋全高,避免竖向刚度产生突变;且横向与纵向抗震墙宜相连,以获得较大的横向和纵向抗侧刚度。

②抗震墙不应设置在墙面需开大洞口位置。

③房屋较长时,纵向抗震墙不宜设置在端开间。

④较长的抗震墙宜结合洞口设置弱连梁将该抗震墙分为若干个墙段,且各墙段(包括小开口墙、联肢墙)高宽比不应小于2,洞口连梁的跨高比宜大于6;以使底部塑性铰的形成在剪切破坏之前;弱连梁宜在梁端屈服,抗震墙段在充分发挥抗震作用前不失效。

5. 防震缝设置

钢筋混凝土房屋应通过合理的建筑结构方案来避免设置抗震缝,减少立面处理和抗震构造困难,防止地震时相邻房屋碰撞损坏的可能,但应使结构传力路线明确选用合适的抗震分析方法。当房屋平面复杂、高差悬殊、各部分结构刚度或荷载相差悬殊、沿高度方向有较大错层时,必须设置防震缝,把不规则结构变为若干较规则结构。防震缝必须有足够的宽度,以避免在地震作用下相邻房屋碰撞以及较低房屋对较高房屋在瞬时形成的侧向加劲作用引起的破坏。

防震缝宽度原则上应不小于按烈度和相邻结构在较低房屋高度处产生的侧移之和。《抗震规范》对良好的地基条件下防震缝的最小宽度 B_{min} 规定如下:

(1)框架房屋,当高度不超过15m时,$B_{min}=70mm$;当高度超过15m时,设防烈度为6,7,8和9度时相应每增加5,4,3和2m,宜加宽20mm。

(2)框架—抗震墙房屋和抗震墙房屋的防震缝宽度,可采用第(1)条数值的70%和50%,且均不宜小于70mm。

6.5 结构隔震和消能减震基本介绍

地震释放的能量以地震波的形式传到地面,引起结构发生振动。结构由地震引起的振动称为结构的地震反应,这种动力反应的大小不仅与地震动的强度、频谱特征和持续时间有关,而且还取决于结构本身的动力特性。地震时地面运动为一随机过程,结构本身动力特性十分复杂,地震引起的结构振动,轻则产生过大变形影响建筑物正常使用,重则导致建筑物破坏造成人员伤亡和财产损失。因此,研究合理的结构体系,控制结构变形,降低建筑物破坏是一个十分重要而又令人关注的问题。

传统的结构抗震设计方法致力于保证结构自身具有一定的强度、刚度和延性,利用材料强度和构件刚度来抵抗外来地震作用,通过发展延性消耗输入到结构内部的能量。这种设计,结构处于被动承受地震作用的地位,会使结构产生过大变形,并导致结构损伤和非结构构件的损坏。对于有严格要求的重要建筑,往往不能满足安全性和适用性要求。为此,各国地震工程学者正在寻求和探索新的结构防震途径,近十几年来发展了一种积极抗震的设计方法,这就是以结构隔震、减震、制振技术为特点的结构振动控制设计方法。

结构振动控制就是在建筑物的不同部位设置某种装置或附加子结构,通过阻隔地震波向结构的传播,增大结构的阻尼,改变结构动力特性,施加反向控制力等途径来实现结构振动控制要求。这些方法主要有结构隔震、结构耗能减震和阻尼减震等。

6.5.1　结构基底隔震

结构隔震主要有基底隔震和悬挂隔震两种方法,其目的是减弱或改变地震动对结构的作用方式和强度,以减小主体结构的振动反应。结构物的破坏主要是由水平地震作用引起的,目前采用的隔震方法均用于隔离水平地震作用。下面仅介绍基底隔震原理及应用。

1. 基底隔震原理

基底隔震是指在结构物底部与基础面之间设置隔震消能装置,使之与固结于地基中的基础顶面分开,限制地震动向结构物传递,降低上部结构在地面运动下的放大效应,减轻建筑物的破坏程度。基底隔震装置一般应具备三个条件:

(1)隔震层能使结构在基础面上产生柔性滑移,以使结构体系的自振周期增大,远离场地卓越周期,从而能把地面运动隔开,有效降低上部结构的地震反应。

(2)隔震装置具有足够的初始刚度,即在微震或风载作用下,具有良好的弹性刚度,能满足正常使用要求,在强震作用下,隔震装置能产生滑动,使体系进入耗能状态。

(3)隔震装置应具有较大的阻尼和较强的耗能能力,以降低结构位移反应。

基底隔震体系大多用于多层或中高层结构,高度不超过40m,以剪切变形为主且质量和刚度沿高度分布比较均匀。体系滑动前,可按非隔震结构常规方法计算结构动力反应。体系滑动后,由于滑动摩擦的存在,结构成为非线性体系,叠加原理不再适用,只能通过输入地震动力反应进行分析。

2. 基底隔震应用

基底隔震作为一门技术来减轻结构的震害,正在为工程师们所接受。目前很多国家都在研究工程结构的基底隔震。世界上已修建的基底隔震结构有数百座,在这些建筑中,有的已经历了地震考验,表现出良好的地震控制能力。

基底隔震的构想出现于二十世纪初,1909年一位在美国居住的英格兰医生,利用滑石和砂粒滑动建筑物的构思在美国获得专利;1923年日本关东大地震后,日本的两位学者分别以弹簧和球体的隔震方法获得了专利。进入40年代,滚轴支座问世,使得采用隔震技术建造房屋成为可能,滚轴支座阻尼低,不具备抗风及复位能力,地震后将出现永久变形。直至60年代,人们改进了滚轴隔震方法,附加耗能装置及抗风复位装置,各国开始陆续建造基底隔震房屋。70年代出现以薄钢片加劲的叠层橡胶支座,为大型工程项目隔震提供了必要条件。

1985年美国建成首栋基底隔震建筑物—加州圣伯纳丁诺的司法事务中心大楼。该建筑物地上四层,地下一层,长126m,宽33.5m,建筑面积25000m²。上部结构安装在98个直径76.2cm、高40.6cm的叠层橡胶支座上。建筑场地距著名的圣安德烈斯断层只有20km,预计30年内发生大震的概率超过60%,断层可能发生里氏8.3级地震,要求结构抵抗的地震动加速度峰值为1.0g。按常规设计方法,耗资巨大,按基底隔震设计方法,经计算,叠层橡胶支座最大位移可达38cm,地震作用降至原来的15%,节约了投资。大楼建成后不久,经历了地震检验,达到预期效果。

6.5.2　结构消能减震

结构消能减震是通过采用附加子结构或在结构物的某些部位采取一定措施,以消耗地震传给结构的能量为目的的减震方法。例如,在结构物中设置附加子结构(如耗能支撑),或在结构物的某些部位(如节点)装设阻尼器。在小震或风载作用下,这些耗能子结构或阻尼器,处于弹性工作状态具有足够的侧向刚度,其变形满足正常使用要求;在强烈地震作用下,随结构受力和变形增大,这些耗能部件和阻尼器将率先进入非弹性变形状态,产生较大阻尼,大量消耗输入结构的地震能量,有效地衰减结构的地震反应,从而保护主体结构在强震中免遭破坏。

1. 消能减震原理

采取耗能措施的结构,在任一时刻的能量方程为:

$$E_t = E_v + E_e + E_c + E_y$$

式中:E_t——地震过程中输入结构的总能量;

E_v——结构振动动能;

E_e——结构振动势能;

E_c——结构粘滞阻尼耗能;

E_y——结构塑性变形耗能。

由于 E_v 和 E_e 仅是能量转换,不能消耗能量,而 E_c 只占总能量的很小部份,所以,E_y 是主要耗能途径,试验表明,耗能装置可消耗地震总输入能量的 90% 以上。

结构耗能减震原理可以从两方面来认识。从能量观点,地震输入结构的能量 E_t 是一定的,传统的结构抗震体系是把主体结构本身作为耗能构件,依靠承重构件的塑性变形来消耗能量,当杆件能量积累到一定程度后,结构严重损伤,虽能避免倒塌,但不易修复。而耗能减震是通过耗能装置本身的损坏来保护主体结构安全,利用耗能装置的耗能能力和阻尼作用。可以大大减轻地震时结构构件损伤,如设计合理,完全有可能使主体结构处于弹性工作状态,震后只需修复耗能装置,即可使主体结构恢复工作。从动力学观点,耗能装置作用相当于增大结构阻尼,从而减小结构的动力反应。特别是在共振区,阻尼对抑制反应的作用明显,对于复杂结构体系来说,由于频谱较密,当承受宽带激励时,要完全避免共振是不可能的,在这种情况下,增大阻尼就是一种有效的减振方法。

2. 消能减震应用

80 年代,加拿大采用摩擦耗能支撑建成康戈迭大学图书馆,该结构在钢筋混凝土框架的交叉钢支撑的交点安装摩擦阻尼装置。分析表明,当遭遇到该地区可能发生的超越概率为 10% 的地震影响时(地面水平加速度 $a = 0.18 \text{cm/s}^2$),普通钢筋混凝土框架的顶部最大位移达 276mm,楼层的大变形将导致非结构构件的损坏,并使框架梁、柱屈服,产生永久变形,难以修复;而设有摩擦支撑的框架,其顶点位移仅是普通框架的 40%～50%,地震时框架梁、柱保持为弹性,地震后框架恢复原位,毫无损坏。

表 6 - 14　中国地震烈度表

烈度	人的感觉	一般房屋		其他现象	参考物理指标	
		大多数房屋震害程度	平均震害指数		加速度(cm/s²)(水平向)	速度(cm/s)(水平向)
I	无感觉					
II	室内个别静止中的人有感觉					

（续表）

烈度	人的感觉	一般房屋		其他现象	参考物理指标	
		大多数房屋震害程度	平均震害指数		加速度(cm/s²)(水平向)	速度(cm/s)(水平向)
III	室内少数静止中的人有感觉	门、窗轻微作响		悬挂物微动		
IV	室内多数人有感觉。室外少数人有感觉。少数人梦中惊醒	门、窗作响		悬挂物明显晃动、器皿做响		
V	室内普遍有感觉。室外多数人有感觉。少数人梦中惊醒	门窗、屋顶、屋架颤动作响，灰土掉落，抹灰出现微细裂缝		不稳定器物翻倒	31(22～44)	3(2～4)
VI	惊慌失措，仓皇逃出	损坏一个别砖瓦掉落、墙体微细裂缝	0～0.1	河岸和松软土上出现裂缝。饱和砂层出现喷砂冒水。地面上有的砖烟囱轻度裂缝、掉头	63(45～89)	6(5～9)
VII	大多数人仓皇逃出	轻度破坏一局部破坏、开裂，但不防碍使用	0.11～0.30	河岸出现塌方。饱和砂层常见喷砂冒水。松软土上地裂缝较多、大多数砖烟囱中等破坏	125(90～177)	13(10～18)
VIII	摇晃颠簸，行走困难	中等破坏一结构受损，需要修理	0.31～0.5	干硬土上亦有裂缝。大多数砖烟囱严重破坏	250(178～353)	25(19～35)
IX	坐立不稳。行动的人可能摔跤	严重破坏一墙体龟裂，局部倒塌，复修困难	0.51～0.70	干硬土上有许多地方出现裂缝。基岩上可能出现裂缝。滑坡、塌方常见。砖烟囱出现倒塌	500(354～707)	50(36～71)
X	骑自行车的人会摔倒。处不稳状态的人会摔出几尺远。有抛起感	倒塌一大部倒塌，不堪修复	0.71～0.90	山崩和地震断裂出现。基岩上的拱桥破坏。大多数砖烟囱从根部破坏或倒毁	1000(708～1414)	100(72～141)
XI		毁灭	0.91～1.0	地震断裂延续很长。山崩常见。基岩上拱桥毁坏		
XII				地面剧烈变化，山河改观		

思 考 题

1. 什么是震级,什么是地震烈度,是如何划分的?
2. 抗震设防的目标是什么?
3. 抗震设防的依据是什么?
4. 计算水平地震作用的方法?
5. 《抗震规范》对多高层房屋最大适用高度有何规定?
6. 基底隔震和消能减震有什么异同?

第7章 高层钢筋混凝土结构

钢筋混凝土高层建筑是 20 世纪初出现的,高层建筑是世界上大部分国家在城市建设中的主要建筑形式,它也是一个城市经济繁荣和社会进步的重要标志。目前,高层钢筋混凝土结构是高层建筑的主要结构体系,掌握高层钢筋混凝土结构的设计知识是对建筑与土木工程领域技术人员的基本要求。

7.1 高层建筑结构体系和结构布置

当建筑物高度增加时,水平荷载(风荷载及地震作用)对结构起的作用将愈来愈大。除了结构内力将明显加大外,结构侧向位移增加更快。图 7-1 是结构内力(N、M)、位移(Δ)与高度 H 的关系,可以看出内力和位移都成指数曲线上升。

建筑结构都要抵抗竖向及水平荷载作用,在高层建筑中,结构要使用更多的材料来抵抗水平作用,抗侧力成为高层建筑结构设计的重要问题。

高层建筑抗侧力体系在不断的发展和改进,建筑高度也在不断增高。现在,高层建筑结构体系大约可分为四大类型:框架、剪力墙、框架—剪力墙、筒体和板柱—剪力墙结构体系。

高层建筑不应采用严重不规则的结构体系,并应符合下列要求:

(1) 应具有必要的承载能力、刚度和变形能力;

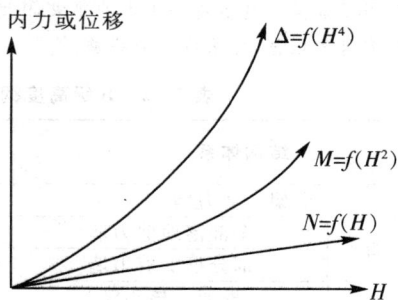

图 7-1 结构内力、位移和高度的关系

(2) 应避免因部分结构或构件的破坏而导致整个结构丧失承载能力;

(3) 对可能出现的薄弱部位,应采取有效措施予以加强。

(4) 结构的竖向和水平布置宜具有合理的刚度和承载力分布,避免因局部突变和扭转效应而形成薄弱部位;

(5) 宜具有多道抗震防线。

7.1.1 高层建筑房屋适用高度和高宽比

1. 高层建筑房屋适用高度

钢筋混凝土高层建筑结构的最大适用高度和高宽比应分为 A 级和 B 级。B 级高度高层建筑结构的最大适用高度和高宽比可较 A 级适当放宽,其结构抗震等级、有关的计算和构造措施应相应加严,并应符合《高层建筑混凝土结构技术规程》JCJ3-2002(以下简称《高层规程》)有关条文的规定。

A 级高度钢筋混凝土高层建筑的最大适用高度应符合表 7-1 的规定,具有较多短肢剪力墙的剪力墙结构的最大适用高度尚应适当降低,且 7 度和 8 度抗震设计时分别不应大于 100m 和 60m。框架—剪力墙、剪力墙和筒体结构高层建筑,其高度超过表 7-1 规定时为 B 级高度高层建筑。B 级高度钢筋混凝土高层建筑的最大适用高度应符合表 7-2 的规定。

表 7-1　A 级高度钢筋混凝土高层建筑的最大适用高度(m)

结构体系		非抗震设计	抗震设防烈度			
			6 度	7 度	8 度	9 度
框架		70	60	55	45	25
框架—剪力墙		140	130	120	100	60
剪力墙	全部落地剪力墙	150	140	120	100	60
	部分框支剪力墙	130	120	100	80	不应采用
筒体	框架—核心筒	160	150	130	100	70
	筒中筒	200	180	150	120	80
板柱—剪力墙		70	70	35	30	不应采用

　　[注]　(1)房屋高度指室外地面至主要屋面高度,不包括局部突出屋面的电梯机房、水箱、构架等高度;(2)表中框架不含异形柱框架结构;(3)部分框支剪力墙结构指地面以上有部分框支剪力墙的剪力墙结构;(4)平面和竖向均不规则的结构或Ⅳ类场地上的结构,最大适用高度应适当降低;(5)甲类建筑,6、7、8 度时宜按本地区抗震设防烈度提高一度后符合本表的要求,9 度时应专门研究;(6)9 度抗震设防、房屋高度超过本表数值时,结构设计应有可靠依据,并采取有效措施。

表 7-2　B 级高度钢筋混凝土高层建筑的最大适用高度(m)

结构体系		非抗震设计	抗震设防烈度		
			6 度	7 度	8 度
框架—剪力墙		170	160	140	120
剪力墙	全部落地剪力墙	180	170	150	130
	部分框支剪力墙	150	140	120	100
筒体	框架—核心筒	220	210	180	140
	筒中筒	300	280	230	170

　　[注]　(1)房屋高度指室外地面至主要屋面高度,不包括局部突出屋面的电梯机房、水箱、构架等高度;(2)部分框支剪力墙结构指地面以上有部分框支剪力墙的剪力墙结构;(3)平面和竖向均不规则的建筑或位于Ⅳ类场地的建筑,表中数值应适当降低;(4)甲类建筑,6、7 度时宜按本地区设防烈度提高一度后符合本表的要求,8 度时应专门研究;(5)当房屋高度超过表中数值时,结构设计应有可靠依据,并采取有效措施。

2. 高层建筑房屋适用高宽比

　　A 级高度钢筋混凝土高层建筑结构的高宽比不宜超过表 7-3 的数值;B 级高度钢筋混凝土高层建筑结构的高宽比不宜超过表 7-4 的数值。

表 7-3　A 级高度钢筋混凝土高层建筑结构适用的最大高宽比

结构体系	非抗震设计	抗震设防烈度		
		6 度、7 度	8 度	9 度
框架、板柱—剪力墙	5	4	3	2
框架—剪力墙	5	5	4	3
剪力墙	6	6	5	4
筒中筒、框架—核心筒	6	6	5	4

表 7 - 4　B 级高度钢筋混凝土高层建筑结构适用的最大高宽比

非抗震设计	抗震设防烈度	
	6 度、7 度	8 度
8	7	6

7.1.2　结构平面布置

在高层建筑的一个独立结构单元内,宜使结构平面形状简单、规则,刚度和承载力分布均匀。不应采用严重不规则的平面布置。高层建筑宜选用风作用效应较小的平面形状。

抗震设计的 A 级高度钢筋混凝土高层建筑,其平面布置宜符合下列要求:

(1) 平面宜简单、规则、对称,减少偏心;

(2) 平面长度 L 不宜过长,突出部分长度 l 不宜过大(图 7-2);L、l 等值宜满足表 7-5 的要求;

(3) 不宜采用角部重叠的平面图形或细腰形平面图形。

表 7 - 5　L、l 的限值

设防烈度	L/B	l/B_{max}	l/b
6、7 度	≤6.0	≤0.35	≤2.0
8、9 度	≤5.0	≤0.30	≤1.5

结构平面布置应减少扭转的影响。在考虑偶然偏心影响的地震作用下,楼层竖向构件的最大水平位移和层间位移,A 级高度高层建筑不宜大于该楼层平均值的 1.2 倍,不应大于该楼层平均值的 1.5 倍;B 级高度高层建筑、混合结构高层建筑及复杂高层建筑不宜大于该楼层平均值的 1.2 倍,不应大于该楼层平均值的 1.4 倍。

当楼板平面比较狭长、有较大的凹入和开洞而使楼板有较大削弱时,应在设计中考虑楼板削弱产生的不利影响。楼面凹入或开洞尺寸不宜大于楼面宽度的一半;楼板开洞总面积不宜超过楼面面积的 30%;在扣除凹入或开洞后,楼板在任一方向的最小净宽度不宜小于 5m,且开洞后每一边的楼板净宽度不应小于 2m。楼板开大洞削弱后,宜采取以下构造措施予以加强:

(1) 加厚洞口附近楼板,提高楼板的配筋率;采用双层双向配筋,或加配斜向钢筋;

(2) 洞口边缘设置边梁、暗梁;

(3) 在楼板洞口角部集中配置斜向钢筋。

抗震设计时,高层建筑宜调整平面形状和结构布置,避免结构的不规则,尽量不设防震缝。当建筑物平面形状复杂而又无法调整其平面形状和结构布置使之成为较规则的结构时,宜设置防震缝将其划分为较简单的几个结构单元。

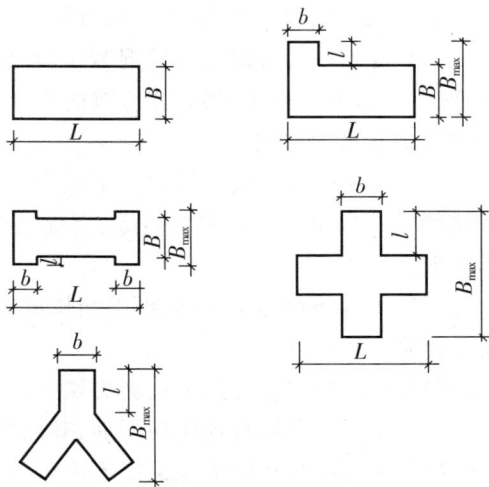

图 7 - 2　建筑平面

7.1.3 结构竖向布置

高层建筑的竖向体型宜规则、均匀,避免有过大的外挑和内收。结构的侧向刚度宜下大上小,逐渐均匀变化,不应采用竖向布置严重不规则的结构。在抗震设计时,结构竖向抗侧力构件宜上下连续贯通,当结构上部楼层收进部位到室外地面的高度 H_1 与房屋高度 H 之比大于0.2时,上部楼层收进后的水平尺寸 B_1 不宜小于下部楼层水平尺寸 B 的0.75倍(图7-3(a)、(b));当上部结构楼层相对于下部楼层外挑时,下部楼层的水平尺寸不宜小于上部楼层水平尺寸 B_1 的0.9倍,且水平外挑尺寸 a 不宜大于4m(图7-3(c)、(d))。

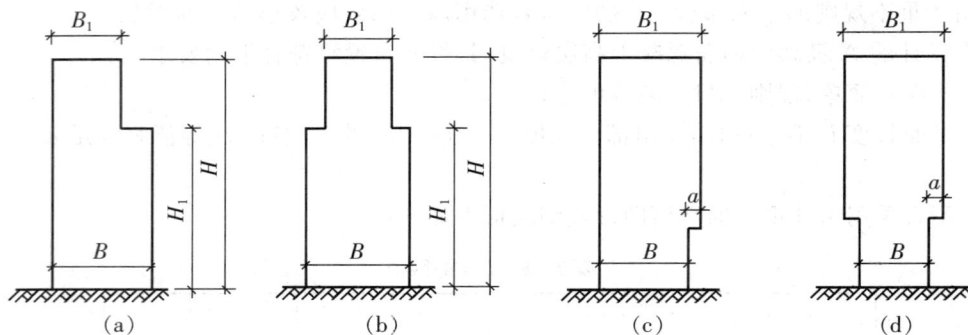

图 7-3 结构竖向收进和外挑示意

7.1.4 楼盖结构

房屋高度超过 50m 时,框架—剪力墙结构、筒体结构及复杂高层建筑结构应采用现浇楼盖结构,剪力墙结构和框架结构宜采用现浇楼盖结构。现浇楼盖的混凝土强度等级不宜低于 C20,不宜高于 C40。房屋高度不超过 50m 时,8、9 度抗震设计的框架—剪力墙结构宜采用现浇楼盖结构;6、7 度抗震设计的框架—剪力墙结构可采用装配整体式楼盖,且应符合下列要求:

(1)楼盖每层宜设置钢筋混凝土现浇层。现浇层厚度不应小于 50mm,混凝土强度等级不应低于 C20,不宜高于 C40,并应双向配置直径 6mm~8mm、间距 150mm~200mm 的钢筋网,钢筋应锚固在剪力墙内;

(2)楼盖的预制板板缝宽度不宜小于 40mm,板缝大于 40mm 时应在板缝内配置钢筋,并宜贯通整个结构单元。预制板板缝、板缝梁的混凝土强度等级应高于预制板的混凝土强度等级,且不应低于 C20。

房屋高度不超过 50m 的框架结构或剪力墙结构,当采用装配式楼盖时,除满足上述规定外,尚应符合下列要求:

(1)预制板搁置在梁上或剪力墙上的长度分别不宜小于 35mm 和 25mm;

(2)预制板板端宜预留胡子筋,其长度不宜小于 100mm;

(3)预制板板孔堵头宜留出不小于 50mm 的空腔,并采用强度等级不低于 C20 的混凝土浇灌密实。

房屋的顶层、结构转换层、平面复杂或开洞过大的楼层、作为上部结构嵌固部位的地下室楼层应采用现浇楼盖结构。一般楼层现浇楼板厚度不应小于 80mm,当板内预埋暗管时不宜小于 100mm;顶层楼板厚度不宜小于 120mm,宜双层双向配筋;转换层楼板应符合《高层规程》的有关规定；普通地下室顶板厚度不宜小于 160mm；作为上部结构嵌固部位的地下室楼层的顶楼盖应采用梁板结构，楼板厚度不宜小于 180mm，混凝土强度等级不宜低于 C30，应采用双层双向配筋，且每层每个方向的配筋率不宜小于 0.25％。

7.2　高层建筑结构荷载作用

高层建筑结构在使用过程中承受多种荷载作用，在设计过程中应考虑的作用有：重力作用、活荷载、雪荷载、风荷载、地震作用、施工荷载和温度作用等。高层建筑的荷载和低层建筑的荷载有所不同，不仅因为高层建筑竖向荷载远远大于低层建筑竖向荷载，可引起相当大的结构内力，而且高层建筑的高度比较高（我国《高层规程》规定，10 层及 10 层以上或房屋高度大于 28m 的建筑物为高层建筑）。由于高度的增加，使得水平荷载的影响显著增加，成为高层建筑结构设计的主要因素。高层建筑结构的荷载可分为竖向荷载和水平荷载两类。

竖向荷载包括结构自重、楼面活荷载、屋面活荷载和积灰荷载、雪荷载等，而且《高层规程》规定，9 度抗震设计时尚应计算竖向地震作用。竖向荷载主要使墙、柱产生轴力，与房屋高度一般为线性关系，对高层建筑的侧移影响较小，与一般多层建筑计算相似。高层建筑结构的楼面活荷载应按《荷载规范》的有关规定采用。

高层建筑的水平荷载主要有水平地震作用和风荷载两种。高层建筑以水平作用为主，水平作用主要使墙、柱产生弯矩，弯矩与房屋高度呈非线性关系，且高层建筑物的侧移主要都是由水平荷载作用引起的。

7.2.1　竖向荷载计算

竖向荷载包括恒荷载和活荷载。恒荷载就是永久荷载，包括结构的自重和附加结构上的各种永久荷载。活荷载就是可变荷载。

1. 恒荷载

恒荷载取值可以按《荷载规范》计算，对结构自重，可按结构构件的设计尺寸与材料单位体积的自重计算确定。对于自重变异较大的材料和构件（如现场制作的保温材料、混凝土薄壁构件等），自重的标准值应根据对结构的不利状态，取上限值或下限值。材料的自重一般可按《荷载规范》的规定采用。

2. 活荷载

（1）楼面活荷载

民用建筑楼面均布活荷载的标准值及其组合值、频遇值和准永久值系数，应按表 2-4 的规定采用。

（2）屋面活荷载

房屋建筑的屋面，其水平投影面上的屋面均布活荷载，应按表 2-5 采用。屋面均布活荷载，不应与雪荷载同时组合。

（3）屋面直升机停机坪荷载

应根据直升机总重按局部荷载考虑，同时其等效均布活荷载不低于 5.0kN/m²。局部荷载应按直升机实际最大起飞重量确定，当没有机型技术资料时，一般可依据轻、中、重三种类型的不同要求，按下述规定选用局部荷载标准值及作用面积：

轻型——最大起飞重量 2t，局部荷载标准值取 20kN，作用面积 0.20m×0.20m；

中型——最大起飞重量 4t，局部荷载标准值取 40kN，作用面积 0.25m×0.25m；

重型——最大起飞重量 6t，局部荷载标准值取 60kN，作用面积 0.30m×0.30m。

荷载的组合值系数应取 0.7，频遇值系数应取 0.6，准永久值系数应取 0。

（4）雪荷载

屋面水平投影面上的雪荷载标准值 S_k，应按下式计算：

$$S_k = \mu_r S_0 \tag{7-1}$$

式中：S_k——雪荷载标准值（kN/m^2）；

μ_r——屋面积雪分布系数；

S_0——基本雪压（kN/m^2）。基本雪压应按《荷载规范》的规定给出的 50 年一遇的雪压采用。对雪荷载敏感的结构，基本雪压应适当提高，并应由有关的结构设计规范具体规定。雪荷载的组合值系数可取 0.7；频遇值系数可取 0.6；准永久值系数应按雪荷载分区Ⅰ、Ⅱ和Ⅲ的不同，分别取 0.5、0.2 和 0。

3. 活荷载的不利布置

从大量工程设计的结果来看，钢筋混凝土高层建筑结构竖向荷载平均约为 $15kN/m^2$；其中框架和框架-剪力墙结构大约为 $12\sim14kN/m^2$；剪力墙和筒中筒结构大约为 $13\sim16kN/m^2$。这些竖向荷载估算的经验数据，在方案设计阶段非常有用，它成为估算地基承载力、估算结构底部剪力和初定结构截面尺寸的依据。

在计算高层建筑竖向活荷载下产生的内力时，一般可以不考虑活荷载的不利布置，按满布活荷载计算。其原因是：高层建筑中，活荷载占的比例很小，特别是大量的住宅、旅馆和办公楼，活荷载一般在 $2.0\sim2.5kN/m^2$ 范围内，只占全部竖向荷载的 15%～20%；其次，高层建筑结构是复杂的空间体系，层数跨数很多，不利分布的情况不可胜数，计算工作量很大。所以，《高层规程》规定在实际工程中往往不考虑不利布置，可按满布活荷载进行内力计算。为了考虑活荷载不利分布时可能使梁的跨中弯矩大于按满布计算的数值，可以将框架梁满布时得出的跨中弯矩乘以放大系数 1.1～1.3。如果活荷载较大，其不利分布对梁跨中弯矩的影响会比较明显，计算时应予考虑。

7.2.2 风荷载的计算

空气的流动成为风，风作用在建筑物上，使建筑物受到双重的作用：一方面风力使建筑物受到一个基本上比较稳定的风压力，这部分称为稳定风；另一方面风力使建筑物产生风力振动，这部分称为脉动风。由于这种双重作用，建筑物既受到静力的作用，又受到动力作用。

因此，对于主要承重结构，风荷载标准值的表达可有两种形式，其一为平均风压加上由脉动风引起结构风振的等效风压；另一种为平均风压乘以风振系数。由于结构的风振计算中，往往是受力方向基本振型起主要作用，因而我国与大多数国家相同，采用后一种表达形式，即采用风振系数 β_z。它综合考虑了结构在风荷载作用下的动力响应，其中包括风速随时间、空间的变异性和结构的阻尼特性等因素。

垂直于建筑物表面上的风荷载标准值，应按下述公式计算：

（1）当计算主要承重结构时

$$w_k = \beta_z \mu_s \mu_z w_0 \tag{7-2}$$

式中：w_k——风荷载标准值（kN/m^2）；

　　　w_0——高层建筑基本风压值（kN/m^2），按《荷载规范》确定；

　　　μ_s——风载体型系数；

　　　μ_z——z 高度处的风压高度变化系数；

　　　β_z——z 高度处的风振系数。

（2）当计算围护结构时

$$w_k = \beta_{gz}\mu_s\mu_z w_0 \qquad (7-3)$$

式中：β_{gz}——高度 z 处的阵风系数。

7.2.3　地震作用

1. 地震作用特点

地震作用是由地震引起的结构动态作用，包括水平地震作用和竖向地震作用。地震波从震源经过基岩传播到建筑场地后，地表土相当于一个放大器和一个滤波器，它一方面把基岩的加速度放大，地表土越厚，土质越差，放大作用越显著，对建筑物产生的震害越大；另一方面，由各种不同频率组成的地震波通过地表土时，与场地土特征周期一致的振动分量得到加强，不一致的振动分量产生衰减、削弱，地表土起到滤波器的作用。这样，当建筑物的自振周期与地面特征周期一致或接近时，由于共振作用会使震害更加严重。在 1976 年唐山地震中，塘沽地区的 7～10 层框架结构破坏非常严重，许多甚至一塌到底；相反，3～5 层的混合结构住宅损坏轻微。这是由于塘沽是海滨，场地土的自振周期为 0.8～1.0s，7～10 层框架结构的自振周期为 0.6～1.0s，两者周期基本一致；而低层砖混住宅的自振周期在 0.3s 以下，远离了场地土的自振周期，因而破坏较为轻微。

在地震时，结构因振动面产生惯性力，使建筑物产生内力，振动建筑物会产生位移、速度和加速度。地震作用大小与建筑物的质量与刚度有关。在同等烈度和场地条件下，建筑物的重量越大，受到地震作用也越大，因此减小结构自重不仅可以节省材料，而且有利于抗震。同样，结构刚度越大、周期越短，地震作用也大，因此，在满足位移限值的前提下，结构应有适宜的刚度。适当延长建筑物的周期，从而降低地震作用，这会取得很大的经济效益。

地震作用是相当复杂的，带有很多不确定因素。即使在相同的设防烈度下，不同的地震波使建筑物产生不同的反应，而且离散性很大。现行抗震规范给出的反应谱曲线，也只是很多不同地震的实际反应谱的平均数值，因此，将来遇到实际的地震时，其地震作用可能低于规范计算的数值，也可能高于这一数值，不能认为按反应谱曲线计算得到的地震作用就是真正的、确实的数值。所以，结构抗震设计必须多方面考虑，并留有充分余地。

地震作用与地面运动的特征、场地土的性质、房屋本身的动力特性有很大的关系。

2. 结构的抗震性能

高层建筑结构的设计和配筋构造都要保证它具有足够的延性。我们将构件破坏时的变形与屈服时的变形的比值称为构件的延性系数 μ：

$$\mu = \frac{\Delta u}{\Delta y} \qquad (7-4)$$

通常,为保证结构有良好的抗震性能,一般要求 $\mu > 3$。构件的延性可以由以下因素来保证:

(1) 足够的截面尺寸;

(2) 适宜的钢筋;

(3) 充分的构造措施。

此外,还需要考虑整个结构的抗震性能。结构整体的抗震性能取决于如下因素:

(1) 各构件的承载能力和变形性能;

(2) 构件之间连接构造的合理性;

(3) 结构的稳定性;

(4) 结构的整体性和空间工作能力;

(5) 设有多道抗震设防系统;

(6) 非主要构件的抗震能力。

3. 三水准设防要求

由前述的抗震结构设计可知,建筑结构采用三个水准进行设防,其要求是:"小震不坏,中震可修,大震不倒"。

4. 二阶段抗震设计

二阶段抗震设计是对三水准抗震设计思想的具体实施。通过二阶段设计中第一阶段对构件截面承载力演算和第二阶段对弹塑性变形演算,并与概念设计和构造措施相结合,从而满足抗震要求。

5. 地震作用的一般计算原则

(1) 高层建筑分类及抗震要求

抗震设计的高层建筑应根据使用功能的重要性分为甲、乙、丙三类。

① 甲类建筑

甲类建筑应属于重大建筑工程和地震时可能发生严重次生灾害的建筑。《高层规程》规定甲类别建筑的抗震设防标准,应符合下列要求:甲类建筑应按高于本地区抗震设防烈度计算,其值应按批准的地震安全性评价结果确定。

② 乙类建筑

乙类建筑应属于地震时使用功能不能中断或需尽快恢复的建筑。《高层规程》规定乙类别建筑的抗震设防标准,应符合下列要求:乙类建筑应按本地区抗震设防烈度计算。

③ 丙类建筑

丙类建筑应属于除甲、乙类以外的一般建筑。《高层规程》规定丙类别建筑的抗震设防标准,应符合下列要求:丙类建筑应按本地区抗震设防烈度计算。

(2) 地震作用计算原则

《高层规程》规定高层建筑结构应按下列原则考虑地震作用:

① 一般情况下,应允许在结构两个主轴方向分别考虑水平地震作用计算;有斜交抗侧力构件的结构,当相交角度大于 15°时,应分别计算各抗侧力构件方向的水平地震作用;

② 质量与刚度分布明显不对称、不均匀的结构,应计算双向水平地震作用下的扭转影响;其他情况,应计算单向水平地震作用下的扭转影响;

③ 8 度、9 度抗震设计时,高层建筑中的大跨度和长悬臂结构应考虑竖向地震作用;

④ 9 抗震设计时应计算竖向地震作用。

6.地震作用计算方法

《高层规程》规定高层建筑结构应根据不同情况,分别采用下列地震作用计算方法:

(1)高层建筑结构宜采用振型分解反应谱法。对质量和刚度不对称、不均匀的结构以及高度超过100m的高层建筑结构应采用考虑扭转耦联振动影响的振型分解反应谱法;

(2)高度不超过40m、以剪切变形为主且质量和刚度沿高度分布比较均匀的高层建筑结构,可采用底部剪力法;

(3)7~9度抗震设防的高层建筑,下列情况应采用弹性时程分析法进行多遇地震下的补充计算:

① 甲类高层建筑结构;

② 表7-6所列的乙、丙类高层建筑结构;

③ 不满足《高层规程》第4.4.2~4.4.5条规定的高层建筑结构;

④《高层规程》第10章规定的复杂高层建筑结构;

⑤质量沿竖向分布特别不均匀的高层建筑结构。

表 7-6　采用时程分析法的高层建筑结构

设防烈度场地类别	建筑高度范围
8度Ⅰ、Ⅱ场地和7度	>100m
8度Ⅲ、Ⅳ类场地	>80m
9度	>60m

7.3　框架结构设计

7.3.1　框架结构受力特点

框架结构中的框架梁柱既承受竖向重力荷载,也承受风荷载、地震作用等水平荷载,在这些荷载的共同作用下,一般情况下框架底部柱 M、N、V 最大,往上逐渐减小,底部柱多属于小偏心受压构件,顶部几层柱则可能为大偏心受压构件;当荷载条件大致相同时,各层框架梁 M、V 的较为接近,变化不大。水平荷载作用下框架结构的水平侧移由两部分组成,一部分属于剪切变形,这是由框架整体受剪,梁、柱杆件发生弯曲变形而产生的水平位移,一般底层层间变形最大,向上逐渐减小。另一部分属于弯曲变形,这是由框架在抵抗倾覆弯矩时发生的整体弯曲,由柱子的拉伸和压缩而产生的水平位移。当框架结构高宽比不大于4时,框架水平侧移中弯曲变形部分所占比例很小,位移曲线一般呈剪切型。

7.3.2　框架结构设计应注意的几个问题

1.框架结构适用范围

框架结构适用于非抗震设计和抗震设计的低烈度区(7度及以下)的高层建筑。抗震设计的高烈度区的高层建筑不宜采用纯框架结构,宜优先考虑框架—剪力墙结构。大量的工程实践表明:高烈度区的高层建筑采用纯框架结构,即使结构计算通过(某些控制指标符合规范要求,如侧移限值等),在结构受力上也不合理、不经济的。这样的框架结构,梁、柱截面偏大,耗钢量大,地震时,抗震性能不好,侧向位移大,围护结构、隔墙、管道等将遭受较大破坏。即使主体结构损坏不大,非结构构件的破坏严重,损失也将巨大。一般 8 度区高度超过 20m 采用框架结构不经济,因此 6 层以上的建筑结构宜采用框架—剪力墙或壁式框架结构。

2. 单跨框架的规定

《高层规程》规定,抗震设计的框架结构不宜采用单跨框架。这是由于单跨框架的耗能能力较弱,超静定次数较少,一旦柱子出现塑性铰(在强震时不可避免),出现连续倒塌的可能性很大。1999 年台湾的集集地震,台中客运站震害就是一例,16 层单跨结构彻底倒塌,原因是单跨框架结构抗侧力刚度差,地震时无多道设防。但是,带剪力墙的单跨结构可不受限制,因为它有剪力墙作为第一道防线,但高度不宜太高。

3. 框架结构砌体填充墙

框架结构在上部若干层的砌体填充墙较多,而底部墙体较少,因而形成质量、刚度上下突变。在外墙柱子之间,有通长整开间的窗台墙,嵌砌在柱子之间,使柱子的净高减少很多,形成短柱。地震时,墙以上的柱形成交叉剪切裂缝。在有些工程中,填充墙的布置,偏于平面一侧,形成刚度偏心,地震时由于扭转而产生构件的附加内力,而在设计中未考虑,因而造成破坏。当两根柱子之间,嵌砌有刚度较大的砌体填充墙时,由于此墙会吸收较多的地震作用,使墙两端的柱子受力增大。所以,在设计时应考虑此情况,并对该柱设计适当加强。

因此,《高层规程》规定,框架结构的填充墙及隔墙宜选用轻质墙体。抗震设计时,框架结构如采用砌体填充墙,其布置应符合下列要求:

(1) 避免形成上、下层刚度变化过大;

(2) 避免形成短柱;

(3) 减少因抗侧刚度偏心所造成的扭转。

4. 混合承重

框架结构和砌体结构是两种截然不同的结构体系,两种体系所用承重材料完全不同,其抗侧刚度、变形能力等等,相差很大,如将这两种结构在同一建筑物中混合使用,而不以防震缝将其分开,对建筑物的抗震能力将产生不利的影响。因此,《高层规程》规定,框架结构按抗震设计时,不应采用部分由砌体墙承重之混合形式。框架结构中的楼、电梯间及局部出屋顶的电梯机房、楼梯间、水箱间等,应采用框架承重,不应采用砌体墙承重。

5. 框架结构与框架—剪力墙结构的选择

抗震设计的框架结构中,当仅在楼、电梯间或其他部位设置少量钢筋混凝土剪力墙时,有的设计不计及这部分剪力墙,仅按纯框架结构进行分析、配筋计算,然后将剪力墙构造配筋,"白送"给框架结构,认为这样安全储备更大。但事实上由于剪力墙的存在,使得结构地震作用增大,且剪力墙和框架协同工作,使框架的上部受力加大,"白送"的设计无论对框架还是剪力墙都是不安全的。因此,《高层规程》规定,抗震设计的框架结构中,当仅布置少量钢筋混凝土剪力墙时,结构分析计算应考虑该剪力墙与框架的协同工作。如楼、电梯间位置较偏而产生较大的刚度偏心时,宜采取将此种剪力墙减薄、开竖缝、开结构洞、配置少量单排钢筋等措施,减小剪力墙的作用,并宜增加与剪力墙相连之柱子的配筋。

7.3.3 框架结构的计算简图的确定

高层建筑结构是复杂的三维空间受力体系,计算分析时应根据结构实际情况,选取能较准确地反映结构中各构件的实际受力状况的力学模型。对于平面和立面布置简单规则的框架结构、框架—剪力墙结构宜采用空间分析模型,可采用平面框架空间协同模型;对剪力墙结构、筒体结构和复杂布置的框架结构、框架—剪力墙结构应采用空间分析模型。目前国内商品化的结构分析软件所采用的力学模型主要有:空间杆系模型、空间杆-薄壁杆系模型、空间杆-墙板元模型及其他组合有限元模型。

如需要采用简化方法或手算方法,为方便计算常忽略结构纵墙和横墙之间的空间联系,通常可近似地按两个方向的平面框架分别计算,计算简图如图 7－4 所示。

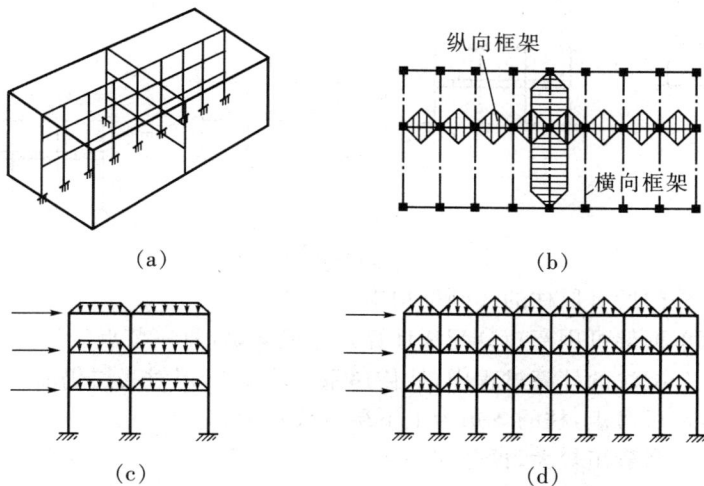

图 7－4　框架结构计算简图

结构设计时一般取中间有代表性的一榀横向框架进行分析即可。作用于框架上的荷载各不相同,设计时应分别进行计算。取出的平面框架所承受的竖向荷载与楼盖结构的布置方案有关。水平荷载则简化为集中力,如图 7－4。

7.3.4　框架结构的内力计算

多层多跨框架的内力和位移计算有精确算法和近似算法。精确算法多采用空间结构用电子计算机完成,近似算法主要采用平面结构以适于手算。

1. 竖向荷载作用下的框架结构内力计算

多层多跨框架在竖向荷载作用下的内力计算在设计上主要采用两种近似算法:分层法和弯矩二次分配法。

(1) 分层法

结构在竖向荷载作用下的内力计算可近似地采用分层法。根据位移法和力法求解的结果可知,结构在竖向荷载作用下,它的侧移是极小的,而且每层梁上的荷载对其他各层梁的影响很小。为了简化计算可假定:

① 在竖向荷载作用下,多层多跨刚架的侧移极小,可忽略不计。

② 每层梁上的荷载对其他各层梁的影响可以忽略不计。

按照叠加原理,根据上述假定,多层多跨框架在多层竖向荷载同时作用下的内力,可以看成各层竖向荷载单独作用下的内力的叠加。如图 7－5 所示。

分层法计算步骤如下:

① 将框架分层。

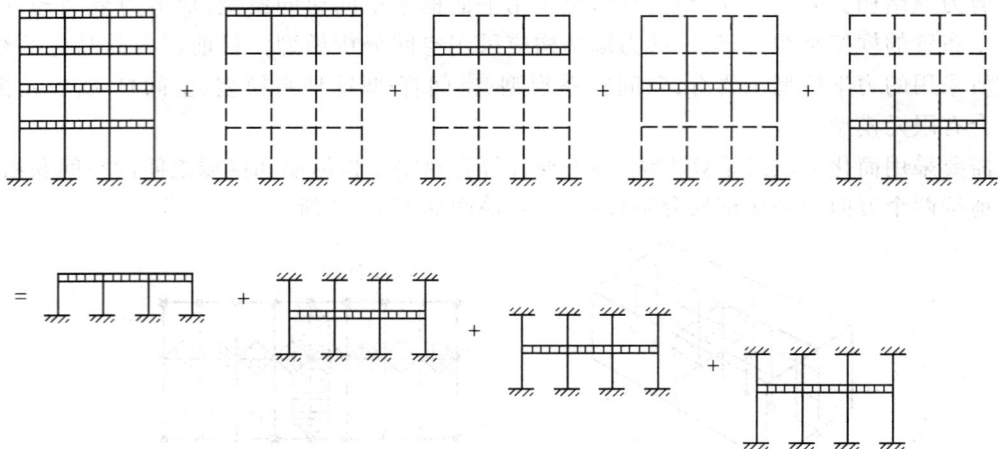

图 7-5 分层法计算简图

② 将除底层之外的所有层柱的线刚度均乘以 0.9。

③ 分层后的简单框架可用弯矩分配法计算。一般来讲,每一节点经过二次分配就足够了。

④ 在采用弯矩分配法的计算过程中,柱传递系数取 1/3,但对底层仍取 1/2。

⑤ 梁的弯矩为最后弯矩,柱的弯矩为上下层取代数和。

⑥ 若节点处不平衡弯矩较大,再分配一次。

(2) 弯矩二次分配法

对于六层以下无侧移的框架,可用弯矩二次分配法。计算步骤如下:

① 首先计算框架各杆件的线刚度及分配系数;

② 计算框架各层梁端在竖向荷载作用下的固定端弯矩;

③ 计算框架各节点处的不平衡弯矩,并将每一节点处的不平衡弯矩同时进行分配并向远端传递,传递系数仍为 1/2;

④ 进行两次分配后结束(仅传递一次,但分配两次)。

2. 水平荷载作用下框架内力计算

框架所受的水平荷载主要是风力和地震作用,一般先将作用在每个楼层上的总风力和总地震作用分配到各榀框架,然后化成作用在框架节点上的水平集中力,再进行平面框架内力分析。框架结构在节点水平力作用下,其弯矩图(图 7-6)有两个特点。

① 各杆的弯矩均为直线,并且每一根杆件都有一个弯矩等于零的反弯点。

② 所有各杆的最大弯矩均在杆件的两端。

(1) 反弯点法

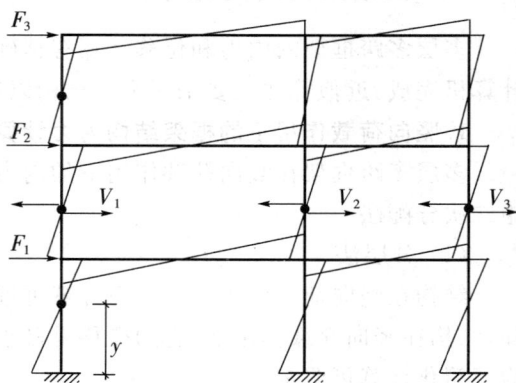

图 7-6 框架在水平荷载作用下弯矩图

框架在水平荷载作用下,节点将同时产生转角和侧移(图 7-7)。根据分析,当梁的线刚度和柱的线刚度之比大于 3 时,节点转角很小,它对框架的内力影响不大。因此,为了简化计算,通常把它忽略不计,即假定节点转角为零。实际上,这等于把框架横梁简化成线刚度无穷大的刚性梁,则同一层的各节点水平位移相等(图 7 - 8)。这样处理,可使计算大为简化,而其误差不超过 5％。

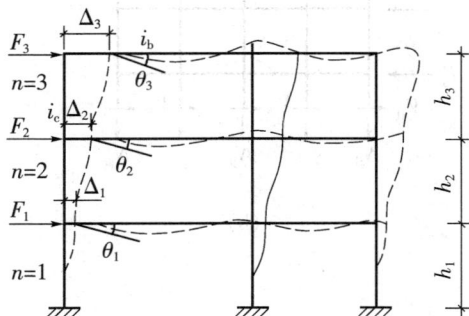

图 7 - 7　水平荷载作用下的框架变形

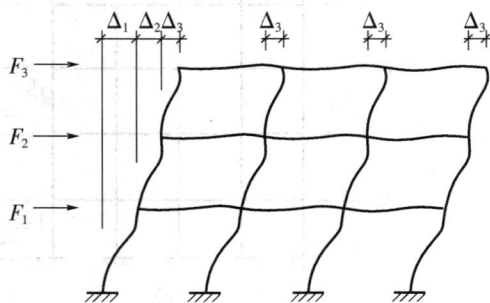

图 7 - 8　水平荷载作用下的框架变形

为了方便计算,作如下假定:

① 在求各柱子剪力时,假定各柱子上下端都不发生角位移,即认为梁柱的线刚度之比为无穷大。

② 在确定柱子反弯点位置时,假定除底层以外的各柱子的上下端节点转角均相同,即假定除底层外,各层框架柱的反弯点位于层高的中点;对于底层柱子,则假定其反弯点位于距支座2/3层高处。

③ 梁端弯矩可由节点平衡条件求出,并按节点左右梁的线刚度进行分配。

反弯点计算各框架内力的步骤为:

① 确定各柱反弯点位置;

y 定义为反弯点至柱子下端距离。

$$y = \begin{cases} \dfrac{1}{2}h & \text{上部各层柱} \\[2mm] \dfrac{2}{3}h & \text{底层柱} \end{cases} \qquad (7-5)$$

式中:h——层高。

② 同层各柱的剪力的确定

设框架结构共有 n 层,每层内有 m 根柱子(见图 7 - 9(a)),将框架沿第 i 层各柱的反弯点处切开代以剪力和轴力(见图 7 - 9(b)),设第 j 层各柱剪力为 $V_{j1}, V_{j2}, \cdots, V_{jm}$(有 m 根),第 j 层总剪力为 V_j,根据层剪力平衡有:

$$V_j = \sum_{i=j}^{n} F_i \qquad (7-6)$$

$$V_j = V_{j1} + V_{j2} + \ldots + V_{jm} = \sum_{k=1}^{m} V_{jk} \qquad (7-7)$$

式中:F_i——作用在第 i 层的水平力;

　　　V_j——水平力在第 j 层所产生的层间剪力;

　　　V_{jk}——第 j 层第 k 根柱所承受的剪力;

　　　m——第 j 层内的柱子数;

　　　n——楼层数。

由结构力学可知:

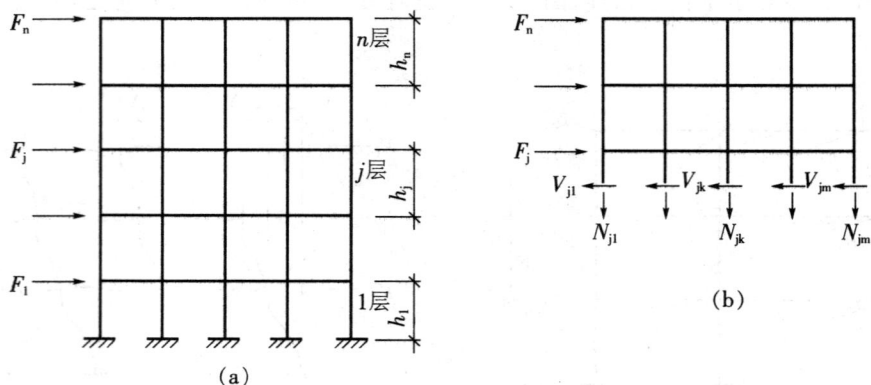

图 7 - 9　反弯点推导计算简图

$$V_{j1} = d_{j1}\Delta_j, V_{j2} = d_{j2}\Delta_j, \cdots, V_{jk} = d_{jk}\Delta_j, \cdots, V_{jm} = d_{jm}\Delta_j$$

式中：d_{jk}——第 j 层第 k 根柱子的抗侧刚度，其物理意义是表示柱端产生相对单位位移时，在柱内产生的剪力（如图 7 - 10）；

　　　Δ_j——框架第 j 层侧移。

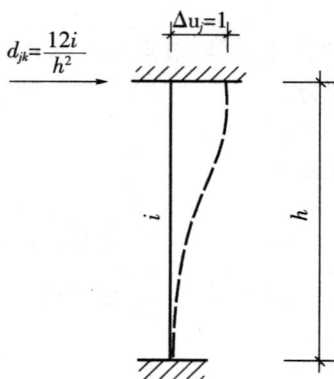

图 7 - 10　柱抗侧刚度

$$d_{jk} = \frac{12i}{h^2} \tag{7 - 8}$$

式中：i——柱子线刚度；

$$d_{j1}\Delta_j + d_{j2}\Delta_j + \cdots + d_{jm}\Delta_j = V_j$$

$$\Delta_j = \frac{V_j}{\sum\limits_{k=1}^{m} d_{jk}}$$

$$V_{j1} = \frac{d_{j1}}{\sum\limits_{k=1}^{m} d_{jk}}V_j, V_{j2} = \frac{d_{j2}}{\sum\limits_{k=1}^{m} d_{jk}}V_j, \cdots, V_{jm} = \frac{d_{jm}}{\sum\limits_{k=1}^{m} d_{jk}}V_j$$

上式表明各柱按其抗侧刚度比分配层间剪力。一般，同层各柱高度相同，这样可得到第 j 楼

层任意柱 k 在层间剪力 V_j 中分配的剪力

$$V_{jk} = \frac{i_{jk}}{\sum\limits_{k=1}^{m} i_{jk}} \cdot V_j \tag{7-9}$$

③ 柱端弯矩

求得各柱所承受的剪力 V_{jk} 以后,可求各柱的杆端弯矩。

对于底层柱,有

$$M_{c1k}^t = V_{1k} \cdot \frac{h_1}{3} \tag{7-10}$$

$$M_{c1k}^b = V_{1k} \cdot \frac{2h_1}{3} \tag{7-11}$$

式中:h_1——底层柱高。

对于上部各层柱,上下柱端弯矩相等,有

$$M_{cjk}^t = M_{cjk}^b = V_{jk} \cdot \frac{h_j}{2} \tag{7-12}$$

式中:h_j——第 j 层柱高。

cjk——第 j 层第 k 根柱。

上标 t、b 分别表示柱的顶端和底端。

④ 梁端弯矩

梁端弯矩按节点平衡及线刚度比得到。

a. 边节点:(如图 7 - 11)

顶部边节点:

$$M_b = M_c \tag{7-13}$$

一般边节点:

$$M_b = M_{c1} + M_{c2} \tag{7-14}$$

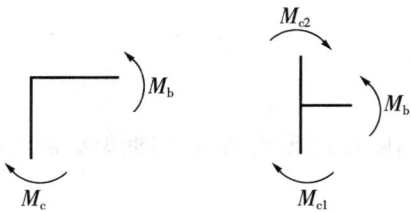

图 7 - 11　边节点计算简图

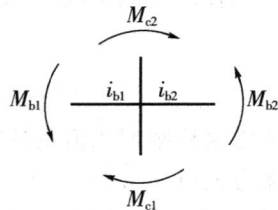

图 7 - 12　中间节点计算简图

b. 中节点(如图 7 - 12)

中间节点按梁线刚度比分配柱端弯矩:

$$M_{b1} = \frac{i_{b1}}{i_{b1} + i_{b2}}(M_{c1} + M_{c2}) \tag{7-15}$$

$$M_{b2} = \frac{i_{b2}}{i_{b1} + i_{b2}}(M_{c1} + M_{c2}) \tag{7-16}$$

式中：M_{b1}、M_{b2}——节点处左、右梁端弯矩；

M_{c1}、M_{c2}——节点处柱的上、下端弯矩；

i_{b1}、i_{b2}——节点处左、右梁的线刚度。

⑤ 梁内剪力

以各个梁为脱离体，根据平衡方程，将梁的左右端弯矩之和除以该梁的跨长，便得到梁内剪力。

$$V_A = V_B = \frac{M_b^l + M_b^r}{l} \tag{7-17}$$

式中：M_b^l、M_b^r——梁的左、右端弯矩；

l——梁的跨长。

⑥ 柱内轴向力

自上而下逐层叠加节点左右的梁端剪力，即可得到柱内轴向力。

（2）D 值法

反弯点法是梁柱线刚度比大于 3 时，假定节点转角为零的一种近似计算方法。当柱子的截面较大时，梁柱线刚度比常常较小，特别是在高层框架结构或抗震设计时，梁的线刚度可能小于柱的线刚度，框架节点对柱的约束应为弹性支承，即柱的抗侧移刚度不能由公式 7-8 导得，柱的抗侧移刚度不但与柱的线刚度有关，而且还与梁的线刚度有关，另外与该楼层所处的位置、上下层梁的线刚度之比、上下层层高以及房屋的总层数有关。因此应对反弯点法中的反弯点高度进行修正。

修正后的柱的抗侧刚度用"D"表示，故通常称为 D 值法。

该方法的计算步骤与反弯点法相同，精确度比反弯点法高。但与反弯点法一样，作了平面结构假定，忽略了轴向变形。同时，D 值法虽然考虑了节点转角，但又假定同层各节点转角相同，推导 D 值及反弯点高度时，还作了一些假定。因此，D 值法也是近似方法。随层数增加，忽略轴向变形带来的误差也增大。

D 值法需要解决的是：修正后框架柱的抗侧刚度"D"的确定，调整后框架柱的反弯点位置。

① 修正后框架柱的抗侧刚度 D

修正后框架柱的抗侧刚度 D 按下式计算：

$$D = \alpha \frac{12i_c}{h^2} \tag{7-18}$$

式中：α——考虑梁柱刚度比值及柱端约束条件对柱抗侧刚度的影响系数，当框架梁的线刚度为无穷大时，$\alpha = 1$。

表 7-7 列出各种情况下的 α 值及相应的 k 值的计算公式。

表 7 - 7　α 值及相应的 k 值的计算公式

楼　层	简　图	K	α
一般层	i_2　　i_1 i_2 i_c　　i_c i_4　　i_3 i_4	$K = \dfrac{i_1 + i_2 + i_3 + i_4}{2i_c}$	$\alpha = \dfrac{K}{2+K}$
底　层	i_2　　i_1 i_2 i_c　　i_c	$K = \dfrac{i_1 + i_2}{i_c}$	$\alpha = \dfrac{0.5+K}{2+K}$

求得框架柱侧向刚度值后,与反弯点法相似,由同一层内各柱的层间位移相等条件,可把层间剪力按下式分配给该层的各柱:

$$V_{ik} = \frac{D_{jk}}{\sum\limits_{i=1}^{m} D_{ji}} V_j \qquad (7-19)$$

式中:V_{jk}——第 j 层第 k 柱的剪力;

$\quad D_{ji}$——第 j 层第 i 柱的抗侧刚度;

$\quad \sum\limits_{i=1}^{m} D_{ji}$——第 j 层所有柱的抗侧刚度之和;

$\quad V_j$——第 j 层由外荷载引起的总剪力。

② 确定柱的反弯点的高度

影响柱反弯点的高度的主要因素是柱上下端的约束条件。当两端固定或两端转角完全相等时,反弯点在中点。两端约束刚度不同时,两端转角也不相等,反弯点移向转角较大的一端,也就是移向约束刚度较小的一端。当一端为铰接时(支承转动刚度为0),反弯点与该端铰重合。

影响两端约束刚度的主要因素是:

a.结构总层数以及该层所在位置;

b.梁柱线刚度比;

c.荷载形式;

d.上层与下层梁刚度比;

e.上、下层层高变化。

在 D 值法中,通过力学分析求得标准情况下的标准反弯点高度比 y_0(即反弯点到柱下端距离与柱全高的比值),再根据上、下梁线刚度比值及上、下层层高变化,对 y_0 进行调整,具体详见相关参考书籍。

7.3.5　框架结构的最不利内力及内力组合

设计框架结构的构件时,必须求出各构件的最不利内力。在进行构件设计之前,应先做到:

(1)选择控制截面;

(2)确定梁或柱控制截面的最不利内力的种类;

（3）找出最不利内力,即最不利内力组合。

1. 控制截面

控制截面通常是指内力最大截面,不同的内力(如弯矩、剪力、轴力)在同一截面并不同时都达到最大值,因此,一个截面可有几组不同的最不利的内力组合,一个构件可能有几个控制截面。

框架梁的控制截面一般是指梁的两端支座截面和跨中截面。一般情况梁端支座截面是最大负弯矩及最大剪力设计控制截面,在水平荷载作用下,梁端支座还要考虑正弯矩组合。而跨中截面是最大正弯矩作用处。框架梁通常选取两端支座截面及跨中截面作为控制截面。由于内力分析的结果都是轴线处梁的弯矩和剪力,因此在组合前后将内力换算到柱边截面的弯矩和剪力(见图7-13)。梁端柱边的弯矩和剪力按下式计算:

$$V' = V - (g + p)\frac{b}{2} \qquad (7-20)$$

$$M' = M - V'\frac{b}{2} \qquad (7-21)$$

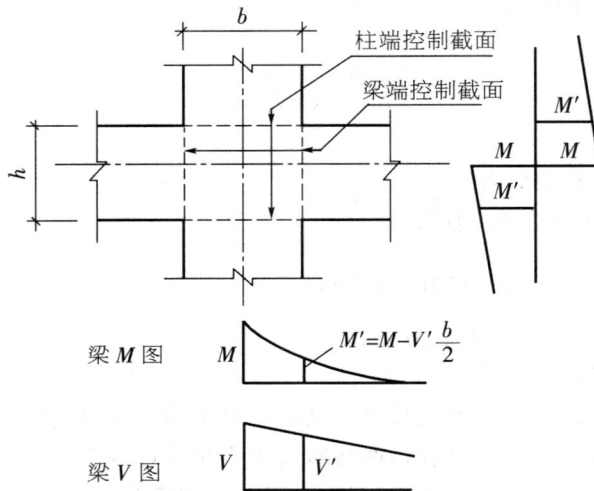

图 7 - 13 梁端控制截面弯矩及剪力

式中:V'、M'——梁端柱边截面的剪力和弯矩;

　　V、M——内力计算得到的梁端柱轴线截面的剪力和弯矩;

　　g、p——作用在梁上的竖向分布恒荷载和活荷载。

对于框架柱,弯矩最大值在柱两端,剪力和轴力值在同一楼层内变化很小。因此,柱的设计控制截面为上下两个柱端截面。

2. 框架梁、柱最不利内力组合

最不利内力组合是指对控制截面的配筋起控制作用的内力组合。对于某一控制截面,可能有多种最不利内力组合。例如,对于梁端,需求得最大负弯矩以确定梁端顶部的配筋,还需求得最大剪力以计算梁端受剪承载。柱是偏压构件,柱有可能出现大偏压破坏,此时 M 越大越不利,也可能出现小偏压破坏,此时 N 越大越不利。此外,由于柱多采用对称配筋,因此还应选择正弯矩或负弯矩中绝对值最大的弯矩进行截面配筋。由以上分析可知,框架结构梁、柱的最不利内力组合有:

（1）框架梁

① 梁端截面：$+M_{max}$、$-M_{max}$、V_{max}；

② 梁跨中截面：$+M_{max}$、$-M_{max}$。

（2）框架柱

柱端截面通常试算下列四种不利内力：

① $|M_{max}|$ 及相应 N；

② N_{max} 及相应 M；

③ N_{min} 及相应 M；

④ $|M|$ 比较大（不是绝对最大，但 N 较小或较大）。

为验算斜截面承载力，柱子也要组合最大剪力 V_{max}。

3. 梁端弯矩调幅

工程设计中，在竖向荷载作用下，框架梁端负弯矩往往很大，有时配筋困难不便于施工，同时，超静定钢筋混凝土结构在达到承载能力极限状态之前，总会产生不同程度的塑性内力重分布，其最终内力分布取决于构件的截面设计情况和节点的构造情况。因此允许主动考虑塑性变形内力重分布对梁端负弯矩进行适当调幅，达到调整钢筋分布、节约材料、方便施工的目的。但是钢筋混凝土构件的塑性变形能力总体上是有限的，其塑性转动能力与梁端节点的配筋构造设计密切相关，为保证正常使用状态下的性能和结构安全，梁端弯矩调幅的幅度应加以限制。

《高层规程》规定在竖向荷载作用下，可考虑框架梁端塑性变形内力重分布对梁端负弯矩乘以调幅系数进行调幅，并应符合下列规定：

（1）装配整体式框架梁端负弯矩调幅系数可取为 0.7～0.8；现浇框架梁端负弯矩调幅系数可取为 0.8～0.9；

（2）框架梁端负弯矩调幅后，梁跨中弯矩应按平衡条件相应增大；

（3）应先对竖向荷载作用下框架梁的弯矩进行调幅，再与水平作用产生的框架梁弯矩进行组合；

（4）截面设计时，框架梁跨中截面正弯矩设计值不应小于竖向荷载作用下按简支梁计算的跨中弯矩设计值的 50%。

［注］　①弯矩调幅只对竖向荷载作用下的内力进行，水平荷载作用下产生的弯矩不参加调幅。②梁端弯矩调幅应在内力组合之前进行，调幅后再和水平荷载下的内力组合。

7.3.6　框架梁设计

1. 框架梁承载力计算

（1）框架梁正截面承载力计算

① 无地震作用组合时

$$bx\alpha_1 f_c + A'_s f_y = A_s f_y \tag{7-22}$$

$$M_b \leqslant (A_s - A'_s)f_y(h_{b0} - 0.5x) + A'_s f_y(h_{b0} - a') \tag{7-23}$$

② 有地震作用组合时

$$bx\alpha_1 f_c + A'_s f_y = A_s f_y \tag{7-24}$$

$$M_b \leqslant \frac{1}{\gamma_{RE}}[(A_s - A'_s)f_y(h_{b0} - 0.5x) + A'_s f_y(h_{b0} - a')] \tag{7-25}$$

式中：M_b——组合的梁端截面弯矩设计值；

A'_s，A_s——受拉钢筋面积和受压钢筋面积；

a'——受压钢筋中心至截面受压边缘的距离；

γ_{RE}——承载力抗震调整系数。

（2）框架梁斜截面承载力计算

① 无地震作用组合时

对与矩形、T形和工字形一般梁：

$$V_b \leqslant 0.7 f_t b_b h_{b0} + 1.25 f_{yv} \frac{A_{sv}}{s} h_{b0} \tag{7-26}$$

集中荷载对梁端产生的剪力占总剪力值的75%以上的矩形截面梁：

$$V_b \leqslant \frac{1.75}{\lambda+1} f_t b_b h_{b0} + 1.25 f_{yv} \frac{A_{sv}}{s} h_{b0} \quad (1.5 \leqslant \lambda \leqslant 3) \tag{7-27}$$

② 有地震作用组合时

对与矩形、T形和工字形一般梁：

$$V_b \leqslant \frac{1}{\gamma_{RE}} (0.42 f_t b_b h_{b0} + 1.25 f_{yv} \frac{A_{sv}}{s} h_{b0}) \tag{7-28}$$

集中荷载对梁端产生的剪力占总剪力值的75%以上的矩形截面梁：

$$V_b \leqslant \frac{1}{\gamma_{RE}} (\frac{1.05}{\lambda+1} f_t b_b h_{b0} + f_{yv} \frac{A_{sv}}{s} h_{b0}) \quad (1.5 \leqslant \lambda \leqslant 3) \tag{7-29}$$

式中：V_b——框架梁端部截面组合的剪力设计值；

b_b，h_{b0}——梁截面宽度和有效高度；

f_{yv}——箍筋抗拉强度设计值；

s——箍筋间距；

λ——计算截面的剪跨比。

为保证延性框架梁塑性铰的强剪弱弯的设计剪力，《高层规程》规定：抗震设计时，框架梁端部截面组合的剪力设计值，一、二、三级应按下列公式计算；四级时可直接取考虑地震作用组合的剪力计算值。

$$V = \eta_{vb}(M_b^l + M_b^r)/l_n + V_{Gb} \tag{7-30}$$

9度抗震设计的结构和一级框架结构尚应符合：

$$V = 1.1(M_{bua}^l + M_{bua}^r)/l_n + V_{Gb} \tag{7-31}$$

式中：M_b^l、M_b^r——分别为梁左、右端逆时针或顺时针方向截面组合的弯矩设计值。当抗震等级为一级且梁两端弯矩均为负弯矩时，绝对值较小一端的弯矩应取零；

M_{bua}^l、M_{bua}^r——分别为梁左、右端逆时针或顺时针方向实配的正截面受弯承载力所对应的弯矩值，可根据实配钢筋面积（计入受压钢筋）和材料强度标准值并考虑承载力抗震调整系数计算；

η_{vb}——梁剪力增大系数，一、二、三级分别取1.3、1.2和1.1；

l_n——梁的净跨；

V_{Gb}——考虑地震作用组合的重力荷载代表值(9度时还应包括竖向地震作用标准值)作用下,按简支梁分析的梁端截面剪力设计值。

2. 框架梁的构造要求

(1) 梁的截面尺寸

框架结构的主梁截面高度 h_b 可按$(1/18\sim1/10)l_b$ 确定,l_b 为主梁计算跨度;梁净跨与截面高度之比不宜小于 4。梁的截面宽度不宜小于 200mm,梁截面的高宽比不宜大于 4。在选用时,上限仅使用于荷载很大的情况,对于一般民用建筑的荷载,以选接近下限为宜。

(2) 梁的纵向受力钢筋应满足的要求

① 沿梁全长顶面和底面应至少各配置两根纵向配筋,一、二级抗震设计时钢筋直径不应小于 14mm,且分别不应小于梁两端顶面和底面纵向配筋中较大截面面积的 1/4;三、四级抗震设计和非抗震设计时钢筋直径不应小于 12mm;

② 一、二级抗震等级的框架梁内贯通中柱的每根纵向钢筋的直径,对矩形截面柱,不宜大于柱在该方向截面尺寸的 1/20;对圆形截面柱,不宜大于纵向钢筋所在位置柱截面弦长的 1/20。

③ 纵向受拉钢筋的最小配筋百分率 ρ_{min}(%),非抗震设计时,不应小于 0.2 和 $45f_t/f_y$ 二者的较大值。

(3) 非抗震设计时,框架梁箍筋配筋构造应符合的规定

① 应沿梁全长设置箍筋;

② 截面高度大于 800mm 的梁,其箍筋直径不宜小于 8mm;其余截面高度的梁不应小于 6mm。在受力钢筋搭接长度范围内,箍筋直径不应小于搭接钢筋最大直径的 0.25 倍;

③ 箍筋间距不应大于表 7-8 的规定;在纵向受拉钢筋的搭接长度范围内,箍筋间距尚不应大于搭接钢筋较小直径的 5 倍,且不应大于 100mm;在纵向受压钢筋的搭接长度范围内,箍筋间距尚不应大于搭接钢筋较小直径的 10 倍,且不应大于 200mm;

表 7-8　非抗震设计梁箍筋最大间距(mm)

h_b(mm)	$V>0.7f_tbh_0$	$V\leqslant0.7f_tbh_0$
$h_b\leqslant300$	150	200
$300<h_b\leqslant500$	200	300
$500<h_b\leqslant800$	250	350
$h_b>800$	300	400

④ 当梁的剪力设计值大于 $0.7f_tbh_0$ 时,其箍筋面积配筋率应符合下式要求:

$$\rho_{sv}\geqslant0.24f_t/f_{yv}$$

$$(7-32)$$

⑤ 当梁中配有计算需要的纵向受压钢筋时,其箍筋配置尚应符合下列要求:

a. 箍筋直径不应小于纵向受压钢筋最大直径的 0.25 倍;

b. 箍筋应做成封闭式;

c. 箍筋间距不应大于 $15d$ 且不应大于 400mm;当一层内的受压钢筋多于 5 根且直径大于 18mm 时,箍筋间距不应大于 $10d$(d 为纵向受压钢筋的最小直径);

d. 当梁截面宽度大于 400mm 且一层内的纵向受压钢筋多于 3 根时,或当梁截面宽度不大于 400mm 但一层内的纵向受压钢筋多于 4 根时,应设置复合箍筋。

（4）抗震设计

① 延性要求

a. 抗震设计时，计入受压钢筋作用的梁端截面混凝土受压区高度与有效高度之比值，一级不应大于 0.25，二、三级不应大于 0.35；

b. 抗震设计时，梁端纵向受拉钢筋的配筋率不应大于 2.5%；

c. 抗震设计时，梁端箍筋的加密区长度、箍筋最大间距和最小直径应符合表 7-9 的要求；当梁端纵向钢筋配筋率大于 2% 时，表中箍筋最小直径应增大 2mm。

表 7-9 梁端箍筋加密区的长度、箍筋最大间距和最小直径

抗震等级	加密区长度（mm）	箍筋最大间距（mm）	箍筋最小直径（mm）
一级	$Max(2h_b,500)$	$Min(6d,h_b/4,100)$	10
二级	$Max(1.5h_b,500)$	$Min(8d,h_b/4,100)$	8
三级	$Max(1.5h_b,500)$	$Min(8d,h_b/4,150)$	8
四级	$Max(1.5h_b,500)$	$Min(8d,h_b/4,150)$	6

[注] d 为纵向钢筋直径，h_b 为梁截面高度。

d. 框架梁沿梁全长箍筋的面积配筋率应符合下列要求：

$$一级 \qquad \rho_{sv} \geq 0.30 f_t/f_{yv}$$

$$二级 \qquad \rho_{sv} \geq 0.28 f_t/f_{yv}$$

$$三、四级 \qquad \rho_{sv} \geq 0.26 f_t/f_{yv}$$

式中：ρ_{sv}——框架梁沿梁全长箍筋的面积配筋率。

e. 第一个箍筋应设置在距支座边缘 50mm 处；

f. 在箍筋加密区范围内的箍筋肢距：一级不宜大于 200mm 和 20 倍箍筋直径的较大值，二、三级不宜大于 250mm 和 20 倍箍筋直径的较大值，四级不宜大于 300mm；

g. 箍筋应有 135° 弯钩，弯钩端头直段长度不应小于 10 倍的箍筋直径和 75mm 的较大值；

h. 在纵向钢筋搭接长度范围内的箍筋间距，钢筋受拉时不应大于搭接钢筋较小直径的 5 倍，且不应大于 100mm；钢筋受压时不应大于搭接钢筋较小直径的 10 倍，且不应大于 200mm；

i. 框架梁非加密区箍筋最大间距不宜大于加密区箍筋间距的 2 倍。

② 梁的纵向受力钢筋配筋要求

a. 抗震设计时，梁的纵向受力钢筋配筋率不应小于表 7-10 规定的数值；

表 7-10 梁纵向受拉钢筋最小配筋百分率 ρ_{min}（%）

抗震等级	位置	
	支座（取较大值）	跨中（取较大值）
一级	$0.40,80f_t/f_y$	$0.30,65f_t/f_y$
二级	$0.30,65f_t/f_y$	$0.25,55f_t/f_y$
三、四级	$0.25,55f_t/f_y$	$0.20,45f_t/f_y$

b. 抗震设计时,梁端截面的底面和顶面纵向钢筋截面面积的比值,除按计算确定外,一级不应小于 0.5,二、三级不应小于 0.3;

③ 强剪弱弯

框架梁,其受剪截面应符合下列要求:

a. 无地震作用组合时

$$V \leqslant 0.25\beta_c f_c bh_0 \tag{7-33}$$

b. 有地震作用组合时

跨高比大于 2.5 的梁:

$$V \leqslant \frac{1}{\gamma_{RE}}(0.20\beta_c f_c bh_0) \tag{7-34}$$

跨高比不大于 2.5 的梁:

$$V \leqslant \frac{1}{\gamma_{RE}}(0.15\beta_c f_c bh_0) \tag{7-35}$$

7.3.7　框架柱设计

1. 框架柱承载力计算

(1) 正截面承载力计算公式

在对称配筋的矩形截面柱中,计算公式如下:

① 无地震组合时

$$x = \frac{N}{\alpha_1 f_c b_c} \tag{7-36}$$

$$Ne \leqslant \alpha_1 f_c b_c x(h_{c0} - \frac{x}{2}) + f_y A'_s(h_{c0} - a') \tag{7-37}$$

② 有地震作用组合时

$$x = \frac{\gamma_{RE} N}{\alpha_1 f_c b_c} \tag{7-38}$$

$$Ne \leqslant \frac{1}{\gamma_{RE}}[\alpha_1 f_c b_c x(h_{c0} - \frac{x}{2}) + f_y A'_s(h_{c0} - a')] \tag{7-39}$$

(2) 柱斜截面承载力计算

框架柱的抗剪是由混凝土和箍筋共同承担的。试验表明,在反复荷载作用下,框架柱的斜截面破坏,有斜拉、斜压和剪压等几种破坏形态。当配箍率能满足一定要求时,可防止斜拉破坏;当截面尺寸满足一定要求时,可防止斜压破坏。而对于剪压破坏,则应通过配筋计算来防止。

框架柱抗剪承载能力按下式计算:

① 矩形截面偏心受压框架柱,其斜截面受剪承载力应按下列公式计算:

a. 无地震作用组合时

$$V \leqslant \frac{1.75}{\lambda + 1}f_t bh_0 + f_{yv}\frac{A_{sv}}{s}h_0 + 0.07N \tag{7-40}$$

b. 有地震作用组合时

$$V \leqslant \frac{1}{\gamma_{\mathrm{RE}}} \left(\frac{1.05}{\lambda+1} f_{\mathrm{t}} b h_0 + f_{\mathrm{yv}} \frac{A_{\mathrm{sv}}}{s} h_0 + 0.056N \right) \tag{7-41}$$

式中：λ——框架柱的剪跨比。当 $\lambda < 1$ 时，取 $\lambda = 1$；当 $\lambda > 3$ 时，取 $\lambda = 3$；

　　N——考虑风荷载或地震作用组合的框架柱轴向压力设计值，$N \leqslant 0.3 f_{\mathrm{c}} A_{\mathrm{c}}$ 时，取 N 等于 $0.3 f_{\mathrm{c}} A_{\mathrm{c}}$。

② 当矩形截面框架柱出现拉力时，其斜截面受剪承载力应按下列公式计算：

a. 无地震作用组合时

$$V \leqslant \frac{1.75}{\lambda+1} f_{\mathrm{t}} b h_0 + f_{\mathrm{yv}} \frac{A_{\mathrm{sv}}}{s} h_0 - 0.2N \tag{7-42}$$

b. 有地震作用组合时

$$V \leqslant \frac{1}{\gamma_{\mathrm{RE}}} \left(\frac{1.05}{\lambda+1} f_{\mathrm{t}} b h_0 + f_{\mathrm{yv}} \frac{A_{\mathrm{sv}}}{s} h_0 - 0.2N \right) \tag{7-43}$$

式中：N——与剪力设计值 V 对应的轴向拉力设计值，取正值；

　　λ——框架柱的剪跨比。

当公式(7-42)右端的计算值或公式(7-43)右端括号内的计算值小于 $f_{\mathrm{yv}} \dfrac{A_{\mathrm{sv}}}{s} h_0$ 时，应取等于 $f_{\mathrm{yv}} \dfrac{A_{\mathrm{sv}}}{s} h_0$，且 $f_{\mathrm{yv}} \dfrac{A_{\mathrm{sv}}}{s} h_0$ 值不应小于 $0.36 f_{\mathrm{t}} b h_0$。

2. 框架柱的构造要求

（1）一般要求

① 框架柱的截面尺寸

a. 各类结构的框架柱和框支柱截面尺寸，可根据柱的受荷面积计算由竖向荷载产生的轴向力标准值 N，按下式估算柱截面面积 A_{c}，然后再确定柱的边长：

$$A_{\mathrm{c}} = \frac{\xi N}{\mu f_{\mathrm{c}}} \tag{7-44}$$

式中：ξ——轴力放大系数，按表 7-11 取用。

　　μ——轴压比，非抗震设计和四级抗震等级可取 $0.9 \sim 0.95$，一、二、三级抗震等级时按表 7-12 取用。

表 7-11　轴力放大系数

		框支柱	框架角柱	框剪结构框架柱	其他柱
抗震设计	一	1.6	1.6	1.4	1.5
	二	1.6	1.6	1.4	1.5
	三	1.5	1.6	1.4	1.5
	四	1.4	1.5	1.3	1.3
非抗震设计		1.3	1.3	1.3	1.3

表 7 - 12　柱轴压比限值

结构体系	抗震等级		
	一	二	三
框架结构	0.70	0.80	0.90
框架剪力墙结构、简体结构	0.75	0.85	0.95
部分框支剪力墙结构	0.60	0.70	—

[注]　(1)表内数值适用于混凝土强度等级不高于 C60 的柱。当混凝土强度等级为 C65～C70 时,轴压比限值应比表中数值降低 0.05;当混凝土强度等级为 C75～C80 时,轴压比限值应比表中数值降低0.10;(2)表内数值适用于剪跨比大于 2 的柱。剪跨比不大于 2 但不小于 1.5 的柱,其轴压比限值应比表中数值减小 0.05;剪跨比小于 1.5 的柱,其轴压比限值应专门研究并采取特殊构造措施;(3)当沿柱全高采用井字复合箍,箍筋间距不大于 100mm、肢距不大于 200mm、直径不小于 12mm 时,柱轴压比限值可增加 0.10;当沿柱全高采用复合螺旋箍,箍筋间距不大于 100mm、肢距不大于 200mm、直径不小于 12mm 时,柱轴压比限值可增加 0.10;当沿柱全高采用连续复合螺旋箍,且螺距不大于 80mm、肢距不大于 200mm、直径不小于 10mm 时,轴压比限值可增加 0.10。以上三种配箍类别的含箍特征值应按增大的轴压比高层规程有关规定确定;(4)当柱截面中部设置由附加纵向钢筋形成的芯柱,且附加纵向钢筋的截面面积不小于柱截面面积的 0.8% 时,柱轴压比限值可增加 0.05。当本项措施与注 3 的措施共同采用时,柱轴压比限值可比表中数值增加 0.15,但箍筋的配箍特征值仍可按轴压比增加 0.10 的要求确定;(5)柱轴压比限值不应大于 1.05。

b.框架柱的截面宜满足 $l_0/b_c \leqslant 30$;$l_0/h_c \leqslant 25$(l_0 为柱的计算长度;b_c、h_c 分别为柱截面的宽度和高度)。框架柱的剪跨比 λ 宜大于 2。

c.框架柱和框支柱其受剪截面应符合下列要求:

无地震作用组合时

$$V \leqslant 0.25 \beta_c f_c b h_0 \qquad (7-45)$$

有地震作用组合时

剪跨比大于 2 的柱:

$$V \leqslant \frac{1}{\gamma_{RE}} (0.20 \beta_c f_c b h_0) \qquad (7-46)$$

剪跨比不大于 2 的柱:

$$V \leqslant \frac{1}{\gamma_{RE}} (0.15 \beta_c f_c b h_0) \qquad (7-47)$$

d.柱截面尺寸宜符合下列要求:

矩形截面柱的边长,非抗震设计时不宜小于 250mm,抗震设计时不宜小于 300mm;圆柱截面直径不宜小于 350mm;

柱剪跨比宜大于 2;

柱截面高宽比不宜大于 3。

② 柱的纵向配筋,应满足下列要求:

a.抗震设计时,宜采用对称配筋;

b.抗震设计时,截面尺寸大于 400mm 的柱,其纵向钢筋间距不宜大于 200mm;非抗震设计时,柱纵向钢筋间距不应大于 350mm;柱纵向钢筋净距均不应小于 50mm;

c.全部纵向钢筋的配筋率,非抗震设计时不宜大于 5%、不应大于 6%,抗震设计时不应大于 5%；

d. 一级且剪跨比不大于 2 的柱,其单侧纵向受拉钢筋的配筋率不宜大于 1.2%；

e. 边柱、角柱及剪力墙端柱考虑地震作用组合产生小偏心受拉时,柱内纵筋总截面面积应比计算值增加 25%。

③ 非抗震设计时,柱中箍筋应符合以下规定:

a. 周边箍筋应为封闭式;

b. 箍筋间距不应大于 400mm,且不应大于构件截面的短边尺寸和最小纵向受力钢筋直径的 15 倍;

c. 箍筋直径不应小于最大纵向钢筋直径的 1/4,且不应小于 6mm；

d. 当柱中全部纵向受力钢筋的配筋率超过 3% 时,箍筋直径不应小于 8mm,箍筋间距不应大于最小纵向钢筋直径的 10 倍,且不应大于 200mm；箍筋末端应做成 135°弯钩且弯钩末端平直段长度不应小于 10 倍箍筋直径;

e. 当柱每边纵筋多于 3 根时,应设置复合箍筋(可采用拉筋);

f. 柱内纵向钢筋采用搭接做法时,搭接长度范围内箍筋直径不应小于搭接钢筋较大直径的 0.25 倍;在纵向受拉钢筋的搭接长度范围内的箍筋间距不应大于搭接钢筋较小直径的 5 倍,且不应大于 100mm；在纵向受压钢筋的搭接长度范围内的箍筋间距不应大于搭接钢筋较小直径的 10 倍,且不应大于 200mm。当受压钢筋直径大于 25mm 时,尚应在搭接接头端面外 100mm 的范围内各设置两道箍筋。

(2) 抗震设计

① 延性要求

a. 轴压比限值

为了使柱在包括地震作用等多种荷载作用下处于大偏心受压状态,具有较大的后屈服变形能力和耗能能力,具有较好的延性和抗震性能,规范规定了混凝土柱的轴压比限值如表 7-12 所示。对于Ⅳ类场且高于 40m 的框架结构或高于 60m 的其他结构体系的混凝土房屋建筑,其轴压比限值应减小 0.05。

b. 约束混凝土柱的上、下两端在规定的范围内箍筋应加密。

c. 抗震设计时,柱箍筋加密区的范围应符合下列要求:

底层柱的上端和其他各层柱的两端,应取矩形截面柱之长边尺寸(或圆形截面柱之直径)、柱净高之 1/6 和 500mm 三者之最大值范围;

底层柱刚性地面上、下各 500mm 的范围;

底层柱柱根以上 1/3 柱净高的范围;

剪跨比不大于 2 的柱和因填充墙等形成的柱净高与截面高度之比不大于 4 的柱全高范围;

一级及二级框架角柱的全高范围;

需要提高变形能力的柱的全高范围。

d. 抗震设计时,柱箍筋在规定的范围内应加密,加密区的箍筋间距和直径,应符合下列要求:

一般情况下,箍筋的最大间距和最小直径,应按表 7-13 采用;

表 7 - 13　柱端箍筋加密区的构造要求

抗震等级	箍筋最大间距(mm)	箍筋最小直径(mm)
一级	Min(6d,100)	10
二级	Min(8d,100)	8
三级	Min(8d,150(柱根 100))	8
四级	Min(8d,150(柱根 100))	6(柱根 8)

［注］　(1)d 为柱纵向钢筋直径(mm);(2)柱根指框架柱底部嵌固部位。

二级框架柱箍筋直径不小于 10mm、肢距不大于 200mm 时,除柱根外最大间距应允许采用 150mm;三级框来往的截面尺寸不大于 400 时,箍筋最小直径应允许采用 6mm;四级框架柱的剪跨比不大于 2 或柱中全部纵向钢筋的配筋率大于 3%时,箍筋直径不应小于 8mm;

剪跨比不大于 2 的柱,箍筋间距不应大于 100mm,一级时尚不应大于 6 倍的纵向钢筋直径。

箍筋应为封闭式,其末端应做成 135°弯钩且弯钩末端平直段长度不应小于 10 倍的箍筋直径,且不应小于 75mm;

箍筋加密区的箍筋肢距,一级不宜大于 200mm,二、三级不宜大于 250mm 和 20 倍箍筋直径的较大值,四级不宜大于 300mm。每隔一根纵向钢筋宜在两个方向有箍筋约束;采用拉筋组合箍时,拉筋宜紧靠纵向钢筋并勾住封闭箍;

柱非加密区的箍筋,其体积配箍率不宜小于加密区的一半;其箍筋间距,不应大于加密区箍筋间距的 2 倍,且一、二级不应大于 10 倍纵向钢筋直径,三、四级不应大于 15 倍纵向钢筋直径。

e. 柱加密区范围内箍筋的体积配箍率,应符合下列规定:

柱箍筋加密区箍筋的体积配箍率,应符合下式要求:

$$\rho_v \geqslant \lambda_v \frac{f_c}{f_{yv}} \tag{7-48}$$

式中:λ_v——配箍特征值,可查表 7 - 14;

　　　f_{yv}——箍筋的抗拉强度设计值;

　　　ρ_v——柱箍筋的体积配箍率。

表 7 - 14　柱端箍筋加密区最小配箍特征值 λ_v

抗震等级	箍筋形式	柱轴压比								
		≤0.30	0.40	0.50	0.60	0.70	0.80	0.90	1.00	1.05
一	普通箍、复合箍	0.10	0.11	0.13	0.15	0.17	0.20	0.23	—	—
	螺旋箍、复合或连续复合螺旋箍	0.08	0.09	0.11	0.13	0.15	0.18	0.21	—	—
二	普通箍、复合箍	0.08	0.09	0.11	0.13	0.15	0.17	0.13	0.22	0.24
	螺旋箍、复合或连续复合螺旋箍	0.06	0.07	0.09	0.11	0.13	0.15	0.17	0.20	0.22
三	普通箍、复合箍	0.06	0.07	0.09	0.11	0.13	0.15	0.17	0.20	0.22
	螺旋箍、复合或连续复合螺旋箍	0.05	0.06	0.04	0.09	0.11	0.13	0.15	0.18	0.20

［注］　普通箍指单个矩形箍或单个圆形箍;螺旋箍指单个连续螺旋箍筋;复合箍指由矩形、多边形、圆形箍或拉筋组成的箍筋;复合螺旋箍指由螺旋箍与矩形、多边形、圆形箍或拉筋组成的箍筋;连续复合螺旋箍指全部螺旋箍由同一根钢筋加工而成的箍筋。

对一、二、三、四级框架柱,其箍筋加密区范围内箍筋的体积配箍率尚且分别不应小于0.8%、

0.6%、0.4%和0.4%；

剪跨比不大于 2 的柱宜采用复合螺旋箍或井字复合箍，其体积配箍率不应小于 1.2%；设防烈度为 9 度时，不应小于 1.5%；

计算复合箍筋的体积配箍率时，应扣除重叠部分的箍筋体积；计算复合螺旋箍筋的体积配箍率时，其非螺旋箍筋的体积应乘以换算系数 0.8。

② 柱纵向钢筋配置应符合下列要求

柱全部纵向钢筋的配筋率，不应小于表 7-15 的规定值，且柱截面每一侧纵向钢筋配筋率不应小于 0.2%；抗震设计时，对Ⅳ类场地上较高的高层建筑，表中数值应增加 0.1；

表 7-15 柱纵向钢筋最小配筋百分率(%)

柱类型	抗震等级				非抗震
	一级	二级	三级	四级	
中柱边柱	1.0	0.8	0.7	0.6	0.6
角柱	1.2	1.0	0.9	0.8	0.6
框支柱	1.2	1.0	—	—	0.8

[注]　(1)当混凝土强度等级大于 C60 时，表中的数值应增加 0.1；(2)当采用 HRB400、RRB400 级钢筋时，表中数值应允许减小 0.1。

③ 强柱弱梁、强剪弱弯设计要求

a. 抗震设计时，四级框架柱的柱端弯矩设计值可直接取考虑地震作用组合的弯矩柱；一、二、三级框架的梁、柱节点处，除顶层和柱轴压比小于 0.15 者外，柱端考虑地震作用组合的弯矩设计值应按下列公式予以调整：

$$\sum M_c = \eta_c \sum M_b \qquad (7-49)$$

9 度抗震设计的结构和一级框架结构尚应符合：

$$\sum M_c = 1.2 \sum M_{bua} \qquad (7-50)$$

式中：$\sum M_c$ ——节点上、下柱端截面顺时针或逆时针方向组合弯矩设计值之和。上、下柱端的弯矩设计值，可按弹性分析的弯矩比例进行分配；

　　　　$\sum M_b$ ——节点左、右梁端截面逆时针或顺时针方向组合弯矩设计值之和。当抗震等级为一级且节点左、右梁端均为负弯矩时，绝对值较小的弯矩应取零；

　　　　η_c ——柱端弯矩增大系数，一、二、三级分别取 1.4、1.2 和 1.1；

　　　　$\sum M_{bua}$ ——节点左、右梁端逆时针或顺时针方向实配的正截面受弯承载力所对应的弯矩值之和，可根据实际配筋面积(计入受压钢筋)和材料强度标准值并考虑承载力抗震调整系数计算。

$$M_{bua} = \frac{1}{\gamma_{RE}} f_{yk} A_s^a (h_{b0} - a_s') \qquad (7-51)$$

当反弯点不在柱的层高范围内时，柱端弯矩设计值可直接乘以柱端弯矩增大系数 η_c。试验研究表明，框架底层柱根部对整体框架延性起控制作用。为防止框架柱脚过早屈服，《高层规程》规定：抗震设计时，一、二、三级框架结构的底层柱底截面的弯矩设计值，应分别采用考虑地震作用组合的弯矩值与增大系数 1.5、1.25 和 1.15 的乘积。

b.抗震设计的框架柱、框支柱端部截面的剪力设计值,一、二、三级时应按下列公式计算;四级时可直接取考虑地震作用组合的剪力计算值。

$$V = \eta_{vc}(M_c^t + M_c^b)/H \qquad (7-52)$$

9 度抗震设计的结构和一级框架结构尚应符合:

$$V = 1.2(M_{cua}^t + M_{cua}^b)/H_n \qquad (7-53)$$

式中:M_c^t、M_c^b——分别为柱上、下端顺时针或逆时针方向截面组合的弯矩设计值,应符合前述柱端弯矩设计值按强柱弱梁调整的要求;

M_{cua}^t、M_{cua}^b——分别为柱上、下端顺时针或逆时针方向实配的正截面弯承载力所对应的弯矩值,可根据实配钢筋面积、材料强度标准值和重力荷载代表值产生的轴向压力设计值并考虑承载力抗震调整系数计算;

H_n——柱的净高;

η_{vc}——柱端剪力增大系数,一、二、三级分别取 1.4、1.2 和 1.1。

c.由地震引起的建筑结构扭转会使角柱地震作用效应明显增大,故应对角柱的地震作用效应予以调整。一、二、三级框架角柱经上述调整后的弯矩、剪力设计值应乘以不小于 1.1 的增大系数。

7.4 剪力墙结构设计

7.4.1 剪力墙结构的工作特点

1.基本假定

剪力墙结构是由一系列的竖向纵、横墙和平面楼板所组成的空间结构体系,除了承受楼板的竖向荷载外,还承受风荷载、水平地震作用等水平作用。

剪力墙结构在水平荷载作用下计算时,剪力墙布置在满足构造和间距要求的条件下,可以采用以下基本假定:

(1)楼板在其自身平面内的刚度可视为无限大,在平面外的刚度可忽略不计;

(2)各片剪力墙在其自身平面内的刚度很大,在平面外的刚度可忽略不计;

由假定(1)可知,楼板将各片剪力墙连在一起,在水平荷载作用下,楼板在自身平面内没有相对位移,只作刚体运动——平动和转动。这样参与抵抗水平荷载的各片剪力墙按楼板水平位移线性分布的条件进行水平荷载的分配。若水平荷载合力作用点与结构刚度中心重合,结构无扭转,则可按同一楼层各片剪力墙水平位移相等的条件进行水平荷载的分配,亦即水平荷载按各片剪力墙的抗侧刚度进行分配。

由假定(2)可知,每个方向的水平荷载由该方向的各片剪力墙承受,垂直于水平荷载方向的各片剪力墙不参加工作,这样可以将纵横两个方向的剪力墙分开,使空间剪力墙结构简化为平面结构。

2.水平荷载作用下剪力墙计算截面及剪力分配

根据《高层规程》的规定,在计算剪力墙的内力和位移时,可以考虑纵横墙的共同工作,即纵墙的一部分可以作为横墙的有效翼缘,横墙的一部分可以作为纵墙的有效翼缘,现浇剪力墙有效翼缘的宽度 b_i 可按表 7-16 所列各项中最小值取用(图 7-14);装配整体式剪力墙有效翼缘的宽度宜将表中数值适当折减后取用。

表 7-16　剪力墙有效翼缘宽度

考虑方式	截面形式	
	T(或 I)形截面	L 形截面
按剪力墙的净距 s_0 考虑	$b + \dfrac{s_{01}}{2} + \dfrac{s_{02}}{2}$	$b + \dfrac{s_{03}}{2}$
按翼缘厚度 h_i 考虑	$b + 12h_i$	$b + 6h_i$
按门窗洞净距 b_0 考虑	b_{01}	b_{02}

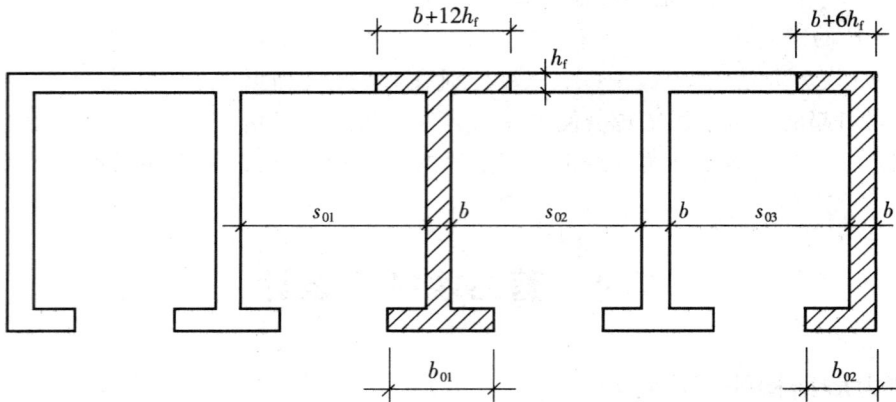

图 7-14　剪力墙有效翼缘的宽度

各片剪力墙是通过刚性楼板联系在一起的。当结构的水平力合力中心与结构刚度中心重合时,结构不会产生扭转,各片剪力墙在同一层楼板标高处的侧移将相等。因此,总水平荷载将按各片剪力墙的刚度大小向各片墙分配。所有抗侧力单元都是剪力墙。它们有相类似的沿高度变形曲线—弯曲形变形曲线,各片剪力墙水平荷载沿高度的分布也将类似,与总荷载沿高度分布相同。因此,分配总荷载或分配层剪力的效果是相同的。

当有 m 片墙时,第 i 片墙第 j 层分配到的剪力是

$$V_{ij} = \frac{E_i J_{\text{eqi}}}{\sum\limits_{i=1}^{m} E_i J_{\text{eqi}}} V_{pj} \tag{7-54}$$

式中:V_{pj}——由水平荷载计算的 j 层总剪力;

　　$E_i J_{\text{eqi}}$——第 i 片墙的等效抗弯刚度。

由于墙的类型不同,等效抗弯刚度的计算方法也各异,这将在下几节分别讨论。

7.4.2　剪力墙的分类及力学特性分析

以上是从平面布置的角度对剪力墙结构计算图的一些分析。每片剪力墙从其本身开洞的情

况又可以分为各种类型。由于墙的型式不同,相应的受力特点、计算图与计算方法也不相同。下面先对受力特点、计算图的特点和计算方法做一个概述。

1. 整体墙和小开口整体墙

整体墙没有门窗洞口或只有很小的洞口,可以忽略洞口的影响。这种类型的剪力墙实际上是一个整体的悬臂墙,符合平面假定,正应力为直线规律分布,这种墙叫整体墙(图 7 - 15(a))。

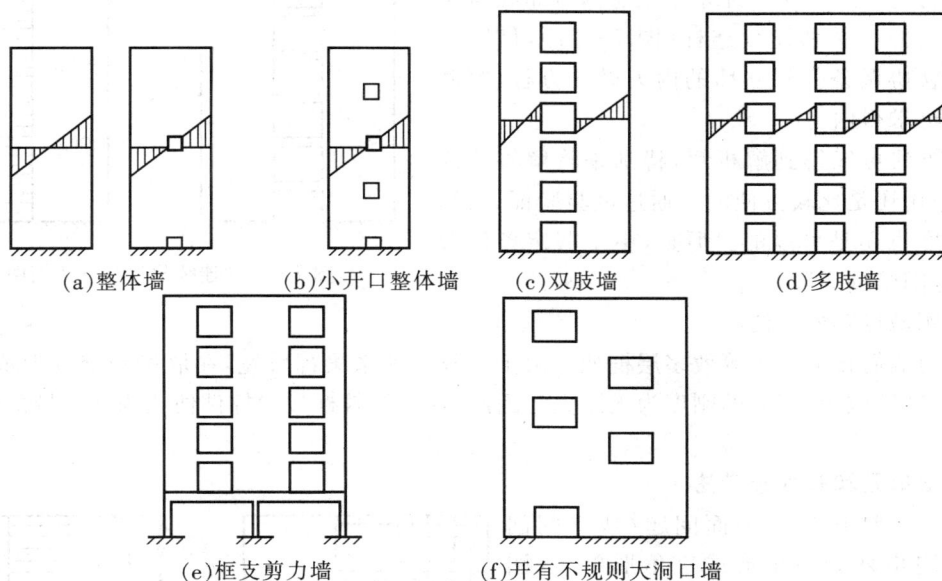

(a)整体墙　　　(b)小开口整体墙　　　(c)双肢墙　　　(d)多肢墙

(e)框支剪力墙　　　(f)开有不规则大洞口墙

图 7 - 15　剪力墙的分类

当门窗洞口稍大一些,墙肢应力中已出现局部弯矩(图 7 - 15 (b)),但局部弯矩的值不超过整体弯矩的 15% 时,可以认为截面变形大体上仍符合平面假定,按材料力学公式计算应力,然后加以适当的修正。这种墙叫小开口整体墙。

2. 双肢剪力墙和多肢剪力墙

开有一排较大洞口的剪力墙叫双肢剪力墙(图 7 - 15 (c)),开有多排较大洞口的剪力墙叫多肢剪力墙(图 7 - 15 (d))。由于洞口开得较大,截面的整体性已经破坏,正应力分布较直线规律差别较大。其中,洞口更大些,且连梁刚度很大,而墙肢刚度较弱的情况,已接近框架的受力特性,有时也称为壁式框架(图 7 - 16)。

3. 框支剪力墙

当底层需要大的空间,采用框架结构支承上部剪力墙时,就是框支剪力墙(图 7 - 15 (e))。

4. 开有不规则大洞口的墙

有时由于建筑使用的要求出现开有不规则大洞口的墙(图 7 - 15 (f))。

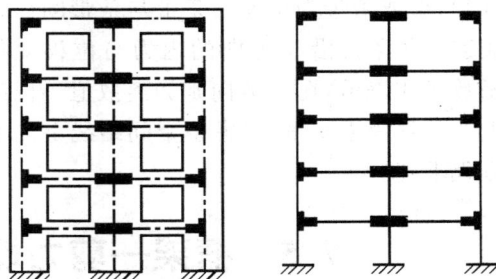

图 7 - 16　壁式框架

7.4.3　剪力墙的分析方法

剪力墙结构随着类型和开洞大小的不同,计算方法与计算图的选取也不同。除了整体墙和小开口整体墙基本上采用材料力学的计算公式外,其他的大体上还有以下一些算法:

1. 连梁连续化的分析方法

此法将每一层楼层的连系梁假想为分布在整个楼层高度上的一系列连续连杆(图7-17),借助于连杆的位移协调条件建立墙的内力微分方程,解微分方程便可求得内力。

这种方法可以得到解析解,特别是将解答绘成曲线后,使用还是比较方便的。通过试验验证,其结果的精确度也还是可以的。但是,由于假定条件较多,使用范围受到局限。

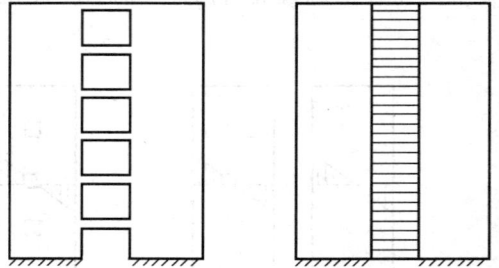

图7-17　连续化计算方法简图

2. 带刚域框架的算法

将剪力墙简化为一个等效多层框架。由于墙肢及连系梁都较宽,在墙梁相交处形成一个刚性区域,在这区域内,墙梁的刚度为无限大。因此,这个等效框架的杆件便成为带刚域的杆件(图7-16)。

3. 有限单元和有限条带法

将剪力墙结构作为平面问题(或空间问题),采用网格划分为矩形或三角形单元(图7-18(a)),取结点位移作为未知量,建立各结点的平衡方程,用电子计算机求解。采用有限单元法对于任意形状尺寸的开孔及任意荷载或墙厚变化都能求解,精确度也较高。

对于剪力墙结构,由于其外形及边界较规整,也可将剪力墙结构划分为条带(图7-18(b)),即取条带为单元。条带与条带间以结线相连。每条带沿 y 方向的内力与位移变化用函数形式表示,在 x 方向则为离散值。以结线上的位移为未知量,考虑条带间结线上的平衡方程求解。

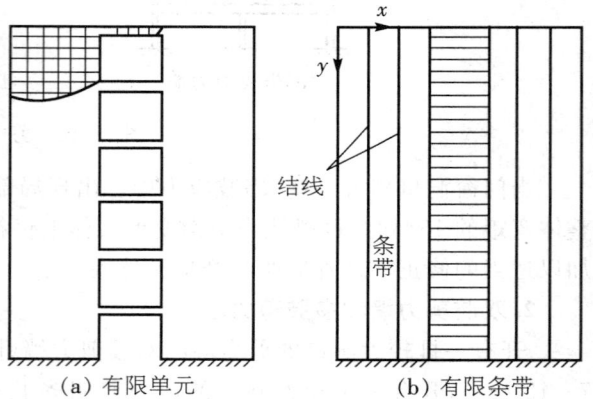

(a) 有限单元　　　　(b) 有限条带

图7-18　有限单元和有限条带

7.5　框架—剪力墙结构协同工作的基本原理

当高层建筑层数较多且高度较高时,如仍采用框架结构,则其在水平力作用下,截面内力增加很快。这时,框架梁柱截面增加很大,并且还产生过大的水平侧移。为解决上述矛盾,通常的做法是在框架体系中,增设一些刚度较大的钢筋混凝土剪力墙,使之代替框架承担水平荷载,于是就形成了框架—剪力墙结构体系。

框架—剪力墙结构中,框架主要用以承受竖向荷载,而剪力墙主要用以承受水平荷载,两者分工明确,受力合理,取长补短,能更有效地抵抗水平外荷载的作用,是一种比较理想的高层建筑体系。

7.5.1　框架—剪力墙结构的特点

（1）在钢筋混凝土高层和多层公共建筑中，当框架结构的刚度和强度不能满足抗震或抗风要求时，采用刚度和强度均较大的剪力墙与框架协同工作，可由框架构成自由灵活的大空间，以满足不同建筑功能的要求；同时又有刚度较大的剪力墙，从而使框剪结构具有较强的抗震抗风能力，并大大减少了结构的侧移，在大地震时还可以防止砌体填充墙、门窗、吊顶等非结构构件的严重破坏和倒塌。因此，有抗震设防要求时，宜尽量采用框剪结构来替代纯框架结构。

框架—剪力墙结构适用于需要灵活大空间的多层和高层建筑，如办公楼、商业大厦、饭店、旅馆、教学楼、试验楼、电讯大楼、图书馆、多层工业厂房及仓库、车库等建筑。

（2）框剪结构由框架和剪力墙两种不同的抗侧力结构组成，这两种结构的受力特点和变形性质是不同的。在水平力作用下，剪力墙是竖向悬臂结构，其变形曲线呈弯曲型（图7-19(a)），楼层越高水平位移增长速度越快，顶点水平位移值与高度是四次方关系：

均布荷载时
$$u=\frac{qH^4}{8EI}$$
(7-55)

倒三角形荷载时
$$u=\frac{11q_{max}H^4}{120EI}$$
(7-56)

式中：H——总高度；

EI——弯曲刚度。

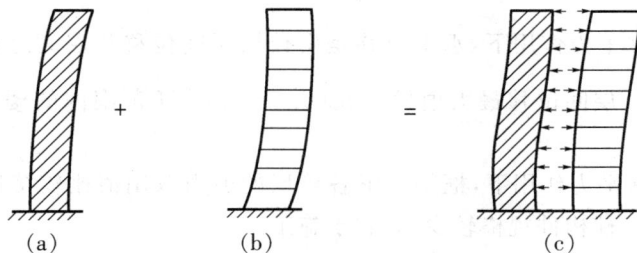

图7-19　框剪结构变形特点

在一般剪力墙结构中，由于所有抗侧力结构都是剪力墙，在水平力作用下各片墙的侧向位移相似，所以，楼层剪力在各片墙之间是按其等效刚度 EI_{eq} 比例进行分配。

框架在水平力作用下，其变形曲线为剪切型（图7-19(b)），楼层越高水平位移增长越慢，在纯框架结构中，各榀框架的变形曲线相似，所以，楼层剪力按框架柱的抗侧移刚度 D 值比例分配。

框剪结构，既有框架又有剪力墙，它们之间通过平面内刚度无限大的楼板连接在一起，在水平力作用下，使它们水平位移协调一致，不能各自自由变形，在不考虑扭转影响的情况下，在同一楼层的水平位移必须相同。因此，框剪结构在水平力作用下的变形曲线呈反S形的弯剪型位移曲线（图7-19(c)）。

（3）框剪结构在水平力作用下，由于框架与剪力墙协同工作，在下部楼层，因为剪力墙位移小，它拉住框架的变形，使剪力墙承担了大部分剪力；上部楼层则相反，剪力墙的位移越来越大，而框架的变形反而小，所以，框架除承受水平力作用下的那部分剪力外，还要负担拉回剪力墙变形的附加剪力，因此，在上部楼层即使水平力产生的楼层剪力很小，而框架中仍有相当数值的剪力。

（4）框剪结构在水平力作用下，框架与剪力墙之间楼层剪力的分配和框架各楼层剪力分布情况，是随楼层所处高度而变化，与结构刚度特征值直接相关（如图7-20）。由图7-20可知，框剪结构中框架底部剪力为零，剪力控制截面在房屋高度的中部甚至是上部，而纯框架最大剪力在底部。因此，当实际布置有剪力墙（如楼梯间墙、电梯井墙、设备管道井墙等）的框架结构，必须按框剪结构协同工作计算内力，不能简单按纯框架分析，否则不能保证框架部分上部楼层构件的安全。

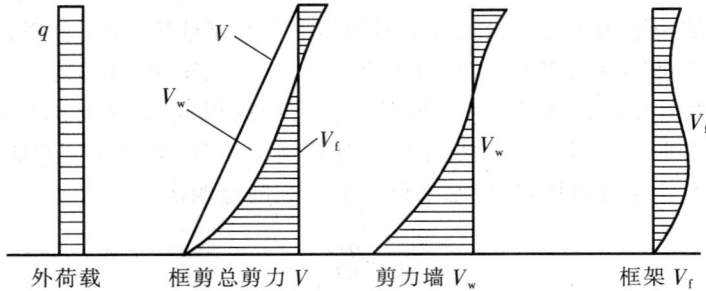

图7-20　框剪结构受力特点

（5）框剪结构，由延性较好的框架、抗侧力刚度较大并带有边框的剪力墙和有良好耗能性能的连梁所组成，具有多道抗震防线，从国内外经受地震后震害调查表明，确为一种抗震性能很好的结构体系。

（6）框剪结构在水平力作用下，水平位移是由楼层层间位移与层高之比$\frac{\Delta u}{H}$控制，而不是顶点水平位移进行控制。层间位移最大值发生在$(0.4\sim0.8)H$范围内的楼层，H为建筑物总高度。

（7）框剪结构在水平力作用下，框架上下各楼层的剪力取用值比较接近，梁、柱的弯矩和剪力值变化较小，使得梁、柱构件规格较少，有利于施工。

7.5.2　框架与剪力墙协同工作原理

　　框架一剪力墙结构由框架和剪力墙两种不同的抗侧力结构组成。在这种结构中，剪力墙的侧移刚度比框架的侧移刚度大得多。由于剪力墙侧向刚度大，因而承受大部分的水平荷载，框架有一定的侧移刚度，也承受一定的水平荷载。它们各承受多少水平荷载，主要取决于剪力墙与框架侧移刚度之比，但又不是一个简单的比例关系。因为在水平荷载作用下，组成框架一剪力墙结构的框架和剪力墙是两种受力性能不同的结构形式，在同一结构受力单元中，由于楼板和连梁的连接作用，使框架和剪力墙协同工作，两者之间产生了相互作用力，具有共同的变形曲线。

　　剪力墙的工作特点类似于竖向悬臂弯曲梁，其变形曲线为弯曲型，如图7-21（a）所示，楼层越高水平位移增长越快；框架的工作特点类似于竖向悬臂剪切梁，其变形曲线为剪切型，楼层越高水平位移增长越慢，如图7-21（b）所示。当框架和剪力墙通过楼盖形成框架一剪力墙结构时，各层楼盖因其巨大的水平位移使得框架与剪力墙的变形协调一致，因而其变形曲线介于剪切型和弯曲型之间，属于弯剪型，如图7-21（c）所示。为了清楚起见，将它画在图7-22中。从图7-22可以看出，在结构的上部剪力墙的位移比框架的要大，而在结构的下部，剪力墙的位移又比框架的要小。在结构的下部,框架把墙向右边拉,墙把框架向左边拉,因而框架—剪力墙的位移比框架的单独位移要小,比剪力墙的单独位移要大;在结构上部与之相反,框架—剪力墙的位移比框架的单独位移要大,比剪力墙的单独位移要小。框架与剪力墙之间的这种协同工作是非常有利的,使框架—剪力墙结构的侧移大大减小,且使框架和剪力墙中内力分布更趋合理。

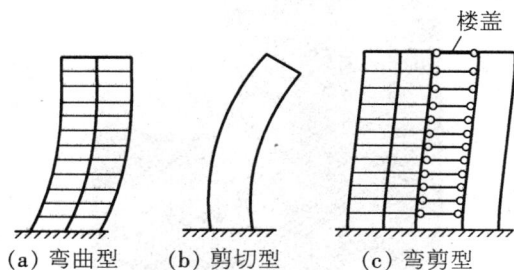

图 7-21　框架与剪力墙的协同工作原理

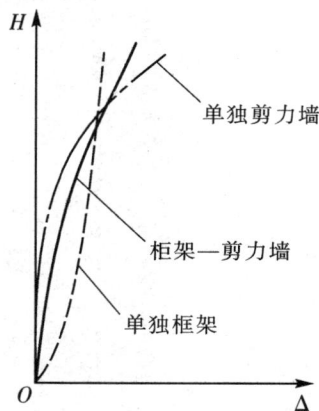

图 7-22　三种侧移曲线

从以上分析可以看出,在框架—剪力墙结构中,沿竖向框架与剪力墙之间的水平力之比并非是一个固定值,它随着楼层标高而变化,水平力在框架和剪力墙之间既不能按等效刚度 E_{eq} 分配,也不能按侧移刚度 D 分配。另外值得一提的是,在框架—剪力墙结构中的框架受的剪力是下部为零,中部或上部较大,顶部不为零。

7.6　筒体结构介绍

筒体结构是由竖向筒体为主组成的承受竖向和水平作用的一种高层建筑结构。筒体结构的筒体分剪力墙围成的薄壁筒和由密柱框架或壁式框架围成的框筒等。

筒体结构具有造型美观、使用灵活、受力合理以及整体性强等优点,适用于较高的高层建筑。目前全世界最高的一百幢高层建筑约有三分之二采用筒体结构,国内百米以上的高层建筑约有一半采用钢筋混凝土筒体结构,所用形式大多为框架-核心筒结构和筒中筒结构。研究表明,筒中筒结构的空间受力性能与其高宽比有关,当高宽比小于 3 时,就不能较好地发挥结构的空间作用。

通常情况下结构内部的电梯间、管道设备通路等竖向薄壁筒体和外层楼面处用平面内刚度很大的楼板联结成一个空间受力的结构体系。筒体结构外围具有密柱及深梁的框架筒组成的筒状结构,内部可不设置太多的柱或剪力墙,房间分隔和利用比较灵活。从上世纪 60 年代初为适应大空间、超高层建筑的需要而形成筒体结构以来,筒体结构平面图形多种多样,比较常用的有单个筒、筒中筒、组合筒等类型。

如图 7-23 大连国贸中心:RC 核心筒+方钢管混凝土柱 78 层,高度 341m,7 度抗震设防。

深圳地王大厦(图 7-24):RC 核心筒+外钢框架,81 层,高 325m,7 度抗震设防。

图 7-23　大连国贸中心

图 7-24　深圳地王大厦

7.6.1　筒体结构类型

1. 核芯筒结构

核芯筒作为一种高层建筑的承重结构,可以同时承受竖向荷载和侧向力的作用。当单个核芯筒独立工作时,建筑物四周的柱子一般不落地,仅有核芯筒将上部荷载传至基础。因此,核芯筒结构占地面积小,可在地面留出较大的空间以满足绿化、交通、保护既有建筑物等规划要求。核芯筒结构中建筑周边的柱子仅承受若干层的楼面竖向荷载,其截面尺寸较小,便于建筑上开窗采光,视野开阔,很受用户欢迎。

核芯筒结构具有较大的抗侧刚度,且受力明确,分析方便,核芯筒本身是一个典型的竖向悬臂结构,在竖向荷载和侧向力作用下,可按偏心受压构件进行筒身截面配筋设计。但在地震区,实腹的核芯筒结构的受力性能并不理想。实腹形的筒体结构易于出现脆性的破坏形态,且在地震作用下,作为悬臂结构的实腹核芯筒为静定结构,没有多余的约束,缺乏第二道防线。当核芯筒底部在水平力作用下形成塑性铰时,整个结构即成为机构而倒塌。同时,水塔状的建筑外形和质量分布及刚性的结构形式,使核芯筒结构具有较大的地震反应。因此,结构布置时应该在筒壁四周适当地布置一些结构洞,或者根据结构抗震的要求对筒壁上的门窗洞口进行适当的调整,使筒壁成为联肢剪力墙的结构形式,利用连系梁梁端的塑性铰耗散地震能量,使之出现"强肢弱梁"型的破坏形态。

当建筑周边柱子不落地时,楼面竖向荷载只能通过水平悬挑构件传至核芯筒。因为悬臂段跨度较大,水平悬挑构件的形式一般为桁架结构,当层数较多时还可在竖向分成若干区段,设置多个桁架,各区段范围内楼盖可以通过小框架支承于下层的悬挑桁架上,也可通过悬挂索支承于上层的悬挑桁架上。

图 7-25 为同济大学图书馆新楼的结构布置。该楼建于原有图书馆的天井内,为核芯筒悬

挑式结构,当核芯筒上升至原有图书馆屋顶以上后再向四边布置预应力悬挑桁架及楼盖结构。核芯筒内布置楼梯间、电梯间和卫生间等服务性用房,悬挑部分布置阅览室。该结构核芯筒尺寸为 8.3m×8.3m,标准层建筑平面为 25m×25m。楼盖结构支承于每两层一榀的预应力悬挑空腹桁架上,该桁架在平面上呈井字形布置,支承于核芯筒上,同时在建筑外围的四周布置四榀预应力空腹桁架,使楼盖结构形成整体工作。

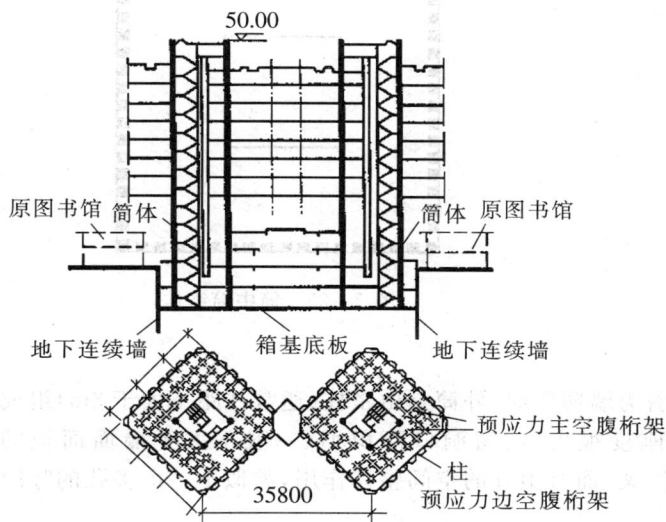

图 7 - 25 同济大学图书馆

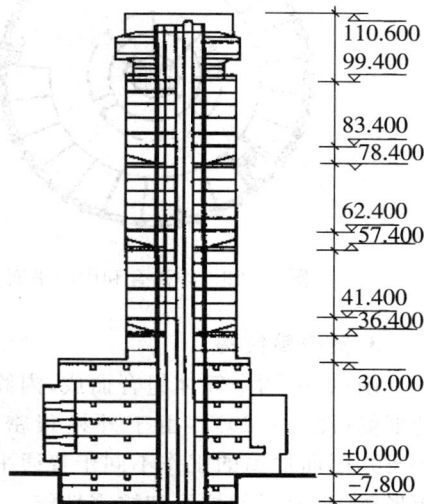

图 7 - 26 某综合大楼

图 7 - 26 为某综合大楼的结构剖面,该大楼为核芯筒承重结构。在第 9、15、21 层分别设置悬挑大梁,大梁为部分预应力结构,支承上部 5 层小框架的竖向荷载。为增强结构底部的承载力和提高结构延性,核芯筒下部数层与裙房连为整体,共同抵抗侧向力。当核芯筒成组布置时,可形成效大的使用空间,常常被用于高层办公楼建筑中。这时常布置一些柱子承受竖向荷载以减少楼盖结构的跨度,这些柱子承受侧向力的能力很小,侧向力主要由核芯筒承受。

2. 框架—筒体结构

中央布置剪力墙薄壁筒,由它承受大部分水平力;周边布置大柱距的普通框架。核心筒系框架—核心筒结构的主要抗侧力结构,应尽量贯通建筑物全高,并要求具有较大的侧向刚度(图 7-27)。一般来讲,当核心筒的宽度不小于筒体结构高度的 1/12 时,结构的层间位移就能满足规定;当外框架范围内设置角筒、剪力墙或增强结构整体刚度的构件时,核心筒的宽度可适当减小。

核心筒应具有良好的整体性,墙肢宜均匀、对称布置,筒体角部附近不宜开洞,当不可避免时,筒角内壁至洞口应保持一段距离,以便设置边缘构件。

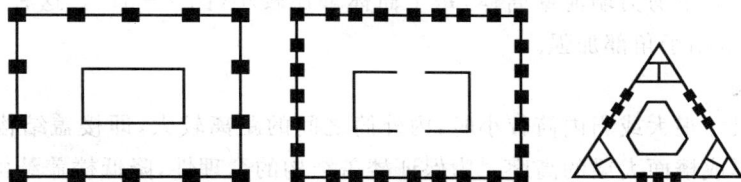

图 7 - 27 框架—筒体结构平面

如图 7-28 所示的香港合和中心大厦是地上 63 层、高度为 215m 的办公楼,结构体系为框筒。外围 48 根柱子间距约为 3m。每柱一梁,跨度约 13.4m,梁的两端为构造铰接,内外筒均用滑升法施工。

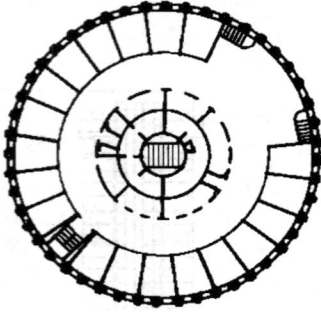

图 7-28 香港合和中心平面

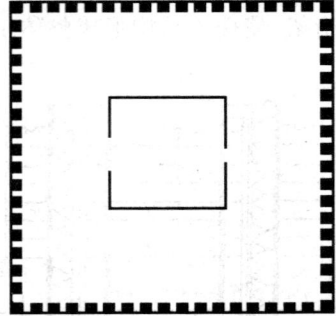

图 7-29 筒中筒结构

3. 筒中筒结构

由内、外两个筒体组合而成,内筒为剪力墙薄壁筒,外筒是由密柱(通常柱距不大于 3m)组成的框筒(图 7-29)。由于外柱很密,梁刚度很大,门窗洞口面积小(一般不大于墙面面积的 50%),因而框筒的工作不同于普通平面框架,而有很好的空间整体作用,类似于一个多孔的竖向箱形梁,有很好的抗风和抗震性能。

筒中筒结构的空间受力性能与其高度或高宽比等诸多因素有关。为了充分发挥外框筒的空间作用,筒中筒结构的高宽比不宜小于 3,结构高度不宜低于 60m。

4. 框架—核芯筒结构

筒中筒结构外部柱距较密,常会与建筑立面、建筑造型或建筑使用功能相矛盾。有时建筑布置上要求外部柱距在 4～5m 左右或更大。这时,周边柱子已不能形成筒的工作状态,而相当于框架的作用。这类结构称为框架—核芯筒结构,如图 7-30 所示。

如把内筒看成剪力墙结构,则框架—核芯筒结构的受力性能与框架—剪力墙结构相似,但框架—核芯筒结构中的柱子往往数量少而断面大。因此,应特别注意保证内筒的抗侧刚度和结构的抗震性能。

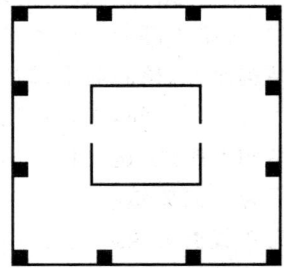

图 7-30 框架-核心筒结构

框架—核芯筒结构可提供较大的开阔空间,因此常被用于高层办公楼建筑中。

5. 成束筒体结构

在平面内设置多个剪力墙薄壁筒体,每个筒体都比较小(图 7-31)。这种多用于平面形状复杂的建筑中,也常用于角部加强。

6. 多重筒结构

当建筑平面尺寸很大或当内筒较小时,内外筒之间的距离较大,即楼盖结构的跨度较大,这样势必会增加板厚或楼面大梁的高度。为保证楼盖结构的合理性,降低楼盖结构的高度,可在筒中结构的内外筒之间增设一圈柱子或剪力墙。若将这些柱子或剪力墙用梁连系起来使之也形成一个筒的作用,则可认为是由三个筒共同作用来抵抗侧向力,亦即成为一个三重筒结构,如图

7-32 所示。

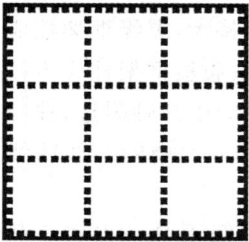

图 7-31　成束筒体结构

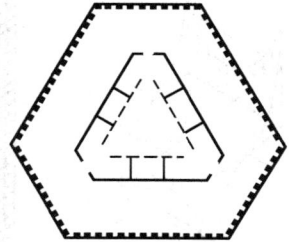

图 7-32　多重筒结构

7.6.2　筒体结构布置

(1) 框筒必须做成密柱深梁,以减小剪力滞后,充分发挥结构空间作用。一般情况下,柱距为 1～3m,最大为 4.5m;窗裙梁跨高比约为 3～4,窗洞面积一般不得超过建筑面积的 50%;

(2) 框筒平面宜接近方形、圆形,矩形截面则要保证长短边的比值不宜超过 2,否则在较长的一边,剪力滞后现象会比较严重,长边中部的柱子不能充分利用;

(3) 结构总高度与宽度之比大于 3 时,才能充分发挥框筒作用,在矮而胖的结构中不宜采用框筒或者筒中筒结构体系;

(4) 内筒面积不宜过小,通常,内筒边长为外筒边长的 1/2～1/3 较为合理,一般情况下,内、外筒之间不再设置柱子;

(5) 筒中筒结构中的楼盖不仅承受竖向荷载,在水平荷载作用下还起着刚性隔板作用,一方面,内、外筒通过楼盖联系并协同工作,另一方面,它维持筒体的平面形状。因此,楼盖是筒中筒结构中的重要构件。

但是,楼板构件(楼板、梁)的高度不宜太大,要尽量减小楼盖构件与柱子间的弯矩传递,有的筒中筒结构将楼板与柱的连接处理成铰接,多数钢筋混凝土筒中筒结构中,楼盖做成平板式或者密肋楼盖以减小端弯矩,使框筒结构的空间结构传力体系更加明确。内、外筒间距一般为 10～12m;

(6) 因为梁、柱的弯矩主要在腹板框架和翼缘框架的平面内,框架平面外的柱弯矩较小,因此框筒结构的柱截面宜做成正方形和扁矩形,也即矩形柱截面的长边沿外框周圈方向布置;

(7) 角柱截面要增大,它承受较大轴向力,截面较大可以减少压缩变形,因此角柱面积为中柱面积的 1.2～1.5 倍为宜;

(8) 由于剪力滞后,各柱的竖向压缩量不同,角柱压缩变形最大,因此,楼板四角下沉较多,楼板出现翘曲现象,楼板设计时要注意增加四角的配筋以抵抗翘曲开裂。

7.6.3 筒体结构空间受力特征

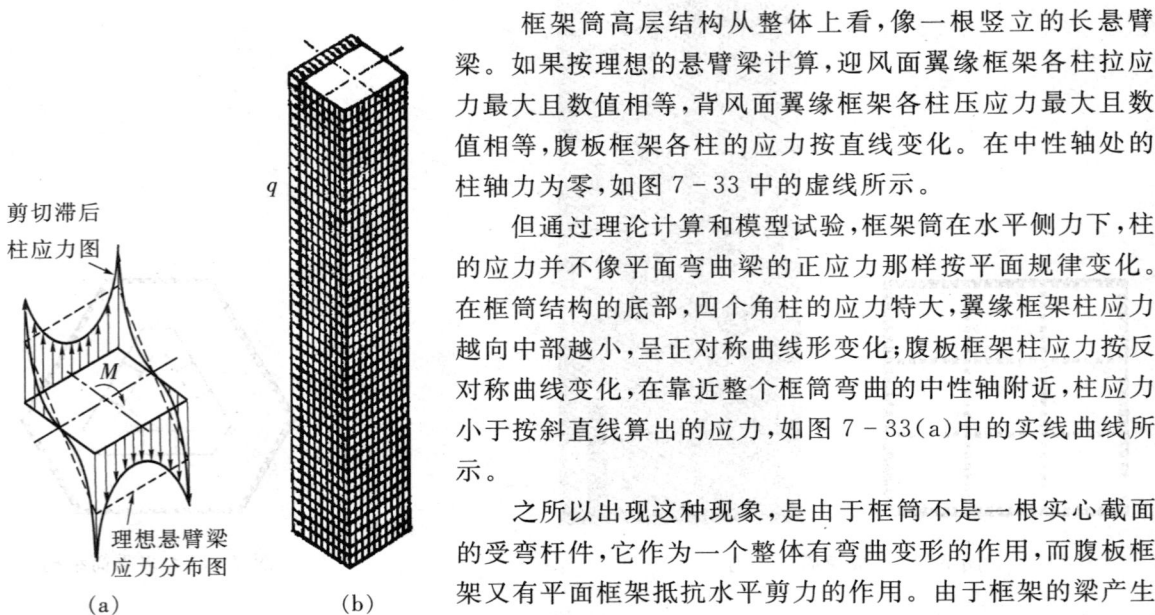

框架筒高层结构从整体上看,像一根竖立的长悬臂梁。如果按理想的悬臂梁计算,迎风面翼缘框架各柱拉应力最大且数值相等,背风面翼缘框架各柱压应力最大且数值相等,腹板框架各柱的应力按直线变化。在中性轴处的柱轴力为零,如图 7-33 中的虚线所示。

但通过理论计算和模型试验,框架筒在水平侧力下,柱的应力并不像平面弯曲梁的正应力那样按平面规律变化。在框筒结构的底部,四个角柱的应力特大,翼缘框架柱应力越向中部越小,呈正对称曲线形变化;腹板框架柱应力按反对称曲线变化,在靠近整个框筒弯曲的中性轴附近,柱应力小于按斜直线算出的应力,如图 7-33(a)中的实线曲线所示。

剪切滞后柱应力图

理想悬臂梁应力分布图

(a)   (b)

图 7-33 筒体结构受力

之所以出现这种现象,是由于框筒不是一根实心截面的受弯杆件,它作为一个整体有弯曲变形的作用,而腹板框架又有平面框架抵抗水平剪力的作用。由于框架的梁产生弯曲和剪切变形,且楼板在平面外的抗弯刚度较小,不能保证整个框筒像实心杆件平面弯曲那样,符合平面截面假设。因此,框筒柱的轴向应力出现四角大、中间小的曲线形变化规律。这一现象,在高层建筑结构文献中称为"剪力滞后"。

剪力滞后现象指翼缘框架中横梁的弯曲和剪切变形,使得翼缘框架各柱轴力向中心中间递减。

剪力滞后的特点是:

①剪力滞后引起的柱轴力分布不均匀沿框筒高度是变化的;

②剪力滞后导致远离角柱的柱子不能充分发挥作用,角柱以及腹板框架必须担负更多内力,从而使得空间作用减少,结构将耗费更多的材料。

减少剪力滞后的主要措施:

(1)缩小柱间距,加大梁高,形成"密柱深梁"。框筒结构将"密柱深梁"布置在建筑物外围,既可以充分利用材料的轴向承载能力,使结构具有很大抗侧刚度和抗扭刚度,又可以增大内部空间的使用灵活性,是经济而高效的一种抗侧力结构。

(2)在框筒结构中,如果梁的跨度较大、截面高度较小,则剪力滞后现象将更加严重。框筒结构的整体空间抗弯作用将降低。所以,通常要求框筒结构具有密柱和深梁,以便剪力滞后作用减小,增大整体抗弯的能力。

(3)既然框筒中的柱在受力和变形上出现剪力滞后现象,则各层楼板必将发生翘曲,这在设计时应予以考虑。

(4)由于框筒结构的受力性能与实心截面悬臂梁不尽相同,故其水平位移曲线与悬臂梁弯曲型曲线也不相同。

(5)由薄壁墙体围成的单个内筒,当其宽度较大时,在水平荷载下横截面上的正应力也有一些剪力滞后现象。通常电梯井在各楼层都开有门洞,其应力变化规律将更为复杂一些。

（6）筒中筒结构是内、外筒协同工作的结构体系。底部水平剪力主要由薄壁内筒承担。靠近顶部的水平剪力则多由外框筒承担。

（7）组合筒结构,外框筒由于设置了内部双向隔墙或深梁密柱的框架而得到加强,结构的整体受力性能非常好。平行于水平荷载的腹板墙或框架抗剪能力很大,垂直于水平荷载的翼缘墙或框架抵抗弯矩的能力也很强。组合筒的剪切滞后现象比单个框筒要均匀一些。

思 考 题

1. 高层建筑高宽比有何要求?

2. 高层建筑结构平面布置有何要求?

3. 高层结构设计时应考虑哪些荷载或作用?

4. 进行竖向荷载作用下内力计算时,是否要考虑活荷载的不利布置? 为什么?

5. 《高层规程》规定地震作用计算的基本原则是什么?

6. 《高层规程》规定,在抗震设计时,框架结构的填充墙要满足哪些要求?

7. 简述分层计算法的要点和计算步骤?

8. 水平荷载作用下框架柱的反弯点位置与哪些因素有关?

9. 简述用 D 值法计算框架内力的要点和步骤。

10. 为什么要进行梁端弯矩调幅? 高层规程如何规定的?

11. 延性框架设计时应采取什么基本措施?

12. 什么是强柱弱梁的设计原则? 什么是强剪弱弯的设计原则?

13. 框架梁、柱的截面如何确定?

14. 影响框架柱延性的主要因素有哪些?

15. 框架柱的纵向配筋,应满足哪些要求?

16. 框架柱的箍筋应满足哪些要求?

17. 框架柱设计时,为什么要有轴压比的限制?

18. 抗震设计的框架柱端部截面的剪力设计值如何计算?

第8章 地基与基础

众所周知,任何房屋都要建造在土层上。土层受到建筑物荷载作用后,其内部原有的应力状态就会发生变化。工程上把受建筑物影响其应力发生变化进而引起物理、力学性质发生变化的那部分土层称为地基。基础则是指建筑物向地基传递荷载的下部结构。

地基与基础均位于地面以下,系隐蔽工程,它们的勘察、设计和施工质量,直接影响建筑物的安全与使用,一旦发生质量事故,补救和处理往往很困难,甚至不可能。比如:对地基总沉降和不均匀沉降的不妥善处理,会造成楼板或墙体等部位产生裂缝,并可能使房屋倾斜等等。这一点在建筑史上也有不少前车之鉴——著名的意大利比萨斜塔、我国苏州虎丘塔的塔身严重倾斜,都是地基不均匀沉降所致;加拿大特朗斯康谷仓则是由于地基强度破坏发生整体滑动,是建筑物失稳的典型案例。

为保证建筑物的正常使用,地基基础设计需满足两个基本条件:(1)强度条件,即要求作用于地基上的荷载不超过地基承载能力;(2)变形条件,即控制基础沉降,使之不超过容许值。为研究地基的强度和变形,就必须了解和掌握有关土的物理、力学性质,也就是土力学知识,它是地基基础工程的理论基础。

8.1 地基土的基本知识

8.1.1 土的主要物理力学性质

1. 土的组成

土是由地壳表层的岩石经物理、化学和生物风化作用而成的。在天然状态下,我们认为土是由固体(颗粒)、液体(水)和气体(空气)三部分组成的三相体系,即土是由固、液、气三相组成的分散体系,而这三部分之间的比例关系,反映着土的物理状态,如干湿、软硬、松密等等。为便于分析土的三相组成的比例关系,通常抽象地把土体中的三相分开表示,如图 8-1 所示,右侧为三相组成的体积,左侧为三相组成的质量。

2. 土的物理性质指标

(1)土的密度 ρ:土的密度定义为单位体积土的质量:

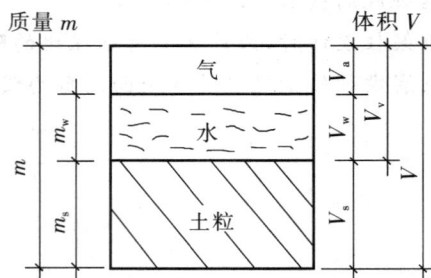

V—土的总体积　　V_v—土的孔隙体积
V_s—土粒的体积　　V_w—水的体积
V_a—气体的体积　　m—土的总质量
m_s—土粒的质量　　m_w—水的质量

图 8-1　土的三相组成示意图

$$\rho = \frac{m}{V} = \frac{m_s + m_w}{V_s + V_w + V_a} \qquad (8-1)$$

天然状态下土的密度变化范围较大,其参考值为:一般为 $\rho = 1.6 \sim 2.2 \mathrm{g/cm^3}$。工程中常用重度 γ 来表示单位体积土的重力,它与 ρ 之间有如下关系

$$\gamma = \rho g \qquad (8-2)$$

式中: g——重力加速度,近似取 $g = 10 \mathrm{m/s^2}$。

(2)土粒相对密度(土粒比重) d_s:土粒相对密度定义为土粒的质量与同体积纯蒸馏水在 4℃时的质量之比。

$$d_s = \frac{m_s}{V_s \rho_w} = \frac{\rho_s}{\rho_w} \qquad (8-3)$$

式中: ρ_s——土粒密度,即单位体积土粒的质量;

ρ_w——4℃时纯蒸馏水的密度。

由于 $\rho_w = 1.0 \mathrm{g/cm^3}$,故实用上,土粒相对密度在数值上等于土粒密度,但它无量纲。土粒相对密度变化范围不大,细粒土(粘性土)一般为 $2.70 \sim 2.75$;砂土一般为 2.65 左右。

(3)土的含水量 w:土的含水量定义为土中水的质量与土粒质量之比,以百分数表示:

$$w = \frac{m_w}{m_s} \times 100\% = \frac{m - m_s}{m_s} \times 100\% \qquad (8-4)$$

含水量是标志土的湿度的一个重要物理指标。天然土层的含水量变化范围较大,砂土从 0 到 40% 左右,粒土可达 100% 以上。同一类土,含水量愈高说明土愈湿,一般来说土也就愈软。

(4)土的孔隙比与孔隙率:工程上常用孔隙比 e 和孔隙率 n 表示土中孔隙的含量。

孔隙比为土中孔隙体积与土粒体积之比,用小数表示:

$$e = \frac{V_v}{V_s} \qquad (8-5)$$

孔隙比是评价土的密实程度的重要物理性质指标。

孔隙率为土中孔隙体积与土的总体积之比,即单位体积的土体中孔隙所占的体积,以百分数表示:

$$n = \frac{V_v}{V} \times 100\% \qquad (8-6)$$

(5)土的饱和度:土的饱和度定义为土中所含水分的体积与孔隙体积之比,以百分数表示:

$$s_r = \frac{V_w}{V_v} \times 100\% \qquad (8-7)$$

饱和度可描述土体中孔隙被水充满的程度。显然,干土的饱和度 $s_r = 0$,当土处于完全饱和状态时 $s_r = 100\%$。砂土根据饱和度不同可划分为下列三种湿润状态:

$s_r \leqslant 50\%$ 　　　　稍湿

$50\% < s_r \leqslant 80\%$ 很湿

$s_r > 80\%$ 　　　　饱和

（6）不同状态下土的密度与重度：土的密度除了用前述天然密度 ρ 表示外，工程计算上还常用如下两种密度，即饱和密度、干密度。

饱和密度 ρ_{sat} 定义为土体中孔隙完全被水充满时土的密度：

$$\rho_{sat} = \frac{m_s + V_v \rho_w}{V} \qquad (8-8)$$

干密度 ρ_d 定义为单位体积中土粒的质量：

$$\rho_d = \frac{m_s}{V} \qquad (8-9)$$

而非饱和土的密度 ρ 则介于上述二者之间，即：

$$\rho_{sat} > \rho > \rho_d$$

另外，对受浮力作用的土体，粒间传递的力应是土粒重力扣除浮力后的数值，故另引入有效重度 γ'，表示扣除浮力后的饱和土体的单位体积重力，γ' 又称为浮重度：

$$\gamma' = \frac{m_s g - V_s \gamma_w}{V} \qquad (8-10)$$

同样条件下，以上几种重度在数值上关系如下：

$$\gamma_{sat} > \gamma > \gamma_d > \gamma'$$

3. 土的物理状态指标

土的物理状态，对于无粘性土是指土的密实度，对于粘性土则是指土的软硬程度，也称为粘性土的稠度。

（1）无粘性土的密实度

土的密实度通常指单位体积土中固体颗粒的含量。根据土颗粒含量的多少，天然状态下的砂、碎石等处于从紧密到松散的不同物理状态。密实状态时强度较大，可作为良好的天然地基，松散状态时则是不良地基。

描述砂土密实状态的指标可采用下述几种：

① 孔隙比 e：孔隙比可以用来表示砂土的密实度，对同一种土，当孔隙比小于某一限度时，处于密实状态，孔隙比愈大，则土愈松散。

② 相对密度 D_r：为了较好地反映无粘性土的密实状态，我们可以采用将现场土的孔隙比 e 与该种土所能达到的最密实孔隙比 e_{min} 和最疏松孔隙比 e_{max} 相对比的方法，来表示孔隙比为 e 时土的密实度。

这种度量密实度的指标称为相对密度 D_r：

$$D_r = \frac{e_{max} - e}{e_{max} - e_{min}} \qquad (8-11)$$

式中：e——砂土在天然状态下或某种控制状态下的孔隙比；

e_{max}——砂土在最疏松状态下的孔隙比，即最大孔隙比；

e_{min}——砂土在最密实状态下的孔隙比，即最小孔隙比。

当 $D_r = 0$ 时，$e = e_{max}$，表示土处于最疏松状态；当 $D_r = 1.0$ 时，$e = e_{min}$，表示土处于最密实状态。判定砂土密实度的标准如下：

$$D_r \leqslant 1/3 \qquad 疏松$$

$$1/3 < D_r \leqslant 2/3 \qquad 中密$$

$$D_r > 2/3 \qquad 密实$$

③ 按动力触探确定无粘性土的密实度:天然砂土的密实度可按原位标准贯入试验的锤击数 N 进行评定;天然碎石土的密实度可按原位重型圆锥动力触探的锤击数 $N_{63.5}$ 进行评定。《建筑地基基础设计规范》(GB50007-2002)(以下简称《地基规范》)分别给出了判别标准,见表 8-1。

表 8-1 砂土和碎石土的密实度评定

密实度	松散	稍密	中密	密实
按 N 评定砂土	$N \leqslant 10$	$10 < N \leqslant 15$	$15 < N \leqslant 30$	$N > 30$
按 $N_{63.5}$ 评定碎石土	$N_{63.5} \leqslant 5$	$5 < N_{63.5} \leqslant 10$	$10 < N_{63.5} \leqslant 20$	$N_{63.5} > 20$

[注] (1)按 GB50007-2002 条文说明,表中 N 值为未经修正的数值;(2)表中 $N_{63.5}$ 为经过综合修正的平均值。本表适用于平均粒径 $\leqslant 50mm$ 且最大粒径不超过 $100mm$ 的卵石、碎石、圆砾、角砾,对于不在此范围的碎石土,可按 GB50007-2002 附录 B 鉴别其密实度。

(2)粘性土的稠度

① 粘性土的稠度状态:稠度是指土的软硬程度或土受外力作用而引起变形、破坏时的抵抗能力,它是粘性土最主要的物理状态特征。土的稠度状态如图 8-2 所示。这些状态的变化,反映了土粒与水相互作用的结果。

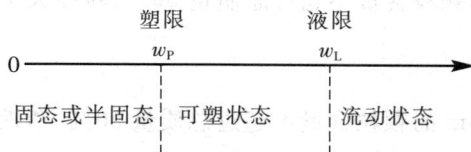

图 8-2 粘性土的稠度状态

粘性土由一种状态过渡到另一种状态的分界含水量称为土的稠度界限。工程上常用的稠度界限有液限 w_L 和塑限 w_P,液限是土从液性状态转变为塑性状态时的分界含水量,塑限是土从塑性状态转变为半固体状态时的分界含水量。

② 粘性土的塑性指数、液性指数

塑性指数 液限与塑限的差值即为塑性指数,记作 I_P,习惯上略去百分号,即

$$I_P = w_L - w_P \tag{8-12}$$

塑性指数表示土处在可塑状态的含水量变化范围,它是描述粘性土物理状态的重要指标之一,工程上普遍根据其值大小来对粘性土进行分类。

液性指数 土的天然含水量与塑限差值与塑性指数 I_P 之比即为液性指数,记作 I_L,即

$$I_L = (w - w_P)/I_P \tag{8-13}$$

液性指数表征了土的天然含水量与分界含水量之间的相对关系。当 $I_L \leqslant 0$ 时,$w \leqslant w_P$,表示土处于坚硬状态;当 $I_L > 1$ 时,$w > w_P$,土处于流动状态。因此,根据 I_L 值可直接判定土的软硬状态,《地基规范》给出了划分标准,见表 8-2。

表 8 - 2 粘性土状态的划分

稠度状态	坚硬	硬塑	可塑	软塑	流塑
液性指数 I_L	$I_L \leqslant 0$	$0 < I_L \leqslant 0.25$	$0.25 < I_L \leqslant 0.75$	$0.75 < I_L \leqslant 1$	$I_L > 1$

一般情况下,处于硬塑或坚硬状态的土具有较高的承载力,处于软塑或流塑状态的土具有较低的承载力,建造在后两类土上的房屋往往沉降很大且长期不易稳定。

8.1.2 土(岩)的工程分类

土(岩)的工程分类就是根据工程实践经验和土(岩)的主要特征,把工程性能近似的土(岩)划分为一类,既便于正确选择对土的研究方法,又可根据分类名称大致判断土(岩)的工程特性,评价土(岩)作为建筑材料或地基的适宜性。

《地基规范》规定:作为建筑地基的土(岩),可分为岩石、碎石土、砂土、粉土、粘性土和人工填土。

1. 岩石

岩石是指颗粒间牢固粘结,呈整体或具有节理裂隙的岩体。作为建筑地基,除应确定岩石的地质名称外,尚应划分其坚硬程度和完整程度。

2. 碎石土

碎石土为粒径大于 2mm 的颗粒含量超过总质量 50% 的土。

3. 砂土

砂土为粒径大于 2mm 的颗粒含量不超过总质量 50%、粒径大于 0.075mm 的颗粒含量超过总质量 50% 的土。

4. 粉土

粉土为粒径大于 0.075mm 的颗粒含量不超过总质量 50%、塑性指数 $I_P \leqslant 10$ 的土。它的性质介于砂土和粘性土之间。

5. 粘性土

粘性土为塑性指数 $I_P > 10$ 的土,可划分为粘土和粉质粘土。

6. 人工填土

人工填土是指由于人类活动而形成的堆积物。其物质成分较杂乱,均匀性较差。根据其物质组成和成因,可分为:(1)素填土是由碎石土、砂土、粉土和粘性土等组成的填土;(2)压实填土是经过压实或夯实的素填土;(3)杂填土指含有建筑垃圾、工业废料、生活垃圾等杂物的填土;(4)冲填土指由水力冲填泥砂形成的填土。

7. 其他土类

自然界中除了上述 6 种土类外,还有一些特殊土,比如淤泥、淤泥质土、膨胀土、湿陷性黄土、红粘土等,它们具有特殊的工程性质。

8.2 土 中 应 力

地基中土的应力一般包括土体自重引起的自重应力和由新增外荷(如建筑荷载、车辆荷载、水的渗流、地震等)引起的附加应力,而计算附加应力时,基础底面的压力大小及分布又是不可缺少的条件,故本节主要介绍土的自重应力、基底压力、附加应力的基本概念和简单的计算。

8.2.1　土的自重应力

土的自重应力是指由土体本身的有效重力产生的应力。假定地基为半无限弹性体,则土体中所有竖直面和水平面上均无剪应力存在,故地基土中任意深度 z 处的竖向自重应力就等于单位面积上的土柱重力(图 8-3)。

对于均质土层,深度 z 内的天然比重均为 γ,则得其自重应力表达式如下:

$$\sigma_{cz} = \gamma z \tag{8-14}$$

从上分析知,均质土中的自重应力随深度线性增加,呈三角形分布,如图 8-3(b)示。

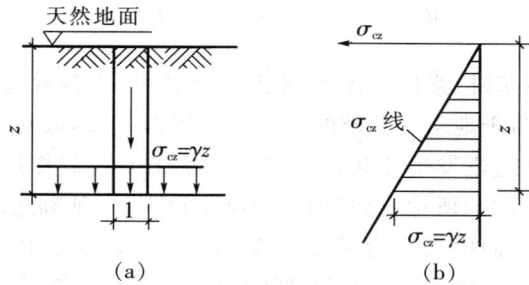

图 8-3　均质土中自重应力

如果地基是由不同性质的成层土组成,则在地面以下任意层面处的自重应力为:

$$\sigma_{cz} = \gamma_1 h_1 + \gamma_2 h_2 + \cdots = \sum \gamma_i h_i \tag{8-15}$$

式中:σ_{cz}——z 深度处土的竖向自重应力;

n——计算层面以上的土层总数;

h_i——第 i 层土的厚度(m);

γ_i——第 i 层土的重度,kN/m^3,地下水位以上的土层取天然重度,地下水位以下的土层取有效重度,对毛细饱和带的土层取饱和重度。

由式(8-14)可知,非均质土中自重应力沿深度成折线分布,如图 8-4所示。

8.2.2　基底压力

建筑物外荷载、上部结构及基础自重等作用都是通过基础传给地基的,我们把作用于基础底面传至地基的单位面积压力称为基底压力。它既是基础作用于地基表面的力,也是地基对于基础的反作用力(称为地基反力)。在计算地基中附加应力以及确定基础结构时,都必须研究基底压力的分布规律和计算。

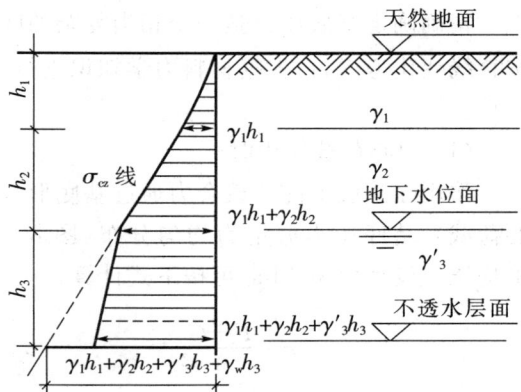

图 8-4　成层土中自重应力分布

1. 基底压力的分布

我们知道,基础和地基并非同种材料,也不是一个整体,刚度相差很大,变形不协调,此外,试验和理论都证明,基底压力的分布还与多种其他因素有关,如基础的形状、尺寸、埋深、基础上作用荷载的大小及性质等等。

(1) 柔性基础

柔性基础(如土坝、路基等)的刚度很小,好比放在地上的柔软薄膜,在垂直荷载作用下没有抵抗弯曲变形的能力,基础随地基一起变形。因此,柔性基础基底压力分布与上部荷载分布情况相同。比如中心受压时,基底压力为均匀分布(图8-5)。

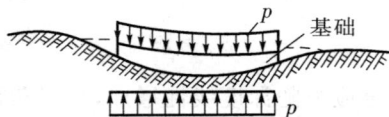

图8-5　柔性基础基底压力分布

(2) 刚性基础

刚性基础(如块式整体基础、素砼基础等)本身刚度较大,受荷后基础有足够的抵抗弯曲变形能力,即其挠曲变形微小,由于地基与基础的变形必须协调一致,故在调整基底沉降使之趋于均匀的同时,基底压力分布也随之发生变化。通常在较小中心荷载作用下,基底压力呈马鞍形分布,中间小边缘大,如图8-6(a)所示;当基础上的荷载较大时,基础边缘应力很大以至土产生塑性变形,边缘应力不再增加,而中央应力继续增大,基底压力呈抛物线形分布,如图8-6(b)所示;若基础上的荷载继续增大,接近于地基的破坏荷载时,基底压力又变为中部突出的钟形分布,如图8-6(c)所示

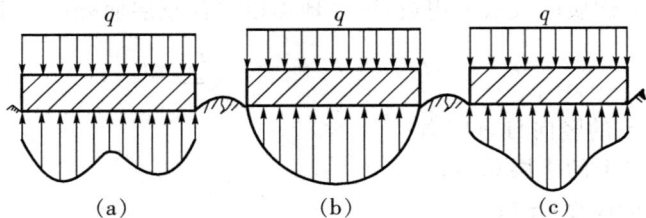

图8-6　刚性基础基底压力分布

2. 基底压力的简化计算

精确确定基底压力是一个相当复杂的问题,目前在工程实践中,一般是将基底压力分布近似按直线变化考虑,再根据材料力学知识进行简化计算。

(1) 中心荷载作用时

作用在基底上的荷载合力通过基底形心(中心荷载),基底压力假定为均匀分布(图8-7),平均压力设计值 p(kPa)可按下式计算:

$$p = \frac{F+G}{A} \qquad (8-16)$$

式中:F——基础上的竖向力设计值(kN);

　　G——基础自重设计值及其上回填土重标准值总和(kN);$G = \gamma_G A d$,其中 γ_G 为基础及回填土之平均重度,一般

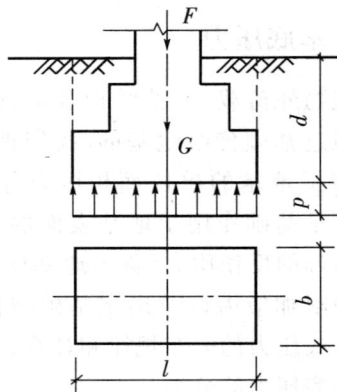

图8-7　中心荷载下基底压力分布

取 $20kN/m^3$，地下水位以下部分应扣除 $10\ kN/m^3$ 的浮力；

d——基础埋深(m)，一般从室外设计地面或室内外平均设计地面算起；

A——基底面积(m^2)，矩形基础 $A=l\times b$，l 和 b 分别为矩形基底的长度和宽度(m)；对于条形基础，可沿长度方向取 1m 计算，则上式中 F、G 代表每米内的相应值(kN/m)。

（2）偏心荷载作用时

作用在基底上的荷载合力与基底形心不重合，即构成偏心荷载。常见的偏心荷载作用于基底的一个主轴上，称为单向偏心，为了有效抵抗这种荷载偏心作用，设计时通常把基础底面的长边 l 置于偏心方向。此时，基底压力呈梯形或三角形分布，并按材料力学短柱的偏心受压公式计算：

$$p^{\max}_{\min}=\frac{F+G}{A}\pm\frac{M}{W}=\frac{F+G}{A}\left(1\pm\frac{6e}{l}\right) \qquad (8-17)$$

式中：$p_{\max}$、$p_{\min}$——分别为基础底面边缘的最大、最小压力设计值(kN/m^2 或 kPa)；

M——作用于基础底面的力矩设计值($kN\cdot m$)；

W——基础底面的抵抗矩(m^3)，对矩形基础 $W=bl^2/6$；

e——荷载偏心距(m)，$e=M/(F+G)$。

3. 基底附加压力

基底附加压力是指导致地基中产生附加应力的那部分基底压力，在数值上等于基底压力减去基底标高处原有的土中自重应力。

当基底压力为均布时，有：

$$p_0=p-\gamma_0 d \qquad (8-18)$$

当基底压力为梯形分布时，有：

$$p_{0\max}=p_{\max}-\gamma_0 d;\ p_{0\min}=p_{\min}-\gamma_0 d \qquad (8-19)$$

式中：p_0——基底附加压力设计值(kPa)；

p——基底压力设计值(kPa)；

γ_0——基底标高以上各天然土层的加权平均重度(kN/m^3)，位于地下水位以下部分应取有效重度；

d——从天然地面算起的基础埋深(m)；

$p_{0\max}$、$p_{0\min}$——分别为基础底面边缘的最大、最小附加压力设计值(kPa)；

$p_{\max}$、$p_{\min}$——分别为基础底面边缘的最大、最小压力设计值(kPa)。

基底附加压力求得后，可将其视为作用在地基表面的荷载，然后进行地基中的附加应力计算。

8.2.3　地基附加应力

地基中的附加应力是指由新增外加荷载在地基中产生的应力，是引起地基变形与破坏的主要因素。在实际工程中，荷载往往是通过基础以面分布荷载形式作用于地基土上的，故以下简单介绍两种不同面分布荷载作用下地基附加应力的确定方法。

1. 竖向分布荷载作用下的地基附加应力

对于不同的基础形状和基础底面压力分布，工程上为了应用方便，常常依据 l/b、z/b 的不同

编制一些表格,使用时,可直接查表得到 α,再用下式求附加应力 σ_z:

$$\sigma_z = \alpha p_0 \tag{8-20}$$

其中 α 称为附加应力系数,根据荷载不同而有相应表格可查。

2. 竖向条形分布荷载作用下的地基附加应力

若在无限弹性体表面作用如下分布荷载:此荷载在宽度 b 方向分布任意且有限,但在长度 l 方向分布均匀(与长度坐标无关)且无限,则构成条形分布荷载,其 σ_z 计算详见有关参考书。

8.3 土的变形与地基沉降计算

地基土在荷载作用下会产生压缩变形,建筑在其上的建筑物基础亦必然随之沉降,当荷载差异较大或地基土层软弱不均时,往往导致建筑物基础出现较大的不均匀沉降,以致使建筑物某些部位开裂、倾斜,更严重的甚至倒塌。故在设计时,应对规定需要地基变形验算的工程,进行地基可能变形值的计算,以便根据计算值,采取相应措施。

8.3.1 土的压缩性

1. 基本概念

土在压力作用下体积缩小的特性称为土的压缩性。土的压缩通常由三部分组成:(1)固体土颗粒被压缩;(2)土中水及封闭气体被压缩;(3)水和气体从孔隙中被挤出。试验研究表明:固体颗粒和水的压缩是微不足道的,在一般压力作用(<600kPa)下,固体颗粒和水的压缩量与土的总压缩量之比非常微小,完全可以忽略不计。所以土的压缩可只看作是土中水和气体从孔隙中被挤出,与此同时土颗粒相应发生移动、重新排列、靠拢挤紧,从而引发土体积减小。

土的压缩需要一定的时间才能完成,而压缩变形的快慢与土的渗透性有关。在荷载作用下,透水性大的饱和无粘性土,压缩过程短,建筑物施工完毕时,可认为其压缩变形已基本完成;而透水性小的饱和粘性土,压缩过程较长,十几年甚至几十年压缩变形才稳定。例如意大利的比萨斜塔,始建于 1173 年,至今地基土仍在变形,成为世界瞩目的地基处理大难题。

2. 土的压缩性指标

研究土的压缩性大小及其特征可通过室内试验方法(即压缩试验)完成,简单方便。具体试验方法本教材不做详述,请参阅相关书籍。我们需要了解的是:通过压缩试验,可以得到试样土体在各级荷载 p 作用下达到的稳定孔隙比 e,并可绘出如图 8-8 所示的 $e-p$ 曲线或 $e-\lg p$ 曲线,均称为压缩曲线。

评价土的压缩性通常有如下指标:

(1)压缩系数

由图 8-8 可见:(1)$e-p$ 曲线初始段较陡,土的压缩量较大,而后曲线逐渐平缓,土的压缩量也随之减小。原因:在 p 作用下,土的孔隙比逐渐减小、密实度逐渐增加,土粒移动愈来愈困难,压缩量自然也就愈来愈小。(2)不同的土,其 $e-p$ 曲线形态有别,密实砂土的较平稳,而软粘土的则较陡。而曲线愈陡,说明在相同压力增量作用下土的孔隙比减少愈显著,因而土的压缩性愈高。显然,曲线上任一点的切线斜率 a 就表示了相应压力 p 作用下土的压缩性,称之为压缩系数。

$$a = -\frac{de}{dp} \tag{8-21}$$

式中:a——压缩系数,kPa^{-1}或 MPa^{-1};负号表示 e 随 p 的增加而减小。

压缩系数 a 是评价地基土压缩性高低的重要指标之一,a 越大,表明土的压缩性越大。

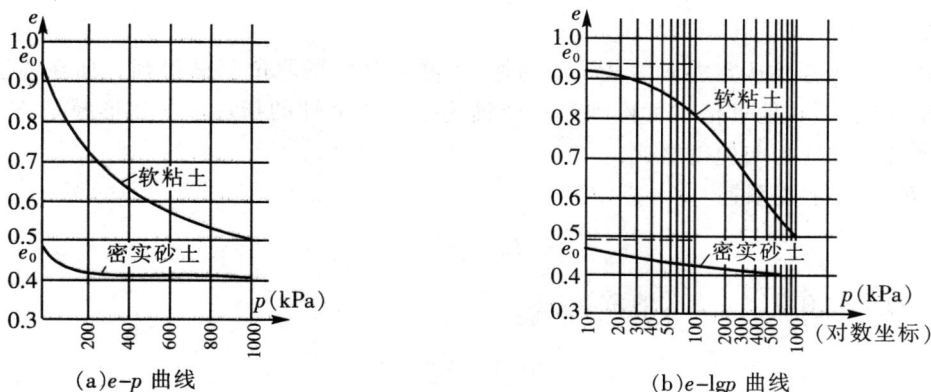

(a)$e-p$ 曲线　　　　　　　(b)$e-\lg p$ 曲线

图 8-8　土的压缩曲线

(2)压缩指数

如果采用 $e-\lg p$ 曲线,其后段接近直线,见图 8-9,用斜率来表示土的压缩性,则可得到压缩指数 C_c:

$$C_c=\frac{\Delta e}{\Delta \lg p}=\frac{e_1-e_2}{\lg p_2-\lg p_1}=\frac{e_1-e_2}{\lg\left(\dfrac{p_2}{p_1}\right)} \tag{8-22}$$

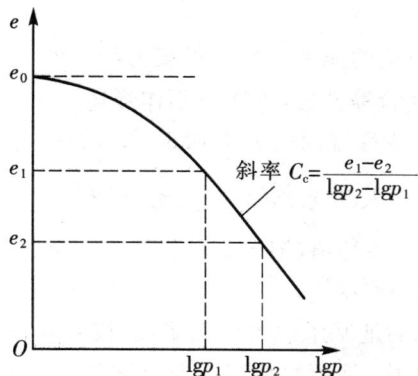

图 8-9　以 $e-\lg p$ 曲线求压缩指数

同压缩系数 a 一样,压缩指数 C_c 也能用来评价土的压缩性大小,C_c 值愈大,土的压缩性愈高。一般认为:$C_c<0.2$ 时,为低压缩性土;$C_c=0.2\sim0.4$ 时,为中压缩性土;$C_c>0.4$ 时,为高压缩性土。

(3)压缩模量

由 $e-p$ 曲线还可得到另一个描述土体压缩性的指标——压缩模量 E_s,又称侧限变形模量,其定义为:土体在完全侧限条件下,竖向附加应力与相应的应变增量之比,即

$$E_s=\frac{\sigma_z}{\varepsilon_z}=\frac{1+e_1}{a} \tag{8-23}$$

由式(8-23)可见,E_s 与 a 成反比,即 E_s 愈大 a 愈小,土体的压缩性愈低,所以 E_s 也具有划分土的压缩性高低的功能。一般认为:$E_s<4$MPa 时,为高压缩性土;$E_s>15$MPa 时,为低压缩性土;$E_s=4\sim15$MPa 时,属中压缩性土。

（4）变形模量

土的压缩性指标除从室内压缩试验得到外,还可通过现场原位测试得到。如在浅层土中进行静载荷试验(参阅其他书籍),可得到另一个描述土体压缩性的指标——变形模量 E_0,指土体在无侧限条件下的应力与应变之比。

E_0 与 E_s 有如下关系:

$$E_0 = \beta E_s \tag{8-24}$$

式中:β——与土的泊松比 μ 有关的系数,

$$\beta = 1 - \frac{2\mu^2}{1-\mu} \tag{8-25}$$

8.3.2　地基最终沉降量计算

地基最终沉降量是指地基土在建筑荷载作用下变形稳定后基础底面的沉降量。其计算方法有多种,如建筑工程中常用的分层总和法及《地基规范》推荐的方法,在此本教材不作详述,请见有关参考书。

8.4　地基土的承载力

地基承载力是指地基承受荷载的能力。地基承载力特征值 f_{ak} 的确定主要有理论公式计算、现场原位试验和结合工程实践经验等方法,本教材不作详述。主要应了解在确定了 f_{ak} 后,《地基规范》规定,当基础宽度大于 3m 或埋置深度大于 0.5m 时,尚应对 f_{ak} 按下式进行修正:

$$f_a = f_{ak} + \eta_b \gamma (b-3) + \eta_d \gamma_m (d-0.5) \tag{8-26}$$

式中:f_a——修正后的地基承载力特征值(kPa);

　　f_{ak}——地基承载力特征值(kPa)

　　η_b、η_d——基础宽度和埋深的地基承载力修正系数,按基底下土的类别查表 8-3 取值;

　　γ——基础底面以下土的重度,地下水位以下取浮重度(kN/m³);

　　b——基础底面宽度(m),当 b 小于 3m 时取 3m,大于 6m 时取 6m;

　　γ_m——基础底面以上土的加权平均重度,地下水位以下取浮重度(kN/m³);

　　d——基础埋置深度(m),一般自室外地面标高算起;在填方整平地区,可自填土地面标高算起,但填土在上部结构施工后完成时,应从天然地面标高算起;对于地下室,如采用箱形基础或筏基时,自室外地面标高算起;当采用独立基础或条形基础时,应从室内地面标高算起。

表 8 - 3　承载力修正系数

土的类别		η_b	η_d
淤泥和淤泥质		0	1.0
人工填土		0	1.0
e 或 I_L 大于等于 0.85 的粘性土			
红粘土	含水比>0.8	0	1.2
	含水比≤0.8	0.15	1.4
大面积压实填土	压实系数大于 0.95、粘粒含量≥10% 的粉土	0	1.5
	最大干密度大于 2.1t/m³ 的级配砂石	0	2.0
粉土	粘粒含量≥10% 的粉土	0.3	1.5
	粘粒含量<10% 的粉土	0.5	2.0
e 及 I_L 均小于 0.85 的粘性土		0.3	1.6
粉砂、细砂(不包括很湿和饱和时的稍密状态)		2.0	3.0
中砂、粗砂、砾砂和碎石土		3.0	4.4

[注]　(1)强风化和全风化的岩石,可参照所风化成的相应土类取值,其他状态下的岩石不修正;(2)地基承载力特征值按《地基规范》中深层平板载荷试验确定时,η_d 取 0。

为保证地基稳定性,就必须使基础底面应力不超过地基承载力,关于地基承载力的验算,详见本章 8.5.4 节。

8.5　天然地基上浅基础设计

8.5.1　地基基础设计的基本原则

1.概述

基础按其埋置深度的不同,可分为浅基础和深基础两类,一般认为埋深在 5m 左右能用普通基坑开挖、敞坑排水的施工方法建造的基础为浅基础。而当埋深较大,需采用特殊的施工方法和施工机具建造的基础(如桩、墩、沉井、地下连续墙等)为深基础。前者施工条件和工艺都比较简单,而后者施工条件比较困难、施工工艺比较复杂。

地基按其处理与否,可分为天然地基和人工地基两类,未经过人工处理的地基称为天然地基,经过人工处理加固的地基称为人工地基。

综上所述,我们可以知道:埋深在 5m 左右能用一般施工方法建造且其下地基未经人工处理的基础设计方案即为天然地基上的浅基础方案。与之对应,还存在天然地基深基础方案、人工地基浅基础方案等。天然地基浅基础方案存在施工方便、工期短、工程费用少等优点,所以在地基基础设计时应优先考虑之。

天然地基上浅基础设计的内容和一般步骤是:

(1)充分掌握拟建场地的工程地质条件和地质勘察资料。例如:不良地质现象和地震层的存在及其危害性、地基土层分布的均匀性和软弱下卧层的位置与厚度、各层土的类别及其工程特性指标;

(2)在研究地基勘察资料的基础上,结合上部结构的类型,荷载的性质、大小与分布,建筑布置与使用要求以及拟建基础对原有建筑设施或环境的影响,并充分了解当地建筑经验、施工条件、材料供应、环境保护、先进技术的推广应用等其他相关信息,综合考虑确定基础类型和平面布置方案;

(3) 选择地基持力层和基础埋置深度;

(4) 确定地基承载力;

(5) 按地基承载力(包括持力层和软弱下卧层)确定基础底面尺寸;

(6) 进行必要的地基稳定性和变形验算,使地基的稳定性得到充分保证,并使地基的沉降不致引起结构损坏、建筑倾斜与开裂,或影响其正常使用和外观;

(7) 进行基础的结构设计,按基础结构布置进行结构内力分析、强度计算,并满足构造设计要求,以保证基础具有足够的强度、刚度和耐久性;

(8) 绘制基础施工图,并提出必要的技术说明。

上述各方面内容密切关联、相互制约,很难一次考虑周详。因此,地基基础设计工作往往需要反复多次才能取得满意结果。

2. 基本规定

(1) 地基基础设计等级

根据地基复杂程度、建筑物规模和功能特征以及由于地基问题可能造成建筑物破坏或影响正常使用的程度,《地基规范》将地基基础设计分为甲、乙、丙三个设计等级。

(2) 地基基础设计的一般要求

为保证建筑物的安全与正常使用,根据建筑物的安全等级和长期荷载作用下地基变形对上部结构的影响程度,地基基础设计和计算应满足下述三项基本要求:

① 在防止地基土体剪切破坏和丧失稳定性方面,应具有足够的安全度

② 控制地基的变形,使之不超过建筑物的地基变形允许值,以免引起基础和上部结构的损坏或影响建筑物的正常使用功能和外观。

③ 基础的材料、型式、尺寸和构造除应能适应上部结构、符合使用要求、满足上述地基承载力(稳定性)和变形要求外,还应满足对基础结构的强度、刚度和耐久性的要求。

(3) 荷载取值与抗力限值

《地基规范》规定,地基基础设计时,所采用的荷载效应最不利组合与相应的抗力限值应按下列规定执行:

① 按地基承载力确定基础底面面积或按单桩承载力确定桩数时,传至基础或承台底面上的荷载效应应按正常使用极限状态下荷载效应的标准组合。相应的抗力应采用地基承载力特征值或单桩承载力特征值。

② 计算地基变形时,传至基础底面上的荷载效应应按正常使用极限状态下荷载效应的准永久组合,不应计入风荷载和地震作用;相应限值应为地基变形允许值。

③ 计算挡土墙土压力、地基或斜坡稳定及滑坡时,荷载效应应按承载能力极限状态下荷载效应的基本组合,但其分项系数均为 1.0。

④ 在确定基础或桩台高度、支挡结构截面,计算基础或支挡结构内力、确定配筋和验算材料强度时,上部结构传来的荷载效应组合和相应的基底反力,应按承载能力极限状态下荷载效应的基本组合,采用相应的分项系数。当需要验算基础裂缝宽度时,应按正常使用极限状态下荷载效应的标准组合。

⑤ 基础设计安全等级、结构设计使用年限、结构重要性系数应按有关规范的规定采用,但结

构重要性系数 γ_0 不应小于 1.0。

8.5.2 浅基础的类型和构造要求

了解浅基础的常用类型和适用条件,对基础设计时的合理选型很有帮助。浅基础的类型很多,目前常用的有如下几种类型:无筋扩展基础、扩展基础、柱下条形基础、筏形基础、壳体基础以及岩层锚杆基础等。

1. 无筋扩展基础

无筋扩展基础系指用砖、毛石、混凝土、毛石混凝土、灰土和三合土等材料组成的墙下条形基础或柱下独立基础,适用于多层民用建筑和轻型厂房。无筋扩展基础设计时,必须规定基础材料强度及质量、限制台阶宽高比、控制建筑物层高和一定的地基承载力,因而,一般无需进行繁杂的内力分析和截面强度计算。

(1)基础高宽比及高度要求

无筋扩展基础的台阶宽高比(图 8 - 10)要求一般可表示为:

$$\frac{b_i}{H_i} \leqslant \tan\alpha \tag{8-27}$$

式中:b_i——无筋扩展基础任一台阶宽度(mm);

H_i——相应 b_i 的台阶高度(mm);

$\tan\alpha$——无筋扩展基础台阶宽高比的允许值,可按表 8 - 4 选用。

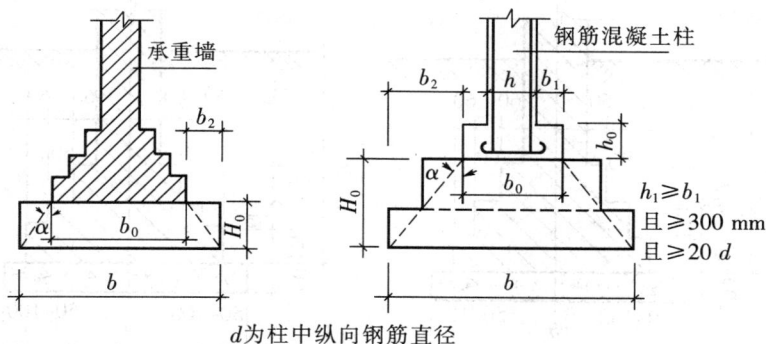

d 为柱中纵向钢筋直径

图 8 - 10 无筋扩展基础构造示意图

表 8 - 4 无筋扩展基础台阶宽高比的允许值

基础材料	质量要求	台阶宽高比的允许值		
		$p_k \leqslant 100$	$100 < p_k \leqslant 200$	$200 < p_k \leqslant 300$
混凝土基础	C15 混凝土	1.0 : 1.0	1.0 : 1.0	1.0 : 1.25
毛石混凝土基础	C15 混凝土	1.0 : 1.0	1.0 : 1.25	1.0 : 1.5
砖基础	砖不低于 MU10、砂浆不低于 M5	1.0 : 1.5	1.0 : 1.5	1.0 : 1.5
毛石基础	砂浆不低于 M5	1.0 : 1.25	1.0 : 1.5	—
灰土基础	体积比为 3:7 或 2:8 的灰土,其最小干密度为: 粉土 1.55t/m³ 粉质粘土 1.50t/m³ 粘土 1.45t/m³	1.0 : 1.25	1.0 : 1.5	—
三合土基础	体积比为 1:2:4~1:3:6(石灰:砂:骨料),每层约虚铺 220mm,夯至 150mm	1.0 : 1.5	1.0 : 2.0	—

无筋扩展基础的基础高度 H_0（图 8-10），应符合下式要求

$$H_0 \geqslant \frac{b-b_0}{2\tan\alpha} \tag{8-28}$$

式中：H_0——基础高度（mm）；

    b——基础底面宽度（mm）；

    b_0——基础顶面墙体宽度或柱脚宽度（mm）；

    $\tan\alpha$——无筋扩展基础台阶宽高比 $b_2：H_0$，其允许值可按表 8-4 选用；

    b_2——基础台阶宽度（mm）。

采用无筋扩展基础的钢筋混凝土柱，其柱脚高度 h_1 不得小于 b_1（如图 8-10（b）所示），并不应小于 300mm 且不小于 $20d$（d 为柱中纵向受力钢筋的最大直径）。当柱纵向钢筋在柱脚内的竖向锚固长度不满足锚固要求时，可沿水平方向弯折，弯折后的水平锚固长度不应小于 $10d$ 也不应大于 $20d$。

（2）砖基础

砖基础是工程中最常见的一种无筋扩展基础，其各部分尺寸应符合砖的尺寸模数。一般做成台阶式，俗称"大放脚"，砌筑方式有两种，一是"二皮一收"（图 8-11（a）），即每阶高度为 2 皮砖厚加一个灰缝——共 120mm，上阶比下阶每边收进四分之一砖长——60mm；另一种是"二、一间隔收"（图 8-11（b）），但必须保证底阶为 2 皮砖，即从底阶开始每阶高为 120mm、60mm 间隔设置，上下阶每边收进尺寸仍为 60mm。

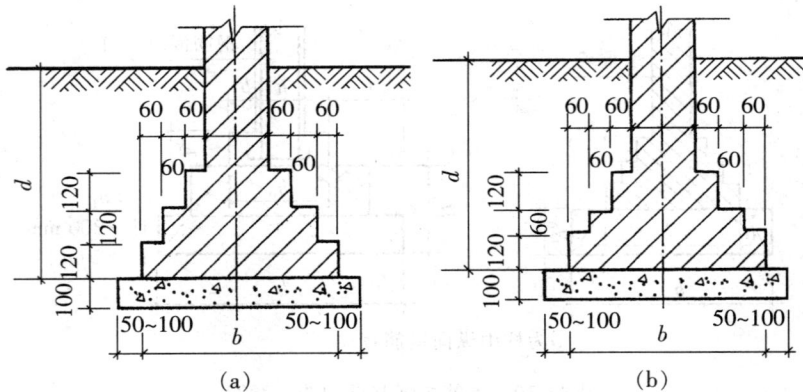

图 8-11　砖基础剖面示意图

（3）毛石混凝土基础

毛石混凝土基础是在混凝土中另外掺加 25%～30% 的毛石，具体操作方法为：先浇注一层拌合好的混凝土，再放入部分毛石，然后再在上面浇注一层混凝土，依次进行。毛石直径不宜过大，一般为基础端面（最小部分）宽的 1/3。其计算强度根据毛石的等级和混凝土的 28d 强度来确定。

毛石混凝土基础通常也做成阶梯形（见图 8-12），其最小宽度不得小于 350mm，若为独

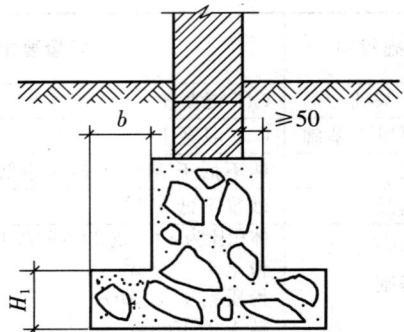

图 8-12　毛石混凝土基础剖面示意图

立基础,为了便于施工,其截面应不小于 400mm×400mm;以上部墙或柱的边缘算起,每边至少留出 50mm,基础和每个台阶高 H_1 应不小于 300mm.。

（4）毛石基础

毛石基础是用天然开采而未经加工处理的毛石砌筑而成的,毛石块不宜过大,它的横直尺寸一般最好在 20cm～30cm 左右,以免人工砌筑搬运困难。

毛石等级和砌筑砂浆等级,根据地基土的潮湿程度选用。为便于施工,当这类基础宽度不大于 60cm 时,可采用矩形截面(图 8-13(a)),否则应砌成阶梯形(图 8-13(b))。因为毛石的形状很不规整,所以用毛石砌筑的条形基础最小宽度不应小于 500mm,一般台阶高 H_1 不小于 350mm。

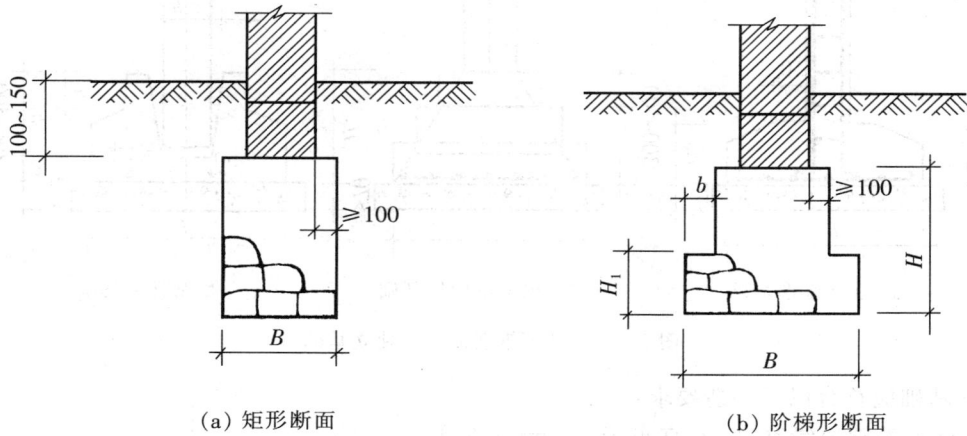

（a）矩形断面　　　　　　　　（b）阶梯形断面

图 8-13　毛石基础剖面示意图

（5）灰土基础

这种基础在北方地区采用较多,适用于地下水位较低的情况,一般为 3:7 灰土或 2:8 灰土(体积比)均匀拌合后,铺放在基槽内分层夯实而成。基础厚度不小于 300mm,如图 8-14 所示;从上部结构边缘到灰土基础边缘的距离 b 应不小于 100mm。

灰土基础施工方便,造价较低,适用于混合结构的民用建筑和轻型单层工业厂房。此外,灰土本身尚有一定抗冻能力,即使不在冻结线以下,也是可以的。但在施工期间,必须保证不受水浸蚀。

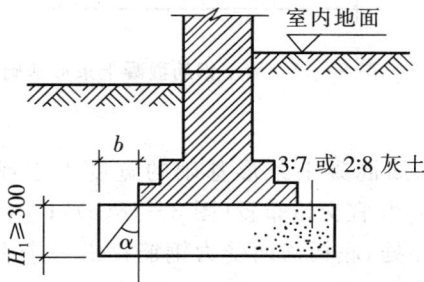

图 8-14　灰土基础剖面示意图　　　　图 8-15　三合土基础剖面示意图

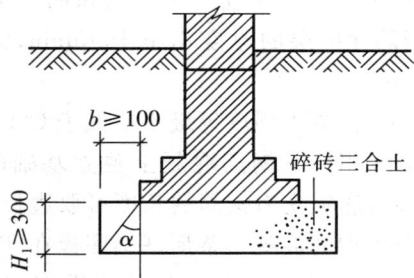

（6）三合土基础

这种基础在南方地区采用较普遍,通常是将白灰、黄泥、碎砖或者将白灰、砂、骨料按体积比 1:2:4～1:3:6 配比拌合均匀后,铺放在基槽内,每层约虚铺 200mm,夯实至 150mm。基础厚度如图 8-15 所示,应保持 $b:H_1=1.0:2.0$,基础高度取 150mm 的倍数,基础宽度按计算确定,但一般不小于 600mm。

上述几种基础,除三合土基础不宜用在超过四层的建筑外,其他均可用于六层和六层以下的一般民用建筑和墙体承重的轻型厂房基础。

2. 扩展基础

扩展基础系指柱下钢筋混凝土独立基础(见图 8-16)和墙下钢筋混凝土条形基础(见图 8-17)。柱下独立基础分现浇基础和预制杯形基础两大类,后者常用于单层工业厂房基础。用钢筋混凝土材料建造的基础亦称柔性基础,其整体性好,抗弯强度高,在基础设计中广泛被使用。

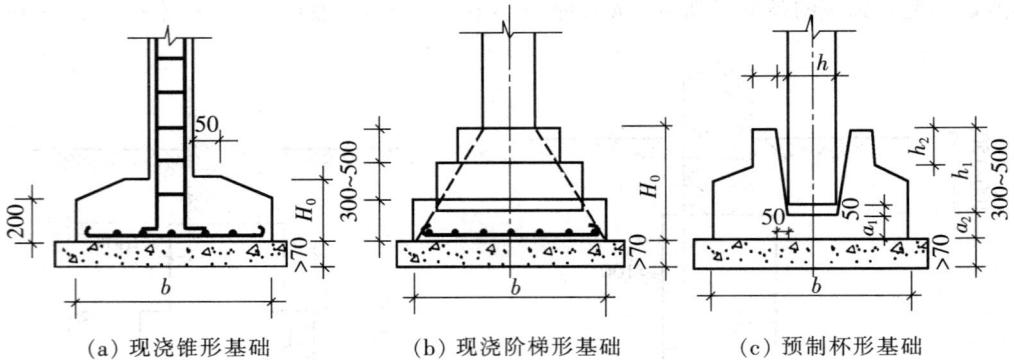

(a) 现浇锥形基础　　　　　(b) 现浇阶梯形基础　　　　　(c) 预制杯形基础

图 8-16　柱下钢筋混凝土独立基础

扩展基础应符合以下构造要求:

(1) 锥形基础边缘高度,不宜小于 200mm;阶梯形基础的每阶高度,宜为 300~500mm;

(2) 垫层的厚度不宜小于 70mm;垫层混凝土强度等级应为 C10;

(3) 扩展基础底板受力钢筋的最小直径不宜小于 10mm;间距不宜大于 200mm,也不宜小于 100mm。墙下钢筋混凝土条形基础纵向分布钢筋的直径不小于 8mm;间距不大于 300mm;每延米分布钢筋的面积应不小于受力钢筋面积的 1/10。当有垫层时,钢筋保护层的厚度不小于 40mm;无垫层时不小于 70mm;

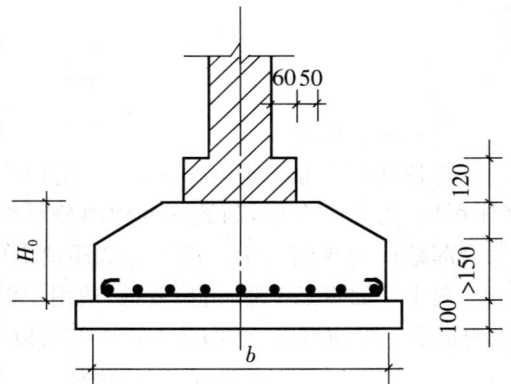

图 8-17　墙下钢筋混凝土条形基础

(4) 混凝土强度等级不应低于 C20;

(5) 当柱下钢筋混凝土独立基础的边长和墙下钢筋混凝土条形基础的宽度大于或等于 2.5m 时,底板受力钢筋的长度可取边长或宽度的 0.9 倍,并宜交错布置(图 8-18(a));

(6) 钢筋混凝土条形基础底板在 T 形及十字形交接处,底板横向受力钢筋仅沿一个主要受力方向通长布置,另一方向的横向受力钢筋可布置到主要受力方向底板宽度 1/4 处(图 8-18(b))。在拐角处底板横向受力钢筋应沿两个方向布置(图 8-18(c))。

(7) 钢筋混凝土柱和剪力墙纵向受力钢筋在基础内的锚固长度按现行《混凝土规范》有关规定确定。

(8) 现浇柱的基础,其插筋的数量、直径以及钢筋种类应与柱内纵向受力钢筋相同。插筋的锚固长度应满足上述第 7 条的要求,插筋与柱的纵向受力钢筋的连接方法应符合现行《混凝土规

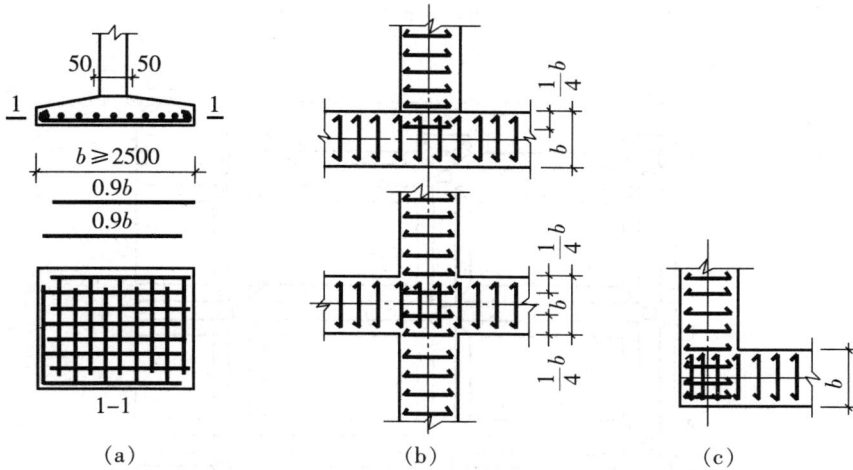

图 8-18　扩展基础底板受力钢筋布置示意图

范》的规定。插筋的下端宜做成直钩放在基础底板钢筋网上。当符合下列条件之一时,可仅将四角的插筋伸至底板钢筋网上,其余插筋锚固在基础顶面下 l_a 或 l_{aE}(有抗震设防要求时)处(如图 8-19 所示)。

　　① 柱为轴心受压或小偏心受压时,基础高度大于等于 1200mm;

　　② 柱为大偏心受压时,基础高度大于等于 1400mm。

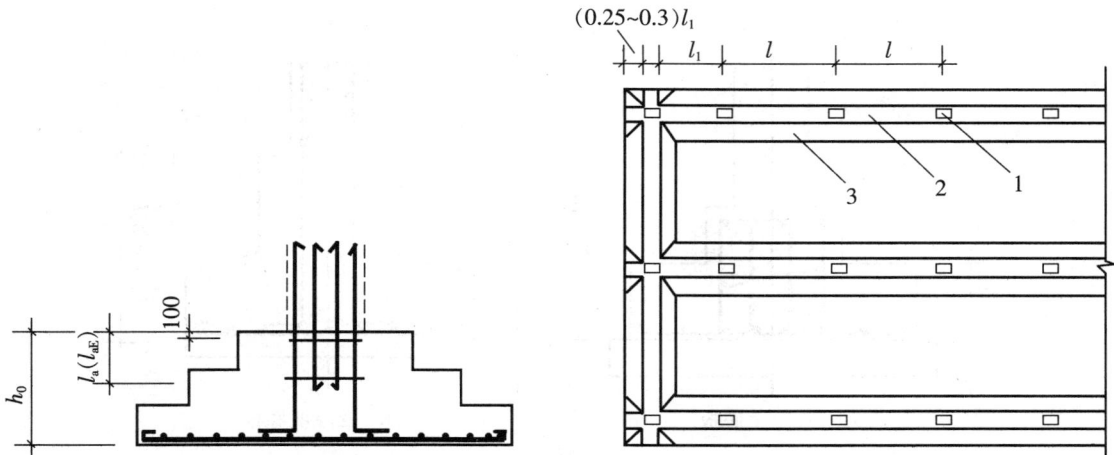

图 8-19　现浇柱的基础中插筋构造

1—柱;2—地梁;3—底板

图 8-20　柱下条形基础示意图

3. 柱下条形基础

　　当地基较软弱而荷载较大时,若采用扩展基础,可能因基础底面积很大而使基础边缘接近甚至重叠;为增加基础的整体性并方便施工,可将同一排的柱基础连通构成柱下钢筋混凝土条形基础(见图 8-20)。若仅是相邻柱基相连,又称作联合基础或双柱联合基础。柱下条形基础常用于框架结构基础。

　　当地基压缩性很高且荷载较大时,为增加建筑物基础的整体性,可在纵横向均设置柱下条形基础,从而构成柱下十字交叉条形基础(又称交梁基础或交叉条形基础)(见图 8-21)。这种基础在纵横两向均具有一定的刚度,具有良好的调整不均匀沉降的能力。

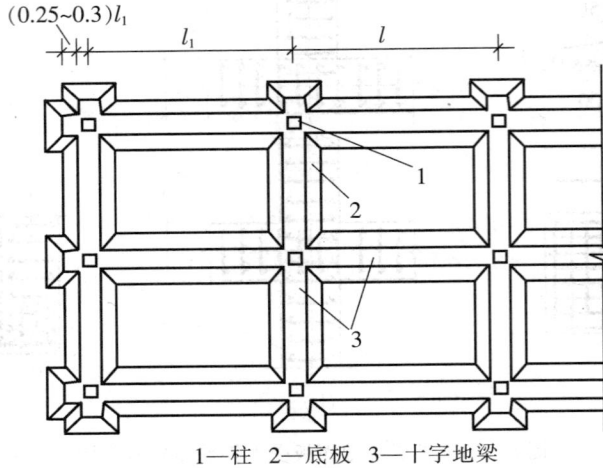

1—柱 2—底板 3—十字地梁

图 8-21 柱下十字交叉条形基础示意图

柱下条形基础的构造,除满足扩展基础的要求外,尚应符合下列规定:

(1) 柱下条形基础梁的高度宜为柱距的 $1/4\sim1/8$;翼板厚度不应小于 200mm;当翼板厚度大于 250mm 时,宜采用变厚度翼板,其坡度宜$\leqslant1/3$(见图 8-22)。

(2) 条形基础的端部宜向外伸出,伸出长度宜为第一跨距 l_1 的 $0.25\sim0.3$ 倍。

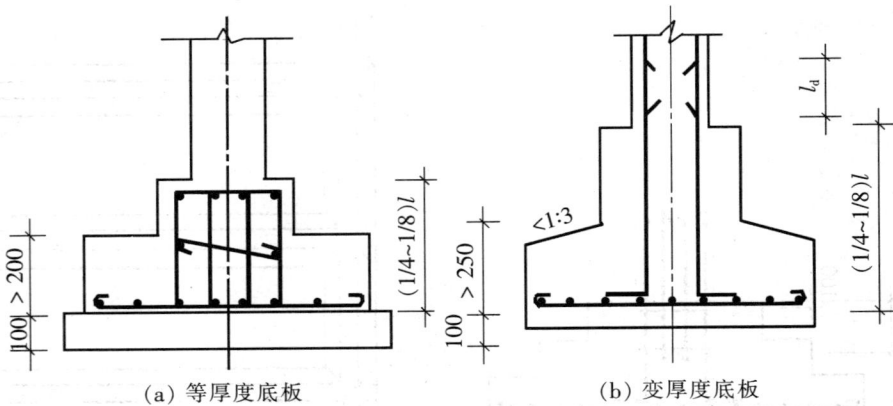

(a) 等厚度底板　　　　　(b) 变厚度底板

图 8-22 柱下条形基础剖面示意图(l 为柱距)

(3) 现浇柱与条形基础梁的交接处,其平面尺寸不应小于图 8-23 的规定。

(4) 条形基础梁顶部和底部的纵向受力钢筋除应满足计算要求外,顶部钢筋按计算配筋全部贯通,底部通长钢筋不应少于底部受力钢筋总面积的 $1/3$。

(5) 柱下条形基础的混凝土强度等级不应低于 C20。

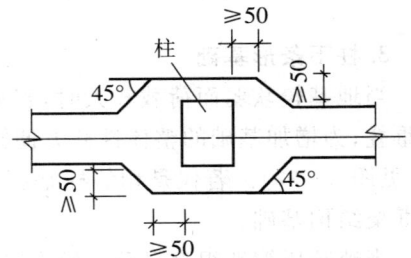

图 8-23 现浇柱与条形基础交接处
平面尺寸示意图

4. 筏形基础

当荷载很大或地基特别软弱,采用柱下条形基础或
柱下交梁基础均不能满足要求时,可采用筏形基础(也称筏板基础),即用钢筋混凝土做成连续整片基础,俗称"满堂红"(见图 8-24)。多用于框架、框剪、剪力墙结构等高层建筑,亦可用于砌体结构。我国南方有些城市在多层砌体住宅基础中就采用了筏形基础,并直接建筑在地表土层,称无埋深筏基;但在北方就必须考虑能否满足抗冰冻与采暖要求。

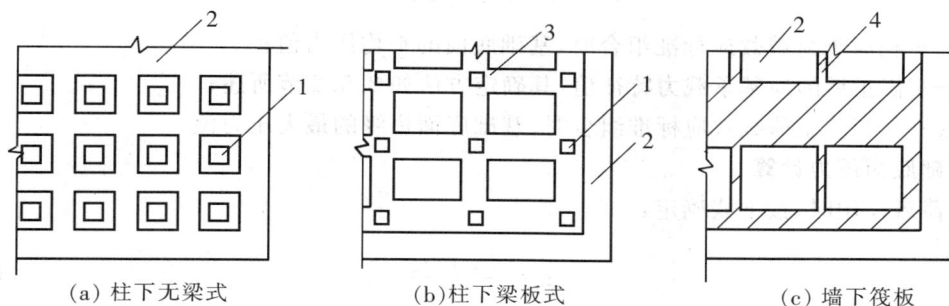

(a) 柱下无梁式 (b)柱下梁板式 (c) 墙下筏板

1—柱;2—板;3—梁;4—墙

图 8-24 筏形基础示意图

筏形基础一般为等厚度的钢筋混凝土平板。在柱之间设有地梁构成梁板式筏形基础,形式如倒置的有柱肋梁楼盖;当柱之间不设梁时,构成倒置的无梁楼盖;当墙体直接砌于平板上时,构成墙下筏形基础。筏形基础的整体性好,能调整各部分的不均匀沉降;其选型应根据工程地质、上部结构体系、柱距、荷载大小以及施工条件等因素确定。

筏形基础的混凝土强度等级不应低于 C30。当有地下室时应采用防水混凝土,防水混凝土的抗渗等级应根据地下水的最大水头与防渗混凝土厚度的比值,按现行《地下工程防水技术规范》选用,但不应小于 0.6MPa,必要时宜设架空排水层。

8.5.3 基础埋置深度的选择

基础埋置深度是指基础底面至地面(指天然地坪面或室外设计地面)的距离。直接支承基础的土层称为持力层,其下的土层称为下卧层。选择基础埋置深度也就是选择合适的地基持力层。

基础埋置深度的大小,对于建筑物的安全和正常使用、基础施工技术措施、施工工期以及工程造价等都有很大的影响。基础埋的越深,施工技术越复杂,土方工程量越大,工期也越长,工程造价自然越高,因此,在地基基础设计中,合理确定基础埋深是十分重要的问题。

基础的埋置深度,应按下列几个条件确定:①建筑物的用途,有无地下室、设备基础和地下设施,基础的形式和构造。②作用在地基上的荷载大小及性质。③工程地质和水文地质条件。④相邻建筑物的基础埋深。⑤地基土冻胀和融陷的影响。

另外还要注意以下几点:①在满足地基稳定和变形要求的前提下,基础宜浅埋,当上层地基的承载力大于下层土时,宜利用上层土作持力层。除岩石地基外,基础埋深不宜小于 0.5m。②高层建筑筏形和箱形基础的埋置深度应满足地基承载力、变形和稳定性要求。在抗震设防区,除岩石地基外,天然地基上的筏形和箱形基础其埋置深度不宜小于建筑物高度的 1/15。桩箱或桩筏基础的埋置深度(不计桩长)不宜小于建筑物高度的 1/18~1/20。③基础宜埋置在地下水位以上,当必须埋在地下水位以下时,应采取地基土在施工时不受扰动的措施。

8.5.4 地基承载力验算

1. 地基承载力条件

在不同荷载作用下,要求基础底面压力分别满足下列条件:

$$p_k \leqslant f_a \tag{8-29}$$

$$p_{kmax} \leqslant 1.2 f_a \tag{8-30}$$

式中:p_k——相应于荷载效应标准组合时,基础底面的平均压力值;

f_a——修正后的地基承载力特征值,其确定方法如 8.5.2 节所述;

p_{kmax}——相应于荷载效应标准组合时,基础底面边缘的最大压力值。

2. 基础底面压力计算

轴心荷载作用时,按下式确定:

$$p_k = \frac{F_k + G_k}{A} \tag{8-31}$$

偏心荷载作用时,按下式确定:

$$\frac{p_{kmax}}{p_{kmin}} = \frac{F_k + G_k}{A} \pm \frac{M_k}{W} = \frac{F_k + G_k}{A}\left(1 \pm \frac{6e}{b}\right) \tag{8-32}$$

当偏心距 $e > b/6$ 时(图 8-25),$p_{kmin} = 0$,p_{kmax}应按下式确定:

$$p_{kmax} = 2\frac{(F_k + G_k)}{3la} \tag{8-33}$$

式中:F_k——相应于荷载效应标准组合时,上部结构传至基础顶面的竖向力值(kN);

G_k——基础自重和基础上的土重(kN);

A——基础底面面积(m^2),$A = b \times l$;

M_k——相应于荷载效应标准组合时,作用于基础底面的力矩值($kN \cdot m$);

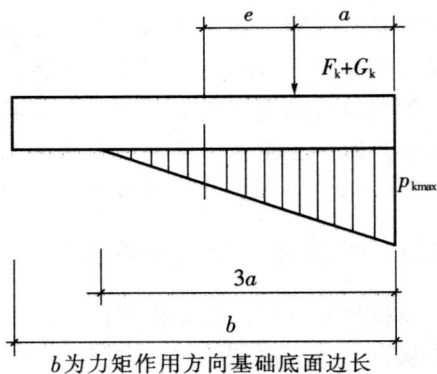

图 8-25 偏心荷载($e > b/6$)下基底压力示意图

W——基础底面的截面抵抗矩(m^3);

p_{kmin}——相应于荷载效应标准组合时,基础底面边缘的最小压力值(kPa);

e——偏心距(m),$e = M_k/(F_k + G_k)$;

b——力矩作用方向的基础底面边长(m);

l——垂直于力矩作用方向的基础底面边长(m);

a——合力作用点至基础底面最大压力边缘的距离(m),$a = (b/2) - e$。

8.5.5 基础底面尺寸设计

1. 轴心受压基础底面积

根据地基承载力条件,此时应满足式(8-29)要求,其中基底平均压力按式(8-31)确定,再取基础及上方回填土重 $G_k = \gamma_G \cdot d \cdot A$（地下水位以下应扣除浮托力），故而有轴心受压基础底面积 A 的计算公式：

$$A \geqslant \frac{F_k}{f_a - \gamma_G \cdot d} \qquad (8-34)$$

式中：γ_G——基础及回填土的平均重度，一般取 $20kN/m^3$，地下水位以下取 $10kN/m^3$；

　　　　d——基础平均埋深（m）。

对于单独基础，按式(8-34)计算出 A 后，先选定 b 或 l，再计算另一边长，使 $A = bl$，而长宽比一般取 $1.0 \sim 2.0$。

对于条形基础，长度方向取 1m，则用式(8-34)计算所得即为基础宽度尺寸。

必须指出，在按式(8-34)计算 A 时，需要先确定地基承载力特征值 f_a，而 f_a 值又与基础底面尺寸 A 有关，因此，可能需要通过反复试算确定。

2. 偏心受压基础底面积

根据地基承载力条件，此时应满足式(8-29)及式(8-30)的要求，通常可按下述逐次试算法确定基础底面尺寸：

(1) 先按轴心受压公式(8-34)计算得面积值 A_0，即满足式(8-29)的要求；

(2) 再考虑荷载偏心的影响，加大 A_0。一般可根据偏心距的大小增大 $10\% \sim 40\%$，使 $A = (1.1 \sim 1.4)A_0$。对矩形底面的基础，按 A 初步选择相应的底面长宽值，取长宽比为 $1.2 \sim 2.0$；

(3) 按式(8-32)或式(8-33)计算偏心荷载作用下的 p_{kmax}、p_{kmin}，验算是否满足公式(8-30)；若不适合（太小或太大），可调整基础底面长宽值，再验算基底压力；如此反复几次，便能定出合适的基础底面尺寸；

8.5.6　地基变形验算

根据地基承载力条件选定了适当的基础底面尺寸后，一般已经可以保证建筑物在防止剪切破坏方面的安全度，但在荷载作用下，地基土总是会发生压缩变形的，从而也就导致了建筑物沉降的产生。由于不同建筑物的结构类型、整体刚度、使用要求的差异，对地基变形的敏感程度、危害、变形要求也不同，因此，对于各类建筑结构，应控制对其不利的沉降形式，使之不会影响建筑物的正常使用甚至破坏，也是地基基础设计必须予以充分考虑的一个基本问题。

《地基规范》要求：建筑物的地基变形计算值，不应大于地基变形允许值，即：

$$s \leqslant [s] \qquad (8-35)$$

式中：s——地基变形计算值；

　　　　$[s]$——地基变形允许值，查《地基规范》。

进行地基变形验算，必须具备比较详细的勘察资料和土工试验成果。这对于建筑安全等级不高的大量中、小型工程来说，往往不易办到，而且也没有必要。为此，《地基规范》在确定各类土的地基承载力时，已经考虑了一般中、小型建筑物在地质条件比较简单的情况下对地基变形的要求。所以，对一般情况下的丙级基础设计等级的建筑物，在按地基承载力确定基础底面尺寸后，可不进行地基变形验算。

凡属下列情况之一者，应作地基变形验算：

(1) 地基基础设计等级为甲、乙级的建筑物；

(2) 有下列情况之一的丙级建筑物：

① 地基承载力特征值小于130kPa,且体型复杂的建筑;

② 在基础上及其附近有地面堆载或相邻基础荷载差异较大,可能引起地基产生过大的不均匀沉降时;

③ 软弱地基上的相邻建筑存在偏心荷载时;

④ 相邻建筑距离过近,可能发生倾斜时;

⑤ 地基土内有厚度较大或厚薄不均的填土,其自重固结尚未完成时。

8.5.7 基础剖面尺寸设计

1. 无筋扩展基础

无筋扩展基础材料的抗拉强度很低,不能承受较大的弯曲应力,故一般设计成轴心受压基础。基础的剖面尺寸设计应满足刚性角要求,为方便施工,基础通常都做成台阶状剖面,具体设计详见前述相关规定和有关参考书。

2. 扩展基础

扩展基础材料是钢筋混凝土,其抗压、抗弯性能较好,故常用于荷载较大的偏心受压基础。

(1)柱下独立基础

现浇柱下钢筋混凝土独立基础剖面尺寸设计包括确定基础高度和底板配筋两部分内容。

① 基础高度

基础高度由抗冲切强度确定。当沿柱周边(或变阶处)的基础高度不够时,底板将发生如图8-26所示的冲切破坏,形成45°斜裂的角锥体。为防止这种破坏的发生,基础应有足够的高度,使基础冲切面以外的地基反力产生的冲切力F_l不大于基础冲切面处混凝土的抗冲切强度。

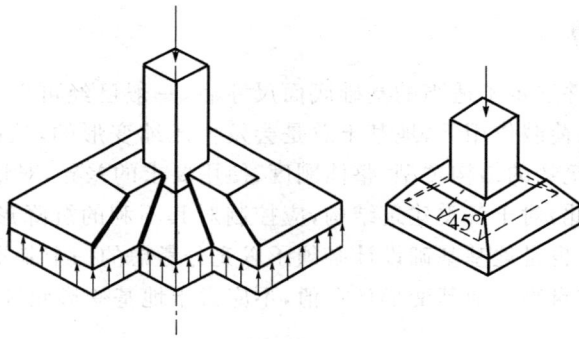

图8-26 基础冲切破坏示意图

对矩形截面柱的矩形基础,应验算柱与基础交接处以及基础变阶处的受冲切承载力,具体应满足下列公式:

$$F_l \leqslant 0.7\beta_{hp}f_t a_m h_0 \tag{8-36}$$

$$a_m = (a_t + a_b)/2 \tag{8-37a}$$

$$F_l = p_j A_l \tag{8-37b}$$

式中:β_{hp}——受冲切承载力截面高度影响系数,当h不大于800mm时,取1.0;当h大于等于2000mm时,取0.9,其间按线性内插法取用;

f_t——混凝土轴心抗拉强度设计值;

h_0——基础冲切破坏锥体的有效高度;

a_m——冲切破坏锥体最不利一侧计算长度;

a_t——冲切破坏锥体最不利一侧斜截面的上边长,当计算柱与基础交接处的受冲切承载力时,取柱宽;当计算基础变阶处的受冲切承载力时,取上阶宽;

a_b——冲切破坏锥体最不利一侧斜截面在基础底面积范围内的下边长,当冲切破坏锥体的底面落在基础底面以内(图 8 - 27(a)、(b)),计算柱与基础交接处受冲切承载力时,取柱宽加两倍基础有效高度;当计算基础变阶处受冲切承载力时,取上阶宽加两倍该处的基础有效高度。当冲切破坏锥体的底面在 l 方向落在基础底面以外,即 $a+2h_0 \geqslant l$ 时(图 8 - 27(c)),取 $a_b = l$。

p_j——扣除基础自重及其上土重后相应于荷载效应基本组合时的地基土单位面积净反力,对偏心受压基础可取基础边缘处最大单位面积净反力;

A_l——冲切验算时取用的部分基底面积(图 8 - 27(a)、(b)中的阴影面积 A_{ABCDEF},或图 8 - 27(c)中的阴影面积 A_{ABCD});

F_l——相应于荷载效应基本组合时作用在 A_l 上的地基土净反力设计值。

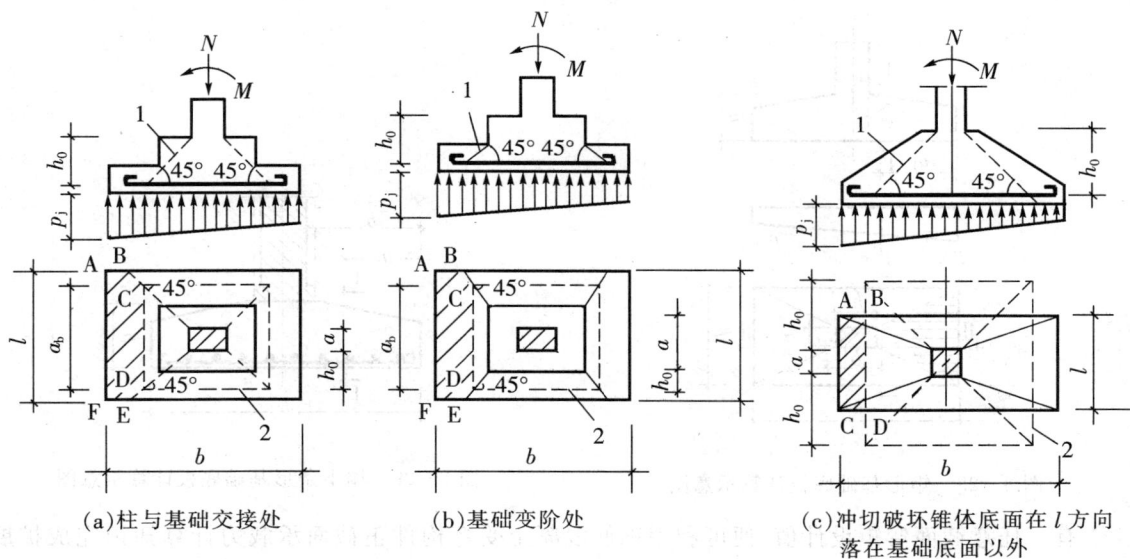

1—冲切破坏锥体最不利一侧的斜截面;2—冲切破坏锥体的底面线

图 8 - 27　计算阶形基础的受冲切承载力截面位置

　　由于矩形基础的两个边长不同,冲切破坏时的角锥体形状不同,沿长边方向的斜裂面以外的长度较长,故一般仅对长边一侧进行冲切验算。确定基础高度可先按经验初步假定,然后进行验算,直至符合要求为止。当基础底面在 45°冲切线以内时,可不进行冲切验算。

　　② 基础底板配筋

　　基础底板配筋应按抗弯计算确定。在轴心荷载或单向偏心荷载作用下底板受弯可按下列简化方法计算:

　　对于矩形基础,当台阶的宽高比小于或等于 2.5 且偏心距小于或等于 1/6 基础宽度时,任意截面的弯矩按下式计算(参照图 8 - 28):

$$M_{\mathrm{I}} = \frac{1}{12}a_1^2\left[(2l+a')\left(p_{\max}+p-\frac{2G}{A}\right)+(p_{\max}-p)l\right] \tag{8-38}$$

$$M_{\mathrm{II}} = \frac{1}{48}(l-a')^2(2b+b')\left(p_{\max}+p_{\min}-\frac{2G}{A}\right) \tag{8-39}$$

式中：M_{I}、M_{II}——任意截面 I—I、II—II 处相应于荷载效应基本组合时的弯矩设计值；

　　　　a_1——任意截面 I—I 至基底边缘最大反力处的距离；

　　　　l、b——基础底面边长；

　　　　$p_{\max}$、$p_{\min}$——相应于荷载效应基本组合时的基础底面边缘最大、最小地基反力设计值；

　　　　p——相应于荷载效应基本组合时在任意截面 I—I 处基础底面地基反力设计值；

　　　　G——考虑荷载分项系数的基础自重及其上土重；当组合值由永久荷载控制时，$G=$
　　　　1.35G_k，G_k 为基础及其上土的自重标准值。

（2）墙下条形基础

对于墙下条形基础任意截面的弯矩（图 8-29），可取 $l=a'=1.0$m，再按式（8-38）计算；其最大弯矩截面的位置，应符合下列规定：（1）当墙体材料为混凝土时，取 $a_1=b_1$；（2）如为砖墙且放脚不大于 1/4 砖长时，取 $a_1=b_1+1/4$ 砖长。

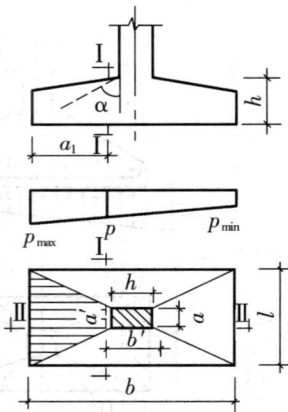

图 8-28　矩形基础底板计算示意图　　　　图 8-29　墙下条形基础底板计算示意图

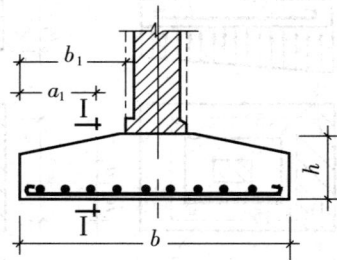

有了任意截面弯矩设计值，便可利用钢筋混凝土受弯构件正截面承载力计算知识完成扩展基础底板的配筋工作，最后绘制施工图，这样基础设计工作就圆满结束了。

本节主要介绍的是天然地基上浅基础的设计内容，实际工程中还有其他一些应用广泛的非天然地基浅基础，比如：箱形基础、桩基础等等，这里不做特别介绍，可参阅其他相关资料。

本章仅介绍了土力学与地基基础的简单知识，至于这方面的更详尽知识，请参阅《土力学与地基基础》、《软土地基与地下工程》及《地基规范》等相关书籍。

思 考 题

1. 土由哪几部分组成？对土的工程性质影响如何？

2. 什么是塑限、液限、塑性指数、液性指数？它们各是什么指标？

3. 工程上的地基土分几类？

4. 何为土的自重应力和附加应力，它们的分布特点是什么？

5. 何为基底压力？它的分布有何特点？

6. 地基的变形由何种应力引起？

7. 附加应力与基础埋置深度有何关系？

8. 何为土的压缩性？引起土压缩的原因是什么？

9. 何为地基承载力特征值、修正后的特征值？

10. 天然地基上浅基础设计内容和步骤是怎样的？

11. 浅基础有哪些类型、特点及基本构造要求？

12. 怎样选定基础的埋置深度？

13. 怎样确定基础底面尺寸？

14. 无筋扩展基础与扩展基础有何区别？

第9章 大跨度及其他类型建筑结构简介

9.1 概 论

随着经济和文化发展,人类为了改善与扩充其生活空间,一直不断地向更高更大的空间发展,不断追求覆盖更大的空间。大跨度空间结构的发展很大程度上反映了人类建筑史的发展,它是最近三十多年来发展最快的结构形式。

大跨度结构有两个共同特点:一是跨度大,自重轻,更多地采用新材料、新技术;二是个性化,它以其创新的概念、新颖的造型和独特的结构形式而受人注目。世界上许多先进国家著名城市的标志性建筑,以及很多优秀旅游景区的建筑始终与大跨度结构密不可分。许多宏伟而富有特色的大跨度建筑往往成为当地的象征性标志和著名的人文景观,对城市环境产生深远的影响。

大跨度结构有平面结构和空间结构两种形式。平面结构由一些强度不大的纵向构件将平面结构连接起来构成,纵向构件层层重复传递荷载,并不分担荷载,例如梁式、框架式、拱式结构和门式刚架等。空间结构依靠纵向构件连接平面结构以形成一个整体结构,共同承载,荷载层层重复传递,经济性好,整体刚度大,抗震性能好。例如悬索结构、网架和网壳结构等。

大跨度空间结构具有广阔的应用前景,常用于公共建筑(影剧院,会展中心,体育场馆,车站等)、专门用途的建筑(飞机库,汽车库等)和生产性建筑(飞机制造厂装配车间,造船厂等)。近年来,我国已建或在建的超过百米跨度的建筑越来越多,各种形式的空间结构向超大跨度发展。

北京奥运主会场的建筑体形从外观看上去就仿若树枝织成的"鸟巢"(图9-1(a)),平面为椭圆形,长轴340m,短轴292m。屋盖中间有一个146m×76m的开口,这部分设计成开合屋盖。整个建筑通过巨型网状结构的组件相互支撑,网格状构架的内部没有一根立柱,其灰色矿质般的钢网以透明的膜材料覆盖,土红色看台是一个完整的没有任何遮挡的碗状造型,类似一个巨大的容器。

国家游泳中心被称为"水立方"(图9-1(b)),是节能环保型的建筑。游泳池内的水将由太阳能加热,泳池的双重过滤装置可实现水的再利用,就连多余的雨水也将被收集和储存在地下的水池中。复杂的工程系统和弯曲的钢结构使得外部结构像一个泡沫,这种独特的结构设计使得"水立方"几乎经得起任何地震的袭击。

上海科技馆投资17.55亿元建造,是中国目前规模最大、设施最先进的科技馆(图9-1(c)),它的硬件设施在世界上名列前茅。

上海铁路南站为通体透明的巨大圆形建筑(图9-1(d)),独特的圆形屋面总面积达5万多平方米,采用了目前国内独一无二的超大透光空间钢架结构形式,白天头顶蓝天白云若隐若现。夜晚在灯光的投射下则演化成一个均匀的发光体,与星空交相辉映,如同一颗夜明珠。

（a）北京奥运主会场

（b）国家游泳中心图

（c）上海科技馆

（d）上海铁路南站

图 9－1　大跨度结构实例

9.2　巨型框架结构

9.2.1　概述和特点

　　巨型框架结构是一种新型的结构形式，它是近几十年发展起来的巨型结构体系中的一种。从建筑方面看，随着社会和经济的发展，现代建筑的功能趋向于多样化和综合化，建筑平面布置和竖向体型日趋复杂，都市的大型公共建筑总是希望能"联合"起来，以满足现代人日益增长的要求。于是，巨型框架建筑顺应了人类目前对现代建筑多功能、综合性的发展需求，在大都市越来越普遍。

　　巨型结构体系中的钢筋混凝土巨型框架结构不同于一般的框架，从结构方面看，巨型框架结构是由梁式转换层结构体系发展而形成的结构体系，这种结构体系将框架体系分为主结构和次结构，在荷载作用下主、次框架结构协同工作。主框架以每隔若干楼层设置的巨型梁式桁架为梁，连接由筒体式巨型框架构成的主框架柱，是结构主要的受力构件，即主要承重结构，一般先对主框架进行整体受力分析。次框架结构即为常规框架，由普通梁、柱构成的次框架设置于两道主框架之间，在结构中仅起到辅助作用和地震作用下的耗能作用，负责将楼面竖向荷载传到主框架大梁上。次框架梁、柱截面较小并可在主框架梁下形成大空间。建筑物的侧向力作用及竖向荷载通过巨型框架结构的整体作用传递和集中到建筑物周边支柱上，并将周边支柱间距扩大，使之集中于若干个巨型大柱上，提高了巨型框架结构周边支柱的抗倾覆能力。

　　巨型框架结构的特点是可以降低建筑物高度，使得建筑空间划分自由灵活，便于开洞，能够满足建筑多功能的要求。巨型框架结构还具有很大的承载能力和抗推刚度。巨型框架结构与梁式结构相比,不仅传力明确,整体性好,还具有良好的延性,有利于抗震。

国内外现已有一些工程应用实例,如:深圳亚洲大酒店,信华大厦,日本神户 TC 大厦等都是巨型框架的典型代表,目前国外提出采用巨型框架结构体系筹建高度 800m～4000m、层数在 200 层～1000 层的所谓超层建筑,可以看出,巨型框架结构体系具有广阔的应用前景。

台北 101 大楼:台北 101 大楼(图 9-2)高 508 米(含天线),是一座地下 5 层、地上 101 层的摩天大楼,大楼主要结构以井字形的巨型构架为主。巨型构架以吉祥的数字"8"作为设计单元,每 8 层楼为一个单元,设置一或二层楼高之巨型桁架梁,并与巨型外柱及核心斜撑构架组成近似 11 层楼高的巨型结构,有明确的抗竖向力和抗侧系统。此巨型结构设计以八大巨型钢骨混凝土柱为骨干,围绕周边,兼具强度和劲度,提供楼体的稳定。

图 9-2 台北 101 大楼

9.2.2 结构计算模型

(1)巨型框架主框架因其长细比较大,仅考虑轴向变形和弯曲变形;次框架不仅考虑柱的轴向刚度,还要考虑主框架层的弯曲变形;

(2)同层次框架各个节点处的转角和主框架的转角相同;

(3)与同一主框架梁柱单元相连的一般框架柱梁截面积相等,布置间距相同,反弯点都在次框架梁柱的中点;

(4)相对于主框架柱的刚度而言,次框架梁的刚度很小,不足以约束主框架柱的转动,因此不考虑次框架梁的轴向刚度对巨型框架轴向刚度的影响,忽略楼层框架的侧移影响;

(5)结构的材料和结构各构件都限定在弹性范围之内,应满足线弹性假定。

巨型框架的主框架相对于次框架来说,梁、柱的线刚度非常大,因此,可以把次框架与主框架的连结取为刚结,在计算主框架时,将楼层框架的约束反作用于主框架每大层中的对应位置即可,再加上主框架本身所受竖向荷载,即是巨型框架最终的受力状态。因此巨型框架可拆分成如图 9-3 所示的计算简图。

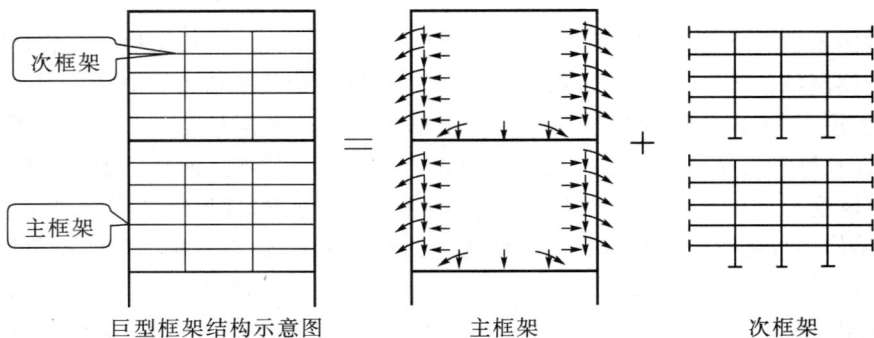

图 9-3 巨型框架拆分简图

9.3　网架结构和网壳结构

9.3.1　网架结构

1. 概述和特点

网架为大跨度结构最常见的结构形式,是一种比较新型的空间结构。网架结构由双层或多层网格组成,是以多根杆件按照一定规律组合而成的网格状高次超静定结构,假设其中一根杆件(甚至数根)退出工作,由于各杆件相互起支撑作用,内力可以通过周围杆件很快扩散,结构不至于马上破坏。因此,网架结构整体安全度较大。网架结构的杆件以钢管或型钢为主,有时也采用木、铝合金或塑料制作。网架结构节点形式可分为焊接钢板节点和焊接空心球节点两种。

我国第一座平板网架结构诞生于 1964 年,首次在上海师范学院球类房的屋盖上采用了网架结构,平面尺寸为 31.5m×40.5m。此后网架结构一直保持较好发展势头。

网架结构具有以下三方面优点:

(1)建筑方面:网架的平面布置灵活,能适应各种不同的建筑要求。网架的建筑造型轻巧、美观、大方,便于建筑处理和装饰。网架屋盖平整,有利于吊顶、安装管道和设备;

(2)结构方面:网架结构具有多向传力,空间刚度大、抗震性能好、重量轻、适应性强和单位面积用钢量低、经济指标好等特点;

(3)施工方面:用于网架杆件和节点的钢管或型钢材料可在工厂中成批生产,然后运至现场制作,一般不需要吊装机械。因此,工程进度快,有利于提高生产效率。

另外,随着计算机的广泛应用和商业设计软件程序的发展,其设计和计算也更显得简便,使得土建工程能在更短的时间内完成设计。

网架并非完美无缺,目前有待解决以下问题:

(1)网架内力变化大,差值大,为了减少构件的规格和型号,很多杆件不能材尽其用;

(2)杆件与节点制作、装配精度要求高。过高精度要求与技术经济指标相矛盾。

2. 结构形式

构成网架的基本单元有三角锥、三棱体、正方体、截头四角锥等,结构由这些基本单元可组合成平面形状的三边形、四边形、六边形、圆形或其他任何形体。网架的形式很多,常用的有四角锥体网架、三角锥体网架和平面桁架系网架等。网架以构成方式分类可分为:交叉桁架体系网架;角锥体系网架;三(多)层网架体系等。

3. 网架结构的支承方式与选型

网架支承类型有周边支承网架、点支承网架(见图 9-4)、周边支承和点支承结合网架。支承条件对网架选型有直接影响,应当根据支承情况选择合理的网架形式。支座类型有下弦支座、上弦支座、柱帽支座。

网架选型时要综合考虑建筑物平面尺寸和结构造型、网架的受力、网架支承方式、经济合理要求等方面因素,还要根据跨度、屋面荷载、网架是否有悬挂重物选择合理的网格及网架高度。网架选型要进行多种方案的比较,要优化设计,以便满足适用、安全和美观的原则。当屋盖跨度超过 100 米或是钢筋混凝土屋面体系时应选三层网架。一般轻型钢板大跨度屋面可选用两层网架。

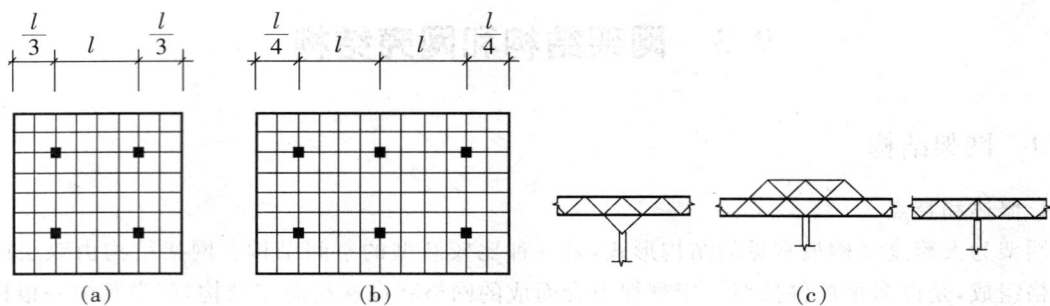

图 9-4 网架的点支承

4. 网架几何尺寸

网架结构的几何尺寸主要有网格尺寸、网架高度。

网格尺寸主要是指上弦杆网格尺寸,与网架跨度、屋面构造、荷载大小和结构形式有关。

网架的高度直接影响网架的空间刚度,以及杆件内力、腹杆长度、结构空间和围护结构等各个方面。网架高度大,腹杆长度也相应增加,网架的空间刚度提高。

网架上弦网格数和跨高比见表 9-1。

表 9-1 网架上弦网格数和跨高比

网架形式	钢筋混凝土屋面体系		钢檩条屋面体系	
	网格数	跨高比	网格数	跨高比
两向正交正放,正放四角锥 正放抽空四角锥	$(2\sim4)+0.2L_2$	10~14	$(6\sim8)+0.07L_2$	$(13\sim17)-0.03L_2$
两向正交斜放,棋盘形四角锥 斜放四角锥,星形四角锥	$(6\sim8)+0.08L_2$			

[注] L_2 是网架短向跨度(米);跨度≤18 米时网格数可适当减少。

网架的起拱宜≤$L/40$,一般取 1%~4%,起拱后屋面坡度不宜超过 5%。

9.3.2 网壳结构

1. 概述和特点

网壳同网架结构一样,也是由多根杆件按一定规律的几何图形布置,通过节点连接成空间杆系结构,两者区别在于网架的外形呈平板状,而网壳的外形呈曲面状。网壳结构有单层网壳和双层网壳之分。

网壳结构的出现早于平板网架结构。在国外,传统的肋环型穹顶已有一百多年历史。中国第一批具有现代意义的网壳是在 20 世纪 50~60 年代建造的,但数量不多。当时柱面网壳大多采用菱形"联方"网格体系。我国第一幢大跨度网壳结构是天津体育馆屋盖,平面尺寸为 52m×68m,矢高为 8.7m,用钢指标为 45kg 每平米。该网壳 1956 年建成,1973 年因失火而重建。

网壳结构与网架结构的生产条件相同,从 80 年代后半期起,我国在网壳结构的合理选型、计算理论、稳定性分析、节点构造、制作安装、试制试验等方面已做了大量的工作,取得了一批成果,尤其是近几年来建造了一些规模相当宏大的网壳结构。例如 1994 年建成的天津体育馆(图 9-5)采用肋环斜杆型双层球面网壳,其圆形平面净跨 108m,周边伸出 13.5m,网壳厚度 3m,采用圆钢管构件和焊接空心球结点,用钢指标 55kg 每平米。1995 年建成的黑龙江省速滑馆用以覆盖 400m 速滑跑道,其巨大的双层网壳结构由中央柱面壳部分和两端半球壳部分组成,轮廓尺寸 86.2m×191.2m,覆盖面积达 15000 平米,网壳厚度 2.1m,采用圆钢管构件和螺栓球结点。

网壳结构的特点是外形美观、通透感好,建筑空间大、用材省、施工进度快,设计较复杂。具体体现为网壳结构兼有杆系结构和薄壳结构的主要特性,杆件单一,受力合理;结构的刚度大、跨越能力大;可以用小型构件组装成大型空间,小型构件和连接节点可以在工厂预制;安装简便,不需大型机具设备,综合经济指标较好;根据建筑创作要求任意选取丰富多彩的空间曲面造型。

图 9-5　天津体育馆

2. 结构形式

网壳结构的形式主要有圆顶、筒壳、折板、球面网壳、双曲面网壳、鞍形网壳(或扭网壳)、双曲抛物面网壳和各种异形网壳,以及上述各种网壳的组合等,还出现了预应力网壳、斜拉网壳(用斜拉索加强网壳)和网状穹顶等新的结构体系。网壳结构一般为单层或双层,有单曲面或双曲面构成的多种外形。

9.4　桁架结构

9.4.1　概述

大跨结构包括桁架结构(图 9-6),通常所指的桁架是平面桁架。19 世纪工业大发展,因工业、交通建设的需要,要求建造大跨度的结构,从而使桁架得到广泛应用。在大跨度屋盖体系中,最常采用的是桁架式结构体系,适用跨度范围亦较大。目前世界上最大的预应力混凝土桁架为贝尔格莱德机库屋盖,跨度为 135.8m。1993 年挪威建成的胶合层木桁架最大跨度达 85.8m。

图 9-6　桁架结构

9.4.2　结构计算特点

桁架支承于墙壁、砖石、钢柱或混凝土柱上,外荷载与支座反力都作用在全部桁架杆件轴线所在的平面内,不产生水平推力。桁架有铰接(图 9-7)和刚接(图 9-8)之分,铰接桁架中的杆件为轴向受力构件,刚接桁架的杆件除有轴力外,还产生弯矩和剪力。桁架杆件在节点竖向荷载作用下,其上弦受压,下弦受拉,主要抵抗弯矩,而腹杆则主要抵抗剪力。桁架的杆件按三角形法则构成,制造和安装较简单。

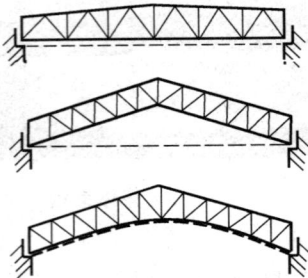

图 9-7　铰接支承式桁架

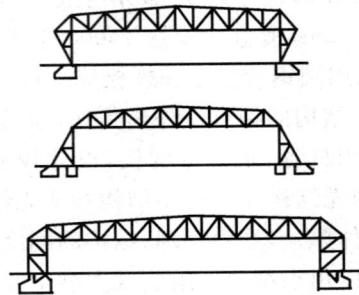

图 9-8　刚接支承式桁架

9.4.3　支撑

为保证屋盖结构的空间几何稳定性,须在主桁架间设置屋盖支撑系统,包括横向水平支撑、纵向水平支撑、垂直支撑、系杆等,具体布置见相关参考资料。

9.5　门式刚架结构

9.5.1　概述和特点

刚架结构是梁、柱单元构件的组合体,是柱与直线型、弧线型、折线型横梁刚性连接的承重骨架体系。单层门式刚架结构起源于 20 世纪 60 年代,20 世纪 70 年代在工程上很少应用。我国 20 世纪 80 年代引进国外门式刚架体系,20 世纪 90 年代初外国轻钢企业进入中国大陆,带动了内地轻钢企业的发展。

门式刚架的整个构件横截面尺寸较小,可以有效地利用建筑空间,从而降低房屋的高度,减小建筑体积,在建筑造型上也较简洁美观。另外,刚架构件的刚度较好,其平面内、外的刚度差别较小,为制作、运输、安装提供有利的条件。在目前的工程中,门式刚架主要用于单层轻型工业厂房、机场车库、体育场馆、仓库、购物中心、展览厅及活动房屋、加层房屋等工业与民用建筑。

轻型门式刚架结构与传统钢筋混凝土结构的单层厂房相比,特点有:

（1）质量轻

围护结构采用压型金属板、玻璃棉及冷弯薄壁型钢等材料组成,屋面、墙面的质量都很轻。

（2）施工周期短

门式刚架结构的主要构件和配件多为工厂制作,工业化程度高,质量易于保证。结构构件可根据运输条件划分,构件之间的连接多采用高强度螺栓连接,工地安装方便快速。

（3）综合经济效益高

门式刚架结构通常采用计算机辅助设计,近年来相关设计软件的开发和应用已较完善,使刚架结构能随工程实际迅速、准确地出图,设计周期短。刚架构件采用先进自动化设备制造;原材料种类单一,运输方便。所以门式刚架结构的工程周期短,资金回报快,投资效益相对较高。

（4）柱网布置比较灵活

传统钢筋混凝土结构形式由于受屋面板、墙板尺寸的限制,柱距多为 6 米,当采用 12 米柱距时,需设置托架及墙架柱。而门式刚架结构的围护体系采用金属压型板,所以柱网布置不受模数限制,柱距大小主要根据使用要求和用钢量最省的原则来确定。

（5）节省材料

门式刚架的梁、柱多采用焊接 H 形变截面构件,截面与弯矩成正比。除腹板高度变化外,厚度也可根据需要变化,上下翼缘可用不同截面,相邻单元的翼缘也可采用不同截面,充分做到材尽其用。

（6）整体性依靠檩条、墙梁和隅撑来保证。

由于构件轻,支撑采用张紧的圆钢即可满足要求,因刚架腹板允许失稳,可将支撑直接连在腹板上,省去很多节点板。支撑可做得很轻便。

9.5.2　结构形式

就其截面形式来分,有实腹式和格构式等。

（1）实腹式又分为等截面和变截面两种形式,其中等截面一般用于跨度较小的结构,等截面的优点是节省了焊接的费用,但浪费了材料。大跨度门式刚架优先采用变截面梁与柱,因为截面变化曲线基本上与刚架弯矩包络图相符,充分利用了材料。

（2）格构式刚架与实腹式刚架相比用钢量少,但制作费用高,且杆件刚度小,质量不易控制。

门式刚架按结构受力又可分为三种。

（1）无铰刚架。无铰刚架是超静定结构,结构刚度较大,但地基有不均匀沉降时将使结构产生附加内力。

（2）三铰刚架。三铰刚架是静定结构,地基有不均匀沉降时对结构不会引起附加内力,但跨度大时半榀三铰刚架的悬臂吊装内力也不小,而且三铰刚架的刚度也较差,故三铰刚架一般多用于小跨度（12 m）和地基较差的情况。

（3）两铰刚架。其受力情况介于无铰刚架和三铰刚架之间。

此外门式刚架按跨度可分为单跨、双跨和多跨。按屋面坡脊数可分为单脊单坡、单脊双坡、多脊多坡等。

9.5.3　刚架布置

1. 刚架的建筑尺寸

（1）柱距

刚架的间距与刚架的跨度、屋面荷载、檩条形式等因素有关,当刚架跨度较小时,选用较大的间距,会增加檩条的用钢量,是不经济的。刚架规范规定,刚架柱距宜为 6m,7.5m 或 9m,最大可采用 12m。经过大量计算发现,随着柱距的增大,刚架的用钢量是逐渐下降的,但当柱距增大到一定数值后,刚架用钢量随着柱距的增大下降的幅度较为平缓,而其他如檩条、吊车梁、墙梁的用钢量会随着柱距的增大而增大,就房屋的总用钢量而言,随着柱距的增大先下降而后又上升。

（2）跨度及高度

门式刚架的跨度宜为 9～36m,跨度可达 40 m 左右,最适宜是 18 m 左右。当柱宽度不等时,其外侧应对齐。高度应根据使用要求的室内净高确定,宜取 4.5～9m。

2. 檩条和墙梁的布置

门式刚架檩条间距的确定应综合考虑天窗、通风屋脊、采光带、屋面材料、檩条规格等因素按计算确定,一般应等间距布置,在屋脊处应沿屋脊两侧各布置一道(距屋脊≤200mm),在天沟附近布置一道以固定天沟。檩条不仅要满足强度要求,还应满足挠度要求。如果檩条挠度过大,会引起屋面不平整,甚至造成积水。檩条之间应设置一些拉杆与压杆,一方面,增强了屋面的整体刚度,另一方面也减小了檩条的计算长度。当檩条跨度>4m 时,宜在檩条间跨中位置设置拉条或撑杆;当檩条跨度>6m 时,应在檩条跨度三分点处各设一道拉条或撑杆,斜拉条应与刚性檩条连接。侧墙墙梁的布置应考虑门窗、挑檐、雨篷等构件的设置和围护材料的要求确定。

3. 支撑和刚性系杆的布置原则

刚架结构与桁架结构类似,布置支撑时主要应考虑以下几点。

(1)门式刚架轻型房屋的围护结构常采用压型钢板,其温度区间纵向不超过 300m,横向不超过 150m。伸缩缝处可设双排柱,也可采用简易的长圆孔连接,并使面板在构造上允许胀缩。在每个温度区段或分期建设的区段中,应分别设置能独立构成空间稳定结构的支撑体系。

(2)通常是将屋面水平支撑和柱间支撑设在同一个开间内,以构成几何不变体系。端部支撑宜设在温度区段端部的第一或第二个开间。柱间支撑纵向的间距一般为 30～40m,最多不超过 60m。当房屋高度较大时,柱间支撑应分层设置。

(3)端部支撑设在端部第二个开间时,在第一个开间的相应位置应设置刚性系杆。在刚架的转折处(边柱柱顶、屋脊及多跨刚架的中柱柱顶)应沿房屋全长设置刚性系杆。

(4)由支撑斜杆等组成的水平桁架,其直腹杆宜按刚性系杆考虑。刚性系杆可由檩条兼做,此时檩条应满足压弯构件的承载力和刚度要求,当不满足时可在刚架斜梁间设置钢管、H 型钢或其他截面形式的杆件。

(5)当房屋内设有不小于 5t 的吊车时,柱间支撑宜用型钢;当房屋中不允许设置柱间支撑时,应设置纵向刚架。

9.6 悬索结构和拱结构

9.6.1 悬索结构

1. 概述

悬索结构是以能受拉的索作为基本承重构件,并将索按照一定规律布置所构成的一类结构体系。索结构是桥梁的主要结构形式之一,在房屋建筑中也有应用。用于悬索结构的钢索大多采用由高强钢丝组成的平行钢丝束、钢绞线或钢缆绳等,也可采用圆钢、型钢、带钢或钢板等材料。索结构是将桥梁中的悬索"移植"到房屋建筑中,可以说是土木工程中结构形式互通互用的典型范例。悬索屋盖结构通常由悬索系统,屋面系统和支撑系统三部分构成。北京工人体育馆屋顶采用了索结构,设内外两个环,两环之间的上、下层索采用高强钢丝。德国法兰克福国际机场机库为双跨悬索结构,每跨 135m。随着科学技术水平的发展和人们对建筑物新的要求,会不断出现新的结构形式和结构材料。

2. 特点

(1)钢索的自重很小,屋盖结构较轻,悬索只受拉,其截面抗弯刚度 EI 几乎等于 0,结构中不出现弯矩和剪力效应,故悬索是一种柔性结构。通过索的轴向拉伸抵抗外荷载作用,最充分地利用钢材强度。

（2）安装不需要大型起重设备，施工方便，费用低。

（3）便于建筑造型。悬索结构形式多样，布置灵活，并能适应多种建筑平面。

（4）悬索结构的分析设计理论与常规结构相比，比较复杂，限制了它的广泛应用。

悬索结构按索的布置方向和层数可分为单向单层悬索结构，辐射式单层悬索结构，双向单层悬索结构，单向双层预应力悬索结构，辐射式预应力悬索结构，双向双层预应力悬索结构及预应力索网结构等。

9.6.2 拱结构

1. 概述

拱是一种古老的曲线结构形式，目前仍应用于房屋建筑和桥梁工程中。拱所采用的材料相当广泛，可以用砖、石、混凝土、钢筋混凝土、预应力混凝土、木材和钢材。拱在房屋建筑中的应用少于桥梁工程，其典型应用为砖混结构中的砖砌门窗圆形过梁等和拱形的大跨度结构。混凝土拱形桁架在以前的工程中应用较多，但因其自重较大，施工复杂，现已很少采用。目前最大跨度的拱形桁架是贝尔格莱德的机库，为预应力混凝土桁架结构，跨度为 135.8m。

2. 特点

拱是一种受力非常合理的结构形式，受力状态和悬索结构相反，主要承受轴向压力，与梁的最大区别在于拱在竖直荷载作用下产生水平反力 H（见图 9-9）。拱脚有推力是拱的主要力学特征之一，矢高 f 越小，推力越大，由于这个力的存在使拱的弯矩要比跨度、荷载相同的梁的弯矩小得多，根据荷载特点合理选择拱曲线形状，可减小拱的

图 9-9 拱结构的受力

弯矩。拱的恒载在拱截面内引起的应力类似预压应力，可有效减少弯矩引起的拉应力。拱受力截面上的应力分布比较均匀，能充分发挥材料的作用，并利用抗拉性能较差而抗压较强的砖、石、混凝土等材料，来建造大跨度、高承载力、轻结构、小变形的结构工程，这就是拱的主要优点。拱式屋盖比梁式和框架式屋盖结构经济指标好，当跨度超过 80m 时尤为显著。

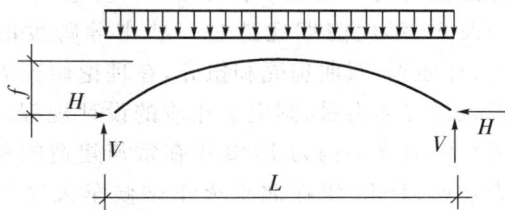

9.7 折板结构、薄壳结构和膜结构

9.7.1 折板结构

折壳亦称折板，由若干厚度很薄的平板构成，形成多边形横截面，最常用的是 V 形截面。折板结构是由多块平板组合而成的空间结构，是一种既能承重又能维护、用料较省、刚度较大的薄壁结构。1976 年建成的美国波士顿机场（图 9-10），采用混凝土折壳，跨度 76.8 m，是目前世界上跨度最大的折板结构。

图 9-10 美国波士顿机场

9.7.2 薄壳结构

1. 概述

生物界的各种蛋壳、贝壳、乌龟壳、海螺壳以及人的头盖骨等都是一种曲度均匀、质地轻巧的"薄壳结构"。这种"薄壳结构"的表面虽然很薄,但具有良好的承载性能。19世纪工程界开始对壳体进行研究、分析和试验,模仿生物界壳体在外力作用下,内力都沿着整个表面扩散和分布的力学特征,并且应用在建筑工程中。建筑工程中的壳体结构是由两个几何曲面构成的空间薄壁结构,两个曲面之间的距离为厚度 t,几何曲面的最小曲率为 R,学术上把 $t/R \leqslant 1/20$ 的壳体定义为薄壳结构。

薄壳结构由曲面形板与边缘构件(梁、拱或桁架)组成的空间结构。它能以较薄的板面形成承载能力高、刚度大的承重结构,能覆盖大跨度的空间而无需中间支柱。钢筋混凝土薄壳结构用于建筑物的屋顶始于1910年,最早有资料记载的是在1925年德国的 Carl Zeiss 公司的四支柱圆柱面壳体屋顶。我国在20世纪50年代后期及60年代前期建造过一些中等跨度的球面壳、柱面壳、双曲扁壳和扭壳,在理论研究方面还投入过许多力量,制定了相应的设计规程。我国最早的薄壳结构为1948年在常州建造的圆柱面壳仓库;1958年在北京火车站候车大厅(图9-

图9-11 北京火车站

11)采用了边长为 30m×30m 现浇钢筋混凝土双曲扁壳。目前此种结构应用较少,主要原因是其结构形状复杂,设计计算难度较大,施工复杂,对设计及施工技术要求均较高。

2. 薄壳结构的几种形式

薄壳结构常用的形状为筒壳、圆顶薄壳、鞍壳、扭壳和双曲扁壳等,按建造材料可分为钢筋混凝土薄壳、砖薄壳、钢薄壳和复合材料薄壳等。

(1)筒壳

筒壳外形为柱形曲面,属单曲面壳体。它纵向为直线,能使用直模板,具有施工简捷、造价低等优点。缺点是横向刚度小。筒壳可分为三种: $L/B \leqslant 1/2$ 者为短壳; $L/B \geqslant 3$ 者为长壳; L/B 介于 1/2 与 3 之间者为中筒壳(其中 L 表示壳体跨度, B 表示壳体宽度或波长)。

(2)圆顶薄壳

圆顶薄壳结构是旋转曲面壳。根据建筑造型,圆顶的形式可采用圆形球面壳、椭圆面壳及抛物线形圆面壳等。自然界中存在着大量的球状物体,常见的是穹窿圆顶建筑,这种古老的建筑形式至今仍经常使用。

圆形圆顶薄壳结构是轴对称结构,在轴对称荷载作用下,将只产生两种作用在曲面内的力,即径向力和环向力。径向力为沿经线方向的力,因其要平衡垂直向下荷载,所以必定为压力,径向压力在壳顶小,在壳底大。环向力是沿纬线方向的力。圆形屋顶在垂直荷载作用下,上部的圆顶部分将受压收缩,其直径将变小,而下部支承环直径将增大,形成上部产生环向压力,下部产生环向拉力,中间有一截面,为环向压力向环向拉力转变的交界线,该处的环向力为0,该截面称为"过渡缝"。底边支座环梁对圆顶薄壳起到箍的约束作用,一般采用预应力结构。

（3）双曲扁壳

筒壳和球壳的结构空间是非常大,对于无需大空间的建筑,可压缩其结构空间,节约材料以便降低造价,尽可能使壳内拉应力减小,减小壳的矢高形成扁壳。扁壳又可分平面扁壳和双曲扁壳。双曲扁壳是一种双向微弯的平板,采用双曲形式更有利于提高壳体各向的强度和刚度,双曲扁壳除扁球壳外,还有椭圆抛物扁壳和不规则双曲扁壳。

双曲扁壳的特点:

① 矢高小,空间小,造价底,结构经济合理;

② 壳内能达到无拉力状态,强度高、刚度大;

③ 施工方便,便于混凝土浇灌振捣;

④ 平面适应性有所改善,造型优美,外形美观,内部开阔;

主要缺点是双曲面形状支模比较困难。

巴黎国家工业与技术中心陈列馆（图 9-12）,1958～1959 建造,它是分段预制的双曲双层薄壳,两层混凝土壳体的总共厚度只有 12cm。壳体平面为三角形,每边跨度达 218m,高出地面 48m,总的建筑使用面积为 9 万 m²。

图 9-12　巴黎国家工业与技术中心陈列馆

（4）鞍壳、扭壳

当平移曲面的母线与导线成反面的两抛物线时,所构成的马鞍形双曲壳体,称鞍壳。它与水平面相交成双曲线,故又称为双曲抛物面壳。鞍壳与扭壳均为双曲抛物面壳,也是双向直纹曲面壳。扭壳适用于各种平面的建筑,其适用跨度为 3～70m,壳板厚度仅为 20～80mm。

壳体结构因其力性能优越,经济合理,利于抗震,近于自然,曲线优美,形态多变,深受建筑师们的赞赏。壳体在工程上有广阔的发展前景。

9.7.3　膜结构

1. 概述

膜结构起源于远古时代人类居住的帐篷（支杆、绳索与兽皮构成的建筑物）。20 世纪中期以后,随着性能优良的建筑膜材料和支撑结构出现,加之工程计算科学和施工技术的进步,膜结构建造技术东山再起,得到了迅速的发展。就建筑规模而言,目前世界上最大的膜结构当数 1999 年建成的英国格林威治千年穹顶(图 9-13),其直径为 365 米,中心高度为 50 米,面积为 10 万平方米。高耸的桅杆、坚如射束的根根钢索、富于机械艺术表现魅力的钢制大型节点,给人以别具一格的艺术感染力,给建筑的形态塑造提供了宽广的空间,并且与周围建筑环境相容性很强。韩国和日本为 2002 年韩日世界杯兴建的 18 座大型体育场馆中,有 11 座采用了膜结构。在我国,膜结构作为一种新型的空间结构体系逐渐为建筑界了解,最具代表性的工程是上海八万人体育馆。由于膜结构具有丰富灵活的空间造型和很轻的自重,短短的几年里已在国内的景观建筑和大跨度建筑中得到了广泛的应用。

图 9-13　千年穹顶

2. 膜结构主要特点

（1）质轻

膜材及其支撑结构通常较轻,它的轻是其他任结构无法比拟的,膜厚度多在 1mm 以下,但抗拉强度却与钢材在一个数量级,甚至基本接近。如中等强度 PVC 膜的厚度仅 0.61mm,但它的拉伸强度相当于钢材的一半。

（2）透光性及抗辐射性

膜材是一种半透明材料,透光性较好,自然光的透光率通常为 10％～21％,可高达 25％。膜材有较高的反射性,并且热传导性较低,这极大程度上阻止太阳能进入室内。

（3）耐久性

目前市场使用的膜材寿命通常在 10 年以上,好的可达 35 年,耐久性较差。国外的实验表明,面料涂层的厚度与膜材的强度有直接关系,达到一定的涂层厚度以后,膜材的剩余强度可在 10 年内保持不变。

（4）经济性

膜布的裁剪和支撑结构的构件加工都可以在工厂进行,在现场只进行安装作业,相比传统建筑的施工周期,它几乎要快一倍,故施工方便且进度较快。由于膜结构较轻,墙体和基础的造价也相应降低。

（5）造型的多样性

膜结构充满张力的自然曲线是其他建筑达不到的。空间膜体自重轻、跨度大。柔性的材料使得膜结构在建筑上的造型自由丰富、变化多端,轻灵、飘逸、亮丽等成为膜结构建筑的共同特征。

3. 结构形式

膜结构的主要形式通常有充气式支承膜结构、骨架式支承膜结构、张拉式支承膜结构及组合式支承膜结构等几种。

思 考 题

1. 大跨度屋盖结构中常见的结构类型有哪些？各有何优缺点？
2. 什么是巨型框架？巨型框架有什么特点？
3. 大跨度桁架计算有什么特点？
4. 网架结构主要有哪些特点？
5. 单层门式刚架的特点有哪些？
6. 简述网壳结构的主要特点。
7. 试比较悬索结构和拱结构的特点。
8. 膜结构的结构形式简要地可分为几类？

附　　　录

附表 1　混凝土强度标准值(N/mm²)

强度种类	混凝土强度等级													
	C15	C20	C25	C30	C35	C40	C45	C50	C55	C60	C65	C70	C75	C80
f_{ck}	10.0	13.4	16.7	20.1	23.4	26.8	29.6	32.4	35.5	38.5	41.5	44.5	47.4	50.2
f_{tk}	1.27	1.54	1.78	2.01	2.20	2.39	2.51	2.64	2.74	2.85	2.93	2.99	3.05	3.11

附表 2　混凝土强度设计值(N/mm²)

强度种类	混凝土强度等级													
	C15	C20	C25	C30	C35	C40	C45	C50	C55	C60	C65	C70	C75	C80
f_c	7.2	9.6	11.9	14.3	16.7	19.1	21.1	23.1	25.3	27.5	29.7	31.8	33.8	35.9
f_t	0.91	1.10	1.27	1.43	1.57	1.71	1.80	1.89	1.96	2.04	2.09	2.14	2.18	2.22

[注]　(1)计算现浇钢筋混凝土轴心受压及偏心受压构件时,如截面的长边或直径小于300mm,则表中混凝土的强度设计值应乘以系数0.8;当构件质量(如混凝土成型,截面和轴线尺寸等)确有保证时,可 不受此限制;(2)离心混凝土的强度设计值应按专门标准取用。

附表 3　混凝土弹性模量(×10⁴N/mm²)

混凝土强度等级	C15	C20	C25	C30	C35	C40	C45	C50	C55	C60	C65	C70	C75	C80
E_c	2.20	2.55	2.80	3.00	3.15	3.25	3.35	3.45	3.55	3.60	3.65	3.70	3.75	3.80

附表 4　普通钢筋强度标准值(N/mm²)

	种类	符号	d(mm)	f_{yk}
热轧钢筋	HPB235(Q235)	Φ	8～20	235
	HRB335(20MnSi)	Φ	6～50	335
	HRB400(20MnSiV、20MnSiNb、20MnTi)	Φ	6～50	400
	RRB400(K20MnSi)	ΦR	8～40	400

[注]　(1)热轧钢筋直径 d 系指公称直径;(2)当采用直径大于40mm的钢筋时,应有可靠的工程经验。

附表 5　普通钢筋强度设计值(N/mm²)

种类		符号	f_y	f'_y
热轧钢筋	HPB 235(Q235)	Φ	210	210
	HRB 335(20MnSi)	Φ	300	300
	HRB 400(20MnSiV、20MnSiNb、20MnTi)	Φ	360	360
	RRB 400(K20MnSi)	Φ^R	360	360

　　[注]　在钢筋混凝土结构中,轴心受拉和小偏心受拉构件的钢筋抗拉强度设计值大于 300N/mm² 时,仍应按 300N/mm² 取用。

附表 6　钢筋弹性模量(×10⁵N/mm²)

种类	E_s
HPB 235 级钢筋	2.1
HRB 335 级钢筋、HRB 400 级钢筋、RRB 400 级钢筋、热处理钢筋	2.0
消除应力钢丝(光面钢丝、螺旋肋钢丝、刻痕钢丝)	2.05
钢绞线	1.95

　　[注]　必要时钢绞线可采用实测的弹性模量。

附表 7　钢筋混凝土结构构件中纵向受力钢筋的最小配筋百分率(％)

受力类型		最小配筋百分率
受压构件	全部纵向钢筋	0.6
	一侧纵向钢筋	0.2
受弯构件、偏心受拉、轴心受拉构件一侧的受拉钢筋		0.2 和 $45f_t/f_y$ 中的较大值

　　[注]　(1)受压构件全部纵向钢筋最小配筋百分率,当采用 HRB400 级、RRB400 级钢筋时,应按表中规定减小 0.1;当混凝土强度等级为 C60 及以上时,应按表中规定增大 0.1;(2)偏心受拉构件中的受压钢筋,应按受压构件一侧纵向钢筋考虑;(3)受压构件的全部纵向钢筋和一侧纵向钢筋的配筋率以及轴心受拉构件和小偏心受拉构件一侧受拉钢筋的配筋率应按构件的全截面面积计算;受弯构件、大偏心受拉构件一侧受拉钢筋的配筋率应按全截面面积扣除受压翼缘面积$(b'_f-b)h'_f$后的截面面积计算;(4)当钢筋沿构件截面周边布置时,"一侧纵向钢筋"系指沿受力方向两个对边中的一边布置的纵向钢筋。

附表 8　矩形和 T 形截面受弯构件正截面承载力计算系数 γ_s、α_s

ξ	γ_s	α_s	ξ	γ_s	α_s
0.01	0.995	0.010	0.34	0.830	0.282
0.02	0.990	0.020	0.35	0.825	0.289
0.03	0.985	0.030	0.36	0.820	0.295
0.04	0.980	0.039	0.37	0.815	0.302
0.05	0.975	0.048	0.38	0.810	0.308
0.06	0.970	0.058	0.39	0.805	0.314
0.07	0.965	0.067	0.40	0.800	0.320
0.08	0.960	0.077	0.41	0.795	0.326
0.09	0.955	0.086	0.42	0.790	0.332
0.10	0.950	0.095	0.43	0.785	0.338
0.11	0.945	0.104	0.44	0.780	0.343
0.12	0.940	0.113	0.45	0.775	0.349
0.13	0.935	0.121	0.46	0.770	0.354
0.14	0.930	0.13	0.47	0.765	0.364
0.15	0.925	0.139	0.48	0.760	0.365
0.16	0.920	0.147	0.49	0.755	0.370
0.17	0.915	0.156	0.50	0.750	0.375
0.18	0.910	0.164	0.51	0.745	0.380
0.19	0.905	0.172	0.518	0.741	0.384
0.20	0.900	0.18	0.52	0.740	0.385
0.21	0.895	0.183	0.53	0.735	0.390
0.22	0.890	0.196	0.54	0.730	0.394
0.23	0.885	0.204	0.55	0.725	0.400
0.24	0.880	0.211	0.56	0.720	0.403
0.25	0.875	0.219	0.57	0.715	0.408
0.26	0.870	0.226	0.58	0.710	0.412
0.27	0.865	0.234	0.59	0.705	0.416
0.28	0.860	0.241	0.60	0.700	0.420
0.29	0.855	0.248	0.61	0.695	0.424
0.30	0.850	0.255	0.614	0.693	0.426
0.31	0.845	0.262			
0.32	0.840	0.269			
0.33	0.835	0.276			

附表9　钢筋的计算截面面积及理论重量

公称直径 (mm)	不同根数钢筋的计算截面面积(mm²)									单根钢筋理论
	1	2	3	4	5	6	7	8	9	重量(kg/m)
6	28.3	57	85	113	142	170	198	226	255	0.222
6.5	33.2	66	100	133	166	199	232	265	299	0.260
8	50.3	101	151	201	252	302	352	402	453	0.395
8.2	52.8	106	158	211	264	317	370	423	475	0.432
10	78.5	157	236	314	393	471	550	628	707	0.617
12	113.1	226	339	452	565	678	791	904	1017	0.888
14	153.9	308	461	615	769	923	1077	1231	1385	1.21
16	201.1	402	603	804	1005	1206	1407	1608	1809	1.58
18	254.5	509	763	1017	1272	1527	1781	2036	2290	2.00
20	314.2	628	942	1256	1570	1884	2199	2513	2827	2.47
22	380.1	760	1140	1520	1900	2281	2661	3041	3421	2.98
25	490.9	982	1473	1964	2454	2945	3436	3927	4418	3.85
28	615.8	1232	1847	2463	3079	3695	4310	4926	5542	4.83
32	804.2	1609	2413	3217	4021	4826	5630	6434	7238	6.31
36	1017.9	2036	3054	4072	5089	6107	7125	8143	9161	7.99
40	1256.6	2513	3770	5027	6283	7540	8796	10053	11310	9.87
50	1964	3928	5892	7856	9820	11784	13748	15712	17676	15.42

[注]　表中直径 $d=8.2$mm 的计算截面面积及理论重量仅适用于有纵肋的热处理钢筋。

附表10　每米板宽各种钢筋间距的钢筋截面面积(mm²)

钢筋间距 (mm)	当钢筋直径(mm)为下列数值时的钢筋截面面积(mm²)													
	3	4	5	6	6/8	8	8/10	10	10/12	12	12/14	14	14/16	16
70	101	179	280	404	561	719	920	1121	1369	1616	1908	2199	2536	2872
75	94.2	167	262	377	524	671	859	1047	1277	1508	1780	2053	2367	2681
80	88.4	157	245	354	491	629	805	981	1198	1414	1669	1924	2218	2513
85	83.2	148	231	333	462	592	758	924	1127	1331	1571	1811	2088	2365
90	78.5	140	218	314	437	559	716	872	1064	1257	1484	1710	1972	2234
95	74.5	132	207	298	414	529	678	826	1008	1190	1405	1620	1868	2116
100	70.6	126	196	283	393	503	644	785	958	1131	1335	1539	1775	2011
110	64.2	114	178	257	357	457	585	714	871	1028	1214	1399	1614	1828
120	58.9	105	163	236	327	419	537	654	798	942	1112	1282	1480	1676
125	56.5	100	157	226	314	402	515	628	766	905	1068	1232	1420	1608
130	54.4	96.6	151	218	302	387	495	604	737	870	1027	1184	1366	1547
140	50.5	89.7	140	202	281	359	460	561	684	808	954	1100	1268	1436
150	47.1	83.8	131	189	262	335	429	523	639	754	890	1026	1183	1340
160	44.1	78.5	123	177	246	314	403	491	599	707	834	962	1110	1257
170	41.5	73.9	115	166	231	296	379	462	564	665	786	906	1044	1183
180	39.2	69.8	109	157	218	279	358	436	532	628	742	855	985	1117
190	37.2	66.1	103	149	207	265	339	413	504	595	703	801	934	1058
200	35.3	62.8	98.2	141	196	251	322	393	479	565	668	770	888	1005
220	32.1	57.1	89.2	129	179	229	293	357	436	514	607	700	807	914
240	29.4	52.4	81.8	118	164	209	268	327	399	471	556	641	740	838
250	28.3	50.3	78.5	113	157	201	258	314	383	452	534	616	710	804
260	27.2	48.3	75.5	109	151	193	248	302	368	435	513	592	682	773
280	25.2	44.9	70.1	101	140	180	230	281	342	404	477	550	634	718
300	23.6	41.9	66.5	94.2	131	168	215	262	320	377	445	513	592	670
320	22.1	39.3	61.4	88.4	123	157	201	245	299	353	417	481	554	628

附表 11　等截面等跨连续梁在常用荷载作用下的内力系数表

1. 在均布及三角形荷载作用下：

$$M=表中系数×ql^2（或×gl^2）；$$

$$V=表中系数×ql（或×gl）；$$

2. 在集中荷载作用下：

$$M=表中系数×Q（或×G）l；$$

$$V=表中系数×Q（或×G）；$$

3. 内力正负号规定：

M——使截面上部受压、下部受拉为正；

V——对邻近截面所产生的力矩沿顺时针方向者为正。

附表 11－1　两跨梁

荷　载　图	跨内最大弯矩		支座弯矩	剪力		
	M_1	M_2	M_B	V_A	V_{Bl}、V_{Br}	V_C
	0.070	0.0703	0.125	0.375	-0.625 0.625	-0.375
	0.096	—	-0.063	0.437	-0.563 0.063	0.063
	0.048	0.048	-0.078	0.172	-0.328 0.328	-0.172
	0.064	—	-0.039	0.211	-0.289 0.039	0.039
	0.156	0.156	-0.188	0.312	-0.688 0.688	-0.312
	0.203	—	-0.094	0.406	-0.594 0.094	0.094
	0.222	0.222	-0.333	0.667	-1.333 1.333	-0.667
	0.278	—	-0.167	0.833	-1.167 0.167	0.167

附表 11-2　三跨梁

荷载图	跨内最大弯矩		支座弯矩		剪力			
	M_1	M_2	M_B	M_C	V_A	$V_{Bl}、V_{Br}$	$V_{Cl}、V_{Cr}$	V_D
	0.080	0.025	-0.100	-0.100	0.400	-0.600 0.500	-0.500 0.600	-0.400
	0.101	—	-0.050	-0.050	0.450	-0.550 0	0 0.500	-0.450
	—	0.075	-0.050	-0.050	0.050	-0.050 0.550	-0.500 0.050	0.050
	0.073	0.054	-0.117	-0.033	0.383	-0.617 0.583	-0.417 0.033	0.033
	0.094	—	-0.067	0.017	0.433	-0.567 0.083	0.083 -0.017	-0.017
	0.054	0.021	-0.063	-0.063	0.183	-0.313 0.250	-0.250 0.313	-0.188
	0.068	—	-0.031	-0.031	0.219	-0.281 0	0 0.281	-0.219
	—	0.052	-0.031	-0.031	0.031	-0.031 0.250	-0.250 0.051	0.031
	0.050	0.038	-0.073	-0.021	0.177	-0.323 0.302	-0.198 0.021	0.021
	0.063	—	-0.042	0.010	0.208	-0.292 0.052	0.052 -0.010	-0.010

（续表）

荷载图	跨内最大弯矩		支座弯矩		剪力			
	M_1	M_2	M_B	M_C	V_A	V_{Bl}、V_{Br}	V_{Cl}、V_{Cr}	V_D
G G G	0.175	0.100	−0.150	−0.150	0.350	−0.650 0.500	−0.500 0.650	−0.350
Q　Q	0.213	—	−0.075	−0.075	0.425	−0.575 0	0 0.575	−0.425
Q（中）	—	0.175	−0.075	−0.075	−0.075	−0.075 0.500	−0.500 0.075	0.075
Q Q	0.162	0.137	−0.175	−0.050	0.325	−0.675 0.625	−0.375 0.050	0.050
Q	0.200	—	−0.100	0.025	0.400	−0.600 0.125	0.125 −0.025	0.025
GG GG GG	0.244	0.067	−0.267	0.267	0.733	−1.267 1.000	−1.000 1.267	−0.733
QQ　QQ	0.289	—	0.133	−0.133	0.866	−1.134 0	0 1.134	−0.866
QQ（中）	—	0.200	−0.133	0.133	−0.133	−0.133 1.000	−1.000 0.133	0.133
QQ QQ	0.229	0.170	−0.311	−0.089	0.689	−1.311 1.222	−0.778 0.089	0.089
QQ	0.274	—	0.178	0.044	0.822	−1.178 0.222	0.222 −0.044	−0.044

附表 11－3　四跨梁

荷载图	跨内最大弯矩				支座弯矩			剪　力				
	M_1	M_2	M_3	M_4	M_B	M_C	M_D	V_A	V_{Bl}、V_{Br}	V_{Cl}、V_{Cr}	V_{Dl}、V_{Dr}	V_E
	0.077	0.036	0.036	0.077	−0.107	−0.071	−0.107	0.393	−0.607 0.536	−0.464 0.464	−0.536 0.607	−0.393
	0.100	—	0.081	—	−0.054	−0.036	−0.054	0.446	−0.554 0.018	0.018 −0.482	−0.518 0.054	0.054
	0.072	0.061	—	0.098	−0.121	−0.018	−0.058	0.380	−0.620 0.603	−0.397 −0.040	−0.040 −0.558	−0.442
	—	0.056	0.056	—	−0.036	−0.107	−0.036	−0.036	−0.036 0.429	−0.571 0.571	−0.429 0.036	0.036
	0.094	—	—	0.052	−0.067	0.018	−0.004	0.433	−0.567 0.085	0.085 −0.022	0.022 0.004	0.004
	—	0.071	—	—	−0.049	−0.054	0.013	−0.049	−0.049 0.496	−0.504 0.067	0.067 0.013	−0.013
	0.062	0.028	0.028	0.052	−0.067	−0.045	−0.067	0.183	−0.317 0.272	−0.228 0.228	−0.272 0.317	−0.183
	0.067	—	0.055	—	−0.084	−0.022	−0.034	0.217	−0.234 0.011	0.011 0.239	−0.261 0.034	0.034

（续表）

荷载图	跨内最大弯矩				支座弯矩			剪　力				
	M_1	M_2	M_3	M_4	M_B	M_C	M_D	V_A	V_{Bl}、V_{Br}	V_{Cl}、V_{Cr}	V_{Dl}、V_{Dr}	V_E
	0.049	0.042	—	0.066	−0.075	−0.011	−0.036	0.175	−0.325 0.314	−0.186 −0.025	−0.025 0.286	−0.214
	—	0.040	0.040	—	−0.022	−0.067	−0.022	−0.022	−0.022 0.205	−0.295 0.295	−0.205 0.022	0.022
	0.088	—	—	—	−0.042	0.011	−0.003	0.208	−0.292 0.053	0.063 −0.014	−0.014 0.003	0.003
	—	0.051	—	—	0.031	−0.034	0.008	−0.031	−0.031 0.247	−0.253 0.042	0.042 −0.008	−0.008
	0.169	0.116	0.116	0.169	−0.161	−0.107	−0.161	0.339	−0.661 0.554	−0.446 0.446	−0.554 0.661	−0.330
	0.210	0.146	0.183	0.206	−0.080	−0.054	−0.080	0.420	−0.580 0.027	0.027 0.473	−0.527 0.080	0.080
	0.159	—	—	—	−0.181	−0.027	−0.087	0.319	−0.681 0.654	−0.346 −0.060	−0.060 0.587	−0.413
	—	0.142	0.142	—	−0.054	−0.161	−0.054	0.054	−0.054 0.393	−0.607 0.607	−0.393 0.054	0.054

（续表）

荷载图	跨内最大弯矩 M₁	M₂	M₃	M₄	支座弯矩 M_B	M_C	M_D	剪力 V_A	V_Bl、V_Br	V_Cl、V_Cr	V_Dl、V_Dr	V_E
Q	0.200	—	—	—	-0.100	-0.027	-0.007	0.400	-0.600 / 0.127	0.127 / -0.033	-0.033 / 0.007	0.007
Q	—	0.173	—	—	-0.074	-0.080	0.020	-0.074	-0.074 / 0.493	-0.507 / 0.100	0.100 / -0.020	-0.020
GG GG GG GG	0.238	0.111	0.111	0.238	-0.286	-0.191	-0.286	0.714	1.286 / 1.095	-0.905 / 0.905	-1.095 / 1.286	-0.714
QQ QQ	0.286	—	0.222	—	-0.143	-0.095	-0.143	0.857	-1.143 / 0.048	0.048 / 0.952	-1.048 / 0.143	0.143
QQ QQ QQ	0.226	0.194	—	0.282	-0.321	-0.048	-0.155	0.679	-1.321 / 1.274	-0.726 / -0.107	-0.107 / 1.155	-0.845
QQ QQ	—	0.175	0.175	—	-0.095	-0.286	-0.095	-0.095	0.095 / 0.810	-1.190 / 1.190	-0.810 / 0.095	0.095
QQ	0.274	—	—	—	-0.178	0.048	-0.012	0.822	-1.178 / 0.226	0.226 / -0.060	-0.060 / 0.012	0.012
QQ	—	0.198	—	—	-0.131	-0.143	0.036	-0.131	-0.131 / 0.988	-1.012 / 0.178	0.178 / -0.036	-0.036

附表 11 – 4　五跨梁

荷载图	跨内最大弯矩			支座弯矩				剪　力					
	M_1	M_2	M_3	M_B	M_C	M_D	M_E	V_A	V_{Bl}、V_{Br}	V_{Cl}、V_{Cr}	V_{Dl}、V_{Dr}	V_{El}、V_{Er}	V_F
（满跨均布荷载）$A\;\overset{l}{}B\;\overset{l}{}C\;\overset{l}{}D\;\overset{l}{}E\;\overset{l}{}F$	0.078	0.033	0.046	−0.105	−0.079	−0.079	−0.105	0.394	−0.606 / 0.526	−0.474 / 0.500	−0.500 / 0.474	−0.526 / 0.606	−0.394
（集中荷载）$M_1\;M_2\;M_3\;M_4\;M_5$	0.100	—	0.085	−0.053	−0.040	−0.040	−0.053	0.447	−0.553 / 0.013	0.013 / 0.500	−0.500 / −0.013	−0.013 / 0.553	−0.447
（图）	—	0.079	—	−0.053	−0.040	−0.040	−0.053	−0.053	−0.053 / 0.513	−0.487 / 0	0 / 0.487	−0.513 / 0.053	0.053
（图）	0.073	②0.059 / 0.078	0.064	−0.119	−0.022	−0.044	−0.051	0.380	−0.620 / 0.598	−0.402 / −0.023	−0.023 / 0.493	−0.507 / 0.052	0.052
（图）	① — / 0.098	0.055	—	−0.035	−0.111	−0.020	−0.057	0.035	0.035 / 0.424	0.576 / 0.591	−0.409 / −0.037	−0.037 / 0.557	−0.443
（图）	0.094	—	—	−0.067	0.018	−0.005	0.001	0.433	−0.567 / 0.085	0.086 / 0.023	0.023 / 0.006	0.006 / −0.001	0.001
（图）	—	0.074	—	−0.049	−0.054	0.014	−0.004	0.019	−0.049 / 0.496	−0.505 / 0.068	0.068 / −0.018	−0.018 / 0.004	0.004
（图）	—	—	0.072	0.013	0.053	0.053	0.013	0.013	0.013 / −0.066	−0.066 / 0.500	−0.500 / 0.066	0.066 / −0.013	0.013

（续表）

荷载图	跨内最大弯矩			支座弯矩				剪　力					
	M_1	M_2	M_3	M_B	M_C	M_D	M_E	V_A	V_{Bl},V_{Br}	V_{Cl},V_{Cr}	V_{Dl},V_{Dr}	V_{El},V_{Er}	V_F
（荷载图）	0.053	0.026	0.034	−0.066	−0.049	0.049	−0.066	0.184	−0.316 / 0.266	−0.234 / 0.250	−0.250 / 0.234	−0.266 / 0.316	0.184
（荷载图）	0.067	—	0.059	−0.033	−0.025	−0.025	0.033	0.217	0.283 / 0.008	0.008 / 0.250	−0.250 / −0.006	−0.008 / 0.283	0.217
（荷载图）	—	0.055	—	−0.033	−0.025	−0.025	−0.033	0.033	−0.033 / 0.258	−0.242 / 0	0 / 0.242	−0.258 / 0.033	0.033
（荷载图）	①—/0.066	②0.041 / 0.053	—	−0.075	−0.014	−0.028	−0.032	0.175	0.325 / 0.311	−0.189 / −0.014	−0.014 / 0.246	−0.255 / 0.032	0.032
（荷载图）	0.063	0.039	0.044	−0.022	−0.070	−0.013	−0.036	−0.022	−0.022 / 0.202	−0.298 / 0.307	−0.198 / −0.028	−0.023 / 0.286	−0.214
（荷载图）	—	—	—	−0.042	0.011	−0.003	0.001	0.208	−0.292 / 0.053	0.053 / −0.014	−0.014 / 0.004	0.004 / −0.001	−0.001
（荷载图）	—	0.051	—	−0.031	−0.034	0.009	−0.002	−0.031	−0.031 / 0.247	−0.253 / 0.043	0.049 / −0.011	−0.011 / 0.002	0.002
（荷载图）	—	—	0.050	0.008	−0.033	−0.033	0.008	0.008	0.008 / −0.041	−0.041 / 0.250	−0.250 / 0.041	0.041 / −0.008	−0.008

（续表）

荷载图	跨内最大弯矩			支座弯矩				剪　力					
	M_1	M_2	M_3	M_B	M_C	M_D	M_E	V_A	V_{Bl}、V_{Br}	V_{Cl}、V_{Cr}	V_{Dl}、V_{Dr}	V_{El}、V_{Er}	V_F
（G G G G）	0.171	0.112	0.132	−0.158	−0.118	−0.118	−0.158	0.342	−0.658 0.540	−0.460 0.500	−0.500 0.460	−0.540 0.658	−0.342
（Q Q）	0.211	—	0.191	−0.079	−0.059	−0.059	−0.079	0.421	−0.579 0.020	0.020 0.500	−0.500 −0.020	−0.020 0.579	−0.421
（Q Q）	—	0.181	—	−0.079	−0.059	−0.059	−0.079	−0.079	−0.079 0.520	−0.480 0	0 0.480	−0.520 0.079	0.079
（Q Q Q）	0.160	②$\dfrac{0.144}{0.178}$	—	−0.179	−0.032	−0.066	−0.077	0.321	−0.679 0.647	−0.353 −0.034	−0.034 0.489	−0.511 0.077	0.077
（Q Q Q）	①$\dfrac{-}{0.207}$	0.140	0.151	−0.052	−0.167	−0.031	−0.086	−0.052	−0.052 0.385	−0.615 0.637	−0.363 −0.056	−0.056 0.586	−0.414
（Q）	0.200	—	—	−0.100	0.027	−0.007	0.002	0.400	−0.600 0.127	0.127 −0.031	−0.034 0.009	0.009 −0.002	−0.002
（Q）	—	0.173	—	−0.073	−0.081	0.022	−0.005	−0.073	−0.073 0.493	−0.507 0.102	0.102 −0.027	−0.027 0.005	0.005
（Q）	—	—	0.171	0.020	−0.079	−0.079	0.020	0.020	0.020 −0.099	−0.099 0.500	−0.500 0.099	0.090 −0.020	−0.020

（续表）

荷载图	跨内最大弯矩			支座弯矩				剪　　力					
	M_1	M_2	M_3	M_B	M_C	M_D	M_E	V_A	V_{Bl}、V_{Br}	V_{Cl}、V_{Cr}	V_{Dl}、V_{Dr}	V_{El}、V_{Er}	V_F
GG GG GG GG	0.240	0.100	0.122	−0.281	−0.211	0.211	−0.281	0.719	−1.281 / 1.070	−0.930 / 1.000	−1.000 / 0.930	1.070 / 1.281	−0.719
QQ	0.287	—	0.228	−0.140	−0.105	−0.105	−0.140	0.860	−1.140 / 0.035	0.035 / 1.000	1.000 / −0.035	−0.035 / 1.140	−0.860
QQ	—	0.216	—	−0.140	−0.105	−0.105	−0.140	−0.140	−0.140 / 1.035	−0.965 / 0	0.000 / 0.965	−1.035 / 0.140	0.140
QQ QQ QQ	0.227	②0.189 / 0.209	0.108	−0.319	−0.057	−0.118	−0.137	0.681	−1.319 / 1.262	−0.738 / −0.061	−0.061 / 0.981	−1.019 / 0.137	0.137
QQ QQ	① — / 0.282	0.172	—	−0.093	−0.297	−0.054	0.153	−0.093	−0.093 / 0.796	−1.204 / 1.243	−0.757 / −0.099	−0.099 / 1.153	−0.847
QQ	0.274	—	—	−0.179	0.048	−0.013	0.003	0.821	−1.179 / 0.227	0.227 / −0.061	−0.061 / 0.016	0.016 / −0.003	−0.003
QQ	—	0.198	—	−0.131	−0.144	0.038	−0.010	−0.131	−0.131 / 0.987	−1.013 / 0.182	0.182 / −0.048	−0.048 / 0.010	0.010
QQ	—	—	0.193	0.035	−0.140	−0.140	0.035	0.035	0.035 / −0.175	−0.175 / 1.000	−1.000 / 0.175	0.175 / −0.035	−0.035

[注]　（1）分子及分母分别为 M_1 及 M_2 的弯矩系数；（2）分子及分母分别为 M_2 及 M_1 的弯矩系数。

附表 12　双向板弯矩、挠度计算系数

符 号 说 明

$$B_C = \frac{Eh^3}{12(1-v^2)} \text{刚度};$$

式中:E——弹性模量;

　　h——板厚;

　　v——泊桑比;

　　f, f_{max}——分别为板中心点的挠度和最大挠度;

　　f_{01}, f_{02}——分别为平行于 l_{01} 和 l_{02} 方向自由边的中点挠度;

　　$m_{01}, m_{01,max}$——分别为平行于 l_{01} 方向板中心点单位板宽内的弯矩和板跨内最大弯矩;

　　$m_{02}, m_{02,max}$——分别为平行于 l_{02} 方向板中心点单位板宽内的弯矩和板跨内最大弯矩;

　　m_{01}, m_{02}——分别为平行于 l_{01} 和 l_{02} 方向自由边的中点单位板宽内的弯矩;

　　m'_1——固定边中点沿 l_{01} 方向单位板宽内的弯矩;

　　m'_2——固定边中点沿 l_{02} 方向单位板宽内的弯矩;

　　⊢⊢⊢⊢⊢⊢⊢⊢⊢　代表固定边;　——————　代表简支边;

正负号的规定:

　　弯矩——使板的受荷面受压者为正;

　　挠度——变位方向与荷载方向相同者为正。

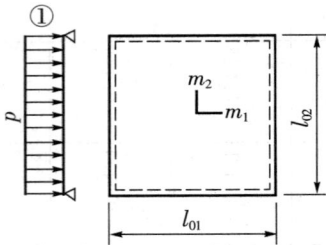

挠度 = 表中系数 $/\dfrac{pl_{01}^1}{B_C}$;

$v = 0$,弯矩 = 表中系数 $/pl_{01}^2$;

这里 $l_{01} < l_{02}$。

附表 12-1　四边简支

l_{01}/l_{02}	f	m_1	m_2	l_{01}/l_{02}	f	m_1	m_2
0.50	0.01013	0.0965	0.0174	0.80	0.00603	0.0561	0.0334
0.55	0.00940	0.0892	0.0210	0.85	0.00547	0.0506	0.0348
0.60	0.00867	0.0820	0.0242	0.90	0.00496	0.0456	0.0358
0.65	0.00796	0.0750	0.0271	0.95	0.00449	0.0410	0.0364
0.70	0.00727	0.0683	0.0296	1.00	0.00406	0.0368	0.0368
0.75	0.00663	0.0620	0.0317				

②

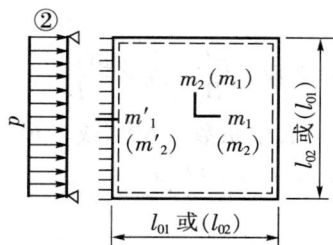

$$挠度＝表中系数 \times \frac{p l_{01}^4}{B_{\mathrm{C}}}（或 \times \frac{p(l_{01})^4}{B_{\mathrm{C}}}）；$$

$$v＝0，弯矩＝表中系数 \times p l_{01}^2（或 \times p(l_{01})^2）；$$

这里 $l_{01} < l_{02}$，$(l_{01}) < (l_{02})$。

附表 12 - 2　三边简支一边固定

l_{01}/l_{02}	$(l_{01})/(l_{02})$	f	$f_{\max}$	m_1	$m_{1\max}$	m_2	$m_{2\max}$	m'_1 或 m'_2
0.50		0.00488	0.00504	0.0583	0.0646	0.0060	0.0063	−0.1212
0.55		0.00471	0.00492	0.0563	0.0618	0.0081	0.0087	−0.1187
0.60		0.00453	0.00472	0.0539	0.0589	0.0104	0.0111	−0.1158
0.65		0.00432	0.00448	0.0513	0.0559	0.0126	0.0133	−0.1124
0.70		0.00410	0.00422	0.0485	0.0529	0.0148	0.0154	−0.1087
0.75		0.00388	0.00399	0.0458	0.0496	0.0168	0.0174	−0.1048
0.80		0.00365	0.00376	0.0428	0.0463	0.0187	0.0193	−0.1007
0.85		0.00343	0.00352	0.0400	0.0431	0.0204	0.0211	−0.0965
0.90		0.00321	0.00329	0.0372	0.0400	0.0219	0.0226	−0.0922
0.95		0.00299	0.00306	0.0345	0.0369	0.0232	0.0239	−0.0880
1.00	1.00	0.00279	0.00285	0.0319	0.0340	0.0243	0.0249	−0.0839
	0.95	0.00316	0.00324	0.0324	0.0345	0.0280	0.0287	−0.0882
	0.90	0.00360	0.00368	0.0328	0.0347	0.0322	0.0330	−0.0926
	0.85	0.00409	0.00417	0.0329	0.0347	0.0370	0.0378	−0.0970
	0.80	0.00464	0.00473	0.0326	0.0343	0.0424	0.0433	−0.1014
	0.75	0.00526	0.00536	0.0319	0.0335	0.0485	0.0494	−0.1056
	0.70	0.00595	0.00605	0.0308	0.0323	0.0553	0.0562	−0.1096
	0.65	0.00670	0.00680	0.0291	0.0306	0.0627	0.0637	−0.1133
	0.60	0.00752	0.00762	0.0268	0.0289	0.0707	0.0717	−0.1166
	0.55	0.00838	0.00848	0.0239	0.0271	0.0792	0.0801	−0.1193
	0.50	0.00927	0.00935	0.0205	0.0249	0.0880	0.0888	−0.1215

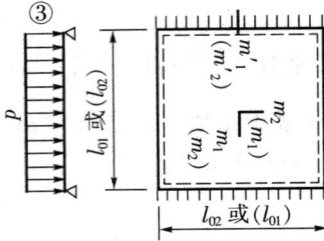

挠度＝表中系数$\times\dfrac{pl_{01}^4}{B_C}$（或$\times\dfrac{p(l_{01})^4}{B_C}$）；

$v=0$，弯矩＝表中系数$\times pl_{01}^2$（或$\times p(l_{01})^2$）；

这里 $l_{01}<l_{02}$，$(l_{01})<(l_{02})$。

附表 12 - 3　对边简支、对边固定

l_{01}/l_{02}	$(l_{01})/(l_{02})$	f	m_1	m_2	m'_1 或 m'_2
0.50		0.00261	0.0416	0.0017	−0.0843
0.55		0.00259	0.0410	0.0028	−0.0840
0.60		0.00255	0.0402	0.0042	−0.0834
0.65		0.00250	0.0392	0.0057	−0.0826
0.70		0.00243	0.0379	0.0072	−0.0814
0.75		0.00236	0.0366	0.0088	−0.0799
0.80		0.00228	0.0351	0.0103	−0.0782
0.85		0.00220	0.0335	0.0118	−0.0763
0.90		0.00211	0.0319	0.0133	−0.0743
0.95		0.00201	0.0302	0.0146	−0.0721
1.00	1.00	0.00192	0.0285	0.0158	−0.0698
	0.95	0.00223	0.0296	0.0189	−0.0746
	0.90	0.00260	0.0306	0.0224	−0.0797
	0.85	0.00303	0.0314	0.0266	−0.0850
	0.80	0.00354	0.0319	0.0316	−0.0904
	0.75	0.00413	0.0321	0.0374	−0.0959
	0.70	0.00482	0.0318	0.0441	−0.1013
	0.65	0.00560	0.0308	0.0518	−0.1066
	0.60	0.00647	0.0292	0.0604	−0.1114
	0.55	0.00743	0.0267	0.0698	−0.1156
	0.50	0.00844	0.0234	0.0798	−0.1191

④

$$挠度 = 表中系数 \times \frac{p l_{01}^{1}}{B_{C}};$$

$$v = 0, 弯矩 = 表中系数 \times p l_{01}^{2};$$

这里 $l_{01} < l_{02}$。

附表 12 - 4　四边固定

l_{01}/l_{02}	f	m_1	m_2	m'_1	m'_2
0.50	0.00253	0.0400	0.0038	-0.0829	-0.0570
0.55	0.00246	0.0385	0.0056	-0.0814	-0.0571
0.60	0.00236	0.0367	0.0076	-0.0793	-0.0571
0.65	0.00224	0.0345	0.0095	-0.0766	-0.0571
0.70	0.00211	0.0321	0.0115	-0.0735	-0.0569
0.75	0.00197	0.0296	0.0130	-0.0701	-0.0565
0.80	0.00182	0.0271	0.0144	-0.0664	-0.0559
0.85	0.00168	0.0246	0.0156	-0.0626	-0.0551
0.90	0.00153	0.0221	0.0165	-0.0588	-0.0541
0.95	0.00140	0.0198	0.0172	-0.0550	-0.0528
1.00	0.00127	0.0176	0.0176	-0.0513	-0.0513

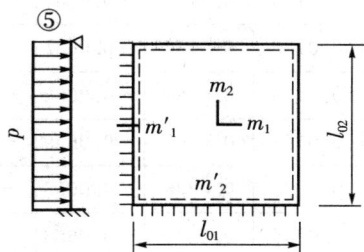

⑤

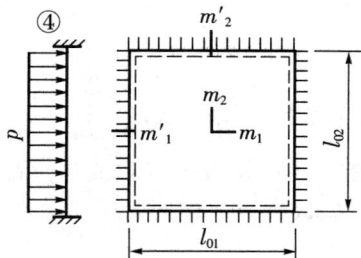

$$挠度 = 表中系数 \times \frac{p l_{01}^{4}}{B_{C}};$$

$$v = 0, 弯矩 = 表中系数 \times p l_{01}^{2};$$

这里 $l_{01} < l_{02}$。

附表 12 - 5　邻边简支、邻边固定

l_{01}/l_{02}	f	f_{max}	m_1	m_{1max}	m_2	m_{2max}	m'_1	m'_2
0.50	0.00468	0.00471	0.0559	0.0562	0.0079	0.0135	-0.1179	-0.0786
0.55	0.00445	0.00454	0.0529	0.0530	0.0104	0.0153	-0.1140	-0.0785
0.60	0.00419	0.00429	0.0496	0.0498	0.0129	0.0169	-0.1095	-0.0782
0.65	0.00391	0.00399	0.0461	0.0465	0.0151	0.0183	-0.1045	-0.0777
0.70	0.00363	0.00368	0.0426	0.0432	0.0172	0.0195	-0.0992	-0.0770
0.75	0.00335	0.00340	0.0390	0.0396	0.0189	0.0206	-0.0938	-0.0760
0.80	0.00308	0.00313	0.0356	0.0361	0.0204	0.0218	-0.0883	-0.0748
0.85	0.00281	0.00286	0.0322	0.0328	0.0215	0.0229	-0.0829	-0.0733
0.90	0.00256	0.00261	0.0291	0.0297	0.0224	0.0238	-0.0776	-0.0716
0.95	0.00232	0.00237	0.0261	0.0267	0.0230	0.0244	-0.0726	-0.0698
1.00	0.00210	0.00215	0.0234	0.0240	0.0234	0.0249	-0.0677	-0.0677

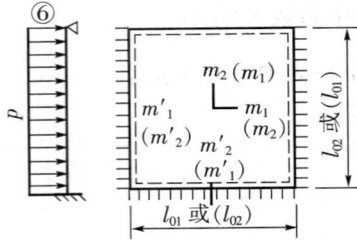

挠度＝表中系数 $\times \dfrac{pl_{01}^4}{B_C}$（或 $\times \dfrac{p(l_{01})^4}{B_C}$）；

$v=0$，弯矩＝表中系数 $\times pl_{01}^2$（或 $\times p(l_{01})^2$）；

这里 $l_{01}<l_{02}$，$(l_{01})<(l_{02})$。

附表 12-6　三边固定、一边简支

l_{01}/l_{02}	$(l_{01})/(l_{02})$	f	f_{max}	m_1	m_{1max}	m_2	m_{2max}	m'_1	m'_2
0.50		0.00257	0.00258	0.0408	0.0409	0.0028	0.0089	−0.0836	−0.0569
0.55		0.00252	0.00255	0.0398	0.0399	0.0042	0.0093	−0.0827	−0.0570
0.60		0.00245	0.00249	0.0384	0.0386	0.0059	0.0105	−0.0814	−0.0571
0.65		0.00237	0.00240	0.0368	0.0371	0.0076	0.0116	−0.0796	−0.0572
0.70		0.00227	0.00229	0.0350	0.0354	0.0093	0.0127	−0.0774	−0.0572
0.75		0.00216	0.00219	0.0331	0.0335	0.0109	0.0137	−0.0750	−0.0572
0.80		0.00205	0.00208	0.0310	0.0314	0.0124	0.0147	−0.0722	−0.0570
0.85		0.00193	0.00196	0.0289	0.0293	0.0138	0.0155	−0.0693	−0.0567
0.90		0.00181	0.00184	0.0268	0.0273	0.0159	0.0163	−0.0663	−0.0563
0.95		0.00169	0.00172	0.0247	0.0252	0.0160	0.0172	−0.0631	−0.0558
1.00	1.00	0.00157	0.00160	0.0227	0.0231	0.0168	0.0180	−0.0600	−0.0550
	0.95	0.00178	0.00182	0.0229	0.0234	0.0194	0.0207	−0.0629	−0.0599
	0.90	0.00201	0.00206	0.0228	0.0234	0.0223	0.0238	−0.0656	−0.0653
	0.85	0.00227	0.00233	0.0225	0.0231	0.0255	0.0273	−0.0683	−0.0711
	0.80	0.00256	0.00262	0.0219	0.0224	0.0290	0.0311	−0.0707	−0.0772
	0.75	0.00286	0.00294	0.0208	0.0214	0.0329	0.0354	−0.0729	−0.0837
	0.70	0.00319	0.00327	0.0194	0.0200	0.0370	0.0400	−0.0748	−0.0903
	0.65	0.00352	0.00365	0.0175	0.0182	0.0412	0.0446	−0.0762	−0.0970
	0.60	0.00386	0.00403	0.0153	0.0160	0.0454	0.0493	−0.0773	−0.1033
	0.55	0.00419	0.00437	0.0127	0.0133	0.0496	0.0541	−0.0780	−0.1093
	0.50	0.00449	0.00463	0.0099	0.0103	0.0534	0.0588	−0.0784	−0.1146

附表 13　单阶柱柱顶反力与水平位移系数值

附表 13-1　柱顶单位集中荷载作用下系数 C_0 的数值

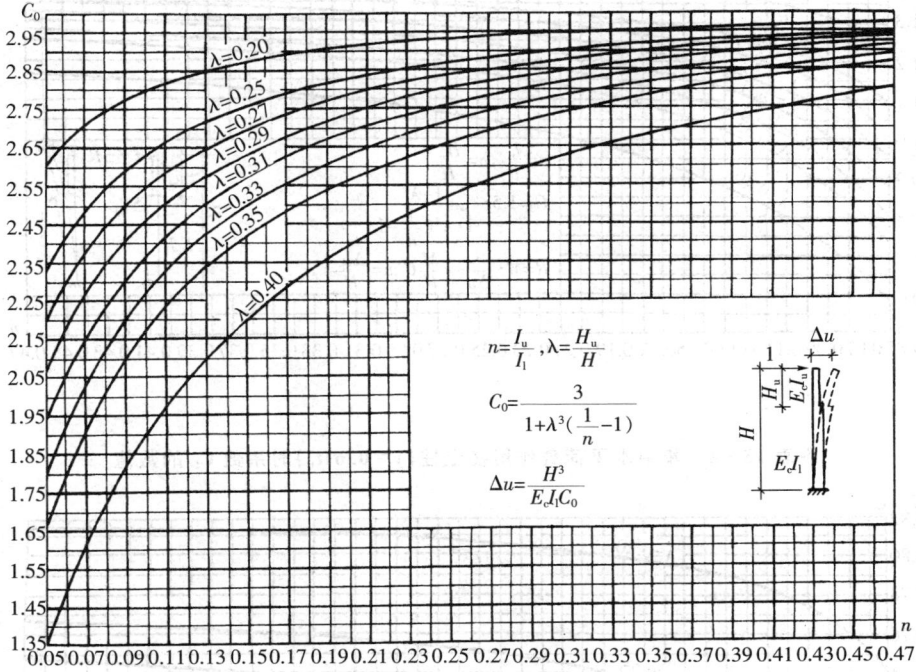

$n=\dfrac{I_u}{I_1},\lambda=\dfrac{H_u}{H}$

$C_0=\dfrac{3}{1+\lambda^3\left(\dfrac{1}{n}-1\right)}$

$\Delta u=\dfrac{H^3}{E_cI_1C_0}$

附表 13-2　柱顶力矩作用下系数 C_1 的数值

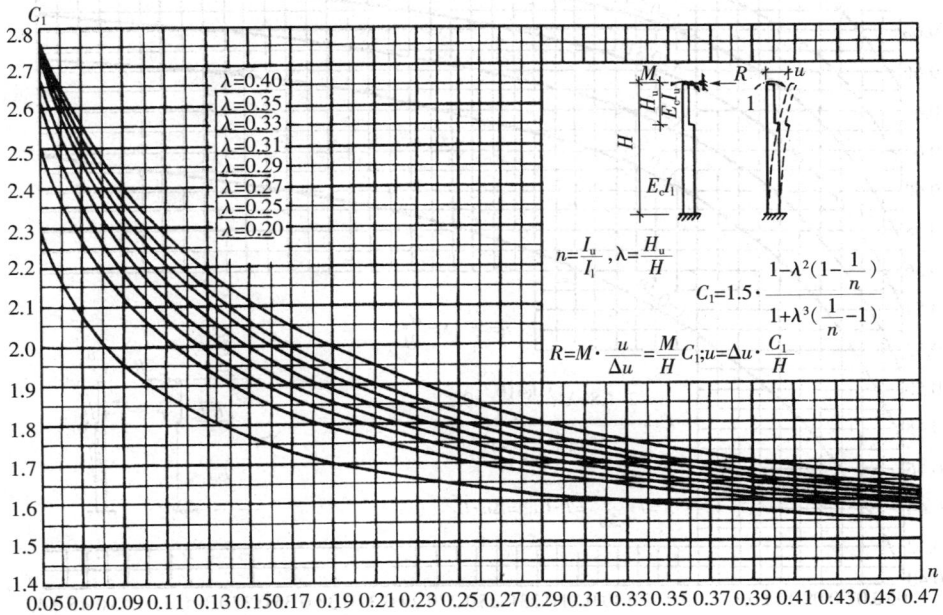

$n=\dfrac{I_u}{I_1},\lambda=\dfrac{H_u}{H}$

$C_1=1.5\cdot\dfrac{1-\lambda^2\left(1-\dfrac{1}{n}\right)}{1+\lambda^3\left(\dfrac{1}{n}-1\right)}$

$R=M\cdot\dfrac{u}{\Delta u}=\dfrac{M}{H}C_1; u=\Delta u\cdot\dfrac{C_1}{H}$

附表 13－3　力矩作用在牛腿顶面时系数 C_3 的数值

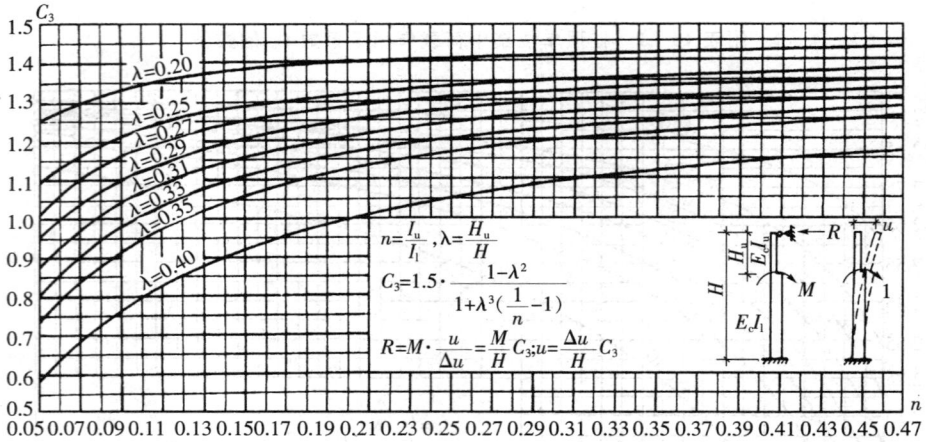

$$n=\frac{I_u}{I_1},\lambda=\frac{H_u}{H}$$

$$C_3=1.5\cdot\frac{1-\lambda^2}{1+\lambda^3(\frac{1}{n}-1)}$$

$$R=M\cdot\frac{u}{\Delta u}=\frac{M}{H}C_3;u=\frac{\Delta u}{H}C_3$$

附表 13－4　集中水平荷载作用在上柱($y＝0.6H_u$)时系数 C_5 的数值

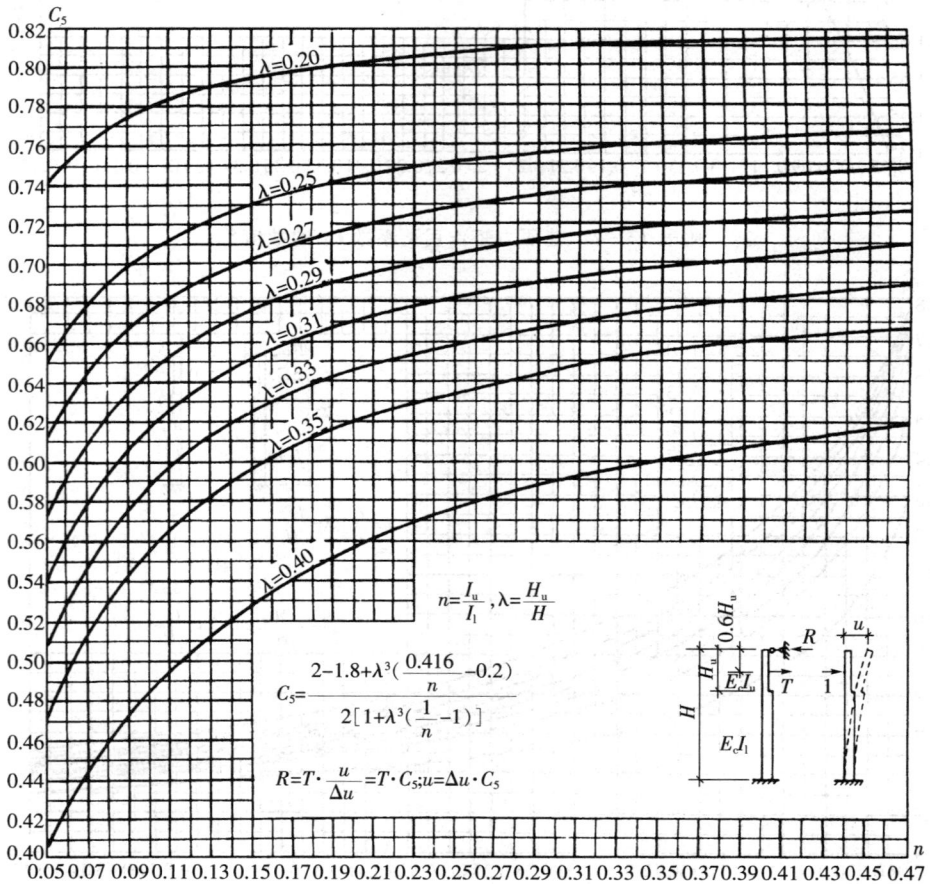

$$n=\frac{I_u}{I_1},\lambda=\frac{H_u}{H}$$

$$C_5=\frac{2-1.8\lambda^3(\frac{0.416}{n}-0.2)}{2[1+\lambda^3(\frac{1}{n}-1)]}$$

$$R=T\cdot\frac{u}{\Delta u}=T\cdot C_5;u=\Delta u\cdot C_5$$

附表 13－5　集中水平荷载作用在上柱 $(y=0.7H_u)$ 时系数 C_5 的数值

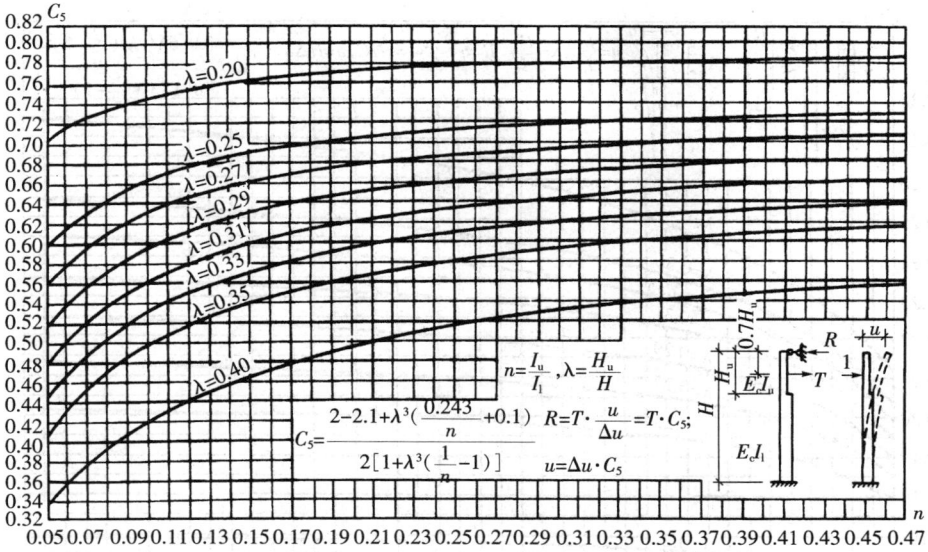

$$n=\frac{I_u}{I_1}, \lambda=\frac{H_u}{H}$$

$$C_5=\frac{2-2.1+\lambda^3(\frac{0.243}{n}+0.1)}{2[1+\lambda^3(\frac{1}{n}-1)]} \qquad R=T\cdot\frac{u}{\Delta u}=T\cdot C_5;$$

$$u=\Delta u\cdot C_5$$

附图 13－6　集中水平荷载作用在上柱 $(y=0.8H_u)$ 时系数 C_5 的数值

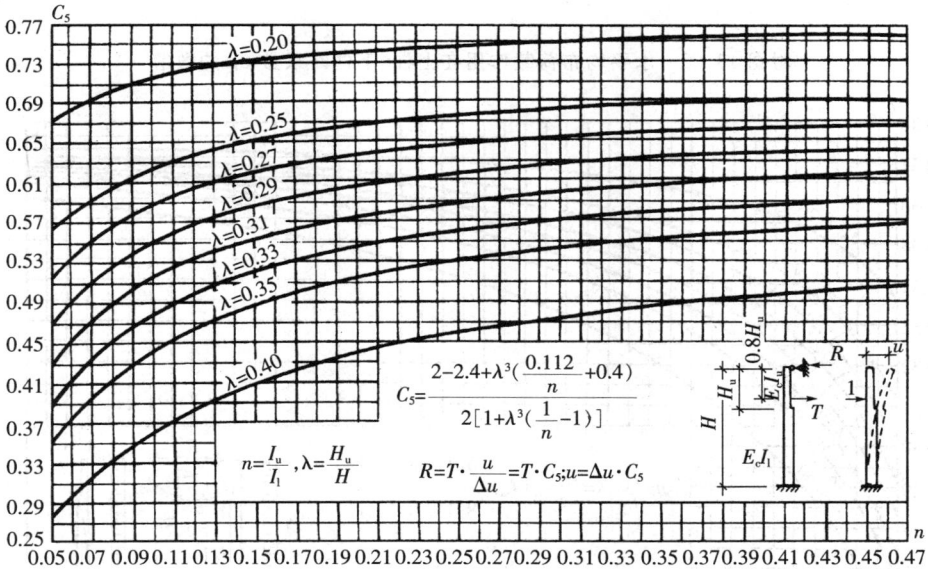

$$C_5=\frac{2-2.4+\lambda^3(\frac{0.112}{n}+0.4)}{2[1+\lambda^3(\frac{1}{n}-1)]}$$

$$n=\frac{I_u}{I_1}, \lambda=\frac{H_u}{H} \qquad R=T\cdot\frac{u}{\Delta u}=T\cdot C_5; u=\Delta u\cdot C_5$$

附图 13－7　水平均布荷载作用在上柱时系数 C_6 的数值

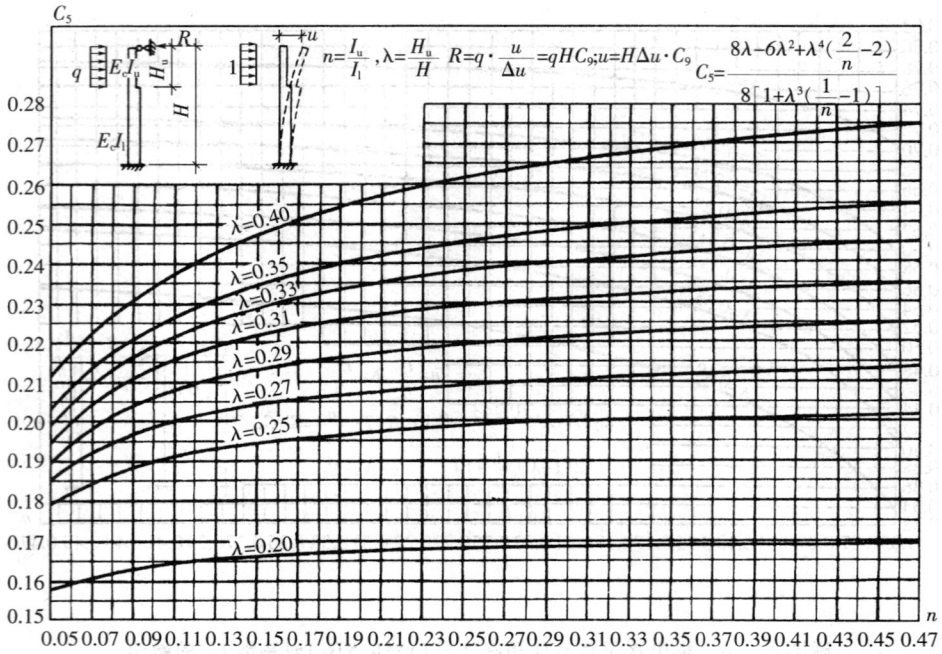

附图 13－8　水平均布荷载作用在上柱、下柱时系数 C_6 的数值

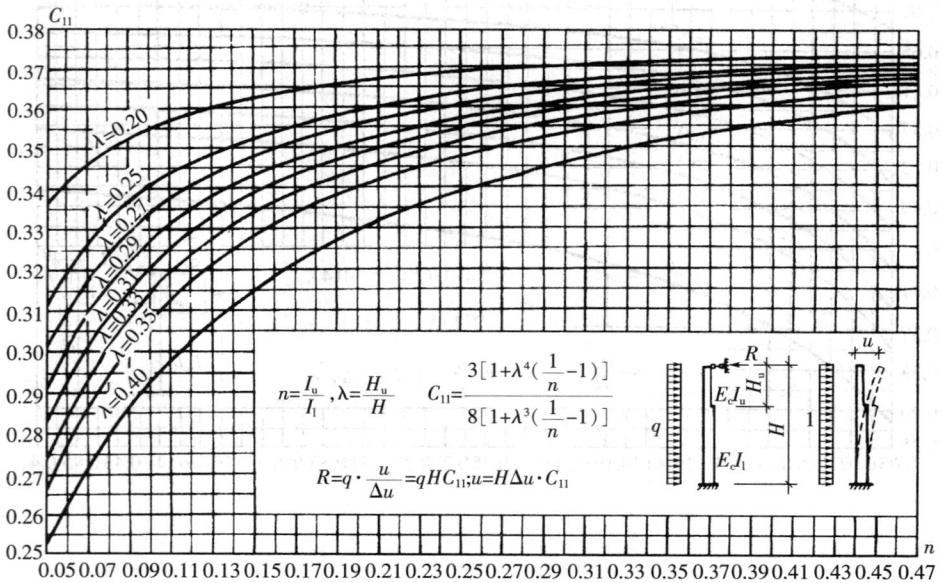

参 考 文 献

1. 林忠凡. 建筑结构原理及设计. 北京:高等教育出版社,2002

2. 何益斌. 建筑结构. 北京:中国建筑工业出版社,2005

3. 张有权. 建筑力学与结构. 北京:中国电力出版社,2004

4. 东南大学,同济大学,天津大学合编. 混凝土结构(上册)、(中册). 北京:中国建筑工业出版社, 2003

5. 哈尔滨工业大学,大连理工大学,北京建筑工程学院,华北水利水电学院合编. 混凝土及砌体结构(上册)、(下册). 北京:中国建筑工业出版社,2002

6. 王毅红. 混凝土与砌体结构. 北京:中国建筑工业出版社,2003

7. 魏明钟. 钢结构. 武汉:武汉工业大学出版社,2002

8. 肖亚明. 钢结构设计原理. 合肥:合肥工业大学出版社,2005

9. 吕西林. 高层结构设计. 武汉:武汉工业大学出版社,2002

10. 黄林青,李元美,胡志旺. 多高层建筑结构设计. 北京:中国电力出版社,2004

11. 陈保胜. 建筑结构选型. 上海:同济大学出版社,2004

12. 陈书申,陈小平. 土力学与地基基础(第二版). 武汉:武汉理工大学出版社

13. 黄绍铭等. 软土地基与地下工程(第二版). 北京:中国建筑工业出版社

14. 混凝土结构设计规范(GB50010-2002). 北京:中国建筑工业出版社,2002

15. 钢结构设计规范(GB50017-2003). 北京:中国建筑工业出版社,2003

16. 建筑结构可靠度设计统一标准(GB50068-2001). 北京:中国建筑工业出版社,2001

17. 建筑结构荷载规范(GB50009-2001). 北京:中国建筑工业出版社,2001

18. 建筑抗震设计规范(GB50011-2001). 北京:中国建筑工业出版社,2001

19. 建筑工程抗震设防分类标准(GB50223-2004). 北京:中国建筑工业出版社,2004

20. 砌体结构设计规范(GB50003-2001). 北京:中国建筑工业出版社,2001

21. 高层建筑混凝土结构技术规程(JGJ 3-2002). 北京:中国建筑工业出版社,2002

22. 建筑地基基础设计规范(GB50007-2002). 北京:中国建筑工业出版社,2002

高等学校土木工程系列规划教材

建筑力学（Ⅰ）

建筑力学（Ⅱ）　　　　　　　　　　　刘安中

计算结构力学　　　　　　　　　　　吴　约

土力学与地基基础　　　　　　　　　干　洪

工程弹性力学基础　　　　　　　　　宛新林

建筑结构　　　　　　　　　　　　　周道祥

砌体结构　　　　　　　　　　　　　李美娟

基础工程　　　　　　　　　　　　　雷庆关

钢结构设计原理　　　　　　　　　　张　威

建筑钢结构设计　　　　　　　　　　肖亚明

高层建筑结构设计　　　　　　　　　肖亚明

测量学　　　　　　　　　　　　　　沈小璞

地形图测绘实习指导（附测量总实习报告书）　张晓明

工程地质　　　　　　　　　　　　　程晓杰

路基路面工程　　　　　　　　　　　邵　艳

桥梁工程　　　　　　　　　　　　　朱　林

建筑工程定额预算与工程量清单计价　汪　莲

建设工程监理（附案例分析）　　　　褚振文

工程项目管理　　　　　　　　　　　何夕平

工程教育教学法　　　　　　　　　　杨兴荣

　　　　　　　　　　　　　　　　　孙　强